大豆SSR标记法筛选近似品种系列丛书

大豆种质资源SSR 标记位点

李冬梅　著

中国农业出版社

北　京

新品种保护制度除了保护育种者利益之外，也是促进育种创新、提升中国种业竞争力的一项国家制度。1997 年，我国发布了《中华人民共和国植物新品种保护条例》，建立了我国自己的新品种保护制度；2008 年，我国制定和颁布的《国家知识产权战略纲要》，将植物新品种保护作为七大专项任务之一，从国家战略高度规划了植物新品种保护事业的未来发展。随着育种人对品种权保护意识的逐年提高，每年有大量的大豆资源申请品种保护和 DUS［distinctness（特异性）、uniformity（一致性）和 stability（稳定性）］测试。对这些种质资源材料进行 DUS 准确判定是保护申请者品种权益的重要内容。

分子标记技术凭借它独有的优于形态标记的特点，在 DUS 测试中发挥着重要作用，构建以分子标记为基础的 DNA 指纹数据库，以实现快速高效筛选近似品种，从而为 DUS 的精准判定提供支持，最终实现更好保护育种者权利的目的。目前，分子标记技术已经成为推动作物育种事业和新品种保护事业快速发展的重要技术支撑。

本书共分为六部分。第一部分概述：介绍了本书所涉及的 207 份大豆资源和所使用的实验方法。这 207 份大豆资源一部分为国家种质资源库中的材料，一部分为因实验需要自行收集的各地特色资源。收集各地特色资源的目的是更多地发现新的特异基因位点，便于未来基因挖掘利用。

第二部分：介绍了 36 对 SSR 引物对 207 份大豆资源的原始实验结果及标记位点分型。

第三部分：介绍了 207 份大豆资源在国家种质资源库中的编号或品种名称，对分型的标记位点进行汇总整理。

第四部分：介绍了本书所使用的 36 对 SSR 引物的名称和序列信息。

第五部分：介绍了实验过程中利用 36 对荧光引物扩增时所使用的引物组合。

第六部分：介绍了实验所涉及的主要仪器设备及方法。

本书内容仅供科研参考，不作为任何依据性工作使用。由于一些品种本身存在一定程度的个体差异，或纯度不同等原因可能导致样本结果不完全一致，且没有验证这种品种本身的变异幅度，也没有验证品种一致性，因此，基因分型数据仅为本批次样品的结果，虽经反复核对，仍可能有疏漏之处，敬请读者批评指正。

本书的出版得到了农业农村部植物新品种测试（哈尔滨）分中心的大力支持，在此表示诚挚的、由衷的感谢。

李冬梅

2023 年 3 月 15 日哈尔滨

一、概　　述

　　大豆资源是大豆育种的材料基础，利用不同材料中的大量遗传变异位点，创建适应性好、产量品质优良，以及抗逆性高的新品种是农业生产中最主要的育种目的，利用 SSR（简单重复序列，simple sequence repeats）分子标记对不同大豆资源的变异位点进行位点分型，从而将不同资源进行分类，能够为遗传育种提供更多信息选择。

　　SSR 分子标记，也称为微卫星序列标记或短串联重复标记，是一种以特异引物 PCR（聚合酶链式反应，polymerase chain reaction）为基础的分子标记。SSR，也称为微卫星 DNA，是一类由几个核苷酸（一般为 1～6 个）为重复单位组成的长达几十个核苷酸的串联重复序列。由于每个微卫星 DNA 两侧的序列一般是相对保守的单拷贝序列，可以人工合成引物进行 PCR 扩增，将微卫星 DNA 扩增出来，根据微卫星 DNA 串联重复数目的不同，能够扩增出不同长度的 PCR 产物。生物的基因组中，特别是高等生物的基因组中，含有大量的重复序列。

　　本书主要目的是将来自国家种质资源库中的 157 份大豆资源（编号以 XIN 开头的资源）和自行收集的 50 份不同地域来源的材料（以品种名称命名）进行遗传位点的基因分型，利用 36 对荧光标记的 SSR 引物对这 207 份大豆资源进行位点扩增，给出原始扩增数据信息，如样本名（sample file name）、等位基因位点（allele）、大小（size）、高度（height）、面积（area）、数据取值点（data point），加上样本名对应的资源序号和位点分型结果。部分样品未获得原始数据，此部分样品的基因位点分型结果用 999 表示。本书还介绍了所使用的 36 对 SSR 引物的名称及序列、panel 组合信息表（实验中使用的引物组合情况表）、实验主要仪器设备及方法，根据这些给定的原始信息，相关研究人员可以更好地判断数据的误差，为后续遗传变异的利用奠定基础。

二、36 对 SSR 引物对 207 份资源的扩增结果

1 Satt300

资源序号	样本名 (sample file name)	等位基因位点 (allele，bp)	大小 (size，bp)	高度 (height，RFU)	面积 (area，RFU)	数据取值点 (data point，RFU)
1	A01_883_21-47-36.fsa	237	236.95	779	9 616	5 655
	A01_883_21-47-36.fsa	243	243.35	365	4 680	5 749
2	A02_883_21-47-36.fsa	237	237	1 698	22 198	5 710
3	A03_883_22-39-09.fsa	243	243.29	445	4 244	4 950
4	A04_883_22-39-09.fsa	261	261.15	1 026	10 310	5 278
5	A05_883_23-19-15.fsa	243	243.23	443	4 263	4 950
6	A06_883_23-19-15.fsa	243	243.24	3 651	34 771	5 050
7	A07_883_23-59-19.fsa	243	243.16	5 577	52 083	4 958
8	A08_883_23-59-19.fsa	243	243.23	1 017	9 996	5 052
9	A09_883_24-39-22.fsa	243	243.18	106	1 106	4 973
10	A10_883_24-39-22.fsa	240	240.07	1 058	9 567	5 030
11	A11_883_01-19-26.fsa	237	236.86	1 315	12 330	4 909
12	A12_883_01-19-26.fsa	237	236.86	125	1 213	5 004
13	B01_883_21-47-36.fsa	252	252.73	1 038	9 735	5 180
14	B02_883_21-47-36.fsa	240	240.22	1 351	13 661	5 119
15	B03_883_22-39-09.fsa	237	236.86	281	2 611	4 888
16	B04_883_22-39-09.fsa	237	236.88	1 420	13 466	4 962
17	B05_883_23-19-15.fsa	269	269.55	410	3 844	5 310
18	B06_883_23-19-15.fsa	240	240	686	6 679	5 002
19	B07_883_23-59-19.fsa	240	240	2 165	19 630	4 930
20	B08_883_23-59-19.fsa	240	239.97	119	1 112	5 013
21	B09_883_24-39-22.fsa	243	243.18	1 029	9 712	4 984
22	B10_883_24-39-22.fsa	999				
23	B11_883_01-19-26.fsa	243	243.28	35	458	5 160

（续）

资源序号	样本名 （sample file name）	等位基因位点 （allele，bp）	大小 （size，bp）	高度 （height，RFU）	面积 （area，RFU）	数据取值点 （data point，RFU）
24	B12_883_01-19-26.fsa	240	240.06	519	5 166	5 042
25	C01_883_21-47-36.fsa	237	237.03	1 081	10 499	4 962
26	C02_883_21-47-36.fsa	237	236.98	1 000	10 242	5 064
27	C03_883_22-39-09.fsa	258	258.31	3 218	29 397	5 141
28	C04_883_22-39-09.fsa	252	252.5	795	7 631	5 150
29	C05_883_23-19-15.fsa	240	239.99	332	2 937	4 912
30	C06_883_23-19-15.fsa	243	243.2	876	8 348	5 032
31	C07_883_23-59-19.fsa	237	236.79	684	6 591	4 880
32	C08_883_23-59-19.fsa	237	236.92	72	678	4 963
33	C09_883_24-39-22.fsa	237	237.5	94	1 112	5 175
34	C10_883_24-39-22.fsa	264	263.88	4 762	48 832	5 341
35	C11_883_01-19-26.fsa	243	243.16	124	1 271	4 978
36	C12_883_01-19-26.fsa	237	236.9	234	3 067	4 992
37	D01_883_21-47-36.fsa	237	237.14	342	3 458	5 036
38	D02_883_21-47-36.fsa	243	243.44	562	5 536	5 127
	D02_883_21-47-36.fsa	252	252.67	500	4 872	5 249
39	D03_883_22-39-09.fsa	243	243.23	709	7 446	5 024
40	D04_883_22-39-09.fsa	264	263.9	1 842	19 090	5 307
41	D05_883_23-19-15.fsa	252	252.57	442	4 165	5 140
42	D06_883_23-19-15.fsa	264	263.91	365	3 565	5 312
43	D07_883_23-59-19.fsa	240	240.08	552	5 509	4 987
44	D08_883_23-59-19.fsa	240	240.03	496	4 901	5 001
45	D09_883_24-39-22.fsa	240	240.06	1 011	9 874	5 013
46	D10_883_24-39-22.fsa	252	253.2	54	594	5 185
47	D11_883_01-19-26.fsa	243	243.27	2 066	20 552	5 049
48	D12_883_01-19-26.fsa	264	264	545	6 117	5 349

（续）

资源序号	样本名 （sample file name）	等位基因位点 （allele，bp）	大小 （size，bp）	高度 （height，RFU）	面积 （area，RFU）	数据取值点 （data point，RFU）
49	E01_883_21 - 47 - 36. fsa	234	234. 11	2 705	28 257	5 032
50	E02_883_21 - 47 - 36. fsa	237	237. 08	1 166	11 608	5 049
51	E03_883_22 - 39 - 09. fsa	237	237. 06	1 791	10 566	5 034
52	E04_883_22 - 39 - 09. fsa	243	243. 28	1 728	19 152	5 021
53	E05_883_23 - 19 - 15. fsa	243	243. 21	690	6 535	5 004
54	E06_883_23 - 19 - 15. fsa	237	236. 59	385	4 206	4 964
55	E07_883_23 - 59 - 19. fsa	237	236. 88	1 015	6 452	5 006
56	E08_883_23 - 59 - 19. fsa	261	261. 17	530	5 424	5 276
57	E09_883_24 - 39 - 22. fsa	264	264. 04	185	1 935	5 290
58	E10_883_24 - 39 - 22. fsa	243	243. 26	1 524	15 101	5 048
59	E11_883_01 - 19 - 26. fsa	237	236. 96	788	8 255	4 959
60	E12_883_01 - 19 - 26. fsa	261	261. 17	144	1 389	5 304
61	F01_883_21 - 47 - 36. fsa	237	236. 87	1 922	8 825	5 314
62	F02_883_21 - 47 - 36. fsa	252	252. 77	3 741	18 345	5 124
63	F03_883_22 - 39 - 09. fsa	252	252. 84	684	8 091	5 715
64	F04_883_22 - 39 - 09. fsa	237	236. 89	43	433	4 929
65	F05_883_23 - 19 - 15. fsa	240	240. 03	1 289	13 830	4 953
66	F06_883_23 - 19 - 15. fsa	240	240. 14	630	6 497	4 971
67	F07_883_23 - 59 - 19. fsa	243	243. 3	132	1 402	4 997
68	F08_883_23 - 59 - 19. fsa	252	252. 61	261	2 813	5 136
69	F09_883_24 - 39 - 22. fsa	237	236. 76	1 621	5 517	5 431
70	F10_883_24 - 39 - 22. fsa	252	252. 53	276	2 819	5 146
71	F11_883_01 - 19 - 26. fsa	243	243. 33	220	2 318	5 022
72	F12_883_01 - 19 - 26. fsa	252	252. 6	211	2 093	5 161
73	G01_883_21 - 47 - 36. fsa	237	237. 09	142	1 553	5 032
74	G02_883_21 - 47 - 36. fsa	243	243. 15	1 719	10 578	5 244

（续）

资源序号	样本名 (sample file name)	等位基因位点 (allele，bp)	大小 (size, bp)	高度 (height, RFU)	面积 (area, RFU)	数据取值点 (data point, RFU)
75	G03_883_22-39-09. fsa	243	243.32	1 275	14 456	5 703
76	G04_883_22-39-09. fsa	237	237	103	1 172	4 943
77	G05_883_23-19-15. fsa	237	236.93	1 268	13 485	4 924
78	G06_883_23-19-15. fsa	240	240.16	241	2 680	4 979
79	G07_883_23-59-19. fsa	240	240.08	256	2 339	4 970
80	G08_883_23-59-19. fsa	240	240.18	215	2 218	4 983
81	G09_883_24-39-22. fsa	240	240.12	170	1 703	4 980
82	G10_883_24-39-22. fsa	243	243.37	161	1 708	5 034
83	G11_883_01-19-26. fsa	243	243.33	91	812	5 031
84	G12_883_01-19-26. fsa	240	240.11	225	2 547	5 708
85	H01_883_21-47-36. fsa	240	240.15	1 514	12 058	5 311
86	H02_883_21-47-36. fsa	252	252.51	1 645	13 247	5 145
87	H03_883_22-39-09. fsa	999				
88	H04_883_22-39-09. fsa	240	240.31	78	882	5 081
89	H05_883_23-19-15. fsa	243	243.4	214	2 085	5 047
90	H06_883_23-19-15. fsa	243	243.31	2 467	9 847	5 025
91	H07_883_23-59-19. fsa	243	243.5	43	485	5 057
92	H08_883_23-59-19. fsa	243	243.54	70	740	5 136
93	H09_883_24-39-22. fsa	243	243.11	1 614	6 655	5 247
94	H10_883_24-39-22. fsa	237	237.1	46	639	5 058
95	H11_883_01-19-26. fsa	240	240.27	52	524	5 040
96	H12_883_01-19-26. fsa	237	237.11	388	4 167	5 072
97	A01_979_01-59-32. fsa	264	264	629	6 117	5 264
98	A02_979_01-59-32. fsa	264	263.98	471	4 633	5 371
99	A03_979_02-40-01. fsa	264	263.94	767	7 331	5 279
100	A04_979_02-40-01. fsa	999				

（续）

资源序号	样本名 （sample file name）	等位基因位点 （allele，bp）	大小 （size，bp）	高度 （height，RFU）	面积 （area，RFU）	数据取值点 （data point，RFU）
101	A05_979_03−20−05.fsa	261	261.09	176	1 561	5 215
102	A06_979_03−20−05.fsa	261	261.16	303	3 456	5 325
103	A07_979_04−00−05.fsa	261	261.13	161	1 718	5 228
104	A08_979_04−00−05.fsa	243	243.25	245	2 541	5 098
105	A09_979_04−40−05.fsa	243	243.3	191	2 132	5 004
106	A10_979_04−40−05.fsa	237	236.9	825	8 882	5 021
107	A11_979_05−20−05.fsa	237	236.89	3 004	28 199	4 936
108	A12_979_05−20−05.fsa	243	243.28	969	10 419	5 116
109	B01_979_01−59−32.fsa	240	240.17	1 458	7 856	5 214
110	B02_979_01−59−32.fsa	243	243.18	2 604	8 952	5 312
111	B03_979_02−40−01.fsa	264	264.01	1 778	8 006	5 344
112	B04_979_02−40−01.fsa	237	237.71	38	506	5 012
113	B05_979_02−40−01.fsa	264	264.03	1 987	9 792	5 424
114	B06_979_02−40−01.fsa	264	264.3	64	811	6 016
115	B07_979_02−40−01.fsa	237	237.16	268	3 221	5 597
116	B08_979_02−40−02.fsa	237	236.99	396	4 612	5 757
117	B09_979_02−40−02.fsa	237	236.94	414	4 906	5 699
118	B10_979_04−40−05.fsa	243	243.15	185	1 658	5 141
119	B11_979_05−20−05.fsa	243	243.21	2 315	9 856	5 216
120	B12_979_05−20−05.fsa	237	236.98	974	7 877	5 569
121	C01_979_01−59−32.fsa	243	243.16	867	6 547	5 548
122	C02_979_01−59−32.fsa	237	236.89	1 125	5 703	5 314
	C02_979_01−59−32.fsa	243	243.39	1 013	4 651	5 579
123	C03_979_02−40−01.fsa	237	237.72	34	312	4 904
124	C04_979_02−40−01.fsa	240	240.21	997	10 664	5 121
125	C05_979_03−20−05.fsa	240	240.13	775	8 824	5 326

（续）

资源序号	样本名 （sample file name）	等位基因位点 （allele，bp）	大小 （size，bp）	高度 （height，RFU）	面积 （area，RFU）	数据取值点 （data point，RFU）
126	C06_979_03-20-05.fsa	237	237.6	55	848	4 995
127	C07_979_03-20-06.fsa	999				
128	C08_979_03-20-06.fsa	237	237.1	869	11 216	5 764
129	C09_979_03-20-07.fsa	237	237.04	170	2 060	5 634
130	C10_979_04-40-05.fsa	243	244.07	35	440	5 099
131	C11_979_05-20-05.fsa	243	243.37	3 125	46 586	4 971
132	C12_979_05-20-05.fsa	237	237.8	786	3 422	4 865
133	D01_979_01-59-32.fsa	240	240.15	678	5 023	5 019
134	D02_979_01-59-32.fsa	243	243.56	755	3 319	5 318
135	D03_979_02-40-01.fsa	237	236.94	91	865	4 948
136	D04_979_02-40-01.fsa	237	236.87	41	410	4 972
137	D05_979_03-20-05.fsa	999				
138	D06_979_03-20-05.fsa	237	237.62	30	281	4 986
	D06_979_03-20-05.fsa	243	243.67	113	1 494	5 612
139	D07_979_04-00-08.fsa	237	237.15	37	432	4 984
140	D08_979_04-00-08.fsa	237	236.98	98	1 169	5 646
	D08_979_04-00-08.fsa	243	243.29	176	2 262	5 737
141	D09_979_04-40-26.fsa	243	243.17	357	4 511	5 564
142	D10_979_04-40-26.fsa	240	240.21	269	2 358	5 012
143	D11_979_05-20-49.fsa	243	243.33	371	4 716	5 744
144	D12_979_05-20-49.fsa	237	239.94	1 078	15 246	4 984
145	E01_979_01-59-32.fsa	269	269.88	992	18 563	4 977
146	E02_979_01-59-32.fsa	237	236.85	257	3 718	5 626
147	E03_979_02-40-01.fsa	269	269.79	506	10 417	5 731
148	E04_979_02-40-01.fsa	243	243.22	887	19 243	4 869
149	E05_979_03-20-05.fsa	243	243.12	214	3 751	5 519

（续）

资源序号	样本名 （sample file name）	等位基因位点 （allele，bp）	大小 （size， bp）	高度 （height， RFU）	面积 （area， RFU）	数据取值点 （data point， RFU）
150	E06_979_03-20-05. fsa	999				
151	E07_979_04-00-08. fsa	237	237.26	40	503	5 569
152	E08_979_04-00-08. fsa	999				
153	E09_979_04-40-26. fsa	237	236.96	223	2 046	5 321
154	E10_979_04-40-26. fsa	243	243.25	575	7 163	5 518
155	E11_979_05-20-49. fsa	243	243.21	311	4 962	5 569
156	E12_979_05-20-49. fsa	243	243.19	1 743	20 546	4 957
157	F01_979_01-59-32. fsa	237	236.89	1 157	28 487	4 914
158	2012-04-15_3_A03. fsa	238	238.25	1 113	11 128	4 579
159	2012-04-15_4_A04. fsa	243	242.65	273	2 675	4 643
160	2012-04-15_8_A08. fsa	201	200.71	1 581	16 631	4 222
	2012-04-15_8_A08. fsa	237	235.99	70	836	4 616
161	2012-04-15_9_A09. fsa	237	234.98	2 042	20 396	4 571
162	2012-04-15_12_A12. fsa	243	242.4	1 513	13 846	4 660
163	2012-04-15_14_B02. fsa	238	238.44	1 244	11 733	4 708
164	2012-04-15_16_B04. fsa	237	234.98	967	8 902	4 564
165	2012-04-15_17_B05. fsa	237	235.06	858	7 687	4 556
166	2012-04-15_17_B06. fsa	237	235.01	996	8 102	4 577
167	2012-04-15_21_B09. fsa	264	263.3	1 085	10 246	4 891
168	2012-04-15_22_B10. fsa	264	263.23	624	6 267	4 910
169	2012-04-15_23_B11. fsa	237	235.02	1 072	9 997	4 576
170	2012-04-15_24_B12. fsa	252	251.62	692	6 558	4 795
171	2012-04-15_26_C02. fsa	237	235.22	654	6 543	4 667
172	2012-04-15_29_C05. fsa	252	251.6	1 250	12 605	4 739
173	2012-04-15_31_C07. fsa	237	235.01	2 055	18 613	4 565
174	2012-04-15_32_C08. fsa	238	238.11	1 623	15 297	4 635

（续）

资源序号	样本名（sample file name）	等位基因位点（allele，bp）	大小（size，bp）	高度（height，RFU）	面积（area，RFU）	数据取值点（data point，RFU）
175	2012－04－15_34_C10.fsa	252	251.68	972	9 172	4 764
176	2012－04－15_35_C11.fsa	264	263.05	413	3 874	4 853
177	2012－04－15_38_D02.fsa	237	235.26	856	8 243	4 662
178	2012－04－15_40_D04.fsa	237	235.04	1 660	15 863	4 548
179	2012－04－15_41_D05.fsa	238	238.15	1 732	16 060	4 649
180	2012－04－15_42_D06.fsa	238	238.15	1 586	15 100	4 624
181	2012－04－15_46_D10.fsa	238	238.13	874	8 090	4 617
182	2012－04－15_47_D11.fsa	237	235.01	982	9 594	4 589
183	2012－04－15_48_D12.fsa	238	238.21	755	7 419	4 611
184	2012－04－15_51_E03.fsa	237	235.13	1 624	16 429	4 562
185	2012－04－15_52_E04.fsa	264	263.43	1 456	14 902	4 874
186	2012－04－15_53_E05.fsa	238	238.19	3 284	32 184	4 594
187	2012－04－15_54_E06.fsa	237	235.04	749	7 038	4 573
188	2012－04－15_56_E08.fsa	237	234.96	3 127	31 219	4 604
189	2012－04－15_61_F01.fsa	243	243	2 050	20 702	4 744
190	2012－04－15_62_F02.fsa	243	242.92	1 698	17 197	4 737
191	2012－04－15_64_F04.fsa	243	242.76	1 839	18 734	4 630
192	2012－04－15_67_F07.fsa	243	242.62	2 658	26 914	4 668
193	2012－04－15_68_F08.fsa	237	235	2 851	29 307	4 599
194	2012－04－15_69_F09.fsa	238	238.13	2 860	29 550	4 622
195	2012－04－15_71_F11.fsa	237	235.03	3 460	48 717	4 581
196	2012－04－15_72_F12.fsa	242	241.32	2 553	36 394	4 651
197	2012－04－15_78_G06.fsa	243	242.82	1 073	10 714	4 696
198	2012－04－15_83_G11.fsa	237	235	2 780	38 485	4 604
199	2012－04－15_84_G12.fsa	243	242.52	2 274	33 741	4 673
200	2012－04－15_85_H01.fsa	261	261.04	1 421	15 748	5 015

（续）

资源序号	样本名 （sample file name）	等位基因位点 （allele，bp）	大小 （size，bp）	高度 （height，RFU）	面积 （area，RFU）	数据取值点 （data point，RFU）
201	2012 - 04 - 15_87_H03. fsa	238	238.48	830	15 774	4 739
202	2012 - 04 - 15_88_H04. fsa	243	242.98	1 397	14 671	4 725
203	2012 - 04 - 15_90_H06. fsa	243	242.87	2 087	21 586	4 725
204	2012 - 04 - 15_92_H08. fsa	237	235.16	2 796	31 436	4 691
205	2012 - 04 - 15_93_H09. fsa	237	235.14	2 270	31 254	4 640
206	2012 - 04 - 15_94_H10. fsa	243	242.69	3 480	54 648	4 752
207	2012 - 04 - 15_96_H12. fsa	243	242.54	1 960	27 958	4 746

2 Satt429

资源序号	样本名 （sample file name）	等位基因位点 （allele，bp）	大小 （size，bp）	高度 （height，RFU）	面积 （area，RFU）	数据取值点 （data point，RFU）
1	A01_bu－7_14－56－53.fsa	264	264.28	1 656	16 251	5 287
2	A02_bu－7_14－56－53.fsa	267	267.3	1 172	13 331	5 408
3	A03_bu－7_15－37－01.fsa	264	264.31	185	2 066	5 305
4	A04_bu－7_15－37－01.fsa	270	270.07	1 572	19 943	5 461
5	A05_bu－7_16－17－11.fsa	243	243.64	1 338	14 082	5 065
	A05_bu－7_16－17－11.fsa	270	270.09	584	6 181	5 408
6	A06_bu－7_16－17－11.fsa	264	264.3	2 523	35 187	5 416
7	A07_bu－7_16－57－24.fsa	264	264.26	1 372	19 247	5 329
8	A08_bu－7_16－57－24.fsa	264	264.23	1 343	12 356	5 214
9	A09_bu－7_17－37－40.fsa	264	264.25	122	1 364	5 296
10	A10_bu－7_17－37－40.fsa	264	264.23	271	2 956	5 353
11	A11_bu－7_18－18－14.fsa	270	269.97	317	3 424	5 252
12	A12_883－978_14－45－24.fsa	267	266.85	261	3 638	5 604
13	B01_bu－7_14－56－53.fsa	270	269.99	518	6 135	5 373
14	B02_bu－7_14－56－53.fsa	270	270.1	3 706	41 922	5 428
15	B03_bu－7_15－37－01.fsa	270	269.97	1 253	13 678	5 390
16	B04_bu－7_15－37－01.fsa	270	269.22	1 507	17 306	5 437
17	B05_bu－7_16－17－11.fsa	264	264.29	5 282	57 261	5 351
18	B06_bu－7_16－17－11.fsa	264	263.44	4 096	52 457	5 385
19	B07_bu－7_16－57－24.fsa	264	263.47	3 072	34 350	5 344
	B07_bu－7_16－57－24.fsa	264	264.15	1 867	15 615	5 353
20	B08_bu－7_16－57－24.fsa	264	264.22	718	8 201	5 393
21	B09_bu－7_17－37－40.fsa	267	267.02	260	3 075	5 326
22	B10_883－978_14－05－20.fsa	267	266.91	325	4 562	5 598

（续）

资源序号	样本名 （sample file name）	等位基因位点 （allele，bp）	大小 （size，bp）	高度 （height，RFU）	面积 （area，RFU）	数据取值点 （data point，RFU）
23	B11_bu-7_18-18-14.fsa	270	269.98	1 052	12 268	5 347
24	B12_bu-7_18-18-14.fsa	237	237.08	235	2 459	4 884
25	C01_bu-7_14-56-53.fsa	243	243.54	1 349	15 004	5 015
26	C02_bu-7_14-56-53.fsa	267	267.26	339	3 888	5 382
27	C03_bu-7_15-37-01.fsa	264	263.45	2 907	42 191	5 289
28	C04_bu-7_15-37-01.fsa	270	269.96	4 972	61 829	5 439
29	C05_bu-7_16-17-11.fsa	264	263.39	3 489	41 359	5 320
30	C06_bu-7_16-17-11.fsa	264	264.29	1 072	8 565	5 390
31	C07_bu-7_16-57-24.fsa	267	267.09	386	5 053	5 426
32	C08_bu-7_16-57-24.fsa	264	263.45	1 356	16 923	5 375
33	C09_883-978_14-05-20.fsa	264	264.07	114	1 555	5 409
34	C10_bu-7_17-37-40.fsa	270	269.92	2 213	25 056	5 417
35	C11_bu-7_18-18-14.fsa	270	269.97	946	10 149	5 149
36	C12_bu-7_18-18-14.fsa	267	267.01	1 206	13 325	5 237
37	D01_bu-7_14-56-53.fsa	270	270.08	435	4 810	5 429
38	D02_bu-7_14-56-53.fsa	270	269.26	184	2 412	5 412
39	D03_bu-7_15-37-01.fsa	270	270.02	1 424	15 825	5 456
40	D04_bu-7_15-37-01.fsa	267	266.35	1 749	24 028	5 392
41	D05_bu-7_16-17-11.fsa	999				
42	D06_bu-7_16-17-11.fsa	267	266.35	290	3 998	5 423
43	D07_bu-7_16-57-24.fsa	264	264.26	699	7 945	5 421
44	D08_bu-7_16-57-24.fsa	264	264.26	312	3 632	5 391
45	D09_bu-7_17-37-40.fsa	264	264.24	483	5 317	5 238
46	D10_bu-7_17-37-40.fsa	999				
47	D11_bu-7_18-18-14.fsa	252	252.64	277	2 769	4 981
	D11_bu-7_18-18-14.fsa	267	266.99	490	5 008	5 165

（续）

资源序号	样本名 （sample file name）	等位基因位点 （allele，bp）	大小 （size， bp）	高度 （height， RFU）	面积 （area， RFU）	数据取值点 （data point， RFU）
48	D12_bu－7_18－18－14. fsa	270	269.96	901	9 692	5 209
49	E01_bu－7_14－56－53. fsa	270	270.14	1 482	20 738	5 461
50	E02_bu－7_14－56－53. fsa	270	270.1	918	10 838	5 424
51	E03_bu－7_15－37－01. fsa	267	267.25	3 126	41 768	5 494
52	E04_bu－7_15－37－01. fsa	267	267.18	589	6 985	5 404
53	E05_bu－7_16－17－11. fsa	264	264.33	2 769	31 968	5 384
54	E06_bu－7_16－17－11. fsa	267	267.17	806	9 403	5 434
55	E07_bu－7_16－57－24. fsa	270	270.17	676	8 617	5 513
56	E08_bu－7_16－57－24. fsa	264	264.33	1 760	20 549	5 395
57	E09_bu－7_17－37－40. fsa	999				
58	E10_bu－7_17－37－40. fsa	267	267.1	2 663	32 169	5 391
59	E11_bu－7_18－18－14. fsa	264	264.34	2 048	25 201	5 271
60	E12_bu－7_18－18－14. fsa	267	267.13	3 212	37 613	5 243
61	F01_bu－7_14－56－53. fsa	273	272.92	919	10 546	5 447
62	F02_bu－7_14－56－53. fsa	270	270.17	324	3 871	5 417
63	F03_bu－7_15－37－01. fsa	270	270.06	1 956	23 373	5 437
64	F04_bu－7_15－37－01. fsa	270	270.2	1 281	15 769	5 442
65	F05_bu－7_16－17－11. fsa	270	270.11	381	4 483	5 481
66	F06_bu－7_16－17－11. fsa	264	264.38	662	7 871	5 403
67	F07_bu－7_16－57－24. fsa	999				
68	F08_bu－7_16－57－24. fsa	270	270.02	3 676	44 237	5 488
69	F09_bu－7_17－37－40. fsa	270	270.03	402	4 502	5 307
70	F10_bu－7_17－37－40. fsa	270	269.95	1 776	20 715	5 397
71	F11_bu－7_18－18－14. fsa	264	264.19	1 434	15 767	5 114
72	F12_bu－7_18－18－14. fsa	270	269.99	649	7 257	5 237
73	G01_bu－7_14－56－53. fsa	270	270.18	371	4 352	5 413

（续）

资源序号	样本名 (sample file name)	等位基因位点 (allele，bp)	大小 (size，bp)	高度 (height，RFU)	面积 (area，RFU)	数据取值点 (data point，RFU)
74	G02_bu－7_14－56－53.fsa	270	270.16	1 862	22 660	5 435
75	G03_bu－7_15－37－01.fsa	270	270.12	509	5 979	5 433
76	G04_bu－7_15－37－01.fsa	264	264.45	148	1 782	5 387
77	G05_bu－7_16－17－11.fsa	264	264.41	191	2 224	5 392
78	G06_bu－7_16－17－11.fsa	264	264.42	250	2 995	5 431
79	G07_bu－7_16－57－24.fsa	264	264.31	2 786	32 994	5 397
80	G08_bu－7_16－57－24.fsa	999				
81	G09_bu－7_17－37－40.fsa	270	270.02	412	4 676	5 416
82	G10_bu－7_17－37－40.fsa	264	264.34	597	6 758	5 239
83	G11_bu－7_18－18－14.fsa	267	267.17	1 260	14 156	5 231
84	G12_bu－7_18－18－14.fsa	237	237.36	2 555	27 621	4 795
85	H01_bu－7_14－56－53.fsa	264	264.51	39	566	5 419
86	H02_bu－7_14－56－53.fsa	243	243.92	370	4 454	5 169
87	H03_bu－7_15－37－01.fsa	267	266.57	167	1 552	5 388
88	H04_bu－7_15－37－01.fsa	264	264.59	601	7 256	5 468
89	H05_bu－7_16－17－11.fsa	267	267.4	321	3 826	5 476
90	H06_bu－7_16－17－11.fsa	267	267.51	189	2 340	5 547
91	H07_bu－7_16－57－24.fsa	267	267.37	1 111	13 142	5 483
92	H08_bu－7_16－57－24.fsa	264	264.55	618	7 446	5 511
93	H09_bu－7_17－37－40.fsa	264	264.47	135	1 839	5 465
94	H10_bu－7_17－37－40.fsa	267	267.3	434	5 110	5 474
95	H11_bu－7_18－18－14.fsa	264	264.43	80	983	5 296
96	H12_bu－7_18－18－14.fsa	273	272.98	1 687	19 223	5 390
97	A01_bu－5_24－47－36.fsa	273	272.28	796	9 465	5 424
98	A02_bu－5_24－47－36.fsa	273	272.78	1 876	18 355	5 294
99	A03_bu－5_01－27－48.fsa	273	273.13	4 969	66 766	5 377

（续）

资源序号	样本名 （sample file name）	等位基因位点 （allele，bp）	大小 （size，bp）	高度 （height，RFU）	面积 （area，RFU）	数据取值点 （data point，RFU）
100	A04_bu－5_01－27－48. fsa	243	242.89	4 972	57 408	5 062
101	A05_bu－5_02－07－59. fsa	234	234.15	1 059	9 624	5 033
102	A06_bu－5_02－07－59. fsa	270	270.34	1 000	12 163	5 448
103	A07_bu－5_02－48－07. fsa	999				
104	A08_bu－5_02－48－07. fsa	270	269.47	3 418	48 074	5 487
105	A09_bu－5_03－28－14. fsa	264	264.67	7 247	113 455	5 375
106	A10_bu－5_03－28－14. fsa	999				
107	A11_bu－5_04－08－22. fsa	228	228.11	1 051	8 242	4 721
108	A12_bu－5_04－08－22. fsa	267	267.41	2 767	33 186	5 583
109	B01_bu－5_24－47－36. fsa	228	228.21	96	877	5 339
110	B02_bu－5_24－47－36. fsa	234	234.7	3 112	26 169	5 072
111	B03_bu－5_01－27－48. fsa	264	263.63	834	9 908	5 268
112	B04_bu－5_01－27－48. fsa	267	266.52	2 101	26 706	5 351
113	B05_bu－5_02－07－59. fsa	267	267.41	5 884	92 304	5 332
114	B06_bu－5_02－07－59. fsa	267	266.6	2 118	32 271	5 371
115	B07_bu－5_02－48－07. fsa	273	272.25	5 257	69 776	5 441
116	B08_bu－5_02－48－07. fsa	999				
117	B09_bu－5_03－28－14. fsa	999				
118	B10_bu－5_03－28－14. fsa	234	234.1	1 820	18 032	5 378
119	B11_bu－5_04－08－22. fsa	234	234.13	1 521	16 524	5 211
120	B12_bu－5_04－08－22. fsa	999				
121	C01_bu－5_24－47－36. fsa	234	233.89	1 601	11 528	5 129
122	C02_bu－5_24－47－36. fsa	270	269.42	1 117	23 872	5 420
123	C03_bu－5_01－27－48. fsa	999				
124	C04_bu－5_01－27－48. fsa	267	266.53	954	12 017	5 329
125	C05_bu－5_02－07－59. fsa	228	227.99	1 026	9 764	4 991

（续）

资源序号	样本名 （sample file name）	等位基因位点 （allele，bp）	大小 （size，bp）	高度 （height，RFU）	面积 （area，RFU）	数据取值点 （data point，RFU）
126	C06_bu－5_02－07－59. fsa	264	263.67	3 634	50 242	5 318
127	C07_bu－5_02－48－07. fsa	264	264.47	3 010	30 198	5 325
128	C08_bu－5_02－48－07. fsa	264	263.68	3 228	54 706	5 376
129	C09_bu－5_03－28－14. fsa	237	237.64	3 160	38 750	5 035
	C09_bu－5_03－28－14. fsa	262	261.73	2 153	24 889	5 346
130	C10_bu－5_03－28－14. fsa	999				
131	C11_bu－5_04－08－22. fsa	234	233.97	3 223	9 566	4 857
132	C12_bu－5_04－08－22. fsa	999				
133	D01_bu－5_24－47－36. fsa	228	228.14	1 569	8 745	4 434
134	D02_bu－5_24－47－36. fsa	264	263.69	439	5 504	5 257
135	D03_bu－5_01－27－48. fsa	270	269.49	1 336	18 516	5 361
136	D04_bu－5_01－27－48. fsa	264	263.68	2 419	39 421	5 279
137	D05_bu－5_02－07－59. fsa	267	267.43	778	9 282	5 378
138	D06_bu－5_02－07－59. fsa	270	270.2	1 888	23 297	5 412
139	D07_bu－5_02－48－07. fsa	270	270.34	1 690	21 046	5 483
140	D08_bu－5_02－48－07. fsa	264	264.54	3 192	39 757	5 399
141	D09_bu－5_03－28－14. fsa	267	267.42	86	1 132	5 506
142	D10_bu－5_03－28－14. fsa	264	264.5	2 707	34 033	5 461
143	D11_bu－5_04－08－22. fsa	264	264.5	3 737	57 614	5 545
144	D12_bu－5_04－08－22. fsa	270	270.28	83	1 103	5 624
145	E01_bu－5_24－47－36. fsa	264	264.61	432	4 912	5 401
146	E02_bu－5_24－47－36. fsa	264	264.59	58	714	5 300
147	E03_bu－5_01－27－48. fsa	999				
148	E04_bu－5_01－27－48. fsa	270	270.27	358	4 272	5 374
149	E05_bu－5_02－07－59. fsa	243	243.91	481	5 476	5 073
	E05_bu－5_02－07－59. fsa	270	270.31	188	2 171	5 419

（续）

资源序号	样本名 （sample file name）	等位基因位点 （allele，bp）	大小 （size，bp）	高度 （height，RFU）	面积 （area，RFU）	数据取值点 （data point，RFU）
150	E06_bu-5_02-07-59.fsa	270	270.34	391	4 680	5 412
151	E07_bu-5_02-48-07.fsa	267	267.49	106	1 229	5 423
152	E08_bu-5_02-48-07.fsa	267	267.48	196	2 385	5 434
153	E09_bu-5_03-28-14.fsa	264	264.62	347	4 203	5 426
154	E10_bu-5_03-28-14.fsa	267	267.47	414	5 070	5 494
155	E11_bu-5_04-08-22.fsa	264	264.66	74	1 111	5 551
156	E12_bu-5_04-08-22.fsa	264	264.68	800	10 183	5 533
157	F01_bu-5_24-47-36.fsa	270	270.31	677	7 980	5 320
158	2012-04-13_3_A03.fsa	264	263.37	1 229	13 326	4 757
159	2012-04-13_4_A04.fsa	264	263.34	510	5 462	4 796
160	2012-04-13_8_A08.fsa	270	271.9	141	1 531	4 894
161	2012-04-13_9_A09.fsa	267	266.08	243	2 414	4 792
162	2012-04-13_12_A12.fsa	264	263.27	1 268	13 930	4 774
163	2012-04-13_14_B02.fsa	264	263.66	741	8 829	4 945
164	2012-04-13_16_B04.fsa	267	266.15	1 307	14 672	4 821
165	2012-04-13_17_B05.fsa	243	242.48	1 013	10 394	4 526
166	2012-04-13_17_B06.fsa	267	266.15	1 921	12 530	4 885
167	2012-04-13_21_B09.fsa	264	263.22	1 226	11 289	4 784
168	2012-04-13_22_B10.fsa	248	248.81	852	8 620	4 625
169	2012-04-13_23_B11.fsa	264	263.15	1 291	13 329	4 759
170	2012-04-13_24_B12.fsa	270	271.87	787	8 878	4 871
171	2012-04-13_26_C02.fsa	267	266.44	858	10 799	4 960
172	2012-04-13_29_C05.fsa	243	242.41	3 002	32 849	4 496
173	2012-04-13_31_C07.fsa	270	268.96	2 099	23 707	4 813
174	2012-04-13_32_C08.fsa	237	236.16	1 550	16 986	4 478
175	2012-04-13_34_C10.fsa	270	269.11	381	3 935	4 864

（续）

资源序号	样本名 （sample file name）	等位基因位点 （allele，bp）	大小 （size，bp）	高度 （height，RFU）	面积 （area，RFU）	数据取值点 （data point，RFU）
176	2012 - 04 - 13_35 _C11. fsa	264	263.2	431	4 682	4 728
177	2012 - 04 - 13_38 _D02. fsa	270	269.42	658	8 921	4 966
178	2012 - 04 - 13_40 _D04. fsa	270	272.03	793	9 153	4 887
179	2012 - 04 - 13_41 _D05. fsa	270	271.89	1 566	18 049	4 887
180	2012 - 04 - 13_42 _D06. fsa	243	242.47	2 279	24 226	4 531
181	2012 - 04 - 13_46 _D10. fsa	264	263.3	1 163	12 606	4 798
182	2012 - 04 - 13_47 _D11. fsa	267	266.15	294	3 276	4 811
183	2012 - 04 - 13_48 _D12. fsa	264	263.23	474	5 313	4 768
184	2012 - 04 - 13_51 _E03. fsa	275	274.94	678	8 045	4 937
185	2012 - 04 - 13_52 _E04. fsa	264	263.34	660	8 176	4 797
186	2012 - 04 - 13_53 _E05. fsa	260	260.51	1 642	18 214	4 745
187	2012 - 04 - 13_54 _E06. fsa	270	271.94	1 086	13 682	4 888
188	2012 - 04 - 13_56 _E08. fsa	270	271.87	3 106	33 848	4 905
189	2012 - 04 - 13_61 _F01. fsa	264	263.66	2 473	31 115	4 908
190	2012 - 04 - 13_62 _F02. fsa	264	263.73	1 323	17 555	4 933
191	2012 - 04 - 13_64 _F04. fsa	245	245.76	722	8 433	4 590
192	2012 - 04 - 13_67 _F07. fsa	245	245.58	4 229	44 281	4 590
193	2012 - 04 - 13_68 _F08. fsa	264	263.34	1 304	15 463	4 798
194	2012 - 04 - 13_69 _F09. fsa	267	266.19	3 407	35 978	4 834
195	2012 - 04 - 13_71 _F11. fsa	264	263.28	1 284	15 263	4 771
196	2012 - 04 - 13_72 _F12. fsa	260	260.49	772	9 266	4 742
197	2012 - 04 - 13_78 _G06. fsa	270	269.17	315	3 959	4 871
198	2012 - 04 - 13_83 _G11. fsa	270	269.03	463	5 466	4 859
199	2012 - 04 - 13_84 _G12. fsa	270	269.13	1 268	15 417	4 862
200	2012 - 04 - 13_85 _H01. fsa	264	261	973	12 863	4 978
201	2012 - 04 - 13_87 _H03. fsa	270	272.18	1 385	17 101	4 950

（续）

资源序号	样本名 （sample file name）	等位基因位点 （allele，bp）	大小 （size，bp）	高度 （height，RFU）	面积 （area，RFU）	数据取值点 （data point，RFU）
202	2012 - 04 - 13_88_H04. fsa	270	269. 36	239	3 073	4 965
203	2012 - 04 - 13_90_H06. fsa	270	269. 25	897	11 420	4 948
204	2012 - 04 - 13_92_H08. fsa	270	269. 24	2 722	31 248	4 966
205	2012 - 04 - 13_93_H09. fsa	267	266. 39	1 451	16 878	4 886
206	2012 - 04 - 13_94_H10. fsa	999				
207	2012 - 04 - 13_96_H12. fsa	999				

（续）

3 Satt197

资源序号	样本名 （sample file name）	等位基因位点 （allele，bp）	大小 （size，bp）	高度 （height，RFU）	面积 （area，RFU）	数据取值点 （data point，RFU）
1	A01_883－978_20－23－29. fsa	185	185.56	6 754	58 157	4 632
2	A02_883－978_20－23－29. fsa	185	185.7	5 657	64 656	4 720
3	A03_883－978_21－15－37. fsa	188	188.2	7 206	90 493	4 595
4	A04_883－978_21－15－37. fsa	188	187.63	7 029	53 093	4 657
5	A05_883－978_21－55－48. fsa	179	179.18	6 630	59 672	4 450
6	A06_883－978_21－55－48. fsa	173	173.06	7 380	51 100	4 439
7	A07_883－978_21－55－48. fsa	188	188.45	2 697	19 655	3 961
8	A08_883－978_22－35－59. fsa	188	187.59	7 001	49 421	4 664
9	A09_883－978_23－16－08. fsa	188	188.07	4 883	45 497	4 601
10	A10_883－978_23－16－08. fsa	179	179.68	6 766	79 064	4 571
11	A11_883－978_23－56－17. fsa	143	142.26	7 328	61 220	3 409
12	A12_883－978_23－56－17. fsa	147	147.21	4 272	36 972	4 123
	A12_883－978_23－56－17. fsa	173	173.1	7 388	55 418	4 489
13	B01_883－978_20－23－29. fsa	173	174.21	7 083	115 410	4 482
	B01_883－978_20－23－29. fsa	185	185.03	7 602	76 401	4 635
14	B02_883－978_20－23－29. fsa	173	173.87	5 955	68 588	4 545
15	B03_883－978_21－15－37. fsa	143	143.19	6 449	71 335	3 977
16	B04_883－978_21－15－37. fsa	143	142.99	7 634	57 819	4 014
17	B05_883－978_21－55－48. fsa	188	187.55	6 256	39 538	4 571
18	B06_883－978_21－55－48. fsa	179	179.57	7 036	53 833	4 527
19	B07_883－978_22－35－59. fsa	188	187.51	6 419	44 176	4 584
20	B08_883－978_22－35－59. fsa	173	174.32	7 577	78 284	4 462
21	B09_883－978_23－16－08. fsa	188	188.4	6 967	61 776	4 615
22	B10_883－978_23－16－08. fsa	188	188.02	154	1 438	4 682

（续）

资源序号	样本名 （sample file name）	等位基因位点 （allele，bp）	大小 （size，bp）	高度 （height，RFU）	面积 （area，RFU）	数据取值点 （data point，RFU）
23	B11_883 - 978_23 - 56 - 17. fsa	185	184.79	7 300	90 609	4 580
24	B12_883 - 978_23 - 56 - 17. fsa	173	173.75	6 203	68 347	4 490
25	C01_883 - 978_20 - 23 - 29. fsa	188	188.72	6 843	78 464	4 660
26	C02_883 - 978_20 - 23 - 29. fsa	188	188	401	3 917	4 747
27	C03_883 - 978_21 - 15 - 37. fsa	173	173.56	7 297	65 170	4 375
28	C04_883 - 978_21 - 15 - 37. fsa	173	173.55	7 544	96 480	4 432
29	C05_883 - 978_21 - 15 - 38. fsa	182	183.2	7 641	95 794	4 786
30	C06_883 - 978_21 - 55 - 48. fsa	188	188.23	7 281	60 043	4 646
31	C07_883 - 978_22 - 35 - 59. fsa	173	173.53	7 637	90 606	4 392
32	C08_883 - 978_22 - 35 - 59. fsa	173	173.47	7 764	89 117	4 440
33	C09_883 - 978_23 - 16 - 08. fsa	173	173.31	5 148	49 996	4 394
34	C10_883 - 978_23 - 16 - 08. fsa	179	179.6	6 772	52 320	4 537
35	C11_883 - 978_23 - 56 - 17. fsa	179	179.83	6 946	76 120	4 486
36	C12_883 - 978_23 - 56 - 17. fsa	179	179.55	7 114	90 566	4 566
37	D01_883 - 978_20 - 23 - 29. fsa	188	187.88	7 052	85 948	4 723
	D01_883 - 978_20 - 23 - 29. fsa	195	194.9	7 434	82 024	4 812
38	D02_883 - 978_20 - 23 - 30. fsa	173	174.27	3 007	30 563	4 635
	D02_883 - 978_20 - 23 - 31. fsa	185	185.99	2 759	28 200	4 808
39	D03_883 - 978_21 - 15 - 37. fsa	173	173.38	4 447	41 026	4 428
	D03_883 - 978_21 - 15 - 37. fsa	179	179.25	4 442	42 330	4 512
40	D04_883 - 978_21 - 15 - 37. fsa	173	173.03	7 327	56 166	4 423
41	D05_883 - 978_21 - 55 - 48. fsa	173	173.12	7 712	93 737	4 419
42	D06_883 - 978_21 - 55 - 48. fsa	173	173.01	7 258	59 049	4 421
	D06_883 - 978_21 - 55 - 48. fsa	179	179.16	6 427	62 095	4 511
43	D07_883 - 978_22 - 35 - 59. fsa	179	179.3	286	2 003	4 517
44	D08_883 - 978_22 - 35 - 59. fsa	185	185.04	437	4 175	4 607

（续）

资源序号	样本名 （sample file name）	等位基因位点 （allele，bp）	大小 （size，bp）	高度 （height，RFU）	面积 （area，RFU）	数据取值点 （data point，RFU）
45	D09_883 - 978_23 - 16 - 08. fsa	185	185.06	331	3 217	4 616
46	D10_883 - 978_23 - 16 - 08. fsa	182	182.15	902	9 020	4 583
47	D11_883 - 978_23 - 56 - 17. fsa	182	181.94	7 600	93 278	4 588
	D11_883 - 978_23 - 56 - 17. fsa	188	188.05	4 798	45 542	4 676
48	D12_883 - 978_23 - 56 - 17. fsa	173	173.64	7 504	99 315	4 474
49	E01_883 - 978_20 - 23 - 29. fsa	188	188.34	7 676	96 136	4 733
50	E02_883 - 978_20 - 23 - 29. fsa	173	173.47	7 878	91 233	4 520
51	E03_883 - 978_20 - 23 - 30. fsa	179	179.01	5 638	54 170	4 557
52	E04_883 - 978_21 - 15 - 37. fsa	185	186.13	7 359	86 667	4 612
53	E05_883 - 978_21 - 55 - 48. fsa	188	187.98	3 343	31 364	4 621
54	E06_883 - 978_21 - 55 - 48. fsa	182	182.32	7 834	92 220	4 554
55	E07_883 - 978_22 - 35 - 59. fsa	167	167.37	1 501	14 115	4 346
56	E08_883 - 978_22 - 35 - 59. fsa	173	173.3	295	2 888	4 434
57	E09_883 - 978_22 - 35 - 60. fsa	185	185.73	5 538	53 762	4 610
58	E10_883 - 978_23 - 16 - 08. fsa	188	188.23	7 638	101 776	4 670
59	E11_883 - 978_23 - 56 - 17. fsa	179	179.54	7 553	97 357	4 554
60	E12_883 - 978_23 - 56 - 17. fsa	179	179.44	7 726	94 247	4 558
61	F01_883 - 978_20 - 23 - 29. fsa	188	188.36	7 711	102 601	4 705
62	F02_883 - 978_20 - 23 - 29. fsa	173	173.45	1 083	10 792	4 504
63	F03_883 - 978_20 - 23 - 30. fsa	188	188.72	7 587	89 400	4 700
64	F04_883 - 978_20 - 23 - 31. fsa	173	172.98	7 771	79 373	4 482
65	F05_883 - 978_21 - 55 - 48. fsa	173	173.37	1 063	10 421	4 397
66	F06_883 - 978_21 - 55 - 48. fsa	182	182.29	7 722	88 680	4 537
67	F07_883 - 978_22 - 35 - 59. fsa	188	188.01	1 634	15 910	4 614
68	F08_883 - 978_22 - 35 - 59. fsa	185	185.14	6 423	62 326	4 588
69	F09_883 - 978_23 - 16 - 08. fsa	185	185.06	1 773	17 089	4 590

（续）

资源序号	样本名 （sample file name）	等位基因位点 （allele，bp）	大小 （size，bp）	高度 （height，RFU）	面积 （area，RFU）	数据取值点 （data point，RFU）
70	F10_883 - 978_23 - 16 - 08. fsa	188	188.3	7 322	57 649	4 650
71	F11_883 - 978_23 - 56 - 17. fsa	185	185.13	1 482	14 474	4 607
72	F12_883 - 978_23 - 56 - 17. fsa	188	188.08	7 667	83 773	4 666
73	G01_883 - 978_20 - 23 - 29. fsa	188	188.17	7 807	85 704	4 724
74	G02_883 - 978_20 - 23 - 30. fsa	185	184.79	7 547	73 815	4 682
75	G03_883 - 978_20 - 23 - 31. fsa	185	184.73	1 501	14 645	4 707
76	G04_883 - 978_21 - 15 - 37. fsa	188	188.23	7 777	93 267	4 633
77	G05_883 - 978_21 - 55 - 48. fsa	188	188.05	1 303	12 460	4 618
78	G06_883 - 978_21 - 55 - 48. fsa	143	142.74	7 751	78 675	3 994
79	G07_883 - 978_22 - 35 - 59. fsa	179	179.25	3 670	34 686	4 504
80	G08_883 - 978_22 - 35 - 59. fsa	173	173.39	702	6 982	4 425
81	G09_883 - 978_23 - 16 - 08. fsa	173	173.39	609	5 803	4 437
82	G10_883 - 978_23 - 16 - 09. fsa	173	174.1	7 646	95 763	4 581
83	G11_883 - 978_23 - 56 - 17. fsa	185	185.11	6 002	57 572	4 621
84	G12_883 - 978_23 - 56 - 17. fsa	179	179.29	1 465	14 333	4 544
85	H01_883 - 978_20 - 23 - 29. fsa	143	141.99	7 425	79 448	3 424
86	H02_883 - 978_20 - 23 - 29. fsa	173	173.54	355	3 723	4 613
87	H03_883 - 978_21 - 15 - 37. fsa	185	185.18	6 324	63 031	4 627
88	H04_883 - 978_21 - 15 - 37. fsa	173	173.4	205	2 104	4 523
89	H05_883 - 978_21 - 55 - 48. fsa	188	188.08	3 606	35 688	4 665
90	H06_883 - 978_21 - 55 - 48. fsa	188	188.16	2 245	22 985	4 736
91	H07_883 - 978_22 - 35 - 59. fsa	188	188.11	4 389	44 365	4 674
92	H08_883 - 978_22 - 35 - 59. fsa	188	188.1	2 326	23 590	4 745
93	H09_883 - 978_23 - 16 - 08. fsa	188	188.19	131	1 325	4 694
94	H10_883 - 978_23 - 16 - 08. fsa	188	188.08	201	2 052	4 764
95	H11_883 - 978_23 - 56 - 17. fsa	182	182.29	642	6 600	4 626

（续）

资源序号	样本名 （sample file name）	等位基因位点 （allele，bp）	大小 （size，bp）	高度 （height，RFU）	面积 （area，RFU）	数据取值点 （data point，RFU）
96	H12_883 - 978_23 - 56 - 17. fsa	188	188. 18	2 711	28 023	4 783
97	A01_979 - 1039_01 - 17 - 01. fsa	134	134. 42	7 018	53 620	4 684
98	A02_979 - 1039_01 - 17 - 01. fsa	200	200. 44	5 656	59 028	5 074
99	A03_979 - 1039_01 - 17 - 00. fsa	200	200. 77	6 564	111 537	4 826
100	A04_979 - 1039_01 - 17 - 00. fsa	188	188. 91	6 097	54 049	4 760
101	A05_979 - 1039_01 - 57 - 11. fsa	188	188. 37	7 103	57 068	4 669
102	A06_979 - 1039_01 - 57 - 11. fsa	188	188. 77	7 073	133 905	4 771
103	A07_979 - 1039_02 - 37 - 20. fsa	188	187. 65	6 911	46 790	4 673
104	A08_979 - 1039_02 - 37 - 20. fsa	143	143. 42	7 365	89 249	4 134
105	A09_979 - 1039_03 - 17 - 26. fsa	188	188. 43	6 528	70 364	4 708
106	A10_979 - 1039_03 - 17 - 26. fsa	185	185. 27	7 475	88 981	4 752
107	A11_979 - 1039_03 - 57 - 32. fsa	999				
108	A12_979 - 1039_03 - 57 - 32. fsa	188	187. 73	7 043	50 767	4 799
109	B01_979 - 1039_24 - 36 - 28. fsa	179	179. 18	4 787	43 100	4 523
110	B02_979 - 1039_24 - 36 - 28. fsa	185	184. 75	7 487	53 312	4 668
111	B03_979 - 1039_01 - 17 - 00. fsa	179	178. 94	7 162	120 197	4 542
112	B04_979 - 1039_01 - 17 - 00. fsa	188	188. 42	7 013	59 128	4 745
113	B05_979 - 1039_01 - 57 - 11. fsa	179	179. 93	6 349	111 885	4 564
114	B06_979 - 1039_01 - 57 - 11. fsa	179	179. 61	7 236	131 595	4 629
115	B07_979 - 1039_02 - 37 - 20. fsa	134	134. 59	7 417	64 583	3 951
116	B08_979 - 1039_02 - 37 - 20. fsa	134	133. 97	7 323	89 110	3 984
117	B09_979 - 1039_03 - 17 - 26. fsa	188	187. 57	6 638	45 191	4 693
118	B10_979 - 1039_03 - 17 - 26. fsa	188	188. 42	6 854	54 913	4 795
119	B11_979 - 1039_03 - 57 - 32. fsa	188	188. 34	7 420	58 505	4 713
120	B12_979 - 1039_03 - 57 - 32. fsa	185	185. 08	7 714	77 019	4 759
121	C01_979 - 1039_24 - 36 - 28. fsa	188	188. 28	7 296	54 291	4 633

（续）

资源序号	样本名 （sample file name）	等位基因位点 （allele，bp）	大小 （size，bp）	高度 （height，RFU）	面积 （area，RFU）	数据取值点 （data point，RFU）
122	C02_979-1039_24-36-28. fsa	179	179.54	7 424	59 185	4 580
123	C03_979-1039_01-17-00. fsa	134	133.39	7 229	69 928	3 885
	C03_979-1039_01-17-00. fsa	185	184.85	7 423	100 390	4 597
134	C04_979-1039_01-17-00. fsa	134	133.47	7 662	88 843	3 938
	C04_979-1039_01-17-00. fsa	185	184.89	7 610	96 788	4 682
125	C05_979-1039_01-57-11. fsa	182	182.47	7 542	55 373	4 568
126	C06_979-1039_01-57-11. fsa	134	133.75	7 568	59 178	3 954
127	C07_979-1039_02-37-20. fsa	179	179.53	7 233	60 886	4 547
128	C08_979-1039_02-37-20. fsa	182	182.4	6 972	67 692	4 686
129	C09_979-1039_03-17-26. fsa	143	142.4	7 256	88 826	4 038
	C09_979-1039_03-17-26. fsa	182	182.21	5 136	48 291	4 593
130	C10_979-1039_03-17-26. fsa	143	142.9	7 706	96 362	4 113
131	C11_979-1039_03-17-27. fsa	173	174.38	6 819	60 888	4 458
	C11_979-1039_03-17-27. fsa	188	188.94	6 893	60 525	4 676
132	C12_979-1039_03-17-27. fsa	188	189.14	2 013	20 183	4 753
133	D01_979-1039_24-36-28. fsa	173	173.38	7 624	72 653	4 492
134	D02_979-1039_24-36-28. fsa	182	182.12	6 647	64 776	4 626
135	D03_979-1039_01-17-00. fsa	143	143.55	7 381	88 150	4 085
136	D04_979-1039_01-17-00. fsa	143	142.61	6 868	65 007	4 068
	D04_979-1039_01-17-00. fsa	179	179.08	7 017	84 683	4 592
137	D05_979-1039_01-57-11. fsa	188	188.33	7 192	91 607	4 727
138	D06_979-1039_01-57-11. fsa	188	188.03	2 238	22 017	4 738
139	D07_979-1039_02-37-20. fsa	173	173.52	7 534	84 920	4 527
140	D08_979-1039_02-37-20. fsa	188	188.05	7 524	82 377	4 756
141	D09_979-1039_03-17-26. fsa	188	188.99	5 522	53 716	4 771
142	D10_979-1039_03-17-26. fsa	185	186.18	7 395	84 483	4 745

（续）

资源序号	样本名 （sample file name）	等位基因位点 （allele，bp）	大小 （size， bp）	高度 （height， RFU）	面积 （area， RFU）	数据取值点 （data point， RFU）
143	D11_979 - 1039_03 - 57 - 32. fsa	188	187. 64	6 702	46 951	4 767
144	D12_979 - 1039_03 - 57 - 32. fsa	188	187. 09	34	367	4 774
145	E01_979 - 1039_24 - 36 - 28. fsa	182	181. 95	7 411	92 711	4 607
146	E02_979 - 1039_24 - 36 - 28. fsa	143	143. 71	4 497	47 363	4 065
	E02_979 - 1039_24 - 36 - 28. fsa	173	173. 42	6 345	61 139	4 486
147	E03_979 - 1039_01 - 17 - 00. fsa	173	174. 27	5 823	55 870	4 508
148	E04_979 - 1039_01 - 17 - 00. fsa	179	180. 16	3 473	35 494	4 605
	E04_979 - 1039_01 - 17 - 00. fsa	185	186. 07	6 105	59 656	4 693
149	E05_979 - 1039_01 - 57 - 11. fsa	179	180. 2	4 032	38 514	4 611
	E05_979 - 1039_01 - 57 - 11. fsa	188	188. 03	1 936	18 370	4 724
150	E06_979 - 1039_01 - 57 - 11. fsa	182	182. 13	6 816	67 413	4 648
151	E07_979 - 1039_02 - 37 - 20. fsa	173	173. 23	7 483	86 778	4 531
152	E08_979 - 1039_02 - 37 - 20. fsa	173	173. 51	7 558	83 762	4 536
153	E09_979 - 1039_03 - 17 - 26. fsa	188	189	7 160	69 571	4 767
154	E10_979 - 1039_03 - 17 - 26. fsa	185	186. 09	7 422	77 149	4 741
155	E11_979 - 1039_03 - 57 - 32. fsa	188	187. 91	7 292	91 625	4 760
156	E12_979 - 1039_03 - 57 - 32. fsa	188	187. 87	7 414	92 493	4 782
157	F01_979 - 1039_24 - 36 - 28. fsa	179	180. 22	6 379	59 858	4 560
158	2012 - 04 - 11_3_A03. fsa	179	178. 89	5 438	43 992	3 962
159	2012 - 04 - 11_4_A04. fsa	182	181. 85	646	5 444	4 027
160	2012 - 04 - 11_8_A08. fsa	200	199. 34	2 005	16 198	4 239
161	2012 - 04 - 11_9_A09. fsa	134	134. 29	2 097	18 625	3 761
162	2012 - 04 - 11_12_A12. fsa	188	187. 74	4 894	39 632	4 104
163	2012 - 04 - 11_14_B02. fsa	173	173. 17	2 860	24 296	4 046
164	2012 - 04 - 11_16_B04. fsa	179	178. 88	5 893	48 679	3 978
165	2012 - 04 - 11_17_B05. fsa	179	178. 84	7 549	65 175	3 967

（续）

资源序号	样本名 （sample file name）	等位基因位点 （allele，bp）	大小 （size， bp）	高度 （height， RFU）	面积 （area， RFU）	数据取值点 （data point， RFU）
166	2012 - 04 - 11_17_B06. fsa	185	185. 42	7 359	60 434	4 678
167	2012 - 04 - 11_21_B09. fsa	173	173. 07	7 609	63 294	3 917
168	2012 - 04 - 11_22_B10. fsa	185	184. 67	3 993	32 923	4 062
169	2012 - 04 - 11_23_B11. fsa	182	181. 71	6 132	48 599	4 022
170	2012 - 04 - 11_24_B12. fsa	202	202. 46	3 809	31 764	4 274
171	2012 - 04 - 11_26_C02. fsa	134	133. 04	7 540	79 323	3 533
172	2012 - 04 - 11_29_C05. fsa	179	178. 86	6 109	49 190	3 936
173	2012 - 04 - 11_31_C07. fsa	143	142. 19	7 468	75 281	3 512
174	2012 - 04 - 11_32_C08. fsa	173	172. 98	4 426	36 231	3 902
175	2012 - 04 - 11_34_C10. fsa	173	173. 04	4 858	39 886	3 913
176	2012 - 04 - 11_35_C11. fsa	179	178. 97	3 821	31 052	3 954
177	2012 - 04 - 11_38_D02. fsa	188	187. 85	2 163	18 340	4 195
178	2012 - 04 - 11_40_D04. fsa	200	199. 35	2 914	24 581	4 229
179	2012 - 04 - 11_41_D05. fsa	173	173. 04	6 846	54 975	3 912
180	2012 - 04 - 11_42_D06. fsa	173	173. 02	5 942	48 862	3 891
181	2012 - 04 - 11_46_D10. fsa	179	178. 86	6 066	50 061	3 988
182	2012 - 04 - 11_47_D11. fsa	173	173. 05	3 818	30 190	3 924
183	2012 - 04 - 11_48_D12. fsa	173	172. 98	4 492	36 829	3 909
184	2012 - 04 - 11_51_E03. fsa	182	181. 91	2 163	17 969	4 037
185	2012 - 04 - 11_52_E04. fsa	200	199. 35	1 911	16 309	4 238
186	2012 - 04 - 11_53_E05. fsa	134	133. 19	5 871	47 427	3 438
187	2012 - 04 - 11_54_E06. fsa	173	173	1 711	14 407	3 901
188	2012 - 04 - 11_56_E08. fsa	200	199. 35	1 293	11 132	4 242
189	2012 - 04 - 11_61_F01. fsa	143	142. 6	303	2 468	3 650
190	2012 - 04 - 11_62_F02. fsa	143	142. 57	1 268	11 027	3 659
191	2012 - 04 - 11_64_F04. fsa	188	187. 77	2 346	20 002	4 091

（续）

资源序号	样本名 （sample file name）	等位基因位点 （allele，bp）	大小 （size，bp）	高度 （height，RFU）	面积 （area，RFU）	数据取值点 （data point，RFU）
192	2012 - 04 - 11_67_F07. fsa	188	187. 71	3 209	26 778	4 095
193	2012 - 04 - 11_68_F08. fsa	185	184. 79	2 358	20 027	4 058
194	2012 - 04 - 11_69_F09. fsa	200	199. 35	3 443	29 038	4 244
195	2012 - 04 - 11_71_F11. fsa	185	184. 71	3 228	27 005	4 058
196	2012 - 04 - 11_72_F12. fsa	134	133. 2	7 622	68 051	3 436
197	2012 - 04 - 11_78_G06. fsa	188	187. 74	1 680	14 357	4 100
198	2012 - 04 - 11_83_G11. fsa	179	178. 94	2 301	19 253	4 007
199	2012 - 04 - 11_84_G12. fsa	185	184. 87	3 766	32 034	4 076
200	2012 - 04 - 11_85_H01. fsa	173	173. 32	1 900	16 730	4 105
	2012 - 04 - 11_85_H01. fsa	200	199. 61	973	8 846	4 441
201	2012 - 04 - 11_87_H03. fsa	161	161. 36	6 172	51 718	3 814
202	2012 - 04 - 11_87_H04. fsa	999				
203	2012 - 04 - 11_90_H06. fsa	185	184. 82	4 114	35 616	4 133
204	2012 - 04 - 11_92_H08. fsa	173	173. 18	4 309	37 626	3 999
205	2012 - 04 - 11_93_H09. fsa	188	187. 78	1 111	9 542	4 147
206	2012 - 04 - 11_94_H10. fsa	185	184. 9	3 626	31 524	4 155
207	2012 - 04 - 11_96_H12. fsa	185	184. 86	3 349	28 863	4 148

4 Satt556

资源序号	样本名 （sample file name）	等位基因位点 （allele，bp）	大小 （size，bp）	高度 （height，RFU）	面积 （area，RFU）	数据取值点 （data point，RFU）
1	A01_883－978_10－58－05. fsa	209	209. 96	7 087	107 144	4 977
2	A02_883－978_10－58－05. fsa	209	209. 44	7 625	110 649	5 085
3	A03_883－978_11－50－36. fsa	164	164. 76	7 228	58 387	4 230
4	A04_883－978_11－50－36. fsa	161	161. 39	7 749	95 556	4 254
5	A05_883－978_12－30－51. fsa	209	209. 87	7 047	56 998	4 813
6	A06_883－978_12－30－51. fsa	164	164. 38	4 818	52 123	4 269
	A06_883－978_12－30－51. fsa	209	209. 46	6 121	70 084	4 905
7	A07_883－978_13－11－02. fsa	209	209. 74	7 132	97 036	4 797
8	A08_883－978_13－11－02. fsa	209	209. 49	3 946	43 690	4 894
9	A09_883－978_13－51－12. fsa	170	170. 06	1 394	15 064	4 247
	A09_883－978_13－51－12. fsa	209	209. 04	6 209	53 328	4 770
10	A10_883－978_13－51－12. fsa	161	161. 12	7 614	115 080	4 196
11	A11_883－978_14－31－19. fsa	164	164. 59	7 106	111 870	4 162
12	A12_883－978_14－31－19. fsa	161	161. 2	7 623	115 837	4 180
13	B01_883－978_10－58－05. fsa	161	161. 82	7 606	104 048	4 323
	B01_883－978_10－58－05. fsa	209	209. 73	3 052	37 312	4 995
14	B02_883－978_10－58－05. fsa	161	161. 06	6 226	54 664	3 633
15	B03_883－978_11－50－36. fsa	161	161. 58	7 747	88 534	4 197
16	B04_883－978_11－50－36. fsa	164	164. 54	287	3 088	4 288
17	B05_883－978_12－30－51. fsa	161	161. 16	7 443	61 289	4 162
18	B06_883－978_12－30－51. fsa	161	161. 52	4 322	44 509	4 216
	B06_883－978_12－30－51. fsa	209	209. 48	181	2 341	4 901
19	B07_883－978_13－11－02. fsa	209	209. 49	7 456	77 242	4 810
20	B08_883－978_13－11－02. fsa	161	161. 81	7 472	60 914	4 206

（续）

资源序号	样本名 （sample file name）	等位基因位点 （allele，bp）	大小 （size，bp）	高度 （height，RFU）	面积 （area，RFU）	数据取值点 （data point，RFU）
21	B09_883-978_13-51-12.fsa	161	161.75	7 236	57 601	4 146
22	B10_883-978_13-51-12.fsa	161	161.67	7 597	101 938	4 190
23	B11_883-978_14-31-19.fsa	170	170.11	3 827	42 949	4 245
	B11_883-978_14-31-19.fsa	209	209.63	7 468	95 669	4 773
24	B12_883-978_14-31-19.fsa	161	161.75	7 284	60 146	4 177
25	C01_883-978_10-58-05.fsa	209	209.88	7 519	104 097	4 973
26	C02_883-978_10-58-05.fsa	161	161.13	2 928	26 323	3 675
27	C03_883-978_11-50-36.fsa	161	161.5	7 687	82 613	4 171
28	C04_883-978_11-50-36.fsa	161	161.79	7 672	115 080	4 235
29	C05_883-978_12-30-51.fsa	161	161.52	7 669	80 413	4 143
30	C06_883-978_12-30-51.fsa	161	161.38	7 697	89 316	4 202
31	C07_883-978_13-11-02.fsa	164	164.55	809	8 332	4 180
32	C08_883-978_13-11-02.fsa	164	163.47	2 914	29 636	4 219
	C08_883-978_13-11-02.fsa	209	208.51	2 263	24 539	4 861
33	C09_883-978_13-51-12.fsa	170	170.08	2 528	28 669	4 235
	C09_883-978_13-51-12.fsa	209	209.54	7 337	83 516	4 768
34	C10_883-978_13-51-12.fsa	161	161.67	7 584	105 506	4 178
	C10_883-978_13-51-12.fsa	197	196.89	5 087	69 432	4 686
35	C11_883-978_14-31-19.fsa	170	170.1	1 549	17 499	4 225
	C11_883-978_14-31-19.fsa	209	209.57	7 452	94 898	4 756
36	C12_883-978_14-31-19.fsa	170	170.92	1 416	17 760	4 285
	C12_883-978_14-31-19.fsa	200	200.29	7 293	60 387	4 674
37	D01_883-978_10-58-05.fsa	161	161.71	7 652	93 202	4 367
	D01_883-978_10-58-05.fsa	209	209.72	5 137	62 399	5 062
38	D02_883-978_10-58-06.fsa	161	161.23	181	1 643	4 226

（续）

资源序号	样本名 （sample file name）	等位基因位点 （allele，bp）	大小 （size，bp）	高度 （height，RFU）	面积 （area，RFU）	数据取值点 （data point，RFU）
39	D03_883-978_11-50-36.fsa	161	161.61	4 559	48 777	4 239
	D03_883-978_11-50-36.fsa	197	197	1 476	16 860	4 745
40	D04_883-978_11-50-36.fsa	209	209.54	5 170	59 240	4 916
41	D05_883-978_11-50-36.fsa	999				
42	D06_883-978_12-30-51.fsa	164	164.44	2 574	28 132	4 242
	D06_883-978_12-30-51.fsa	209	209.5	2 695	32 279	4 883
43	D07_883-978_13-11-02.fsa	161	161.63	7 646	94 060	4 197
44	D08_883-978_13-11-02.fsa	161	161.47	6 922	75 156	4 185
45	D09_883-978_13-51-12.fsa	161	161.78	7 418	65 156	4 184
46	D10_883-978_13-51-12.fsa	161	161.54	1 629	18 091	4 234
47	D11_883-978_14-31-19.fsa	161	161.5	3 714	39 822	4 168
48	D12_883-978_14-31-19.fsa	161	161.62	7 725	93 092	4 161
49	E01_883-978_10-58-05.fsa	161	161.66	7 317	80 444	4 372
50	E02_883-978_10-58-05.fsa	164	163.68	2 792	29 523	4 380
51	E03_883-978_10-58-06.fsa	209	209.09	5 429	54 480	4 914
52	E04_883-978_10-58-07.fsa	209	209.11	498	5 363	4 921
53	E05_883-978_12-30-51.fsa	209	208.62	476	4 885	4 861
54	E06_883-978_12-30-51.fsa	161	160.56	2 629	26 721	4 188
55	E07_883-978_12-30-52.fsa	209	209.12	7 521	84 628	4 981
56	E08_883-978_13-11-02.fsa	164	164.39	5 788	62 576	4 229
57	E09_883-978_13-51-12.fsa	161	161.51	7 593	87 723	4 184
58	E10_883-978_13-51-12.fsa	161	160.56	3 417	34 912	4 160
59	E11_883-978_14-31-19.fsa	161	161.52	6 579	70 564	4 164
60	E12_883-978_14-31-19.fsa	212	212.63	2 331	25 115	4 874
61	F01_883-978_10-58-05.fsa	209	209.76	2 014	22 941	5 033
62	F02_883-978_10-58-05.fsa	161	161.63	6 420	78 726	4 333

（续）

资源序号	样本名 （sample file name）	等位基因位点 （allele，bp）	大小 （size, bp）	高度 （height, RFU）	面积 （area, RFU）	数据取值点 （data point, RFU）
63	F03_883-978_11-50-36.fsa	209	208.66	1 402	14 706	4 870
64	F04_883-978_11-50-37.fsa	209	209.1	7 508	98 970	5 001
65	F05_883-978_12-30-51.fsa	161	161.49	7 594	84 417	4 183
66	F06_883-978_12-30-51.fsa	197	196.98	2 594	28 456	4 693
67	F07_883-978_13-11-02.fsa	209	209.53	2 892	33 043	4 834
68	F08_883-978_13-11-02.fsa	161	161.56	7 192	77 399	4 175
69	F09_883-978_13-51-12.fsa	209	208.45	2 166	22 281	4 804
70	F10_883-978_13-51-12.fsa	161	160.57	2 616	27 528	4 149
71	F11_883-978_14-31-19.fsa	209	209.5	7 244	82 342	4 802
72	F12_883-978_14-31-19.fsa	161	160.57	2 050	21 109	4 137
73	G01_883-978_10-58-05.fsa	161	161.66	4 492	49 463	4 360
74	G02_883-978_10-58-05.fsa	209	208.75	293	3 348	5 026
75	G03_883-978_10-58-06.fsa	209	209.16	596	6 353	5 091
76	G04_883-978_11-50-36.fsa	209	209.69	1 391	15 701	4 902
77	G05_883-978_12-30-51.fsa	161	161.57	7 096	76 542	4 200
78	G06_883-978_12-30-51.fsa	161	161.48	6 726	75 008	4 198
79	G07_883-978_13-11-02.fsa	161	160.65	2 392	24 612	4 174
80	G08_883-978_13-11-02.fsa	161	161.56	4 327	46 320	4 187
81	G09_883-978_13-51-12.fsa	161	161.51	7 801	90 789	4 173
82	G10_883-978_13-51-12.fsa	164	164.47	7 462	81 859	4 214
83	G11_883-978_14-31-19.fsa	161	160.5	2 403	24 461	4 147
84	G12_883-978_14-31-20.fsa	161	161.29	2 076	21 914	4 420
85	H01_883-978_10-58-05.fsa	164	164.68	5 319	60 314	4 447
86	H02_883-978_10-58-06.fsa	215	215.89	2 236	27 146	5 143
87	H03_883-978_11-50-36.fsa	161	161.54	5 521	60 516	4 268
88	H04_883-978_11-50-36.fsa	197	197.08	6 462	76 632	4 850

（续）

资源序号	样本名 （sample file name）	等位基因位点 （allele，bp）	大小 （size， bp）	高度 （height， RFU）	面积 （area， RFU）	数据取值点 （data point， RFU）
89	H05_883－978_12－30－51. fsa	209	208. 59	1 158	12 292	4 898
90	H06_883－978_12－30－51. fsa	209	209. 65	1 107	12 191	4 989
91	H07_883－978_13－11－02. fsa	209	209. 56	4 754	58 881	4 893
92	H08_883－978_13－11－02. fsa	209	209. 62	980	11 011	4 972
93	H09_883－978_13－51－12. fsa	161	161. 56	4 372	47 033	4 210
94	H10_883－978_13－51－12. fsa	209	209. 5	5 647	67 118	4 952
95	H11_883－978_14－31－19. fsa	161	161. 57	5 869	70 426	4 196
96	H12_883－978_14－31－19. fsa	212	211. 83	997	10 872	4 965
97	A01_979－1039_15－51－32. fsa	209	209. 12	1 073	11 005	4 871
98	A02_979－1039_15－51－33. fsa	212	212. 24	3 989	44 558	4 917
99	A03_979－1039_15－51－34. fsa	212	212. 21	4 011	75 877	4 859
100	A04_979－1039_15－51－34. fsa	212	212. 74	1 395	14 797	4 975
101	A05_979－1039_15－51－35. fsa	212	212. 25	1 954	20 300	5 021
102	A06_979－1039_16－31－39. fsa	212	212. 83	4 708	58 262	4 970
103	A07_979－1039_16－31－40. fsa	164	164. 7	59	802	4 447
104	A08_979－1039_17－11－46. fsa	161	160. 56	1 399	13 816	4 212
105	A09_979－1039_17－52－17. fsa	209	209. 56	6 871	82 081	4 839
106	A10_979－1039_17－52－18. fsa	161	161. 42	372	3 913	4 427
	A10_979－1039_17－52－19. fsa	164	164. 46	399	4 297	4 472
107	A11_979－1039_17－52－20. fsa	999				
108	A12_979－1039_18－32－23. fsa	209	209. 62	1 917	21 014	4 972
109	B01_979－1039_15－11－27. fsa	164	164. 4	2 738	34 684	4 458
110	B02_979－1039_15－11－28. fsa	209	208. 37	205	2 200	4 868
111	B03_979－1039_15－51－34. fsa	161	160. 51	2 889	28 472	4 174
112	B04_979－1039_15－51－34. fsa	197	196. 7	1 357	14 001	4 738

（续）

资源序号	样本名 （sample file name）	等位基因位点 （allele，bp）	大小 （size，bp）	高度 （height，RFU）	面积 （area，RFU）	数据取值点 （data point，RFU）
113	B05_979-1039_16-31-39.fsa	197	196.96	1 784	18 481	4 676
	B05_979-1039_16-31-39.fsa	209	209.46	2 936	30 331	4 837
114	B06_979-1039_16-31-39.fsa	197	196.97	2 627	27 940	4 752
115	B07_979-1039_17-11-46.fsa	161	160.51	4 142	40 573	4 155
116	B08_979-1039_17-11-47.fsa	209	208.38	290	2 840	4 891
117	B09_979-1039_17-52-17.fsa	209	208.46	1 187	12 155	4 836
118	B10_979-1039_17-52-18.fsa	209	209.27	3 810	44 590	4 913
119	B11_979-1039_18-32-23.fsa	209	209.52	1 154	11 726	4 875
120	B12_979-1039_18-32-23.fsa	161	160.54	238	2 686	4 261
121	C01_979-1039_15-11-28.fsa	161	160.51	462	4 547	4 114
122	C02_979-1039_15-11-28.fsa	209	208.43	1 440	14 709	4 858
123	C03_979-1039_15-11-29.fsa	161	161.26	394	4 065	4 329
124	C04_979-1039_15-11-30.fsa	164	164.25	756	8 175	4 334
125	C05_979-1039_15-11-31.fsa	197	196.69	599	6 361	4 893
126	C06_979-1039_16-31-39.fsa	161	160.48	1 346	14 314	4 211
127	C07_979-1039_17-11-46.fsa	191	190.96	1 938	19 802	4 556
128	C08_979-1039_17-11-46.fsa	161	161.39	5 304	55 723	4 194
129	C09_979-1039_17-52-17.fsa	161	161.5	7 554	82 562	4 173
130	C10_979-1039_17-52-18.fsa	161	161.08	124	1 822	4 427
131	C11_979-1039_17-52-19.fsa	999				
132	C12_979-1039_17-52-19.fsa	209	209.23	316	3 870	4 942
133	D01_979-1039_15-51-32.fsa	161	161.36	298	3 134	4 264
134	D02_979-1039_15-51-33.fsa	161	161.34	30	285	4 249
135	D03_979-1039_15-51-34.fsa	161	160.63	2 404	23 952	4 213
136	D04_979-1039_15-51-34.fsa	161	161.51	1 333	13 711	4 222
137	D05_979-1039_16-31-39.fsa	209	209.46	5 715	64 312	4 895

（续）

资源序号	样本名 （sample file name）	等位基因位点 （allele，bp）	大小 （size，bp）	高度 （height，RFU）	面积 （area，RFU）	数据取值点 （data point，RFU）
138	D06_979 - 1039_16 - 31 - 39. fsa	161	161.52	6 580	71 974	4 223
139	D07_979 - 1039_17 - 11 - 46. fsa	164	164.46	7 450	79 401	4 251
140	D08_979 - 1039_17 - 11 - 46. fsa	164	164.44	5 167	57 171	4 243
	D08_979 - 1039_17 - 11 - 46. fsa	209	209.51	1 602	22 411	4 883
141	D09_979 - 1039_17 - 52 - 17. fsa	197	196.98	2 572	28 951	4 743
142	D10_979 - 1039_17 - 52 - 17. fsa	161	161.52	1 472	16 147	4 234
143	D11_979 - 1039_18 - 32 - 23. fsa	164	164.53	1 796	19 709	4 299
144	D12_979 - 1039_18 - 32 - 23. fsa	164	163.49	1 173	12 120	4 285
145	E01_979 - 1039_15 - 11 - 28. fsa	161	161.5	135	1 546	4 188
146	E02_979 - 1039_15 - 11 - 28. fsa	161	161.54	4 028	44 386	4 183
147	E03_979 - 1039_15 - 51 - 34. fsa	161	161.57	1 454	15 193	4 233
	E03_979 - 1039_15 - 51 - 34. fsa	164	164.48	1 668	17 546	4 274
148	E04_979 - 1039_15 - 51 - 34. fsa	209	209.5	5 590	66 205	4 904
149	E05_979 - 1039_16 - 31 - 39. fsa	161	161.5	5 577	62 213	4 228
	E05_979 - 1039_16 - 31 - 39. fsa	209	209.57	1 688	19 005	4 889
150	E06_979 - 1039_16 - 31 - 39. fsa	161	161.45	7 593	90 416	4 223
151	E07_979 - 1039_17 - 11 - 46. fsa	161	161.43	7 642	90 565	4 207
152	E08_979 - 1039_17 - 11 - 46. fsa	161	161.53	6 936	79 704	4 195
153	E09_979 - 1039_17 - 52 - 17. fsa	209	209.5	5 793	65 342	4 896
154	E10_979 - 1039_17 - 52 - 17. fsa	209	209.47	3 223	38 997	4 919
155	E11_979 - 1039_18 - 32 - 23. fsa	161	161.55	3 742	44 400	4 268
	E11_979 - 1039_18 - 32 - 23. fsa	209	209.62	2 625	34 766	4 937
156	E12_979 - 1039_18 - 32 - 23. fsa	209	209.49	5 113	61 233	4 947
157	F01_979 - 1039_15 - 11 - 28. fsa	209	209.51	1 529	17 503	4 828
158	2012 - 04 - 13_3_A03. fsa	161	160.17	2 235	17 226	3 596
159	2012 - 04 - 13_4_A04. fsa	161	160.25	849	6 649	3 622

（续）

资源序号	样本名 （sample file name）	等位基因位点 （allele，bp）	大小 （size，bp）	高度 （height，RFU）	面积 （area，RFU）	数据取值点 （data point，RFU）
160	2012 - 04 - 13_8_A08. fsa	161	160. 17	633	4 790	3 615
161	2012 - 04 - 13_9_A09. fsa	161	160. 17	1 318	9 906	3 594
162	2012 - 04 - 13_12_A12. fsa	209	208. 89	235	1 991	4 174
163	2012 - 04 - 13_14_B02. fsa	164	163. 3	2 314	19 105	3 762
164	2012 - 04 - 13_16_B04. fsa	164	163. 14	919	7 221	3 641
	2012 - 04 - 13_16_B04. fsa	195	195. 53	331	2 759	4 029
165	2012 - 04 - 13_17_B05. fsa	209	207. 87	293	2 318	4 155
166	2012 - 04 - 13_17_B06. fsa	209	208. 88	740	7 076	4 215
167	2012 - 04 - 13_21_B09. fsa	195	195. 56	648	5 232	4 038
168	2012 - 04 - 13_22_B10. fsa	166	166. 1	594	4 708	3 679
169	2012 - 04 - 13_23_B11. fsa	161	160. 17	707	5 197	3 602
170	2012 - 04 - 13_24_B12. fsa	161	160. 17	1 563	12 226	3 589
171	2012 - 04 - 13_26_C02. fsa	172	172	681	5 587	3 854
172	2012 - 04 - 13_29_C05. fsa	161	160. 25	1 561	12 153	3 569
173	2012 - 04 - 13_31_C07. fsa	161	160. 08	1 391	10 749	3 579
174	2012 - 04 - 13_32_C08. fsa	161	160. 16	559	4 359	3 598
175	2012 - 04 - 13_34_C10. fsa	161	160. 16	214	1 713	3 603
176	2012 - 04 - 13_35_C11. fsa	161	160. 26	3 938	43 356	4 394
	2012 - 04 - 13_35_C11. fsa	209	208. 84	76	582	4 122
177	2012 - 04 - 13_38_D02. fsa	161	160. 24	306	2 425	3 687
178	2012 - 04 - 13_40_D04. fsa	164	163. 14	2 436	19 207	3 635
179	2012 - 04 - 13_41_D05. fsa	161	160. 17	3 523	27 628	3 610
180	2012 - 04 - 13_42_D06. fsa	161	160. 17	823	6 461	3 587
181	2012 - 04 - 13_46_D10. fsa	161	160. 16	771	6 005	3 606
182	2012 - 04 - 13_47_D11. fsa	161	160. 17	232	1 746	3 605
183	2012 - 04 - 13_48_D12. fsa	164	163. 07	415	3 325	3 621

（续）

资源序号	样本名 （sample file name）	等位基因位点 （allele，bp）	大小 （size，bp）	高度 （height，RFU）	面积 （area，RFU）	数据取值点 （data point，RFU）
184	2012 - 04 - 13_51_E03. fsa	161	160.25	824	6 618	3 635
185	2012 - 04 - 13_52_E04. fsa	161	160.16	694	5 456	3 610
186	2012 - 04 - 13_53_E05. fsa	161	160.17	590	4 534	3 612
187	2012 - 04 - 13_54_E06. fsa	191	190.72	112	894	3 954
188	2012 - 04 - 13_56_E08. fsa	164	163.13	1 675	13 287	3 646
189	2012 - 04 - 13_61_F01. fsa	166	166.28	4 659	39 075	3 780
190	2012 - 04 - 13_62_F02. fsa	164	163.24	2 107	17 670	3 756
191	2012 - 04 - 13_64_F04. fsa	164	163.24	300	2 526	3 648
192	2012 - 04 - 13_64_F07. fsa	161	160.25	493	3 975	3 611
193	2012 - 04 - 13_68_F08. fsa	161	161.15	177	1 421	3 622
194	2012 - 04 - 13_69_F09. fsa	161	160.25	3 363	27 281	3 617
195	2012 - 04 - 13_71_F11. fsa	161	160.17	380	3 042	3 597
196	2012 - 04 - 13_72_F12. fsa	161	160.25	217	1 640	3 596
197	2012 - 04 - 13_78_G06. fsa	164	163.31	98	866	3 655
198	2012 - 04 - 13_83_G11. fsa	209	208.11	155	2 926	3 528
199	2012 - 04 - 13_84_G12. fsa	209	207.99	141	1 138	4 177
200	2012 - 04 - 13_85_H01. fsa	164	163.36	1 863	16 037	3 826
	2012 - 04 - 13_85_H01. fsa	212	211.35	527	4 570	4 409
201	2012 - 04 - 13_87_H03. fsa	161	160.25	1 786	14 891	3 660
202	2012 - 04 - 13_88_H04. fsa	999				
203	2012 - 04 - 13_90_H06. fsa	209	208.06	211	1 784	4 251
204	2012 - 04 - 13_92_H08. fsa	209	207.94	646	5 538	4 265
205	2012 - 04 - 13_93_H09. fsa	209	207.95	81	697	4 228
206	2012 - 04 - 13_94_H10. fsa	161	160.32	1 498	12 350	3 694
207	2012 - 04 - 13_96_H12. fsa	161	160.24	495	4 041	3 725

5 Satt100

资源序号	样本名 (sample file name)	等位基因位点 (allele, bp)	大小 (size, bp)	高度 (height, RFU)	面积 (area, RFU)	数据取值点 (data point, RFU)
1	A01_883_11-25-19. fsa	141	140.86	1 830	15 581	3 800
2	A02_883_11-25-19. fsa	164	164.14	7 591	51 861	4 170
3	A03_883_12-16-50. fsa	144	145.39	7 527	89 909	3 774
4	A04_883_12-16-50. fsa	135	135.37	7 594	73 250	3 708
5	A05_883_12-56-58. fsa	141	142.03	7 562	90 565	3 724
6	A06_883_12-56-58. fsa	110	110.98	2 909	26 404	3 360
7	A07_883_13-37-03. fsa	141	141.78	5 546	50 418	3 717
8	A08_883_13-37-03. fsa	164	164.32	7 654	127 515	4 084
9	A09_883_14-17-07. fsa	164	164.3	7 685	75 591	3 988
10	A10_883_14-17-07. fsa	138	138.17	7 698	51 811	3 717
11	A11_883_14-57-10. fsa	138	138.46	7 660	70 381	3 664
12	A12_883_14-57-10. fsa	132	132.25	4 679	43 346	3 643
13	B01_883_11-25-19. fsa	138	138.7	7 542	70 001	3 779
14	B02_883_11-25-19. fsa	138	138.36	7 783	100 247	3 822
15	B03_883_12-16-50. fsa	138	138.92	7 457	55 317	3 702
	B03_883_12-16-50. fsa	141	141.62	7 667	89 933	3 735
16	B04_883_12-16-50. fsa	138	138.19	7 833	100 945	3 728
17	B05_883_12-56-58. fsa	132	132.37	4 519	40 885	3 611
18	B06_883_12-56-58. fsa	135	135.32	856	7 984	3 679
19	B07_883_13-37-03. fsa	132	132.33	1 011	12 514	3 643
20	B08_883_13-37-03. fsa	135	135.54	7 812	96 967	3 679
21	B09_883_14-17-07. fsa	141	141.8	2 903	26 432	3 715
22	B10_883_14-17-07. fsa	164	164.35	476	4 529	4 042
23	B11_883_14-57-10. fsa	110	110.96	2 009	19 260	3 309

（续）

资源序号	样本名 （sample file name）	等位基因位点 （allele，bp）	大小 （size，bp）	高度 （height，RFU）	面积 （area，RFU）	数据取值点 （data point，RFU）
24	B12_883_14-57-10. fsa	132	131.8	7 848	61 008	3 614
25	C01_883_11-25-19. fsa	164	164.59	1 812	16 818	4 111
26	C02_883_11-25-19. fsa	164	164.55	2 910	29 328	4 163
27	C03_883_12-16-50. fsa	132	132.23	6 641	61 755	3 597
28	C04_883_12-16-50. fsa	132	131.98	7 939	99 781	3 632
29	C05_883_12-56-58. fsa	132	132.19	6 640	60 985	3 584
30	C06_883_12-56-58. fsa	164	164.19	8 068	90 955	4 047
31	C07_883_13-37-03. fsa	164	164.35	1 744	16 201	3 988
32	C08_883_13-37-03. fsa	132	132.27	4 085	38 978	3 624
33	C09_883_14-17-07. fsa	132	132.09	825	7 403	3 569
34	C10_883_14-17-07. fsa	141	141.71	3 532	33 714	3 738
35	C11_883_14-57-10. fsa	141	141.7	6 236	57 561	3 693
36	C12_883_14-57-10. fsa	164	164.28	489	4 643	4 032
37	D01_883_11-25-19. fsa	141	141.96	3 956	38 772	3 885
	D01_883_11-25-19. fsa	164	164.56	1 790	17 490	4 185
38	D02_883_11-25-19. fsa	141	141.92	1 623	16 359	3 866
	D02_883_11-25-19. fsa	164	164.47	1 321	13 309	4 171
39	D03_883_12-16-50. fsa	141	141.88	471	4 460	3 782
	D03_883_12-16-50. fsa	164	164.48	1 020	9 517	4 073
40	D04_883_12-16-50. fsa	138	138.48	1 590	15 020	3 724
41	D05_883_12-56-58. fsa	132	132.31	207	1 837	3 643
42	D06_883_12-56-58. fsa	138	138.41	1 765	16 933	3 711
43	D07_883_13-37-03. fsa	135	135.35	3 510	33 469	3 680
44	D08_883_13-37-03. fsa	138	138.41	1 820	17 601	3 706
45	D09_883_14-17-07. fsa	138	138.47	2 430	22 458	3 712
46	D10_883_14-17-07. fsa	138	138.48	643	5 871	3 698

（续）

资源序号	样本名 （sample file name）	等位基因位点 （allele，bp）	大小 （size，bp）	高度 （height，RFU）	面积 （area，RFU）	数据取值点 （data point，RFU）
47	D11_883_14 - 57 - 10. fsa	110	110. 94	5 171	48 558	3 332
48	D12_883_14 - 57 - 10. fsa	164	164. 28	4 693	44 848	4 033
49	E01_883_11 - 25 - 19. fsa	141	142. 08	1 755	16 606	3 863
50	E02_883_11 - 25 - 19. fsa	110	111. 09	541	4 955	3 418
51	E03_883_12 - 16 - 50. fsa	164	164. 23	1 855	19 457	3 714
52	E04_883_12 - 16 - 50. fsa	164	164. 34	1 594	15 077	4 061
53	E05_883_12 - 56 - 58. fsa	164	164. 42	7 734	71 037	4 055
54	E06_883_12 - 56 - 58. fsa	164	164. 42	4 928	47 405	4 051
55	E07_883_13 - 37 - 03. fsa	141	141. 68	7 839	85 608	3 759
56	E08_883_13 - 37 - 03. fsa	132	132. 07	8 033	86 217	3 624
57	E09_883_14 - 17 - 07. fsa	135	135. 05	7 840	101 392	3 660
58	E10_883_14 - 17 - 07. fsa	164	164	7 827	109 468	4 030
59	E11_883_14 - 57 - 10. fsa	135	135. 5	7 922	89 987	3 676
60	E12_883_14 - 57 - 10. fsa	164	164. 3	150	1 313	4 033
61	F01_883_11 - 25 - 19. fsa	141	141. 86	1 144	16 453	3 846
62	F02_883_11 - 25 - 19. fsa	164	164. 55	4 706	48 350	4 148
63	F03_883_12 - 16 - 50. fsa	164	164. 49	222	2 080	4 051
64	F04_883_12 - 16 - 50. fsa	141	141. 81	4 556	41 649	3 761
65	F05_883_12 - 56 - 58. fsa	138	138. 85	7 856	58 517	3 709
66	F06_883_12 - 56 - 58. fsa	135	135. 5	7 795	90 065	3 668
67	F07_883_13 - 37 - 03. fsa	141	141. 83	5 140	47 163	3 742
68	F08_883_13 - 37 - 03. fsa	164	164. 47	7 941	82 206	4 041
69	F09_883_14 - 17 - 07. fsa	110	111. 33	7 778	106 454	3 316
70	F10_883_14 - 17 - 07. fsa	110	110. 94	1 762	16 497	3 313
71	F11_883_14 - 57 - 10. fsa	141	142. 39	7 495	63 119	3 736
72	F12_883_14 - 57 - 10. fsa	164	164. 24	1 566	10 525	3 324

（续）

资源序号	样本名 （sample file name）	等位基因位点 （allele，bp）	大小 （size，bp）	高度 （height，RFU）	面积 （area，RFU）	数据取值点 （data point，RFU）
73	G01_883_11 - 25 - 19. fsa	141	142.42	7 597	62 886	3 884
	G01_883_11 - 25 - 19. fsa	164	164.7	4 351	42 342	4 175
74	G02_883_11 - 25 - 19. fsa	141	141.99	4 437	52 164	3 866
75	G03_883_11 - 25 - 20. fsa	110	110.19	4 198	39 202	3 690
76	G04_883_12 - 16 - 50. fsa	164	164.32	8 213	101 543	4 065
77	G05_883_12 - 56 - 58. fsa	141	141.85	6 688	62 324	3 764
78	G06_883_12 - 56 - 58. fsa	135	135.43	7 016	67 971	3 680
79	G07_883_13 - 37 - 03. fsa	138	138.77	7 756	102 579	3 722
80	G08_883_13 - 37 - 03. fsa	132	131.96	7 935	64 266	3 630
81	G09_883_14 - 17 - 07. fsa	132	131.94	7 780	104 072	3 620
82	G10_883_14 - 17 - 07. fsa	110	111.08	8 301	83 980	3 328
	G10_883_14 - 17 - 07. fsa	141	142.15	8 272	104 593	3 754
83	G11_883_14 - 57 - 10. fsa	164	163.44	4 962	43 210	4 022
84	G12_883_11 - 25 - 20. fsa	135	134.43	2 794	26 669	4 059
85	H01_883_11 - 25 - 21. fsa	138	138.41	1 901	19 965	4 242
86	H02_883_11 - 25 - 21. fsa	135	134.24	1 601	15 656	4 126
87	H03_883_12 - 16 - 50. fsa	135	135.74	8 172	106 380	3 728
88	H04_883_12 - 16 - 50. fsa	135	135.82	7 824	102 289	3 782
89	H05_883_12 - 56 - 58. fsa	164	164.24	569	5 389	4 076
90	H06_883_12 - 56 - 58. fsa	167	167.57	8 063	98 621	4 149
91	H07_883_13 - 37 - 03. fsa	167	167.54	4 519	44 835	4 126
92	H08_883_13 - 37 - 03. fsa	141	141.86	7 027	49 998	3 423
93	H09_883_14 - 17 - 07. fsa	164	164.55	6 361	61 319	4 076
94	H10_883_14 - 17 - 07. fsa	164	164.54	6 513	64 755	4 132
95	H11_883_14 - 57 - 10. fsa	132	132.34	8 255	82 112	3 655
96	H12_883_14 - 57 - 10. fsa	141	140.82	1 107	9 913	3 822

（续）

资源序号	样本名 （sample file name）	等位基因位点 （allele，bp）	大小 （size，bp）	高度 （height，RFU）	面积 （area，RFU）	数据取值点 （data point，RFU）
97	A01_979_15 - 37 - 13. fsa	132	132.01	7 270	81 913	4 363
98	A02_979_15 - 37 - 13. fsa	132	132.69	7 870	68 232	3 640
99	A03_979_16 - 57 - 14. fsa	132	131.88	4 503	38 442	3 202
	A03_979_16 - 57 - 15. fsa	141	141.44	1 100	9 335	3 314
100	A04_979_16 - 57 - 14. fsa	132	131.91	1 232	9 143	3 167
101	A05_979_16 - 57 - 14. fsa	132	132.22	7 576	77 950	4 089
102	A06_979_16 - 57 - 14. fsa	132	132.19	816	7 871	3 657
103	A07_979_17 - 37 - 17. fsa	132	132.12	5 719	49 252	4 100
104	A08_979_17 - 37 - 17. fsa	138	137.43	2 697	22 743	3 724
105	A09_979_18 - 17 - 44. fsa	141	141.98	7 677	91 830	3 724
106	A10_979_18 - 17 - 44. fsa	110	110.11	5 644	49 542	4 385
	A10_979_18 - 17 - 44. fsa	164	164.55	4 043	36 669	4 377
107	A11_979_18 - 57 - 46. fsa	138	137.25	7 070	85 013	4 158
108	A12_979_18 - 17 - 45. fsa	164	163.72	2 745	23 094	3 538
109	B01_979_18 - 17 - 44. fsa	132	132.23	7 479	78 334	4 459
110	B02_979_18 - 17 - 44. fsa	164	163.46	1 862	18 809	4 547
111	B03_979_18 - 17 - 45. fsa	132	132.31	1 089	11 403	4 153
112	B04_979_18 - 17 - 45. fsa	164	164.31	2 046	21 882	4 534
113	B05_979_18 - 17 - 45. fsa	164	163.8	2 362	20 181	3 547
114	B06_979_16 - 57 - 14. fsa	164	164.27	1 728	16 652	4 060
115	B07_979_16 - 57 - 15. fsa	138	137.14	1 552	11 750	3 243
116	B08_979_17 - 37 - 17. fsa	138	138.07	4 927	40 174	3 568
117	B09_979_18 - 17 - 44. fsa	141	141.78	7 676	78 512	4 080
118	B10_979_18 - 17 - 44. fsa	141	141.66	5 022	56 878	3 521
119	B11_979_18 - 57 - 46. fsa	141	141.69	1 325	26 411	3 855

（续）

资源序号	样本名 （sample file name）	等位基因位点 （allele，bp）	大小 （size，bp）	高度 （height，RFU）	面积 （area，RFU）	数据取值点 （data point，RFU）
120	B12_979_18 - 17 - 45. fsa	110	110. 15	897	12 315	3 914
	B12_979_18 - 17 - 45. fsa	164	164. 52	1 429	26 588	3 746
121	C01_979_15 - 37 - 13. fsa	141	141. 87	2 566	32 693	3 645
122	C02_979_15 - 37 - 13. fsa	141	141. 85	1 063	9 225	3 726
123	C03_979_16 - 17 - 13. fsa	141	141. 88	2 324	29 558	3 812
124	C04_979_16 - 17 - 13. fsa	138	138. 66	1 295	12 870	4 101
125	C05_979_16 - 17 - 13. fsa	135	135. 47	1 259	13 097	4 123
126	C06_979_16 - 57 - 14. fsa	144	145. 11	1 939	20 257	4 286
127	C07_979_16 - 57 - 15. fsa	164	163. 9	870	7 417	3 561
128	C08_979_16 - 57 - 16. fsa	138	138. 25	975	8 454	3 316
129	C09_979_18 - 17 - 44. fsa	132	132. 22	4 838	45 388	3 584
	C09_979_18 - 17 - 44. fsa	138	138. 39	2 494	23 513	3 666
130	C10_979_16 - 57 - 14. fsa	144	144. 07	1 015	9 845	4 243
131	C11_979_16 - 57 - 15. fsa	141	141. 95	1 336	19 587	3 844
132	C12_979_16 - 57 - 15. fsa	110	109. 98	6 324	52 991	3 359
133	D01_979_15 - 37 - 13. fsa	132	131. 26	2 177	18 418	3 616
134	D02_979_15 - 37 - 13. fsa	138	137. 38	536	4 738	3 686
135	D03_979_16 - 17 - 13. fsa	132	132. 26	5 492	52 088	3 628
136	D04_979_16 - 17 - 13. fsa	132	132. 17	4 812	45 447	3 615
137	D05_979_16 - 57 - 14. fsa	164	164. 37	796	7 374	4 053
	D05_979_16 - 57 - 14. fsa	167	167. 48	901	8 578	4 095
138	D06_979_16 - 57 - 14. fsa	141	141. 93	2 162	20 754	3 756
139	D07_979_17 - 37 - 17. fsa	110	110. 93	2 261	20 954	3 350
140	D08_979_17 - 37 - 17. fsa	141	141. 77	6 508	62 407	3 763
141	D09_979_18 - 17 - 44. fsa	164	164. 36	97	914	4 053
142	D10_979_18 - 17 - 44. fsa	138	138. 41	1 154	11 021	3 711

（续）

资源序号	样本名 （sample file name）	等位基因位点 （allele，bp）	大小 （size， bp）	高度 （height， RFU）	面积 （area， RFU）	数据取值点 （data point， RFU）
143	D11_979_18-57-46. fsa	141	141. 77	1 167	10 702	3 749
144	D12_979_18-57-46. fsa	138	138. 41	755	7 161	3 698
145	E01_979_15-37-13. fsa	138	138. 46	5 606	51 959	3 705
146	E02_979_15-37-13. fsa	135	135. 3	1 033	9 629	3 658
147	E03_979_16-17-13. fsa	167	167. 39	94	845	4 070
148	E04_979_16-17-13. fsa	141	141. 79	2 167	20 934	3 743
149	E05_979_16-57-14. fsa	141	141. 95	2 830	25 957	3 767
150	E06_979_16-57-14. fsa	161	161. 56	2 155	35 691	3 814
151	E07_979_17-37-17. fsa	164	164. 35	693	6 809	4 046
152	E08_979_17-37-17. fsa	132	132. 18	1 791	17 125	3 629
153	E09_979_18-17-44. fsa	164	164. 36	1 169	10 894	4 037
154	E10_979_18-17-44. fsa	148	148. 48	250	2 337	3 838
	E10_979_18-17-44. fsa	164	164. 28	447	4 242	4 047
155	E11_979_18-57-46. fsa	164	164. 36	5 376	49 632	4 040
156	E12_979_18-57-46. fsa	167	167. 27	2 426	23 809	4 078
157	F01_979_15-37-13. fsa	110	110. 95	3 909	37 161	3 310
158	2012-04-12_3_A03. fsa	135	133. 92	7 183	86 399	3 612
159	2012-04-12_4_A04. fsa	129	128. 02	7 302	60 161	3 556
	2012-04-12_4_A04. fsa	144	143. 7	7 754	79 099	3 758
160	2012-04-12_8_A08. fsa	132	130. 92	7 459	57 876	3 495
161	2012-04-12_9_A09. fsa	144	143. 75	7 378	58 319	3 614
162	2012-04-12_12_A12. fsa	164	163. 01	7 734	65 748	3 847
163	2012-04-12_16_B02. fsa	132	130. 78	7 575	69 588	3 736
164	2012-04-12_16_B04. fsa	164	163. 25	7 340	63 992	4 006
165	2012-04-12_17_B05. fsa	141	140. 63	7 404	80 895	3 626
166	2012-04-12_17_B06. fsa	141	140. 94	7 723	81 539	3 657

（续）

资源序号	样本名 （sample file name）	等位基因位点 （allele，bp）	大小 （size，bp）	高度 （height，RFU）	面积 （area，RFU）	数据取值点 （data point，RFU）
167	2012－04－12_21_B09.fsa	144	143.41	7 371	83 005	3 633
168	2012－04－12_22_B10.fsa	132	130.68	7 431	78 565	3 470
169	2012－04－12_23_B11.fsa	132	130.58	7 419	82 508	3 449
170	2012－04－12_24_B12.fsa	144	143.89	7 494	78 650	3 604
171	2012－04－12_29_C02.fsa	144	143.88	7 621	81 545	3 546
172	2012－04－12_29_C05.fsa	164	162.93	7 506	67 884	3 853
173	2012－04－12_31_C07.fsa	132	130.63	7 354	84 855	3 442
174	2012－04－12_32_C08.fsa	132	130.7	7 620	80 208	3 473
175	2012－04－12_34_C10.fsa	164	162.81	7 327	69 693	3 859
176	2012－04－12_35_C11.fsa	138	137.29	7 476	70 735	3 489
177	2012－04－12_35_C12.fsa	164	162.98	7 711	80 155	3 378
178	2012－04－12_40_D04.fsa	138	137.55	7 493	84 875	3 689
179	2012－04－12_41_D05.fsa	138	137.5	7 371	87 223	3 591
180	2012－04－12_42_D06.fsa	135	134.37	7 405	81 418	3 535
181	2012－04－12_46_D10.fsa	135	133.71	7 318	84 945	3 500
182	2012－04－12_47_D11.fsa	132	131.14	7 510	70 415	3 450
183	2012－04－12_48_D12.fsa	132	130.91	7 060	55 804	3 435
184	2012－04－12_51_E03.fsa	139	129.12	863	8 001	3 582
	2012－04－12_51_E03.fsa	141	140.57	5 499	46 110	3 731
185	2012－04－12_52_E04.fsa	138	137.15	7 753	78 099	3 682
186	2012－04－12_53_E05.fsa	135	133.89	7 697	82 628	3 557
187	2012－04－12_54_E06.fsa	132	130.8	7 680	80 501	3 495
188	2012－04－12_56_E08.fsa	132	130.94	7 738	64 102	3 480
189	2012－04－12_64_F01.fsa	135	133.86	7 662	79 523	3 516
190	2012－04－12_64_F02.fsa	144	143.78	7 219	84 164	3 469
191	2012－04－12_64_F04.fsa	110	109.68	7 426	86 856	3 307

（续）

资源序号	样本名 （sample file name）	等位基因位点 （allele，bp）	大小 （size，bp）	高度 （height，RFU）	面积 （area，RFU）	数据取值点 （data point，RFU）
192	2012 - 04 - 12_67_F07. fsa	132	131.09	7 669	71 268	3 473
193	2012 - 04 - 12_68_F08. fsa	138	137.41	7 653	77 324	3 561
194	2012 - 04 - 12_69_F09. fsa	138	137.4	7 602	79 239	3 547
195	2012 - 04 - 12_71_F11. fsa	129	127.62	7 451	84 622	3 394
196	2012 - 04 - 12_72_F12. fsa	148	147.07	6 362	52 423	3 637
197	2012 - 04 - 12_78_G06. fsa	132	131.03	7 114	58 817	3 506
198	2012 - 04 - 12_83_G11. fsa	110	109.95	7 749	77 772	3 183
199	2012 - 04 - 12_84_G12. fsa	110	110.1	7 679	93 954	3 175
200	2012 - 04 - 12_87_H01. fsa	129	128.13	7 248	86 791	3 511
201	2012 - 04 - 12_87_H03. fsa	132	131.13	7 883	75 797	3 648
202	2012 - 04 - 12_88_H04. fsa	164	163.42	5 104	45 516	4 100
203	2012 - 04 - 12_90_H06. fsa	141	140.81	7 129	81 849	3 702
204	2012 - 04 - 12_92_H08. fsa	141	140.51	7 210	63 661	3 679
205	2012 - 04 - 12_93_H09. fsa	141	140.43	7 754	73 177	3 633
206	2012 - 04 - 12_94_H10. fsa	141	140.85	7 081	84 056	3 674
207	2012 - 04 - 12_96_H12. fsa	141	140.18	7 152	81 218	3 634

6 Satt267

资源序号	样本名 (sample file name)	等位基因位点 (allele，bp)	大小 (size，bp)	高度 (height，RFU)	面积 (area，RFU)	数据取值点 (data point，RFU)
1	A01_883_19 - 44 - 28. fsa	230	230.58	7 333	99 110	5 253
2	A02_883_19 - 44 - 29. fsa	230	229.54	3 506	45 713	5 716
3	A03_883_20 - 36 - 41. fsa	230	229.81	7 509	74 035	5 104
4	A04_883_20 - 36 - 41. fsa	230	230.18	8 100	111 987	5 226
5	A05_883_21 - 16 - 53. fsa	230	230.53	7 627	66 641	5 103
6	A06_883_21 - 16 - 53. fsa	249	249.47	6 937	94 675	5 473
7	A07_883_21 - 57 - 03. fsa	230	230.43	7 581	112 381	5 106
8	A08_883_21 - 57 - 03. fsa	230	230.25	8 152	115 824	5 225
9	A09_883_22 - 37 - 13. fsa	249	249.37	7 470	119 623	5 367
10	A10_883_22 - 37 - 13. fsa	230	230.16	141	2 768	5 428
11	A11_883_23 - 17 - 20. fsa	239	239.94	4 670	40 167	5 247
12	A12_883_23 - 17 - 20. fsa	230	230.26	7 969	97 004	5 265
13	B01_883_19 - 44 - 28. fsa	230	229.45	4 169	55 801	5 266
	B01_883_19 - 44 - 28. fsa	249	248.54	1 246	16 553	5 515
14	B02_883_19 - 44 - 28. fsa	239	239.56	7 983	87 269	5 533
15	B03_883_20 - 36 - 41. fsa	239	239.81	7 922	148 540	5 264
16	B04_883_20 - 36 - 41. fsa	239	239.76	5 347	57 258	5 367
17	B05_883_21 - 16 - 53. fsa	230	229.14	7 434	72 387	5 098
18	B06_883_21 - 16 - 53. fsa	239	239.68	7 766	88 222	5 358
19	B07_883_21 - 57 - 03. fsa	239	239.64	6 789	68 233	5 236
20	B08_883_21 - 57 - 03. fsa	239	239.77	91	1 014	5 364
21	B09_883_22 - 37 - 13. fsa	249	249.21	554	5 899	5 378
22	B10_883_22 - 37 - 13. fsa	230	230.23	2 978	34 092	5 260
	B10_883_22 - 37 - 13. fsa	249	249.2	3 987	45 725	5 519

（续）

资源序号	样本名 （sample file name）	等位基因位点 （allele，bp）	大小 （size，bp）	高度 （height，RFU）	面积 （area，RFU）	数据取值点 （data point，RFU）
23	B11_883_23 - 17 - 20. fsa	230	230. 45	7 098	96 766	5 155
24	B12_883_23 - 17 - 20. fsa	239	239. 79	8 044	101 922	5 410
25	C01_883_19 - 44 - 28. fsa	230	230. 54	7 291	91 208	5 263
26	C02_883_19 - 44 - 28. fsa	230	230. 69	8 051	77 637	5 405
27	C03_883_20 - 36 - 41. fsa	239	239. 72	7 257	75 044	5 241
28	C04_883_20 - 36 - 41. fsa	230	230. 24	7 163	104 805	5 237
28	C04_883_20 - 36 - 41. fsa	249	249. 2	6 318	75 324	5 496
29	C05_883_21 - 16 - 53. fsa	239	239. 72	7 769	87 642	5 232
30	C06_883_21 - 16 - 53. fsa	249	249. 12	7 228	86 973	5 488
31	C07_883_21 - 57 - 03. fsa	239	239. 81	4 347	47 018	5 236
32	C08_883_21 - 57 - 03. fsa	230	230. 19	4 818	51 878	5 235
33	C09_883_22 - 37 - 13. fsa	230	230. 27	614	6 633	5 132
34	C10_883_22 - 37 - 13. fsa	239	239. 71	8 114	119 855	5 390
35	C11_883_23 - 17 - 20. fsa	230	230. 22	7 878	95 757	5 147
36	C12_883_23 - 17 - 20. fsa	239	239. 7	7 435	88 254	5 411
37	D01_883_19 - 44 - 28. fsa	230	230. 65	7 272	96 096	5 346
38	D02_883_19 - 44 - 28. fsa	230	230. 43	4 911	57 690	5 379
39	D03_883_20 - 36 - 41. fsa	230	230. 41	7 635	105 074	5 195
39	D03_883_20 - 36 - 41. fsa	249	249. 31	3 769	42 210	5 441
40	D04_883_20 - 36 - 41. fsa	230	230. 29	7 764	91 304	5 225
41	D05_883_21 - 16 - 53. fsa	230	229. 21	127	1 267	5 169
42	D06_883_21 - 16 - 53. fsa	230	230. 24	6 839	77 125	5 218
43	D07_883_21 - 57 - 03. fsa	239	239. 78	8 167	116 035	5 309
44	D08_883_21 - 57 - 03. fsa	230	230. 21	8 086	107 570	5 220
45	D09_883_22 - 37 - 13. fsa	230	230. 36	5 136	56 437	5 206
46	D10_883_22 - 37 - 13. fsa	239	239. 74	2 438	26 546	5 360

（续）

资源序号	样本名 （sample file name）	等位基因位点 （allele，bp）	大小 （size，bp）	高度 （height，RFU）	面积 （area，RFU）	数据取值点 （data point，RFU）
47	D11_883_23-17-20.fsa	230	230.29	5 136	55 347	5 223
48	D12_883_23-17-20.fsa	239	239.71	7 114	64 512	5 113
49	E01_883_19-44-28.fsa	249	249.47	5 985	68 473	5 594
50	E02_883_19-44-28.fsa	249	249.42	4 478	54 323	5 632
51	E03_883_19-44-29.fsa	249	248.43	4 946	70 513	6 005
52	E04_883_20-36-41.fsa	230	230.24	2 475	27 913	5 211
53	E05_883_21-16-53.fsa	230	229.25	1 434	14 641	5 152
54	E06_883_21-16-53.fsa	249	249.26	3 867	43 939	5 459
55	E07_883_21-16-54.fsa	249	248.1	6 411	82 839	5 863
56	E08_883_21-57-03.fsa	239	239.82	4 152	47 298	5 336
57	E09_883_22-37-13.fsa	230	229.27	1 269	16 855	5 182
	E09_883_22-37-13.fsa	239	239.91	5 091	55 174	5 319
58	E10_883_22-37-13.fsa	230	229.18	3 681	39 678	5 217
59	E11_883_23-17-20.fsa	239	239.84	6 054	67 075	5 333
60	E12_883_23-17-20.fsa	249	249.27	1 164	12 884	5 508
61	F01_883_19-44-28.fsa	230	230.49	4 767	53 334	5 306
62	F02_883_19-44-28.fsa	249	249.56	6 015	76 005	5 576
63	F03_883_19-44-29.fsa	230	229.43	5 745	74 123	5 588
64	F04_883_20-36-41.fsa	230	229.21	2 657	28 395	5 159
65	F05_883_21-16-53.fsa	239	239.8	4 800	53 883	5 263
66	F06_883_21-16-53.fsa	230	230.28	5 266	58 769	5 163
67	F07_883_21-57-03.fsa	249	249.23	2 566	27 733	5 387
68	F08_883_21-57-03.fsa	230	230.24	6 117	67 988	5 166
69	F09_883_22-37-13.fsa	230	229.19	2 900	30 318	5 149
70	F10_883_22-37-13.fsa	249	249.32	2 036	22 892	5 440
71	F11_883_23-17-20.fsa	230	230.28	4 800	53 643	5 180

（续）

资源序号	样本名 （sample file name）	等位基因位点 （allele，bp）	大小 （size，bp）	高度 （height，RFU）	面积 （area，RFU）	数据取值点 （data point，RFU）
72	F12_883_23 - 17 - 20. fsa	230	230. 35	2 024	22 207	5 206
73	G01_883_19 - 44 - 28. fsa	249	249. 62	230	2 601	5 556
74	G02_883_19 - 44 - 29. fsa	230	229. 24	7 431	97 362	5 580
75	G03_883_20 - 36 - 41. fsa	230	229. 21	2 672	27 662	5 136
76	G04_883_20 - 36 - 41. fsa	230	230. 36	4 815	53 895	5 167
77	G05_883_21 - 16 - 53. fsa	230	230. 29	5 718	68 213	5 137
78	G06_883_21 - 16 - 53. fsa	239	239. 75	4 596	52 851	5 278
79	G07_883_21 - 57 - 03. fsa	239	239. 84	565	5 658	5 261
80	G08_883_21 - 57 - 03. fsa	239	239. 81	5 984	69 082	5 280
81	G09_883_22 - 37 - 13. fsa	239	239. 88	5 676	68 815	5 280
82	G10_883_22 - 37 - 13. fsa	249	249. 39	194	2 160	5 427
83	G11_883_23 - 17 - 20. fsa	249	248. 28	2 402	25 053	5 405
84	G12_883_23 - 17 - 20. fsa	239	239. 91	1 768	19 277	5 307
85	H01_883_19 - 44 - 28. fsa	239	240. 28	2 039	23 428	5 494
86	H02_883_19 - 44 - 28. fsa	249	248. 74	2 150	24 946	5 685
87	H03_883_20 - 36 - 41. fsa	239	240. 01	5 620	66 948	5 325
88	H04_883_20 - 36 - 41. fsa	239	239. 94	4 647	55 582	5 415
89	H05_883_21 - 16 - 53. fsa	230	229. 36	1 178	12 544	5 178
90	H06_883_21 - 16 - 53. fsa	249	248. 41	3 541	39 394	5 514
91	H07_883_21 - 57 - 03. fsa	230	230. 44	3 455	39 290	5 195
92	H08_883_21 - 57 - 03. fsa	249	249. 47	2 267	25 575	5 532
93	H09_883_22 - 37 - 13. fsa	230	230. 38	3 674	41 935	5 213
94	H10_883_22 - 37 - 13. fsa	249	249. 47	3 734	45 701	5 556
95	H11_883_23 - 17 - 20. fsa	239	239. 99	5 592	67 363	5 355
96	H12_883_23 - 17 - 20. fsa	239	240. 1	2 172	24 328	5 434
97	A01_979_23 - 57 - 31. fsa	239	239. 84	3 579	35 623	5 281

（续）

资源序号	样本名 （sample file name）	等位基因位点 （allele，bp）	大小 （size，bp）	高度 （height，RFU）	面积 （area，RFU）	数据取值点 （data point，RFU）
98	A02_979_23 - 57 - 31. fsa	239	239. 78	1 733	18 421	5 418
99	A03_979_24 - 38 - 05. fsa	239	239. 77	7 122	75 631	5 289
100	A04_979_24 - 38 - 05. fsa	239	239. 79	867	9 340	5 424
101	A05_979_01 - 18 - 15. fsa	239	239. 87	2 348	23 738	5 297
102	A06_979_01 - 18 - 15. fsa	239	239. 9	4 603	51 231	5 439
103	A07_979_01 - 58 - 22. fsa	239	239. 83	1 113	11 483	5 303
104	A08_979_01 - 58 - 22. fsa	239	239. 91	69	758	5 452
105	A09_979_02 - 38 - 29. fsa	249	249. 38	1 005	10 663	5 429
106	A10_979_02 - 38 - 29. fsa	230	230. 33	690	7 422	5 319
107	A11_979_02 - 38 - 30. fsa	230	229. 33	6 580	84 638	5 582
108	A12_979_03 - 18 - 34. fsa	249	249. 34	4 053	45 092	5 582
109	B01_979_23 - 57 - 31. fsa	239	239. 8	2 967	29 649	5 296
110	B02_979_23 - 57 - 31. fsa	249	249. 27	2 279	25 410	5 566
111	B03_979_24 - 38 - 05. fsa	230	230. 26	4 251	43 788	5 179
112	B04_979_24 - 38 - 05. fsa	230	230. 3	1 721	18 754	5 314
113	B05_979_01 - 18 - 15. fsa	239	239. 81	341	3 552	5 311
114	B06_979_01 - 18 - 15. fsa	239	239. 86	328	3 628	5 457
115	B07_979_01 - 58 - 22. fsa	230	230. 35	5 352	55 815	5 202
116	B08_979_01 - 58 - 22. fsa	230	230. 33	2 011	21 460	5 333
117	B09_979_02 - 38 - 29. fsa	230	230. 36	5 801	60 257	5 195
118	B10_979_02 - 38 - 29. fsa	230	230. 29	6 919	79 701	5 337
119	B11_979_03 - 18 - 34. fsa	249	249. 39	705	15 803	5 485
120	B12_979_03 - 18 - 34. fsa	230	230. 32	1 682	18 504	5 345
121	C01_979_23 - 57 - 31. fsa	249	249. 23	3 321	35 740	5 412
122	C02_979_23 - 57 - 31. fsa	230	230. 31	2 445	27 873	5 304
123	C03_979_24 - 38 - 05. fsa	230	230. 26	2 817	29 337	5 171

（续）

资源序号	样本名 （sample file name）	等位基因位点 （allele，bp）	大小 （size，bp）	高度 （height，RFU）	面积 （area，RFU）	数据取值点 （data point，RFU）
124	C04_979_24-38-05.fsa	230	230.26	2 279	24 536	5 311
125	C05_979_01-18-15.fsa	239	239.82	51	547	5 308
126	C06_979_01-18-15.fsa	230	230.33	3 383	37 906	5 322
127	C07_979_01-58-22.fsa	239	239.91	329	3 599	5 316
128	C08_979_01-58-22.fsa	239	239.88	4 342	50 278	5 465
129	C09_979_02-38-29.fsa	239	239.78	5 536	60 526	5 318
130	C10_979_02-38-29.fsa	239	239.95	2 677	30 287	5 472
131	C11_979_02-38-30.fsa	230	229.26	6 690	83 097	5 595
132	C12_979_03-18-34.fsa	249	248.13	7 603	111 824	5 875
133	D01_979_23-57-31.fsa	239	239.91	1 902	20 515	5 368
134	D02_979_23-57-31.fsa	239	239.82	987	11 491	5 414
135	D03_979_24-38-05.fsa	239	239.85	2 150	23 683	5 372
136	D04_979_24-38-05.fsa	239	239.84	5 793	67 489	5 418
137	D05_979_01-18-15.fsa	230	230.37	3 480	37 387	5 263
138	D06_979_01-18-15.fsa	230	230.33	7 232	85 430	5 303
139	D07_979_01-58-22.fsa	249	249.32	3 058	33 669	5 520
140	D08_979_01-58-22.fsa	249	249.35	461	5 397	5 577
141	D09_979_02-38-29.fsa	230	230.4	2 656	28 641	5 271
142	D10_979_02-38-29.fsa	230	230.38	1 282	14 513	5 320
143	D11_979_03-18-34.fsa	249	249.32	5 791	65 483	5 531
144	D12_979_03-18-34.fsa	239	239.85	2 991	35 106	5 460
145	E01_979_23-57-31.fsa	239	239.92	3 409	37 749	5 362
146	E02_979_23-57-31.fsa	239	239.84	1 950	23 032	5 402
147	E03_979_24-38-05.fsa	249	249.46	1 594	17 387	5 487
148	E04_979_24-38-05.fsa	230	230.32	201	2 293	5 275
	E04_979_24-38-05.fsa	249	249.42	259	2 994	5 536

（续）

资源序号	样本名 （sample file name）	等位基因位点 （allele，bp）	大小 （size，bp）	高度 （height，RFU）	面积 （area，RFU）	数据取值点 （data point，RFU）
149	E05_979_01-18-15.fsa	230	230.41	3 113	33 443	5 252
150	E06_979_01-18-15.fsa	230	230.42	1 812	21 195	5 290
	E06_979_01-18-15.fsa	239	239.96	674	7 738	5 421
151	E07_979_01-58-22.fsa	249	249.39	4 393	48 767	5 514
152	E08_979_01-58-22.fsa	230	230.4	1 041	12 059	5 300
153	E09_979_02-38-29.fsa	230	230.4	193	2 126	5 258
	E09_979_02-38-29.fsa	249	249.46	283	3 075	5 507
154	E10_979_02-38-29.fsa	249	249.35	2 969	35 687	5 568
155	E11_979_03-18-34.fsa	230	230.36	3 835	42 707	5 262
156	E12_979_03-18-34.fsa	230	230.39	3 523	41 074	5 314
157	F01_979_23-57-31.fsa	230	230.31	2 089	22 913	5 197
158	2012-04-14_3_A03.fsa	239	237.66	2 673	22 020	4 571
159	2012-04-14_4_A04.fsa	230	228.19	3 572	30 644	4 502
160	2012-04-15_8_A08.fsa	239	237.62	829	7 302	4 603
161	2012-04-15_9_A09.fsa	239	240.63	5 205	43 039	4 608
162	2012-04-15_12_A12.fsa	230	228.11	6 895	57 935	4 536
163	2012-04-14_14_B02.fsa	230	228.44	7 278	66 352	4 595
164	2012-04-14_16_B04.fsa	246	246.93	4 999	42 113	4 702
165	2012-04-15_17_B05.fsa	246	246.86	2 047	17 117	4 684
166	2012-04-15_17_B06.fsa	230	228.77	3 052	16 412	4 501
167	2012-04-15_21_B09.fsa	230	228.16	7 808	79 222	4 499
168	2012-04-15_22_B10.fsa	239	238.58	1 775	15 770	4 618
169	2012-04-15_23_B11.fsa	239	237.57	7 186	61 456	4 624
170	2012-04-15_24_B12.fsa	230	228.15	7 520	70 809	4 530
171	2012-04-14_26_C02.fsa	239	237.75	6 868	61 704	4 696
172	2012-04-15_29_C05.fsa	230	228.22	7 733	74 043	4 448

（续）

资源序号	样本名 （sample file name）	等位基因位点 （allele，bp）	大小 （size，bp）	高度 （height，RFU）	面积 （area，RFU）	数据取值点 （data point，RFU）
173	2012 - 04 - 15_31_C07. fsa	239	238. 6	6 101	54 382	4 567
174	2012 - 04 - 15_32_C08. fsa	239	237. 53	6 609	55 797	4 596
175	2012 - 04 - 15_34_C10. fsa	246	246. 78	7 227	63 458	4 712
176	2012 - 04 - 15_35_C11. fsa	230	229. 24	5 651	49 183	4 503
177	2012 - 04 - 14_38_D02. fsa	230	228. 44	6 912	60 182	4 588
178	2012 - 04 - 14_40_D04. fsa	239	237. 56	6 701	57 229	4 589
179	2012 - 04 - 15_41_D05. fsa	239	237. 6	7 478	66 099	4 599
180	2012 - 04 - 15_42_D06. fsa	230	228. 17	7 575	70 610	4 482
181	2012 - 04 - 15_46_D10. fsa	239	238. 65	4 978	43 461	4 635
182	2012 - 04 - 15_47_D11. fsa	230	228. 25	6 701	57 538	4 538
183	2012 - 04 - 15_48_D12. fsa	230	229. 3	4 901	45 070	4 540
184	2012 - 04 - 14_51_E03. fsa	239	237. 59	4 721	39 185	4 603
185	2012 - 04 - 14_52_E04. fsa	239	237. 64	4 754	42 186	4 601
186	2012 - 04 - 15_54_E05. fsa	230	229. 4	4 855	35 621	4 567
187	2012 - 04 - 15_54_E06. fsa	246	246. 94	5 702	48 113	4 700
188	2012 - 04 - 15_56_E08. fsa	239	237. 6	5 675	48 808	4 604
189	2012 - 04 - 14_61_F01. fsa	230	228. 42	2 878	24 432	4 592
190	2012 - 04 - 14_62_F02. fsa	230	229. 47	4 275	40 931	4 603
191	2012 - 04 - 14_64_F04. fsa	230	228. 23	6 300	56 211	4 493
192	2012 - 04 - 15_67_F07. fsa	230	228. 17	2 474	21 208	4 494
193	2012 - 04 - 15_68_F08. fsa	239	237. 63	3 960	34 237	4 601
194	2012 - 04 - 15_69_F09. fsa	239	237. 52	6 324	53 554	4 621
195	2012 - 04 - 15_71_F11. fsa	239	237. 64	4 235	36 568	4 632
196	2012 - 04 - 15_72_F12. fsa	239	237. 6	4 372	38 712	4 633
197	2012 - 04 - 15_78_G06. fsa	230	228. 3	3 552	31 154	4 511
198	2012 - 04 - 15_83_G11. fsa	230	228. 34	2 955	26 899	4 574

（续）

资源序号	样本名 (sample file name)	等位基因位点 (allele，bp)	大小 (size，bp)	高度 (height，RFU)	面积 (area，RFU)	数据取值点 (data point，RFU)
199	2012 - 04 - 15_84_G12. fsa	230	228. 32	3 578	32 319	4 562
200	2012 - 04 - 14_85_H01. fsa	239	238. 06	1 876	15 828	4 756
201	2012 - 04 - 14_87_H03. fsa	230	228. 4	6 582	58 988	4 543
202	2012 - 04 - 14_88_H04. fsa	246	247. 13	3 248	29 929	4 797
203	2012 - 04 - 15_90_H06. fsa	230	228. 46	5 550	48 636	4 581
204	2012 - 04 - 15_92_H08. fsa	246	247. 14	3 710	33 072	4 798
205	2012 - 04 - 15_93_H09. fsa	246	247. 11	749	6 724	4 757
206	2012 - 04 - 15_94_H10. fsa	230	228. 34	7 049	68 775	4 598
207	2012 - 04 - 15_96_H12. fsa	246	247. 15	2 710	24 814	4 835

7 Satt005

资源序号	样本名 (sample file name)	等位基因位点 (allele, bp)	大小 (size, bp)	高度 (height, RFU)	面积 (area, RFU)	数据取值点 (data point, RFU)
1	A01_883_11 - 25 - 19. fsa	138	138.94	3 337	37 967	5 018
2	A02_883_11 - 25 - 19. fsa	138	139.08	7 848	90 580	3 838
3	A03_883_12 - 16 - 50. fsa	135	135.66	7 634	80 321	3 652
4	A04_883_12 - 16 - 50. fsa	158	158.31	7 952	85 193	4 002
5	A05_883_12 - 56 - 58. fsa	138	138.85	6 974	67 056	3 685
6	A06_883_12 - 56 - 58. fsa	167	167.25	7 864	100 793	4 116
7	A07_883_13 - 37 - 03. fsa	170	170.22	7 593	90 841	4 077
8	A08_883_13 - 37 - 03. fsa	138	139.08	7 803	120 319	3 753
9	A09_883_14 - 17 - 07. fsa	170	170.05	7 622	83 675	4 064
10	A10_883_14 - 17 - 07. fsa	158	158.25	7 860	101 399	3 971
11	A11_883_14 - 57 - 10. fsa	161	161.14	7 282	96 392	3 945
12	A12_883_14 - 57 - 10. fsa	167	167.05	7 917	84 337	4 096
13	B01_883_11 - 25 - 19. fsa	138	139.32	7 247	85 614	3 787
14	B02_883_11 - 25 - 19. fsa	164	164.27	7 947	103 942	4 170
15	B03_883_12 - 16 - 50. fsa	161	161.28	4 387	41 979	3 980
16	B04_883_12 - 16 - 50. fsa	132	132.63	5 422	54 495	3 652
	B04_883_12 - 16 - 50. fsa	161	161.3	7 900	109 917	4 028
17	B05_883_12 - 56 - 58. fsa	138	139	8 036	95 627	3 698
18	B06_883_12 - 56 - 58. fsa	161	161.3	159	1 433	4 017
19	B07_883_13 - 37 - 03. fsa	138	138.85	4 748	41 033	3 689
20	B08_883_13 - 37 - 03. fsa	161	161.23	8 018	97 698	4 013
21	B09_883_14 - 17 - 07. fsa	138	138.77	6 578	57 556	3 678
22	B10_883_14 - 17 - 07. fsa	138	138.78	2 300	21 277	3 710
23	B11_883_14 - 57 - 10. fsa	138	138.85	846	7 641	3 685

（续）

资源序号	样本名 （sample file name）	等位基因位点 （allele，bp）	大小 （size，bp）	高度 （height，RFU）	面积 （area，RFU）	数据取值点 （data point，RFU）
24	B12_883_14-57-10. fsa	167	167.18	8 037	88 661	4 080
25	C01_883_11-25-19. fsa	170	170.26	5 370	49 853	4 189
26	C02_883_11-25-19. fsa	170	170.27	4 574	46 823	4 245
27	C03_883_12-16-50. fsa	164	164.11	1 098	9 898	4 004
28	C04_883_12-16-50. fsa	138	138.78	3 943	37 806	3 725
29	C05_883_12-56-58. fsa	158	158.19	855	7 755	3 911
30	C06_883_12-56-58. fsa	170	170.1	633	5 974	4 129
31	C07_883_13-37-03. fsa	138	138.77	5 802	53 328	3 666
32	C08_883_13-37-04. fsa	132	132.56	2 368	22 775	3 867
33	C09_883_14-17-07. fsa	132	132.54	3 776	34 630	3 575
34	C10_883_14-17-07. fsa	170	170.14	881	8 516	4 113
35	C11_883_14-57-10. fsa	138	138.77	7 121	63 685	3 657
36	C12_883_14-57-10. fsa	161	161.16	2 322	22 252	3 989
37	D01_883_11-25-19. fsa	138	139	3 512	36 072	3 847
	D01_883_11-25-19. fsa	170	170.27	2 495	25 651	4 265
38	D02_883_11-25-20. fsa	138	138.64	3 548	35 267	4 013
39	D03_883_12-16-50. fsa	138	138.85	2 498	23 492	3 744
40	D04_883_12-16-50. fsa	170	170.12	1 813	17 248	4 144
41	D05_883_12-56-58. fsa	161	173.21	457	4 132	4 177
	D05_883_12-56-58. fsa	174	173.21	457	4 132	4 177
42	D06_883_12-56-58. fsa	164	164.12	3 464	34 497	4 046
	D06_883_12-56-58. fsa	170	170.12	6 451	63 363	4 129
43	D07_883_13-37-03. fsa	161	161.41	8 036	106 207	4 013
44	D08_883_13-37-03. fsa	158	158.19	2 463	24 791	3 960
45	D09_883_14-17-07. fsa	158	158.22	6 565	63 392	3 960
46	D10_883_14-17-07. fsa	138	138.85	2 808	26 286	3 703

（续）

资源序号	样本名 （sample file name）	等位基因位点 （allele，bp）	大小 （size，bp）	高度 （height，RFU）	面积 （area，RFU）	数据取值点 （data point，RFU）
47	D11_883_14 - 57 - 10. fsa	170	170.21	8 059	88 253	4 121
48	D12_883_14 - 57 - 10. fsa	167	167.1	7 925	86 025	4 072
49	E01_883_11 - 25 - 19. fsa	138	139.08	8 015	91 648	3 825
50	E02_883_11 - 25 - 19. fsa	167	167.18	6 145	63 862	4 197
51	E03_883_12 - 16 - 50. fsa	138	138.77	3 780	34 767	3 734
52	E04_883_12 - 16 - 50. fsa	170	170.11	7 791	82 674	4 141
53	E05_883_12 - 56 - 58. fsa	138	138.85	2 184	20 023	3 733
54	E06_883_12 - 56 - 59. fsa	161	160.98	4 825	47 650	4 294
55	E07_883_13 - 37 - 03. fsa	170	170.12	1 780	16 349	4 123
56	E08_883_13 - 37 - 03. fsa	158	158.19	1 376	13 435	3 963
57	E09_883_14 - 17 - 07. fsa	161	161.28	5 035	47 729	3 989
58	E10_883_14 - 17 - 07. fsa	170	170.12	6 484	63 854	4 114
59	E11_883_14 - 57 - 10. fsa	148	148.6	3 974	38 381	3 839
	E11_883_14 - 57 - 10. fsa	161	161.13	3 047	28 566	3 997
60	E12_883_14 - 57 - 11. fsa	161	161.03	332	3 107	4 367
61	F01_883_11 - 25 - 19. fsa	164	164.27	81	802	4 159
62	F02_883_11 - 25 - 19. fsa	138	138.85	3 648	37 477	3 809
63	F03_883_11 - 25 - 20. fsa	170	169.96	1 452	14 656	4 489
64	F04_883_12 - 16 - 50. fsa	132	132.63	540	5 127	3 640
65	F05_883_12 - 56 - 58. fsa	164	164.13	6 281	61 628	4 032
66	F06_883_12 - 56 - 58. fsa	161	161.32	181	1 706	3 999
67	F07_883_13 - 37 - 03. fsa	138	138.77	5 084	48 062	3 704
68	F08_883_13 - 37 - 03. fsa	138	138.85	2 701	25 812	3 711
69	F09_883_14 - 17 - 07. fsa	138	138.77	4 327	41 400	3 694
70	F10_883_14 - 17 - 08. fsa	138	138.66	1 588	15 967	4 149
71	F11_883_14 - 57 - 10. fsa	138	139.08	7 395	78 647	3 694

（续）

资源序号	样本名 （sample file name）	等位基因位点 （allele，bp）	大小 （size，bp）	高度 （height，RFU）	面积 （area，RFU）	数据取值点 （data point，RFU）
72	F12_883_14-57-11.fsa	164	163.96	1 916	19 596	4 502
73	G01_883_11-25-19.fsa	170	170.4	6 177	63 401	4 254
74	G02_883_11-25-19.fsa	999				
75	G03_883_11-25-20.fsa	138	138.86	1 051	10 735	4 137
76	G04_883_12-16-50.fsa	138	138.85	983	9 522	3 738
77	G05_883_12-56-58.fsa	138	138.85	3 655	35 701	3 727
78	G06_883_12-56-58.fsa	170	170.26	5 798	58 885	4 135
79	G07_883_13-37-03.fsa	138	138.77	499	5 243	4 890
80	G08_883_13-37-03.fsa	167	167.27	2 604	26 075	4 090
81	G09_883_14-17-07.fsa	138	138.77	6 888	67 388	3 711
82	G10_883_14-17-07.fsa	167	167.03	3 922	39 645	4 077
83	G11_883_14-17-08.fsa	174	173.16	303	2 889	4 459
84	G12_883_14-17-09.fsa	161	161.26	336	3 278	4 304
85	H01_883_11-25-19.fsa	161	161.49	276	2 834	4 167
86	H02_883_11-25-19.fsa	138	139.08	113	1 171	3 921
87	H03_883_12-16-50.fsa	161	161.39	3 717	37 147	4 058
88	H04_883_12-16-50.fsa	161	161.43	3 090	32 642	4 119
89	H05_883_12-16-51.fsa	170	170	592	5 868	4 390
90	H06_883_12-16-52.fsa	138	138.71	722	7 144	4 006
91	H07_883_13-37-03.fsa	138	138.85	1 286	12 270	3 755
92	H08_883_13-37-04.fsa	170	169.94	1 070	10 677	4 439
93	H09_883_14-17-07.fsa	138	138.85	733	7 129	3 747
	H09_883_14-17-07.fsa	170	170.28	857	8 353	4 154
94	H10_883_14-17-07.fsa	138	138.85	3 283	33 662	3 796
95	H11_883_14-57-10.fsa	167	167.28	2 495	25 546	4 110
96	H12_883_14-57-11.fsa	161	161.18	4 183	43 057	4 341

（续）

资源序号	样本名 （sample file name）	等位基因位点 （allele，bp）	大小 （size，bp）	高度 （height，RFU）	面积 （area，RFU）	数据取值点 （data point，RFU）
97	A01_979_15 - 37 - 13. fsa	161	161.44	7 567	98 449	3 950
	A01_979_15 - 37 - 13. fsa	164	164.16	6 948	60 475	3 986
98	A02_979_15 - 37 - 13. fsa	161	161.11	475	4 837	4 368
99	A03_979_16 - 17 - 13. fsa	161	160.83	3 263	26 826	3 537
100	A04_979_16 - 17 - 13. fsa	161	160.83	3 000	24 551	3 514
101	A05_979_16 - 57 - 14. fsa	148	148.68	459	4 059	3 806
	A05_979_16 - 57 - 14. fsa	161	161.28	192	1 752	3 965
102	A06_979_16 - 57 - 14. fsa	161	160.29	1 211	9 425	4 019
103	A07_979_16 - 57 - 15. fsa	148	148.65	668	6 960	4 217
	A07_979_16 - 57 - 16. fsa	161	161.1	1 148	11 369	4 391
104	A08_979_17 - 37 - 17. fsa	132	132.84	7 911	113 023	3 662
	A08_979_17 - 37 - 17. fsa	161	161.1	6 095	59 305	4 027
105	A09_979_18 - 17 - 44. fsa	167	167.16	7 734	101 290	4 043
106	A10_979_18 - 17 - 44. fsa	161	161.1	2 742	25 071	4 023
107	A11_979_18 - 57 - 46. fsa	174	173.32	7 914	89 719	4 033
108	A12_979_18 - 57 - 46. fsa	170	169.69	6 361	55 544	3 610
109	B01_979_16 - 17 - 11. fsa	158	158.07	1 391	14 338	4 442
110	B02_979_16 - 17 - 12. fsa	138	138.93	1 719	17 829	4 188
111	B03_979_16 - 17 - 13. fsa	138	138.77	6 817	60 013	3 682
112	B04_979_16 - 17 - 14. fsa	138	138.93	2 439	25 873	4 224
113	B05_979_16 - 57 - 14. fsa	170	169.67	3 377	29 085	3 618
114	B06_979_16 - 57 - 14. fsa	138	139.31	7 880	68 541	3 731
115	B07_979_18 - 17 - 42. fsa	167	166.8	4 743	41 135	3 586
116	B08_979_18 - 17 - 42. fsa	167	167.55	324	3 433	4 456
117	B09_979_18 - 17 - 43. fsa	138	138.79	1 604	16 137	4 064
118	B10_979_18 - 17 - 44. fsa	138	138.78	7 063	64 680	3 725

（续）

资源序号	样本名 （sample file name）	等位基因位点 （allele，bp）	大小 （size，bp）	高度 （height，RFU）	面积 （area，RFU）	数据取值点 （data point，RFU）
119	B11_979_18 - 57 - 46. fsa	138	138.77	7 709	71 082	3 686
120	B12_979_18 - 57 - 47. fsa	161	161.13	354	3 712	4 290
	B12_979_18 - 57 - 48. fsa	170	170.16	234	2 454	4 418
121	C01_979_15 - 37 - 12. fsa	138	138.79	483	4 738	4 041
122	C02_979_15 - 37 - 13. fsa	138	139.31	7 886	117 690	3 706
123	C03_979_15 - 37 - 14. fsa	138	138.72	771	8 648	4 049
124	C04_979_16 - 17 - 13. fsa	148	148.57	7 157	66 382	3 826
125	C05_979_16 - 57 - 14. fsa	158	158.37	8 097	104 643	3 914
126	C06_979_16 - 57 - 14. fsa	148	148.57	8 115	86 840	3 842
127	C07_979_17 - 37 - 17. fsa	167	166.8	2 722	24 100	3 596
128	C08_979_17 - 37 - 17. fsa	158	157.9	2 269	20 129	3 542
129	C09_979_18 - 17 - 44. fsa	158	158.13	7 294	74 982	3 912
	C09_979_18 - 17 - 44. fsa	167	167.12	7 923	91 154	4 031
130	C10_979_18 - 17 - 44. fsa	148	148.57	157	1 532	3 840
131	C11_979_18 - 57 - 46. fsa	174	173.22	4 539	50 703	4 996
132	C12_979_18 - 17 - 45. fsa	138	138.79	218	2 948	4 103
	C12_979_18 - 17 - 46. fsa	170	170.07	151	1 962	4 540
133	D01_979_15 - 37 - 12. fsa	167	167.11	133	1 412	5 084
134	D02_979_15 - 37 - 13. fsa	132	132.54	5 823	56 163	3 620
	D02_979_15 - 37 - 13. fsa	161	161.16	1 637	16 130	3 993
135	D03_979_16 - 17 - 13. fsa	161	161.19	8 099	86 968	3 998
136	D04_979_16 - 17 - 13. fsa	167	167.09	8 114	96 943	4 076
137	D05_979_16 - 57 - 14. fsa	138	139.16	8 028	110 456	3 729
138	D06_979_16 - 57 - 14. fsa	138	139.08	8 009	97 076	3 719
139	D07_979_17 - 37 - 17. fsa	164	164.05	7 930	84 032	4 060
140	D08_979_17 - 37 - 17. fsa	167	167.15	8 050	107 500	4 098

（续）

资源序号	样本名 （sample file name)	等位基因位点 （allele，bp)	大小 （size，bp)	高度 （height，RFU)	面积 （area，RFU)	数据取值点 （data point，RFU)
141	D09_979_18-17-44.fsa	138	139	8 053	91 456	3 726
142	D10_979_18-17-44.fsa	158	158.19	7 662	77 918	3 965
143	D11_979_18-57-46.fsa	167	167.02	8 100	92 554	4 074
144	D12_979_18-57-46.fsa	164	164.06	4 196	40 122	4 032
145	E01_979_15-37-13.fsa	158	158.27	8 039	88 798	3 950
146	E02_979_15-37-13.fsa	138	138.78	6 520	64 683	3 705
147	E03_979_16-17-13.fsa	132	132.63	5 324	50 858	3 628
148	E04_979_16-17-13.fsa	138	138.78	1 363	13 345	3 705
149	E05_979_16-57-14.fsa	138	139	8 019	89 109	3 730
150	E06_979_16-57-14.fsa	164	164.13	8 081	103 894	4 049
151	E07_979_17-37-17.fsa	151	151.91	8 067	94 095	3 885
152	E08_979_17-37-17.fsa	161	161.09	5 140	51 072	4 007
153	E09_979_18-17-44.fsa	170	170.15	3 268	31 007	4 114
154	E10_979_18-17-44.fsa	170	170.09	5 242	52 437	4 127
155	E11_979_18-57-46.fsa	138	138.77	6 509	62 911	3 719
	E11_979_18-57-46.fsa	170	170.16	2 631	25 805	4 117
156	E12_979_18-57-46.fsa	138	139	8 040	91 273	3 706
157	F01_979_15-37-13.fsa	161	161.18	6 053	60 231	3 977
158	2012-04-12_4_A03.fsa	161	160.99	1 119	9 153	3 612
159	2012-04-12_4_A04.fsa	148	148.4	272	1 888	3 495
160	2012-04-12_8_A08.fsa	161	160.91	865	6 836	3 582
161	2012-04-12_9_A09.fsa	151	151.51	1 166	8 489	3 419
162	2012-04-12_12_A12.fsa	170	169.8	3 003	22 552	3 646
163	2012-04-12_14_B02.fsa	161	160.95	1 488	11 753	3 738
164	2012-04-12_16_B04.fsa	138	138.67	2 381	19 039	3 363
165	2012-04-12_17_B05.fsa	161	160.91	1 700	13 325	3 603

（续）

资源序号	样本名 （sample file name）	等位基因位点 （allele，bp）	大小 （size，bp）	高度 （height，RFU）	面积 （area，RFU）	数据取值点 （data point，RFU）
166	2012 - 04 - 12_17_B06. fsa	138	138. 75	3 802	39 077	4 642
	2012 - 04 - 12_17_B06. fsa	170	170. 11	1 803	19 692	4 929
167	2012 - 04 - 12_21_B09. fsa	161	160. 84	4 261	31 909	3 556
168	2012 - 04 - 12_22_B10. fsa	151	151. 57	2 482	19 171	3 430
169	2012 - 04 - 12_23_B11. fsa	167	166. 83	1 826	15 418	3 670
170	2012 - 04 - 12_24_B12. fsa	155	154. 64	3 261	24 561	3 448
171	2012 - 04 - 12_26_C02. fsa	158	156. 87	1 099	8 102	3 660
172	2012 - 04 - 12_29_C05. fsa	158	157. 76	3 142	24 552	3 514
173	2012 - 04 - 12_31_C07. fsa	161	160. 84	4 251	32 590	3 531
174	2012 - 04 - 12_32_C08. fsa	167	166. 88	2 291	17 611	3 626
175	2012 - 04 - 12_34_C10. fsa	138	138. 66	4 248	33 148	3 281
176	2012 - 04 - 12_35_C11. fsa	167	166. 64	1 555	11 389	3 565
177	2012 - 04 - 12_38_D02. fsa	151	151. 87	2 816	23 562	3 573
178	2012 - 04 - 12_40_D04. fsa	161	160. 98	2 280	17 807	3 598
179	2012 - 04 - 12_41_D05. fsa	158	157. 97	3 109	24 220	3 554
180	2012 - 04 - 12_42_D06. fsa	158	157. 95	2 823	22 108	3 536
181	2012 - 04 - 12_46_D10. fsa	161	160. 92	2 289	18 219	3 531
182	2012 - 04 - 12_47_D11. fsa	161	160. 84	1 531	11 265	3 532
183	2012 - 04 - 12_48_D12. fsa	161	160. 76	1 566	11 958	3 512
184	2012 - 04 - 12_51_E03. fsa	161	160. 98	2 414	19 512	3 662
185	2012 - 04 - 12_52_E04. fsa	161	161. 06	2 732	21 200	3 610
186	2012 - 04 - 12_53_E05. fsa	158	157. 97	775	6 124	3 588
187	2012 - 04 - 12_54_E06. fsa	164	163. 78	2 791	22 286	3 616
188	2012 - 04 - 12_56_E08. fsa	161	160. 99	4 636	36 230	3 561
189	2012 - 04 - 12_61_F01. fsa	148	148. 5	4 506	37 368	3 543
190	2012 - 04 - 12_62_F02. fsa	148	148. 51	3 311	27 865	3 563

（续）

资源序号	样本名 （sample file name）	等位基因位点 （allele，bp）	大小 （size，bp）	高度 （height，RFU）	面积 （area，RFU）	数据取值点 （data point，RFU）
191	2012 - 04 - 12_64_F04. fsa	161	160. 9	2 230	17 898	3 612
192	2012 - 04 - 12_67_F07. fsa	151	151. 75	4 366	35 321	3 453
193	2012 - 04 - 12_68_F08. fsa	161	160. 91	3 159	24 968	3 563
194	2012 - 04 - 12_69_F09. fsa	132	132. 44	5 853	47 745	3 216
195	2012 - 04 - 12_71_F11. fsa	161	160. 93	3 670	28 372	3 524
196	2012 - 04 - 12_72_F12. fsa	148	148. 38	3 443	29 388	3 431
197	2012 - 04 - 12_78_G06. fsa	161	160. 98	1 528	11 907	3 595
198	2012 - 04 - 12_83_G11. fsa	138	138. 57	3 309	26 758	3 299
199	2012 - 04 - 12_84_G12. fsa	170	169. 84	3 041	23 971	3 643
200	2012 - 04 - 12_85_H01. fsa	158	158. 1	3 316	28 497	3 744
201	2012 - 04 - 12_87_H03. fsa	167	166. 97	3 249	26 328	3 739
202	2012 - 04 - 12_88_H04. fsa	138	138. 68	2 825	23 697	3 433
203	2012 - 04 - 12_90_H06. fsa	138	138. 75	4 244	35 222	3 403
204	2012 - 04 - 12_92_H08. fsa	164	163. 89	4 325	35 543	3 676
205	2012 - 04 - 12_93_H09. fsa	138	138. 66	3 987	31 823	3 334
206	2012 - 04 - 12_94_H10. fsa	138	138. 67	5 345	45 395	3 360
207	2012 - 04 - 12_94_H12. fsa	138	138. 58	5 074	42 401	3 342

8 Satt514

资源序号	样本名 (sample file name)	等位基因位点 (allele，bp)	大小 (size，bp)	高度 (height，RFU)	面积 (area，RFU)	数据取值点 (data point，RFU)
1	A01_883－978_24－41－50. fsa	197	197.1	550	5 979	4 775
2	A02_883－978_24－41－50. fsa	194	194.38	502	6 419	4 345
3	A03_883－978_01－22－22. fsa	194	194.35	1 133	13 041	4 320
4	A04_883－978_01－22－22. fsa	220	220.2	440	4 549	4 396
5	A05_883－978_02－02－31. fsa	208	208.74	2 184	23 484	4 486
	A05_883－978_02－02－31. fsa	233	232.97	973	12 090	4 774
6	A06_883－978_02－02－31. fsa	205	205.63	559	7 269	4 516
7	A07_883－978_02－42－36. fsa	194	194.36	5 184	58 640	4 317
8	A08_883－978_02－42－36. fsa	194	193.39	43	433	4 376
9	A09_883－978_03－22－41. fsa	194	194.36	795	8 890	4 325
10	A10_883－978_03－22－41. fsa	233	233.17	917	12 231	4 868
11	A11_883－978_04－02－45. fsa	239	239.34	1 088	13 064	4 880
12	A12_883－978_04－02－45. fsa	208	208.75	660	7 863	4 590
13	B01_883－978_24－41－50. fsa	205	205.59	808	9 046	4 432
14	B02_883－978_24－41－50. fsa	208	208.64	3 839	39 104	4 512
15	B03_883－978_01－22－22. fsa	239	239.18	3 266	37 816	4 842
16	B04_883－978_01－22－22. fsa	205	205.59	624	8 364	4 494
	B04_883－978_01－22－22. fsa	239	239.24	1 686	20 458	4 910
17	B05_883－978_02－02－31. fsa	208	208.74	4 174	46 070	4 494
18	B06_883－978_02－02－31. fsa	233	232.99	355	4 122	4 844
19	B07_883－978_02－42－36. fsa	194	195.03	2 899	40 858	4 331
20	B08_883－978_02－42－36. fsa	220	220.38	7 202	97 479	4 697
21	B09_883－978_03－22－41. fsa	233	233	7 325	107 688	4 797
22	B10_883－978_03－22－41. fsa	208	208.78	314	3 861	4 564

（续）

资源序号	样本名 （sample file name）	等位基因位点 （allele，bp）	大小 （size，bp）	高度 （height，RFU）	面积 （area，RFU）	数据取值点 （data point，RFU）
23	B11_883 - 978_04 - 02 - 45. fsa	208	208.84	1 707	21 055	4 528
24	B12_883 - 978_04 - 02 - 45. fsa	223	223.57	2 683	34 055	4 762
25	C01_883 - 978_24 - 41 - 50. fsa	233	231.99	486	4 333	4 743
26	C02_883 - 978_24 - 41 - 50. fsa	194	194.3	4 373	45 268	4 317
27	C03_883 - 978_24 - 41 - 51. fsa	208	208.69	1 059	13 286	5 471
28	C04_883 - 978_01 - 22 - 22. fsa	194	195.05	3 593	51 246	4 345
	C04_883 - 978_01 - 22 - 22. fsa	208	208.76	6 579	80 463	4 519
29	C05_883 - 978_02 - 02 - 31. fsa	233	233.09	947	12 117	4 756
30	C06_883 - 978_02 - 02 - 31. fsa	233	233.08	1 048	13 559	4 831
31	C07_883 - 978_02 - 42 - 36. fsa	233	232.98	4 299	56 679	4 779
32	C08_883 - 978_02 - 42 - 37. fsa	223	223.63	1 383	14 866	4 924
	C08_883 - 978_02 - 42 - 38. fsa	242	242.62	663	6 819	5 161
33	C09_883 - 978_03 - 22 - 41. fsa	223	223.52	1 908	23 236	4 665
34	C10_883 - 978_03 - 22 - 41. fsa	233	233	2 125	28 621	4 853
35	C11_883 - 978_04 - 02 - 45. fsa	208	208.81	726	8 221	4 501
36	C12_883 - 978_04 - 02 - 45. fsa	233	233.05	1 147	15 165	4 868
37	D01_883 - 978_24 - 41 - 50. fsa	194	194.34	3 634	42 070	4 333
38	D02_883 - 978_24 - 41 - 51. fsa	194	194.36	826	9 791	5 100
	D02_883 - 978_24 - 41 - 52. fsa	208	208.83	805	10 097	5 315
39	D03_883 - 978_01 - 22 - 22. fsa	194	194.41	632	7 821	4 340
40	D04_883 - 978_01 - 22 - 23. fsa	205	205.64	2 615	27 618	4 672
41	D05_883 - 978_01 - 22 - 24. fsa	205	205.54	3 363	37 123	4 861
42	D06_883 - 978_01 - 22 - 24. fsa	205	205.55	3 552	41 265	4 891
43	D07_883 - 978_02 - 42 - 36. fsa	245	245.62	1 423	18 290	4 979
44	D08_883 - 978_02 - 42 - 36. fsa	233	233.13	915	13 490	4 852
45	D09_883 - 978_03 - 22 - 41. fsa	233	233.09	1 498	20 180	4 840

（续）

资源序号	样本名 （sample file name）	等位基因位点 （allele，bp）	大小 （size， bp）	高度 （height， RFU）	面积 （area， RFU）	数据取值点 （data point， RFU）
46	D10_883-978_03-22-41.fsa	208	208.74	6 542	12 351	4 965
47	D11_883-978_04-02-45.fsa	194	194.31	897	5 586	4 831
	D11_883-978_04-02-45.fsa	229	229.12	3 653	13 246	4 832
48	D12_883-978_04-02-45.fsa	233	233.02	1 523	12 535	4 761
49	E01_883-978_24-41-50.fsa	194	194.31	1 251	13 254	4 825
50	E02_883-978_24-41-51.fsa	205	205.52	3 234	24 621	4 952
51	E03_883-978_01-22-22.fsa	194	194.32	1 211	9 755	4 615
52	E04_883-978_01-22-22.fsa	194	194.33	458	4 865	4 334
53	E05_883-978_02-02-31.fsa	208	208.82	6 631	34 250	4 875
54	E06_883-978_02-02-31.fsa	194	194.29	2 529	6 825	5 522
55	E07_883-978_01-22-23.fsa	205	205.58	448	5 410	5 466
56	E08_883-978_01-22-24.fsa	223	223.73	145	1 661	5 238
57	E09_883-978_01-22-25.fsa	205	205.59	119	1 332	4 975
58	E10_883-978_01-22-26.fsa	194	194.36	252	2 955	4 632
59	E11_883-978_04-02-45.fsa	208	208.81	1 925	5 654	4 821
60	E12_883-978_04-02-45.fsa	233	232.88	3 444	12 536	4 772
61	F01_883-978_24-41-50.fsa	194	194.31	2 022	9 848	4 652
62	F02_883-978_24-41-51.fsa	233	132.78	1 921	8 243	4 751
63	F03_883-978_01-22-22.fsa	194	194.21	1 235	5 521	4 824
64	F04_883-978_01-22-22.fsa	233	232.77	3 212	10 225	4 658
65	F05_883-978_02-02-31.fsa	208	208.84	99	1 371	4 515
66	F06_883-978_02-02-31.fsa	233	232.82	1 431	9 724	4 422
67	F07_883-978_02-42-36.fsa	233	232.86	1 524	8 435	4 627
68	F08_883-978_02-02-32.fsa	233	233.22	260	3 241	5 341
69	F09_883-978_02-02-33.fsa	233	233.14	105	1 148	5 054
70	F10_883-978_03-22-41.fsa	233	233.15	361	5 056	4 831

（续）

资源序号	样本名 （sample file name）	等位基因位点 （allele，bp）	大小 （size，bp）	高度 （height，RFU）	面积 （area，RFU）	数据取值点 （data point，RFU）
71	F11_883-978_04-02-45.fsa	208	208.85	863	11 134	4 556
72	F12_883-978_04-02-45.fsa	194	194.22	1 052	10 411	4 785
73	G01_883-978_24-41-50.fsa	233	233.08	2 796	36 329	4 785
74	G02_883-978_24-41-51.fsa	208	208.81	3 122	12 258	4 821
75	G03_883-978_01-22-22.fsa	208	208.53	2 622	12 214	4 711
76	G04_883-978_24-41-51.fsa	233	233.16	783	10 188	5 976
77	G05_883-978_02-02-31.fsa	208	209.01	662	8 908	4 526
78	G06_883-978_02-02-31.fsa	233	233.11	1 045	8 756	4 685
79	G07_883-978_02-02-32.fsa	205	205.64	1 628	17 923	4 728
80	G08_883-978_02-42-36.fsa	205	205.7	1 155	12 914	4 490
	G08_883-978_02-42-36.fsa	223	223.68	2 253	30 668	4 708
81	G09_883-978_03-22-41.fsa	223	223.74	2 146	29 445	4 729
82	G10_883-978_03-22-41.fsa	205	205.68	789	10 533	4 502
83	G11_883-978_03-22-42.fsa	194	194.32	1 804	20 807	4 660
84	G12_883-978_03-22-43.fsa	205	205.64	1 308	14 210	4 732
85	H01_883-978_24-41-50.fsa	239	239.47	2 872	39 322	4 910
86	H02_883-978_24-41-51.fsa	233	233.21	1 540	17 522	5 091
87	H03_883-978_01-22-22.fsa	197	197.01	2 255	9 852	4 911
88	H04_883-978_01-22-22.fsa	233	233.15	299	3 696	4 899
89	H05_883-978_02-02-31.fsa	194	194.4	195	2 380	4 371
90	H06_883-978_02-02-31.fsa	208	208.93	546	6 814	4 610
91	H07_883-978_02-42-36.fsa	208	208.96	1 751	25 845	4 576
92	H08_883-978_02-42-36.fsa	194	194.43	489	5 973	4 440
93	H09_883-978_03-22-41.fsa	194	194.52	975	13 872	4 406
94	H10_883-978_03-22-41.fsa	194	194.52	200	3 018	4 456
	H10_883-978_03-22-41.fsa	208	209.05	417	6 159	4 642

（续）

资源序号	样本名 （sample file name）	等位基因位点 （allele，bp）	大小 （size， bp）	高度 （height， RFU）	面积 （area， RFU）	数据取值点 （data point， RFU）
95	H11_883-978_04-02-45. fsa	233	233.27	690	9 745	4 901
96	H12_883-978_04-02-45. fsa	245	246.14	434	8 087	5 119
97	A01_979-1039_20-30-53. fsa	233	232.88	3 664	13 251	4 991
98	A02_979-1039_20-30-53. fsa	245	245.52	2 211	10 251	4 881
99	A03_979-1039_21-21-50. fsa	245	245.52	1 010	10 823	4 832
100	A04_979-1039_21-21-50. fsa	245	245.56	399	4 493	4 901
101	A05_979-1039_22-01-51. fsa	245	245.51	1 322	9 876	4 832
102	A06_979-1039_22-01-51. fsa	245	245.6	210	2 178	4 925
103	A07_979-1039_22-41-51. fsa	245	245.55	1 030	10 557	4 861
104	A08_979-1039_22-41-51. fsa	239	239.21	371	3 854	4 858
105	A09_979-1039_23-21-49. fsa	233	232.93	729	8 174	4 720
106	A10_979-1039_23-21-49. fsa	233	232.93	214	2 167	4 787
107	A11_979-1039_24-01-49. fsa	239	239.25	1 522	3 322	4 825
108	A12_979-1039_24-01-49. fsa	220	220.46	1 189	15 813	4 651
109	B01_979-1039_20-30-53. fsa	205	205.58	60	696	4 457
110	B02_979-1039_20-30-53. fsa	194	194.37	38	332	4 359
111	B03_979-1039_20-30-54. fsa	205	205.65	158	2 063	5 501
112	B04_979-1039_21-21-50. fsa	233	232.89	1 486	15 360	4 742
113	B05_979-1039_22-01-51. fsa	233	232.95	1 815	20 790	4 712
114	B06_979-1039_22-01-51. fsa	233	232.89	132	1 402	4 761
115	B07_979-1039_22-41-51. fsa	205	205.53	367	3 799	4 397
116	B08_979-1039_22-41-51. fsa	205	205.49	478	5 111	4 441
117	B09_979-1039_23-21-49. fsa	208	208.67	6 972	83 685	4 441
118	B10_979-1039_23-21-49. fsa	233	232.98	1 752	20 072	4 784
119	B11_979-1039_24-01-49. fsa	233	232.92	1 495	15 549	4 740
120	B12_979-1039_24-01-49. fsa	194	194.32	661	7 889	4 317

（续）

资源序号	样本名 （sample file name）	等位基因位点 （allele，bp）	大小 （size，bp）	高度 （height，RFU）	面积 （area，RFU）	数据取值点 （data point，RFU）
121	C01_979 – 1039_20 – 30 – 53. fsa	233	233.02	2 284	26 892	4 757
122	C02_979 – 1039_20 – 30 – 53. fsa	208	208.76	2 752	40 774	4 528
123	C03_979 – 1039_21 – 21 – 50. fsa	208	208.69	4 299	49 232	4 389
124	C04_979 – 1039_21 – 21 – 50. fsa	220	220.39	360	4 757	4 578
125	C05_979 – 1039_22 – 01 – 51. fsa	205	205.68	2 318	27 450	4 368
126	C06_979 – 1039_22 – 01 – 51. fsa	242	242.55	813	10 734	4 867
127	C07_979 – 1039_22 – 01 – 52. fsa	205	205.67	147	1 676	5 151
128	C08_979 – 1039_22 – 41 – 51. fsa	245	245.65	406	5 515	4 919
129	C09_979 – 1039_23 – 21 – 49. fsa	205	205.58	2 899	34 633	4 383
	C09_979 – 1039_23 – 21 – 49. fsa	245	245.49	1 258	15 668	4 854
130	C10_979 – 1039_23 – 21 – 50. fsa	197	197.38	75	821	4 607
131	C11_979 – 1039_23 – 21 – 51. fsa	208	208.86	273	3 170	4 879
132	C12_979 – 1039_23 – 21 – 52. fsa	233	233.32	276	3 165	5 084
133	D01_979 – 1039_20 – 30 – 53. fsa	205	205.61	2 514	11 266	4 817
	D01_979 – 1039_20 – 30 – 53. fsa	223	232.78	1 225	11 023	4 911
134	D02_979 – 1039_20 – 30 – 53. fsa	205	205.51	1 233	9 657	4 652
135	D03_979 – 1039_21 – 21 – 50. fsa	223	224.34	68	906	4 628
136	D04_979 – 1039_21 – 21 – 50. fsa	205	205.21	4 028	44 325	4 778
137	D05_979 – 1039_22 – 01 – 51. fsa	208	208.72	186	2 031	4 456
138	D06_979 – 1039_22 – 01 – 51. fsa	194	194.28	704	7 932	4 270
139	D07_979 – 1039_22 – 41 – 51. fsa	233	232.98	201	2 165	4 757
140	D08_979 – 1039_22 – 41 – 51. fsa	233	232.89	851	9 631	4 757
141	D09_979 – 1039_23 – 21 – 49. fsa	999				
142	D10_979 – 1039_23 – 21 – 49. fsa	233	233.01	240	2 599	4 765
143	D11_979 – 1039_23 – 21 – 51. fsa	229	229.21	1 511	7 756	4 711
144	D12_979 – 1039_23 – 21 – 52. fsa	999				

（续）

资源序号	样本名 （sample file name）	等位基因位点 （allele，bp）	大小 （size，bp）	高度 （height，RFU）	面积 （area，RFU）	数据取值点 （data point，RFU）
145	E01_979 - 1039_20 - 30 - 53. fsa	245	245.7	219	2 518	4 963
146	E02_979 - 1039_20 - 30 - 53. fsa	226	226.03	9 914	61 243	4 812
147	E03_979 - 1039_21 - 21 - 50. fsa	226	226.02	2 226	24 413	4 716
148	E04_979 - 1039_21 - 21 - 50. fsa	194	194.32	185	2 648	4 276
149	E05_979 - 1039_22 - 01 - 51. fsa	208	208.8	309	3 345	4 456
150	E06_979 - 1039_22 - 01 - 51. fsa	194	194.37	704	9 059	4 285
151	E07_979 - 1039_22 - 41 - 51. fsa	194	194.39	54	663	4 286
152	E08_979 - 1039_22 - 41 - 51. fsa	223	224	103	1 354	4 334
153	E09_979 - 1039_23 - 21 - 49. fsa	194	194.41	95	1 205	4 305
	E09_979 - 1039_23 - 21 - 49. fsa	233	233.17	156	2 161	4 770
154	E10_979 - 1039_23 - 21 - 49. fsa	194	194.31	265	3 760	4 297
155	E11_979 - 1039_24 - 01 - 49. fsa	208	208.73	493	6 032	4 499
156	E12_979 - 1039_24 - 01 - 49. fsa	999				
157	F01_979 - 1039_20 - 30 - 53. fsa	208	208.54	1 663	10 203	4 815
	F01_979 - 1039_20 - 30 - 53. fsa	226	226.04	2 423	9 917	4 776
158	2012 - 04 - 14_3_A03. fsa	233	232.35	4 565	41 625	4 420
159	2012 - 04 - 14_4_A04. fsa	242	241.77	3 023	28 489	4 552
160	2012 - 04 - 14_8_A08. fsa	220	219.8	5 100	49 336	4 348
161	2012 - 04 - 14_9_A09. fsa	226	226.17	4 814	43 234	4 396
162	2012 - 04 - 14_12_A12. fsa	194	194.06	6 636	62 041	4 078
163	2012 - 04 - 14_14_B02. fsa	208	208.4	5 686	53 230	4 253
164	2012 - 04 - 14_16_B04. fsa	233	232.32	5 536	52 887	4 441
165	2012 - 04 - 14_17_B05. fsa	233	232.42	4 762	45 406	4 453
166	2012 - 04 - 14_17_B06. fsa	194	194.05	5 625	59 324	4 419
167	2012 - 04 - 14_21_B09. fsa	205	205.21	7 004	69 001	4 184
168	2012 - 04 - 14_22_B10. fsa	242	241.74	3 572	35 647	4 594

（续）

资源序号	样本名 （sample file name）	等位基因位点 （allele，bp）	大小 （size，bp）	高度 （height，RFU）	面积 （area，RFU）	数据取值点 （data point，RFU）
169	2012 - 04 - 14_23_B11. fsa	205	205.21	6 649	62 071	4 194
170	2012 - 04 - 14_24_B12. fsa	205	205.18	6 642	65 217	4 197
171	2012 - 04 - 14_26_C02. fsa	205	205.26	5 633	50 414	4 217
172	2012 - 04 - 14_29_C05. fsa	233	232.27	5 282	48 266	4 418
173	2012 - 04 - 14_31_C07. fsa	205	205.11	6 841	64 225	4 138
174	2012 - 04 - 14_32_C08. fsa	223	222.96	5 712	54 262	4 368
175	2012 - 04 - 14_34_C10. fsa	233	232.28	4 274	41 212	4 484
176	2012 - 04 - 14_35_C11. fsa	205	205.19	5 073	47 330	4 162
177	2012 - 04 - 14_38_D02. fsa	194	194.06	4 544	42 174	4 099
178	2012 - 04 - 14_40_D04. fsa	239	238.56	4 096	39 324	4 505
179	2012 - 04 - 14_41_D05. fsa	205	205.18	6 347	58 098	4 162
180	2012 - 04 - 14_42_D06. fsa	194	194.05	5 119	46 485	4 019
181	2012 - 04 - 14_46_D10. fsa	229	229.28	3 266	30 815	4 445
182	2012 - 04 - 14_47_D11. fsa	197	197.06	3 753	35 472	4 111
183	2012 - 04 - 14_48_D12. fsa	197	197	4 962	46 344	4 095
184	2012 - 04 - 14_51_E03. fsa	205	205.24	3 520	30 668	4 153
185	2012 - 04 - 14_52_E04. fsa	223	223.03	3 744	35 309	4 341
186	2012 - 04 - 14_53_E05. fsa	233	232.4	3 285	30 242	4 458
187	2012 - 04 - 14_54_E06. fsa	223	223	3 350	31 429	4 355
188	2012 - 04 - 14_56_E08. fsa	242	241.71	4 147	40 119	4 579
189	2012 - 04 - 14_61_F01. fsa	197	197.02	5 728	52 555	4 146
190	2012 - 04 - 14_62_F02. fsa	242	241.99	3 372	33 720	4 626
191	2012 - 04 - 14_64_F04. fsa	242	241.8	2 550	25 781	4 542
192	2012 - 04 - 14_67_F07. fsa	242	241.82	3 918	38 058	4 570
193	2012 - 04 - 14_68_F08. fsa	245	244.96	2 893	28 261	4 611
194	2012 - 04 - 14_69_F09. fsa	223	222.98	4 830	45 769	4 377

（续）

资源序号	样本名 （sample file name）	等位基因位点 （allele，bp）	大小 （size，bp）	高度 （height，RFU）	面积 （area，RFU）	数据取值点 （data point，RFU）
195	2012－04－14_71_F11.fsa	245	244.96	2 741	26 998	4 631
196	2012－04－14_72_F12.fsa	242	241.89	2 342	23 788	4 602
197	2012－04－14_78_G06.fsa	208	208.41	2 443	22 420	4 209
198	2012－04－14_83_G11.fsa	233	232.59	2 029	20 421	4 522
199	2012－04－14_84_G12.fsa	194	194.11	4 327	40 677	4 086
200	2012－04－14_85_H01.fsa	223	223.27	2 347	22 536	4 472
	2012－04－14_85_H01.fsa	242	242.18	1 853	18 066	4 681
201	2012－04－14_87_H03.fsa	220	219.91	4 218	41 555	4 349
202	2012－04－14_88_H04.fsa	233	232.57	1 890	18 584	4 529
203	2012－04－14_90_H06.fsa	194	194.14	4 428	40 268	4 110
204	2012－04－14_92_H08.fsa	205	205.34	5 189	49 914	4 258
205	2012－04－14_93_H09.fsa	233	232.62	1 980	19 731	4 535
206	2012－04－14_94_H10.fsa	208	208.54	4 415	42 425	4 306
207	2012－04－14_96_H12.fsa	194	194.1	4 396	40 922	4 150

（续）

9 Satt268

资源序号	样本名 （sample file name）	等位基因位点 （allele，bp）	大小 （size，bp）	高度 （height，RFU）	面积 （area，RFU）	数据取值点 （data point，RFU）
1	A01_883_21 - 47 - 36. fsa	250	250.81	4 591	44 271	5 147
2	A02_883_21 - 47 - 36. fsa	250	250.71	8 078	87 991	5 238
3	A03_883_22 - 39 - 09. fsa	215	215.48	7 153	65 569	4 618
4	A04_883_22 - 39 - 09. fsa	202	202.75	7 124	66 620	4 539
5	A05_883_23 - 19 - 15. fsa	250	250.53	5 920	54 756	5 038
6	A06_883_23 - 19 - 15. fsa	250	250.58	4 743	46 160	5 142
7	A07_883_23 - 59 - 19. fsa	238	237.9	8 011	88 356	4 895
8	A08_883_23 - 59 - 19. fsa	250	250.58	5 478	53 550	5 144
9	A09_883_24 - 39 - 22. fsa	250	250.52	3 556	33 034	5 062
10	A10_883_24 - 39 - 22. fsa	238	237.91	5 264	52 335	5 003
11	A11_883_01 - 19 - 26. fsa	215	215.52	6 388	58 729	4 652
12	A12_883_01 - 19 - 26. fsa	250	250.65	4 371	43 341	5 177
13	B01_883_21 - 47 - 36. fsa	215	215.71	8 370	104 152	4 726
14	B02_883_21 - 47 - 36. fsa	202	202.81	5 843	58 282	4 638
15	B03_883_22 - 39 - 09. fsa	215	215.46	4 956	46 297	4 632
16	B04_883_22 - 39 - 09. fsa	215	215.56	6 008	57 781	4 694
17	B05_883_23 - 19 - 15. fsa	215	215.47	6 791	62 078	4 636
18	B06_883_23 - 19 - 15. fsa	202	202.63	7 685	73 874	4 532
19	B07_883_23 - 59 - 19. fsa	205	206.07	8 282	109 518	4 522
20	B08_883_23 - 59 - 19. fsa	202	202.7	5 450	52 477	4 542
21	B09_883_24 - 39 - 22. fsa	250	250.53	6 653	62 476	5 073
22	B10_883_24 - 39 - 22. fsa	250	250.57	1 981	20 147	5 164
23	B11_883_01 - 19 - 26. fsa	244	244.5	1 368	13 369	5 014
	B11_883_01 - 19 - 26. fsa	250	250.6	1 450	13 393	5 088

（续）

资源序号	样本名 （sample file name）	等位基因位点 （allele，bp）	大小 （size，bp）	高度 （height，RFU）	面积 （area，RFU）	数据取值点 （data point，RFU）
24	B12_883_01 - 19 - 26. fsa	205	205.86	5 050	48 865	4 609
25	C01_883_21 - 47 - 36. fsa	215	215.67	7 928	78 200	4 700
26	C02_883_21 - 47 - 36. fsa	253	253.55	5 120	54 545	5 283
27	C03_883_22 - 39 - 09. fsa	215	215.51	7 297	66 993	4 614
28	C04_883_22 - 39 - 09. fsa	250	250.57	4 184	42 399	5 123
29	C05_883_23 - 19 - 15. fsa	215	215.45	6 551	60 184	4 615
30	C06_883_23 - 19 - 15. fsa	215	215.49	3 712	35 935	4 682
	C06_883_23 - 19 - 15. fsa	253	253.36	3 608	36 688	5 165
31	C07_883_23 - 59 - 19. fsa	202	202.64	4 059	38 878	4 466
32	C08_883_23 - 59 - 19. fsa	202	202.7	7 022	66 282	4 530
33	C09_883_24 - 39 - 22. fsa	202	202.72	3 985	37 500	4 476
34	C10_883_24 - 39 - 22. fsa	253	253.4	4 889	50 616	5 193
35	C11_883_01 - 19 - 26. fsa	238	237.88	5 045	48 584	4 914
36	C12_883_01 - 19 - 26. fsa	238	237.92	4 292	44 081	5 005
37	D01_883_21 - 47 - 36. fsa	215	215.69	3 101	30 005	4 769
	D01_883_21 - 47 - 36. fsa	250	250.86	2 291	23 001	5 208
38	D02_883_21 - 47 - 36. fsa	238	238.05	5 524	55 176	5 058
39	D03_883_22 - 39 - 09. fsa	205	205.95	1 700	16 099	4 566
	D03_883_22 - 39 - 09. fsa	238	237.94	1 315	13 247	4 959
40	D04_883_22 - 39 - 09. fsa	238	237.92	6 461	63 662	4 961
41	D05_883_23 - 19 - 15. fsa	215	215.47	8 119	80 573	4 681
42	D06_883_23 - 19 - 15. fsa	215	215.5	2 066	19 877	4 683
	D06_883_23 - 19 - 15. fsa	238	237.87	3 662	36 037	4 965
43	D07_883_23 - 59 - 19. fsa	202	202.69	5 753	54 888	4 527
44	D08_883_23 - 59 - 19. fsa	238	237.9	2 889	29 954	4 974
45	D09_883_24 - 39 - 22. fsa	238	237.96	3 482	35 080	4 987

（续）

资源序号	样本名 （sample file name）	等位基因位点 （allele，bp）	大小 （size，bp）	高度 （height，RFU）	面积 （area，RFU）	数据取值点 （data point，RFU）
46	D10_883_24-39-22.fsa	253	253.42	2 929	29 336	5 188
47	D11_883_01-19-26.fsa	215	215.65	2 833	27 235	4 708
	D11_883_01-19-26.fsa	253	253.51	4 266	41 348	5 180
48	D12_883_01-19-26.fsa	253	253.41	5 215	54 147	5 200
49	E01_883_21-47-36.fsa	250	250	8 226	95 152	5 241
50	E02_883_21-47-36.fsa	999				
51	E03_bu-4_21-25-21.fsa	253	253.24	6 213	69 960	5 925
52	E04_bu-4_21-25-21.fsa	250	250.25	5 255	68 058	5 906
53	E05_bu-4_22-05-42.fsa	250	250.07	8 050	108 256	5 892
54	E06_bu-4_22-05-42.fsa	250	250.06	7 784	101 537	5 932
55	E07_bu-4_22-46-05.fsa	205	205.74	1 734	20 838	5 380
	E07_bu-4_22-46-05.fsa	253	253.21	828	10 005	6 055
56	E08_bu-4_22-46-05.fsa	202	202.42	6 690	77 041	5 271
57	E09_bu-4_23-26-34.fsa	202	202.51	7 412	89 947	5 246
58	E10_bu-4_23-26-34.fsa	250	250.07	7 954	104 030	5 729
59	E11_bu-4_23-26-35.fsa	202	202.49	7 833	89 906	4 828
60	E12_bu-4_23-26-36.fsa	202	202.53	7 073	74 728	4 637
	E12_bu-4_23-26-37.fsa	253	253.15	1 741	17 698	5 283
61	F01_bu-4_20-34-50.fsa	215	215.51	5 724	68 933	5 490
62	F02_bu-4_20-34-50.fsa	238	237.94	3 377	43 117	5 805
63	F03_bu-4_21-25-21.fsa	253	253.19	5 622	66 650	5 954
64	F04_bu-4_21-25-21.fsa	202	202.53	3 384	37 042	5 229
65	F05_bu-4_22-05-42.fsa	202	202.46	5 783	72 431	5 250
66	F06_bu-4_22-05-42.fsa	215	215.3	7 016	83 060	5 434
67	F07_bu-4_22-46-05.fsa	253	253.09	3 573	42 207	6 010
68	F08_bu-4_22-46-05.fsa	238	237.65	3 809	46 412	5 790

（续）

资源序号	样本名 （sample file name）	等位基因位点 （allele，bp）	大小 （size，bp）	高度 （height，RFU）	面积 （area，RFU）	数据取值点 （data point，RFU）
69	F09_bu - 4_23 - 26 - 34. fsa	250	250.28	4 476	49 246	5 447
70	F10_bu - 4_23 - 26 - 34. fsa	215	215.28	5 800	66 315	5 260
71	F11_bu - 4_23 - 26 - 35. fsa	238	237.71	4 841	52 177	4 942
72	F12_bu - 4_23 - 26 - 36. fsa	238	237.64	5 051	54 941	5 068
73	G01_bu - 4_20 - 34 - 50. fsa	238	238.04	1 094	12 804	5 790
	G01_bu - 4_20 - 34 - 50. fsa	250	250.64	2 779	33 985	5 968
74	G02_bu - 4_20 - 34 - 50. fsa	250	250.75	1 257	14 928	6 010
75	G03_bu - 4_21 - 25 - 21. fsa	250	250.46	1 834	20 871	5 885
76	G04_bu - 4_21 - 25 - 21. fsa	253	253.36	3 246	39 968	5 985
77	G05_bu - 4_22 - 05 - 42. fsa	253	253.24	4 659	62 739	5 952
78	G06_bu - 4_22 - 05 - 42. fsa	238	237.69	4 182	52 137	5 779
79	G07_bu - 4_22 - 46 - 05. fsa	215	215.28	3 637	44 036	5 449
	G07_bu - 4_22 - 46 - 05. fsa	253	253.16	1 347	15 841	5 987
80	G08_bu - 4_22 - 46 - 05. fsa	205	205.77	2 370	30 151	5 351
	G08_bu - 4_22 - 46 - 05. fsa	215	215.43	1 149	13 516	5 490
81	G09_bu - 4_23 - 26 - 34. fsa	205	205.66	3 273	39 133	5 192
82	G10_bu - 4_23 - 26 - 34. fsa	250	250.42	2 457	28 099	5 401
83	G11_bu - 4_23 - 26 - 35. fsa	250	250.22	5 958	67 755	5 301
84	G12_bu - 4_23 - 26 - 36. fsa	202	202.55	1 515	14 550	4 514
	G12_bu - 4_23 - 26 - 37. fsa	215	215.4	740	7 290	4 670
85	H01_bu - 4_20 - 34 - 50. fsa	202	202.72	697	10 053	5 396
	H01_bu - 4_20 - 34 - 50. fsa	215	215.67	1 597	23 779	5 582
86	H02_bu - 4_20 - 34 - 50. fsa	250	250.8	1 128	13 641	6 118
87	H03_bu - 4_21 - 25 - 21. fsa	999				
88	H04_bu - 4_21 - 25 - 21. fsa	202	202.64	2 415	30 427	5 344
89	H05_bu - 4_22 - 05 - 42. fsa	250	250.5	2 775	37 469	6 002

（续）

资源序号	样本名 （sample file name）	等位基因位点 （allele，bp）	大小 （size，bp）	高度 （height，RFU）	面积 （area，RFU）	数据取值点 （data point，RFU）
90	H06_bu－4_22－05－42. fsa	250	250. 5	4 717	59 075	6 057
91	H07_bu－4_22－46－05. fsa	250	250. 44	3 291	43 153	6 006
92	H08_bu－4_22－46－05. fsa	250	250. 49	2 343	28 558	6 093
93	H09_bu－4_23－26－34. fsa	253	253. 26	2 192	25 471	5 964
94	H10_bu－4_23－26－34. fsa	250	250. 13	3 129	26 724	5 913
95	H11_bu－4_23－26－35. fsa	238	237. 84	2 414	28 444	5 212
96	H12_bu－4_23－26－36. fsa	238	237. 84	3 540	39 412	5 219
97	A01_979_02－40－01. fsa	238	237. 63	4 886	55 772	4 939
98	A02_979_02－40－00. fsa	238	237. 59	5 936	67 400	4 848
99	A03_979_02－40－01. fsa	238	237. 96	1 402	13 472	4 946
100	A04_979_02－40－01. fsa	205	205. 85	1 344	13 350	4 611
101	A05_979_03－20－05. fsa	238	237. 9	2 290	20 927	4 921
102	A06_979_03－20－05. fsa	238	237. 97	545	5 613	5 019
103	A07_979_04－00－05. fsa	238	237. 94	2 095	20 047	4 933
104	A08_979_04－00－05. fsa	215	215. 52	420	4 317	4 749
	A08_979_04－00－05. fsa	253	253. 5	779	7 896	5 232
105	A09_979_04－40－05. fsa	250	250. 6	995	9 442	5 093
106	A10_979_04－40－05. fsa	215	215. 53	1 998	20 229	4 752
107	A11_979_05－20－05. fsa	999				
108	A12_979_05－20－05. fsa	250	250. 64	1 360	13 939	5 210
109	B01_979_01－59－32. fsa	202	202. 73	3 200	29 659	4 518
110	B02_979_01－59－32. fsa	250	250. 57	2 151	21 852	5 186
111	B03_979_02－40－01. fsa	202	202. 65	2 212	20 630	4 502
112	B04_979_02－40－01. fsa	238	237. 95	1 970	19 926	5 015
113	B05_979_03－20－05. fsa	202	202. 65	497	4 850	4 512
114	B06_979_03－20－05. fsa	253	253. 41	1 808	18 745	5 213

（续）

资源序号	样本名 （sample file name）	等位基因位点 （allele，bp）	大小 （size，bp）	高度 （height，RFU）	面积 （area，RFU）	数据取值点 （data point，RFU）
115	B07_979_04 - 00 - 05.fsa	202	202.64	1 077	10 192	4 518
116	B08_979_04 - 00 - 05.fsa	202	202.68	1 893	18 341	4 577
117	B09_979_04 - 40 - 05.fsa	250	250.6	1 967	18 703	5 106
118	B10_979_04 - 40 - 05.fsa	238	237.93	1 531	15 367	5 033
119	B11_979_05 - 20 - 05.fsa	250	250.52	242	2 272	5 118
120	B12_979_05 - 20 - 05.fsa	250	250.56	1 890	19 025	5 208
121	C01_979_01 - 59 - 32.fsa	215	215.46	5 131	47 977	4 642
122	C02_979_01 - 59 - 32.fsa	250	250.64	1 906	19 647	5 175
123	C03_979_02 - 40 - 01.fsa	238	237.89	1 076	10 370	4 906
124	C04_979_02 - 40 - 01.fsa	202	202.69	433	4 371	4 552
	C04_979_02 - 40 - 01.fsa	228	228.3	119	1 131	4 877
125	C05_979_03 - 20 - 05.fsa	215	215.55	2 670	26 130	4 640
126	C06_979_03 - 20 - 05.fsa	238	237.84	2 791	28 752	4 998
127	C07_979_04 - 00 - 05.fsa	202	202.71	1 869	18 326	4 495
128	C08_979_04 - 00 - 05.fsa	202	202.6	1 338	13 896	4 563
129	C09_979_04 - 40 - 05.fsa	202	202.63	416	4 203	4 499
130	C10_979_04 - 40 - 05.fsa	244	244.3	1 776	18 062	5 102
131	C11_979_05 - 20 - 05.fsa	999				
132	C12_979_05 - 20 - 05.fsa	250	250.63	2 177	22 006	5 196
133	D01_979_01 - 59 - 32.fsa	205	205.92	2 263	21 661	4 587
	D01_979_01 - 59 - 32.fsa	215	215.57	1 096	10 799	4 706
134	D02_979_01 - 59 - 32.fsa	253	253.42	1 690	17 681	5 199
135	D03_979_02 - 40 - 01.fsa	250	250.66	1 700	17 201	5 131
136	D04_979_02 - 40 - 01.fsa	250	250.64	808	8 472	5 147
137	D05_979_03 - 20 - 05.fsa	238	237.96	415	4 212	4 984
	D05_979_03 - 20 - 05.fsa	250	250.58	654	6 630	5 141

（续）

资源序号	样本名 （sample file name）	等位基因位点 （allele，bp）	大小 （size，bp）	高度 （height，RFU）	面积 （area，RFU）	数据取值点 （data point，RFU）
138	D06 _979 _03 - 20 - 05. fsa	238	237.94	1 255	13 209	4 990
139	D07 _979 _04 - 00 - 05. fsa	250	250.65	1 419	14 466	5 152
140	D08 _979 _04 - 00 - 05. fsa	241	241.12	961	10 184	5 047
141	D09 _979 _04 - 40 - 05. fsa	202	202.75	106	1 098	4 562
142	D10 _979 _04 - 40 - 05. fsa	238	237.92	1 105	11 712	5 013
143	D11 _979 _05 - 20 - 05. fsa	241	241.16	723	7 354	5 050
144	D12 _979 _05 - 20 - 05. fsa	215	215.56	855	9 035	4 740
145	E01 _979 _01 - 59 - 32. fsa	202	202.71	1 523	15 566	4 554
146	E02 _979 _01 - 59 - 32. fsa	202	202.63	898	9 682	4 554
147	E03 _979 _01 - 59 - 33. fsa	202	202.59	2 677	30 140	4 443
148	E04 _979 _02 - 40 - 01. fsa	238	237.92	292	3 187	4 983
	E04 _979 _02 - 40 - 01. fsa	250	250.57	329	3 454	5 143
149	E05 _979 _03 - 20 - 05. fsa	238	238.01	1 189	12 118	4 975
150	E06 _979 _03 - 20 - 05. fsa	202	202.71	1 237	12 860	4 541
151	E07 _979 _04 - 00 - 05. fsa	238	237.98	862	9 179	4 986
152	E08 _979 _04 - 00 - 05. fsa	250	250.57	850	9 171	5 163
153	E09 _979 _04 - 40 - 05. fsa	215	215.64	1 040	10 647	4 713
154	E10 _979 _04 - 40 - 05. fsa	250	250.57	1 037	11 005	5 171
155	E11 _979 _05 - 20 - 05. fsa	250	250.66	176	1 670	5 163
	E11 _979 _05 - 20 - 05. fsa	253	253.51	209	2 034	5 202
156	E12 _979 _05 - 20 - 05. fsa	250	250.64	383	4 228	5 183
157	F01 _979 _01 - 59 - 32. fsa	219	218.79	349	3 665	4 720
	F01 _979 _01 - 59 - 32. fsa	253	253.52	510	5 320	5 152
158	2012 - 04 - 14 _3 _A03. fsa	202	201.28	266	3 104	4 124
159	2012 - 04 - 14 _4 _A04. fsa	238	236.39	55	486	4 538
160	2012 - 04 - 14 _8 _A08. fsa	202	201.18	1 318	11 585	4 120

（续）

资源序号	样本名 （sample file name）	等位基因位点 （allele，bp）	大小 （size，bp）	高度 （height，RFU）	面积 （area，RFU）	数据取值点 （data point，RFU）
161	2012 - 04 - 14 _9 _A09. fsa	205	204.4	1 241	11 051	4 127
162	2012 - 04 - 14 _12 _A12. fsa	253	251.61	232	2 072	4 668
163	2012 - 04 - 14 _14 _B02. fsa	215	215.25	539	4 951	4 439
164	2012 - 04 - 14 _16 _B04. fsa	250	249.82	868	7 026	4 678
165	2012 - 04 - 14 _17 _B05. fsa	238	237.14	1 965	8 736	4 627
166	2012 - 04 - 14 _17 _B06. fsa	238	237.21	3 024	9 943	4 554
167	2012 - 04 - 14 _21 _B09. fsa	238	237.22	1 636	13 042	4 505
168	2012 - 04 - 14 _22 _B10. fsa	205	205.49	1 556	12 874	4 159
169	2012 - 04 - 14 _23 _B11. fsa	253	252.58	131	959	4 663
170	2012 - 04 - 14 _24 _B12. fsa	205	205.69	66	1 050	4 155
171	2012 - 04 - 14 _26 _C02. fsa	219	218.48	1 354	11 626	4 466
172	2012 - 04 - 14 _29 _C05. fsa	253	252.73	732	5 035	4 645
173	2012 - 04 - 14 _31 _C07. fsa	250	249.72	1 879	14 917	4 605
174	2012 - 04 - 14 _32 _C08. fsa	205	205.47	2 787	23 072	4 163
175	2012 - 04 - 14 _34 _C10. fsa	238	237.08	1 242	9 683	4 504
176	2012 - 04 - 14 _35 _C11. fsa	215	214.99	2 541	20 656	4 221
177	2012 - 04 - 14 _38 _D02. fsa	238	237.51	1 266	11 001	4 668
178	2012 - 04 - 14 _40 _D04. fsa	202	201.26	2 968	25 169	4 133
179	2012 - 04 - 14 _41 _D05. fsa	202	201.18	2 307	19 465	4 129
180	2012 - 04 - 14 _42 _D06. fsa	238	237.15	413	3 900	4 508
181	2012 - 04 - 14 _46 _D10. fsa	202	202.34	2 258	19 890	4 117
182	2012 - 04 - 14 _47 _D11. fsa	215	215.07	789	6 662	4 262
	2012 - 04 - 14 _47 _D11. fsa	250	248.7	681	5 372	4 627
183	2012 - 04 - 14 _48 _D12. fsa	215	215.03	1 951	16 851	4 249
184	2012 - 04 - 14 _51 _E03. fsa	205	204.48	2 689	23 720	4 187
185	2012 - 04 - 14 _52 _E04. fsa	202	202.42	2 164	19 073	4 158

（续）

资源序号	样本名 （sample file name）	等位基因位点 （allele，bp）	大小 （size，bp）	高度 （height，RFU）	面积 （area，RFU）	数据取值点 （data point，RFU）
186	2012 - 04 - 14_53_E05. fsa	253	252. 73	1 110	8 344	4 685
187	2012 - 04 - 14_54_E06. fsa	202	202. 34	3 033	26 777	4 132
188	2012 - 04 - 14_56_E08. fsa	202	202. 34	2 965	26 894	4 127
189	2012 - 04 - 14_61_F01. fsa	244	242. 96	703	7 211	4 729
190	2012 - 04 - 14_62_F02. fsa	238	237. 73	852	7 596	4 686
191	2012 - 04 - 14_64_F04. fsa	215	215. 26	575	5 370	4 300
192	2012 - 04 - 14_67_F07. fsa	215	215. 08	2 439	20 059	4 267
193	2012 - 04 - 14_68_F08. fsa	202	202. 35	3 346	28 610	4 127
194	2012 - 04 - 14_69_F09. fsa	202	201. 18	7 307	61 637	4 110
195	2012 - 04 - 14_71_F11. fsa	202	201. 18	7 589	64 134	4 103
196	2012 - 04 - 14_72_F12. fsa	238	237. 24	1 574	12 975	4 501
197	2012 - 04 - 14_78_G06. fsa	215	215. 16	101	1 089	4 273
198	2012 - 04 - 14_83_G11. fsa	215	215. 16	1 485	12 851	4 279
199	2012 - 04 - 14_84_G12. fsa	250	249. 82	136	1 199	4 655
200	2012 - 04 - 14_85_H01. fsa	202	201. 48	667	4 945	4 365
	2012 - 04 - 14_85_H01. fsa	238	237. 83	152	1 267	4 780
201	2012 - 04 - 14_87_H03. fsa	202	201. 35	723	7 281	4 195
202	2012 - 04 - 14_88_H04. fsa	253	253. 04	161	1 375	4 813
203	2012 - 04 - 14_90_H06. fsa	219	219	62	666	4 583
	2012 - 04 - 14_90_H06. fsa	238	236. 43	69	846	4 597
204	2012 - 04 - 14_92_H08. fsa	250	250. 08	1 820	15 635	4 741
205	2012 - 04 - 14_93_H09. fsa	250	250	185	1 432	4 694
206	2012 - 04 - 14_94_H10. fsa	238	237. 35	163	1 587	4 598
207	2012 - 04 - 14_96_H12. fsa	250	250. 58	80	911	4 735

10 Satt334

资源序号	样本名 （sample file name）	等位基因位点 （allele，bp）	大小 （size， bp）	高度 （height， RFU）	面积 （area， RFU）	数据取值点 （data point， RFU）
1	A01_883_13－31－31.fsa	212	212.09	7 127	91 960	5 107
2	A02_883_13－31－31.fsa	212	212.59	7 142	72 428	5 224
3	A03_883_14－24－57.fsa	189	189.85	4 936	58 421	4 634
	A03_883_14－24－57.fsa	198	198.64	2 971	35 365	4 757
4	A04_883_14－24－57.fsa	198	197.88	7 597	103 866	4 844
5	A05_883_15－05－13.fsa	189	189.75	2 154	33 897	4 630
	A05_883_15－05－13.fsa	198	198.5	758	12 287	4 753
6	A06_883_15－05－13.fsa	203	203.32	7 421	97 366	4 884
7	A07_883_15－45－24.fsa	212	211.95	6 841	102 426	4 887
8	A08_883_15－45－24.fsa	212	212.01	2 780	29 591	4 996
9	A09_883_16－25－34.fsa	212	212.33	6 556	53 746	4 887
10	A10_883_16－25－34.fsa	189	189.74	5 834	65 246	4 683
11	A11_883_17－05－43.fsa	210	210.52	6 863	59 574	4 857
12	A12_883_17－05－43.fsa	189	189.74	5 226	58 760	4 677
	A12_883_17－05－43.fsa	198	198.55	1 463	17 087	4 805
13	B01_883_13－31－31.fsa	210	210.7	7 366	110 184	5 114
14	B02_883_13－31－31.fsa	189	189.93	5 314	67 444	4 908
	B02_883_13－31－31.fsa	198	198.71	1 799	22 843	5 044
15	B03_883_14－24－57.fsa	189	189.83	6 819	78 424	4 648
	B03_883_14－24－57.fsa	198	198.64	2 251	27 463	4 771
16	B04_883_14－24－57.fsa	210	210.18	7 415	85 294	5 013
17	B05_883_15－05－13.fsa	198	197.28	7 295	113 152	4 718
18	B06_883_15－05－13.fsa	189	189.84	2 067	23 539	4 687
	B06_883_15－05－13.fsa	198	198.52	2 612	29 622	4 816

（续）

资源序号	样本名 （sample file name）	等位基因位点 （allele，bp）	大小 （size，bp）	高度 （height，RFU）	面积 （area，RFU）	数据取值点 （data point，RFU）
19	B07_883_15 - 45 - 24. fsa	198	197.91	7 223	123 606	4 726
20	B08_883_15 - 45 - 24. fsa	205	205.51	7 468	106 745	4 902
21	B09_883_16 - 25 - 34. fsa	203	203.86	6 706	52 730	4 798
22	B10_883_16 - 25 - 34. fsa	212	212.11	7 759	79 624	4 732
23	B11_883_17 - 05 - 43. fsa	212	212.21	7 034	65 146	4 896
24	B12_883_17 - 05 - 43. fsa	189	189.75	6 858	83 055	4 667
	B12_883_17 - 05 - 43. fsa	198	198.58	1 960	25 352	4 797
25	C01_883_13 - 31 - 31. fsa	212	212	7 327	111 727	5 113
26	C02_883_13 - 31 - 31. fsa	212	212.51	7 291	68 678	5 238
27	C03_883_14 - 24 - 57. fsa	189	189.85	5 585	66 547	4 635
	C03_883_14 - 24 - 57. fsa	198	198.59	1 364	15 583	4 759
28	C04_883_14 - 24 - 57. fsa	189	189.78	5 857	73 452	4 719
	C04_883_14 - 24 - 57. fsa	198	198.6	1 918	25 448	4 851
29	C05_883_15 - 05 - 13. fsa	189	189.78	2 346	24 482	4 599
	C05_883_15 - 05 - 13. fsa	198	198.58	1 180	12 599	4 723
30	C06_883_15 - 05 - 13. fsa	212	212.15	7 220	98 360	4 997
31	C07_883_15 - 45 - 24. fsa	210	210.16	5 430	61 310	4 863
32	C08_883_15 - 45 - 24. fsa	189	189.69	1 869	21 720	4 669
	C08_883_15 - 45 - 24. fsa	198	198.45	2 223	26 064	4 799
33	C09_883_16 - 25 - 34. fsa	189	189.71	204	2 126	4 588
	C09_883_16 - 25 - 34. fsa	198	198.51	215	2 409	4 712
34	C10_883_16 - 25 - 34. fsa	189	189.67	6 225	76 509	4 670
	C10_883_16 - 25 - 34. fsa	198	198.51	1 693	21 528	4 801
35	C11_883_17 - 05 - 43. fsa	203	203.52	7 485	93 988	4 774
36	C12_883_17 - 05 - 43. fsa	189	189.74	3 855	47 638	4 660
	C12_883_17 - 05 - 43. fsa	198	198.52	1 421	17 791	4 790

（续）

资源序号	样本名 （sample file name）	等位基因位点 （allele，bp）	大小 （size， bp）	高度 （height， RFU）	面积 （area， RFU）	数据取值点 （data point， RFU）
37	D01_883_13-31-31. fsa	207	207. 18	7 251	116 439	5 149
38	D02_883_13-31-31. fsa	212	212. 19	5 083	61 223	5 230
39	D03_883_14-24-57. fsa	203	203. 26	6 159	86 458	4 908
40	D04_883_14-24-57. fsa	203	203. 61	7 265	93 812	4 923
41	D05_883_15-05-13. fsa	207	207. 02	3 594	39 821	4 917
42	D06_883_15-05-13. fsa	203	203. 41	5 851	61 879	4 878
42	D06_883_15-05-13. fsa	212	211. 99	2 570	27 326	4 994
43	D07_883_15-45-24. fsa	207	207. 04	426	4 433	4 910
44	D08_883_15-45-24. fsa	189	189. 69	3 642	47 037	4 671
44	D08_883_15-45-24. fsa	198	198. 58	1 581	21 116	4 802
45	D09_883_16-25-34. fsa	189	189. 78	3 585	43 006	4 669
45	D09_883_16-25-34. fsa	198	198. 54	1 475	19 396	4 795
46	D10_883_16-25-34. fsa	198	198. 58	129	1 385	4 802
47	D11_883_17-05-43. fsa	203	203. 29	7 404	84 949	4 853
48	D12_883_17-05-43. fsa	189	189. 8	4 517	55 029	4 666
48	D12_883_17-05-43. fsa	198	198. 58	1 527	19 152	4 796
49	E01_883_13-31-31. fsa	189	190. 01	3 017	38 612	4 900
49	E01_883_13-31-31. fsa	198	198. 78	1 486	19 829	5 030
50	E02_883_13-31-31. fsa	203	203. 71	5 589	65 149	5 101
51	E03_883_14-24-57. fsa	210	210. 89	208	2 758	4 989
52	E04_883_14-24-57. fsa	212	212. 02	4 232	44 427	5 030
53	E05_883_15-05-13. fsa	203	203. 49	1 937	20 848	4 858
54	E06_883_15-05-13. fsa	210	210. 92	4 557	48 775	4 974
55	E07_883_15-45-24. fsa	203	203. 49	726	7 702	4 858
56	E08_883_15-45-24. fsa	198	197. 69	4 311	49 608	4 783
57	E09_883_16-25-34. fsa	205	205. 82	6 174	65 291	4 877

（续）

资源序号	样本名 （sample file name）	等位基因位点 （allele，bp）	大小 （size，bp）	高度 （height，RFU）	面积 （area，RFU）	数据取值点 （data point，RFU）
58	E10_883_16-25-34. fsa	212	211.9	4 587	50 400	4 979
59	E11_883_17-05-43. fsa	189	189.71	2 337	25 259	4 648
	E11_883_17-05-43. fsa	198	198.58	1 395	15 331	4 773
60	E12_883_17-05-43. fsa	189	189.76	3 379	41 714	4 662
	E12_883_17-05-43. fsa	198	198.57	1 737	20 694	4 791
61	F01_883_13-31-31. fsa	212	212.31	5 576	64 442	5 192
62	F02_883_13-31-31. fsa	203	203.7	6 284	80 786	5 068
63	F03_883_14-24-57. fsa	198	198.55	5 488	59 441	5 016
64	F04_883_14-24-57. fsa	189	189.79	1 798	22 993	4 696
	F04_883_14-24-57. fsa	198	198.57	840	10 030	4 825
65	F05_883_15-05-13. fsa	189	189.76	1 994	22 623	4 653
	F05_883_15-05-13. fsa	198	198.54	932	11 764	4 779
66	F06_883_15-05-13. fsa	189	189.82	2 839	36 118	4 660
	F06_883_15-05-13. fsa	198	198.56	1 227	16 250	4 787
67	F07_883_15-45-24. fsa	212	212.03	4 750	68 958	4 985
68	F08_883_15-45-24. fsa	189	189.76	3 823	47 285	4 653
	F08_883_15-45-24. fsa	198	198.56	1 517	19 016	4 781
69	F09_883_16-25-34. fsa	203	203.46	2 253	23 580	4 834
70	F10_883_16-25-34. fsa	189	189.73	2 002	24 299	4 650
	F10_883_16-25-34. fsa	198	198.55	689	7 886	4 778
71	F11_883_17-05-43. fsa	212	211.96	7 610	89 189	4 937
72	F12_883_17-05-43. fsa	189	189.75	1 407	18 186	4 647
73	G01_883_13-31-31. fsa	212	212.38	4 350	50 880	5 195
74	G02_883_13-31-31. fsa	999				
75	G03_883_14-24-57. fsa	212	212.15	952	10 490	4 995
76	G04_883_14-24-57. fsa	203	203.56	5 939	70 197	4 903

（续）

资源序号	样本名 （sample file name）	等位基因位点 （allele，bp）	大小 （size，bp）	高度 （height，RFU）	面积 （area，RFU）	数据取值点 （data point，RFU）
77	G05_883_15 - 05 - 13. fsa	212	212.03	7 497	94 744	4 957
78	G06_883_15 - 05 - 13. fsa	189	189.8	233	2 577	4 672
	G06_883_15 - 05 - 13. fsa	198	198.62	89	924	4 800
79	G07_883_15 - 45 - 24. fsa	198	197.74	1 318	16 336	4 764
	G07_883_15 - 45 - 24. fsa	210	210.26	988	10 968	4 928
80	G08_883_15 - 45 - 24. fsa	189	189.78	3 073	37 863	4 665
	G08_883_15 - 45 - 24. fsa	198	198.55	1 429	18 738	4 792
81	G09_883_16 - 25 - 34. fsa	189	189.85	3 515	43 707	4 650
	G09_883_16 - 25 - 34. fsa	198	198.59	981	12 748	4 774
82	G10_883_16 - 25 - 34. fsa	203	203.51	5 226	61 607	4 855
83	G11_883_17 - 05 - 43. fsa	203	203.5	3 548	36 833	4 832
84	G12_883_17 - 05 - 43. fsa	210	210.23	1 114	13 335	4 935
85	H01_883_13 - 31 - 31. fsa	205	206.29	3 420	40 332	5 174
	H01_883_13 - 31 - 31. fsa	210	210.68	1 316	15 645	5 234
86	H02_883_13 - 31 - 31. fsa	189	190.12	531	6 770	5 003
87	H03_883_14 - 24 - 57. fsa	189	189.98	2 181	27 807	4 749
	H03_883_14 - 24 - 57. fsa	198	198.63	1 036	14 323	4 875
88	H04_883_14 - 24 - 57. fsa	205	206.07	3 131	38 383	5 054
89	H05_883_15 - 05 - 13. fsa	212	212.11	2 984	32 836	5 016
90	H06_883_15 - 05 - 13. fsa	203	203.51	3 327	37 664	5 077
91	H07_883_15 - 45 - 24. fsa	212	212.06	4 717	55 850	5 006
92	H08_883_15 - 45 - 24. fsa	210	210.36	2 753	37 275	5 064
93	H09_883_16 - 25 - 34. fsa	203	203.59	576	6 691	4 893
94	H10_883_16 - 25 - 34. fsa	212	212.08	2 961	33 250	5 084
95	H11_883_17 - 05 - 43. fsa	210	210.3	5 216	62 212	4 975
96	H12_883_17 - 05 - 43. fsa	210	211.14	2 503	27 823	5 063

（续）

资源序号	样本名 （sample file name）	等位基因位点 （allele，bp）	大小 （size，bp）	高度 （height，RFU）	面积 （area，RFU）	数据取值点 （data point，RFU）
97	A01_979_17-45-51.fsa	210	210.15	3 391	54 574	4 867
98	A02_979_17-45-51.fsa	999				
99	A03_979_18-25-57.fsa	212	211.93	6 585	64 132	4 879
100	A04_979_18-25-57.fsa	205	206.44	4 011	55 832	4 930
101	A05_979_19-06-02.fsa	999				
102	A06_979_19-06-02.fsa	210	210.36	7 138	103 112	4 993
103	A07_979_19-46-10.fsa	205	205.63	2 610	38 594	4 853
104	A08_979_19-46-10.fsa	210	210.09	6 049	64 672	4 990
105	A09_979_20-26-42.fsa	189	190.71	6 090	89 608	4 601
	A09_979_20-26-42.fsa	203	203.17	6 736	93 811	4 770
106	A10_979_20-26-42.fsa	203	203.49	2 244	23 220	4 864
107	A11_979_21-06-50.fsa	999				
108	A12_979_21-06-50.fsa	203	203.51	7 305	79 082	4 829
109	B01_979_17-45-51.fsa	999				
110	B02_979_17-45-51.fsa	210	210.8	1 553	22 452	4 961
111	B03_979_18-25-57.fsa	205	205.75	2 582	34 066	4 811
112	B04_979_18-25-57.fsa	203	203.41	3 785	55 424	4 967
	B04_979_18-25-57.fsa	210	210.08	5 714	63 259	4 996
113	B05_979_19-06-02.fsa	189	189.73	4 617	66 325	4 626
	B05_979_19-06-02.fsa	198	198.57	1 734	23 157	4 750
114	B06_979_19-06-02.fsa	189	189.73	2 351	39 756	4 692
115	B07_979_19-46-10.fsa	198	198.57	1 059	14 644	4 746
116	B08_979_19-46-10.fsa	999				
117	B09_979_20-26-42.fsa	210	210.65	2 293	50 788	4 871
118	B10_979_20-26-42.fsa	210	210.85	2 146	25 598	4 973
119	B11_979_21-06-50.fsa	210	210.84	1 989	23 159	4 837

（续）

资源序号	样本名 （sample file name）	等位基因位点 （allele，bp）	大小 （size，bp）	高度 （height，RFU）	面积 （area，RFU）	数据取值点 （data point，RFU）
120	B12_979_21 - 06 - 50. fsa	198	197. 6	821	9 977	4 747
121	C01_979_17 - 45 - 51. fsa	210	210.78	1 678	19 339	4 867
122	C02_979_17 - 45 - 51. fsa	210	210. 21	4 724	58 654	4 949
123	C03_979_18 - 25 - 57. fsa	999				
124	C04_979_18 - 25 - 57. fsa	999				
125	C05_979_19 - 06 - 02. fsa	198	198. 33	209	4 461	4 768
126	C06_979_19 - 06 - 02. fsa	205	205.81	3 001	35 850	4 931
127	C07_979_19 - 46 - 10. fsa	210	210.54	1 264	16 013	4 862
128	C08_979_19 - 46 - 10. fsa	198	198.52	1 397	19 049	4 821
129	C09_979_20 - 26 - 42. fsa	210	210.31	7 073	92 344	4 825
130	C10_979_20 - 26 - 42. fsa	999				
131	C11_979_21 - 06 - 50. fsa	999				
132	C12_979_21 - 06 - 50. fsa	999				
133	D01_979_17 - 45 - 51. fsa	999				
134	D02_979_17 - 45 - 51. fsa	210	210.08	1 330	15 275	4 955
135	D03_979_18 - 25 - 57. fsa	210	210.09	4 260	45 416	4 946
136	D04_979_18 - 25 - 57. fsa	210	210. 13	5 104	60 064	4 963
137	D05_979_19 - 06 - 02. fsa	203	203. 43	1 514	15 194	4 876
	D05_979_19 - 06 - 02. fsa	212	211.74	2 517	23 911	4 985
138	D06_979_19 - 06 - 02. fsa	189	189.73	3 144	37 906	4 693
	D06_979_19 - 06 - 02. fsa	198	198.52	2 147	29 157	4 824
139	D07_979_19 - 46 - 10. fsa	203	203. 3	6 685	71 138	4 849
140	D08_979_19 - 46 - 10. fsa	203	203.42	5 733	60 942	4 866
141	D09_979_20 - 26 - 42. fsa	203	203.44	6 544	69 584	4 641
	D09_979_20 - 26 - 42. fsa	210	210.21	4 128	49 277	4 817

（续）

资源序号	样本名 （sample file name）	等位基因位点 （allele，bp）	大小 （size，bp）	高度 （height，RFU）	面积 （area，RFU）	数据取值点 （data point，RFU）
142	D10_979_20－26－42.fsa	189	189.75	553	6 064	4 639
	D10_979_20－26－42.fsa	198	198.57	400	4 505	4 768
143	D11_979_21－06－50.fsa	210	210.31	4 006	43 846	4 881
144	D12_979_21－06－50.fsa	210	210.02	4 616	58 667	4 892
145	E01_979_17－45－51.fsa	189	189.83	2 645	28 252	4 647
	E01_979_17－45－51.fsa	198	198.59	1 151	12 809	4 771
146	E02_979_17－45－51.fsa	210	210.13	4 412	51 896	4 950
147	E03_979_18－25－57.fsa	210	210.19	1 613	17 766	4 937
148	E04_979_18－25－57.fsa	212	211.96	4 191	46 100	4 982
149	E05_979_19－06－02.fsa	189	189.78	1 408	15 163	4 679
	E05_979_19－06－02.fsa	198	198.59	1 069	13 323	4 804
150	E06_979_19－06－02.fsa	205	205.84	2 009	21 420	4 920
151	E07_979_19－46－10.fsa	210	210.9	5 662	57 578	4 977
152	E08_979_19－46－10.fsa	203	203.49	4 467	48 503	4 882
153	E09_979_20－26－42.fsa	212	211.91	6 748	69 912	4 949
154	E10_979_20－26－42.fsa	212	211.89	5 764	61 670	4 956
155	E11_979_21－06－50.fsa	203	203.45	3 750	36 156	4 807
	E11_979_21－06－50.fsa	212	211.98	2 354	23 087	4 916
156	E12_979_21－06－50.fsa	203	203.4	6 322	68 491	4 805
157	F01_979_17－45－51.fsa	189	189.76	1 355	15 283	4 634
	F01_979_17－45－51.fsa	198	198.54	1 023	13 251	4 760
158	2012－04－15_3_A03.fsa	189	188.27	158	1 487	4 027
	2012－04－15_3_A03.fsa	198	196.57	1 362	18 451	4 804
159	2012－04－15_4_A04.fsa	205	205.31	695	7 496	4 255
160	2012－04－15_8_A08.fsa	198	196.47	1 563	12 411	4 106
161	2012－04－15_9_A09.fsa	200	199.57	2 981	24 664	4 093

（续）

资源序号	样本名 （sample file name）	等位基因位点 （allele，bp）	大小 （size，bp）	高度 （height，RFU）	面积 （area，RFU）	数据取值点 （data point，RFU）
162	2012 - 04 - 15 _ 12 _ A12. fsa	189	188. 18	127	1 002	3 974
163	2012 - 04 - 15 _ 14 _ B02. fsa	189	188. 45	134	1 279	4 178
164	2012 - 04 - 15 _ 16 _ B04. fsa	189	188. 36	107	1 106	4 043
165	2012 - 04 - 15 _ 17 _ B05. fsa	210	210. 07	1 494	16 268	4 358
166	2012 - 04 - 15 _ 17 _ B06. fsa	210	210. 01	1 524	14 386	4 417
167	2012 - 04 - 15 _ 21 _ B09. fsa	189	188. 36	71	645	3 983
168	2012 - 04 - 15 _ 22 _ B10. fsa	212	211. 85	2 033	17 744	4 241
169	2012 - 04 - 15 _ 22 _ B11. fsa	999				
170	2012 - 04 - 15 _ 24 _ B12. fsa	203	204. 05	2 241	18 255	4 148
171	2012 - 04 - 15 _ 26 _ C02. fsa	214	214. 78	1 767	17 563	4 476
172	2012 - 04 - 15 _ 27 _ C05. fsa	999				
173	2012 - 04 - 15 _ 31 _ C07. fsa	210	209. 6	5 978	57 431	4 201
174	2012 - 04 - 15 _ 31 _ C08. fsa	999				
175	2012 - 04 - 15 _ 35 _ C10. fsa	999				
176	2012 - 04 - 15 _ 35 _ C11. fsa	210	209. 99	1 434	11 854	4 182
177	2012 - 04 - 15 _ 38 _ D02. fsa	189	188. 43	220	2 288	4 146
178	2012 - 04 - 15 _ 40 _ D04. fsa	210	209. 76	5 207	49 887	4 277
179	2012 - 04 - 15 _ 41 _ D05. fsa	198	195. 97	6 869	80 455	4 125
180	2012 - 04 - 15 _ 42 _ D06. fsa	210	209. 11	4 816	42 964	4 257
181	2012 - 04 - 15 _ 47 _ D10. fsa	999				
182	2012 - 04 - 15 _ 47 _ D11. fsa	203	202. 9	2 324	19 450	4 129
183	2012 - 04 - 15 _ 48 _ D12. fsa	189	188. 14	67	575	3 956
	2012 - 04 - 15 _ 48 _ D12. fsa	198	196. 72	1 011	6 238	4 352
184	2012 - 04 - 15 _ 51 _ E03. fsa	180	179. 41	652	5 832	3 956
185	2012 - 04 - 15 _ 52 _ E04. fsa	198	196. 8	411	3 800	4 151
186	2012 - 04 - 15 _ 54 _ E05. fsa	999				

（续）

资源序号	样本名 (sample file name)	等位基因位点 (allele，bp)	大小 (size，bp)	高度 (height，RFU)	面积 (area，RFU)	数据取值点 (data point，RFU)
187	2012 - 04 - 15_54_E06. fsa	198	196.34	1 658	18 335	4 119
188	2012 - 04 - 15_56_E08. fsa	210	209.65	886	7 768	4 242
189	2012 - 04 - 15_61_F01. fsa	205	205.3	3 422	37 807	4 361
190	2012 - 04 - 15_62_F02. fsa	189	188.46	233	2 315	4 170
191	2012 - 04 - 15_63_F04. fsa	214	213.78	758	4 436	4 219
192	2012 - 04 - 15_67_F07. fsa	210	209.6	1 771	15 873	4 236
193	2012 - 04 - 15_68_F08. fsa	205	204.13	1 338	11 902	4 189
194	2012 - 04 - 15_69_F09. fsa	189	188.24	95	1 008	3 976
195	2012 - 04 - 15_71_F11. fsa	203	203.99	2 519	22 121	4 145
196	2012 - 04 - 15_72_F12. fsa	205	205.07	3 627	32 688	4 160
197	2012 - 04 - 15_78_G06. fsa	210	209.82	1 280	12 140	4 287
198	2012 - 04 - 15_83_G11. fsa	210	210.01	1 354	13 243	4 283
199	2012 - 04 - 15_84_G12. fsa	210	209.77	1 561	14 321	4 222
200	2012 - 04 - 15_85_H01. fsa	198	196.33	1 901	25 049	4 336
	2012 - 04 - 15_85_H01. fsa	210	209.96	1 375	17 384	4 481
201	2012 - 04 - 15_87_H03. fsa	189	188.37	601	5 848	4 097
202	2012 - 04 - 15_88_H04. fsa	203	203.26	1 985	19 296	4 300
203	2012 - 04 - 15_90_H06. fsa	210	210.11	3 951	41 187	4 362
204	2012 - 04 - 15_92_H08. fsa	210	210.04	2 670	24 193	4 341
205	2012 - 04 - 15_93_H09. fsa	198	195.83	2 282	20 987	4 114
206	2012 - 04 - 15_94_H10. fsa	198	197.42	3 525	35 965	4 152
207	2012 - 04 - 15_96_H12. fsa	210	210.11	3 724	32 671	4 297

11 Satt191

资源序号	样本名 （sample file name）	等位基因位点 （allele，bp）	大小 （size，bp）	高度 （height，RFU）	面积 （area，RFU）	数据取值点 （data point，RFU）
1	A01_883 - 978_10 - 58 - 05. fsa	205	205. 95	7 411	87 036	4 925
2	A02_883 - 978_10 - 58 - 05. fsa	205	205. 9	2 092	24 179	5 037
3	A03_883 - 978_11 - 50 - 36. fsa	218	218. 7	6 811	76 165	4 954
4	A04_883 - 978_11 - 50 - 36. fsa	202	202. 66	5 544	62 496	4 846
5	A05_883 - 978_12 - 30 - 51. fsa	205	205. 81	4 075	43 523	4 762
6	A06_883 - 978_12 - 30 - 51. fsa	225	224. 98	1 387	15 603	5 109
7	A07_883 - 978_13 - 11 - 02. fsa	225	224. 97	5 498	57 960	4 988
8	A08_883 - 978_13 - 11 - 02. fsa	225	224. 05	5 402	61 193	5 098
9	A09_883 - 978_13 - 51 - 12. fsa	225	224. 02	4 489	49 485	4 970
10	A10_883 - 978_13 - 51 - 12. fsa	202	202. 54	3 234	37 539	4 783
11	A11_883 - 978_14 - 31 - 19. fsa	218	218. 64	3 549	44 539	4 876
12	A12_883 - 978_14 - 31 - 19. fsa	205	205. 65	1 348	15 702	4 804
13	B01_883 - 978_10 - 58 - 05. fsa	212	212. 35	1 550	17 372	5 029
	B01_883 - 978_10 - 58 - 05. fsa	225	224. 27	3 797	44 199	5 197
14	B02_883 - 978_10 - 58 - 05. fsa	225	223. 99	5 574	52 518	4 380
15	B03_883 - 978_11 - 50 - 36. fsa	218	218. 67	1 863	20 212	4 967
16	B04_883 - 978_11 - 50 - 36. fsa	202	202. 55	2 536	30 199	4 840
	B04_883 - 978_11 - 50 - 36. fsa	218	218. 62	6 798	81 930	5 055
17	B05_883 - 978_12 - 30 - 51. fsa	225	224. 98	2 722	28 747	5 014
18	B06_883 - 978_12 - 30 - 51. fsa	187	187. 57	3 505	36 792	4 594
19	B07_883 - 978_13 - 11 - 02. fsa	225	224. 02	2 143	21 984	5 005
20	B08_883 - 978_13 - 11 - 02. fsa	187	187. 61	6 170	71 740	4 579
21	B09_883 - 978_13 - 51 - 12. fsa	202	202. 48	1 155	12 332	4 702
	B09_883 - 978_13 - 51 - 12. fsa	225	224. 93	1 654	17 609	4 983

（续）

资源序号	样本名 （sample file name）	等位基因位点 （allele，bp）	大小 （size，bp）	高度 （height，RFU）	面积 （area，RFU）	数据取值点 （data point，RFU）
22	B10_883 - 978_13 - 51 - 12. fsa	225	224.07	584	6 625	5 073
23	B11_883 - 978_14 - 31 - 19. fsa	202	202.57	1 154	13 266	4 685
24	B12_883 - 978_14 - 31 - 19. fsa	209	208.92	3 893	47 469	4 842
25	C01_883 - 978_10 - 58 - 05. fsa	225	224.36	2 389	28 147	5 176
26	C02_883 - 978_10 - 58 - 05. fsa	225	224.09	2 999	28 699	4 429
27	C03_883 - 978_11 - 50 - 35. fsa	225	224.52	2 120	20 274	4 796
28	C04_883 - 978_11 - 50 - 36. fsa	225	224.13	582	6 231	5 132
29	C05_883 - 978_11 - 50 - 37. fsa	202	202.25	3 562	33 760	4 548
30	C06_883 - 978_11 - 50 - 38. fsa	225	224.4	7 220	74 412	4 834
31	C07_883 - 978_13 - 11 - 02. fsa	205	205.7	4 231	43 458	4 744
32	C08_883 - 978_13 - 11 - 03. fsa	215	216.08	7 709	109 046	4 758
33	C09_883 - 978_13 - 51 - 12. fsa	215	215.34	2 501	25 787	4 841
34	C10_883 - 978_13 - 51 - 12. fsa	187	187.47	3 622	37 386	4 550
35	C11_883 - 978_14 - 31 - 19. fsa	225	224.86	5 042	53 224	4 948
36	C12_883 - 978_14 - 31 - 19. fsa	189	189.82	3 110	32 007	4 535
37	D01_883 - 978_10 - 58 - 05. fsa	202	202.99	7 680	126 136	4 972
38	D02_883 - 978_10 - 58 - 06. fsa	202	202.2	7 213	68 893	4 604
39	D03_883 - 978_11 - 50 - 36. fsa	205	205.78	2 843	29 320	4 863
	D03_883 - 978_11 - 50 - 36. fsa	225	224.15	2 075	23 844	5 115
40	D04_883 - 978_11 - 50 - 36. fsa	205	205.37	1 748	17 857	4 679
41	D05_883 - 978_11 - 50 - 37. fsa	205	205.41	816	7 753	4 703
42	D06_883 - 978_11 - 50 - 37. fsa	209	208.74	3 557	36 512	4 631
43	D07_883 - 978_13 - 11 - 02. fsa	187	187.6	3 665	37 755	4 564
44	D08_883 - 978_13 - 11 - 02. fsa	187	187.61	6 377	70 896	4 561
45	D09_883 - 978_13 - 51 - 12. fsa	187	187.61	7 766	87 604	4 548
46	D10_883 - 978_13 - 51 - 13. fsa	187	187.34	2 503	22 408	4 250

（续）

资源序号	样本名 （sample file name）	等位基因位点 （allele，bp）	大小 （size，bp）	高度 （height，RFU）	面积 （area，RFU）	数据取值点 （data point，RFU）
47	D11_883 - 978_14 - 31 - 19. fsa	999				
48	D12_883 - 978_14 - 31 - 19. fsa	225	224. 9	3 048	32 701	5 037
49	E01_883 - 978_11 - 50 - 33. fsa	225	224. 55	2 481	24 809	4 729
50	E02_883 - 978_11 - 50 - 34. fsa	225	224. 5	1 598	16 031	4 787
51	E03_883 - 978_11 - 50 - 35. fsa	189	190. 63	219	1 803	4 345
52	E04_883 - 978_11 - 50 - 36. fsa	225	224. 09	2 189	24 275	5 119
53	E05_883 - 978_11 - 50 - 37. fsa	225	224. 45	1 282	12 290	4 820
54	E06_883 - 978_11 - 50 - 38. fsa	202	202. 23	4 808	49 815	4 584
55	E07_883 - 978_11 - 50 - 39. fsa	205	205. 44	424	3 912	4 638
56	E08_883 - 978_11 - 50 - 40. fsa	205	205. 12	8 137	115 534	4 668
57	E09_883 - 978_11 - 50 - 41. fsa	187	187. 32	2 284	22 983	4 462
58	E10_883 - 978_11 - 50 - 42. fsa	205	205. 35	6 416	64 419	4 737
59	E11_883 - 978_11 - 50 - 43. fsa	187	187. 3	2 649	27 264	4 301
60	E12_883 - 978_11 - 50 - 44. fsa	215	216. 73	76	1 078	4 664
61	F01_883 - 978_12 - 30 - 47. fsa	202	202. 22	1 422	13 736	4 519
62	F02_883 - 978_12 - 30 - 48. fsa	225	224. 45	386	3 802	4 778
63	F03_883 - 978_12 - 30 - 49. fsa	205	205. 45	6 456	61 796	4 596
64	F04_883 - 978_12 - 30 - 50. fsa	225	224. 45	256	2 475	4 817
65	F05_883 - 978_12 - 30 - 51. fsa	187	187. 61	2 002	20 758	4 552
66	F06_883 - 978_12 - 30 - 52. fsa	205	205. 49	442	4 318	4 636
67	F07_883 - 978_12 - 30 - 53. fsa	209	208. 77	1 017	15 431	4 718
68	F08_883 - 978_12 - 30 - 53. fsa	225	224. 51	3 431	35 737	4 932
69	F09_883 - 978_12 - 30 - 54. fsa	202	202. 28	7 545	74 941	4 733
70	F10_883 - 978_12 - 30 - 55. fsa	202	202. 33	7 808	91 532	4 717
71	F11_883 - 978_12 - 30 - 56. fsa	225	224. 53	7 081	73 533	4 890
72	F12_883 - 978_14 - 31 - 19. fsa	189	189. 97	102	802	4 353

（续）

资源序号	样本名 （sample file name）	等位基因位点 （allele，bp）	大小 （size， bp）	高度 （height， RFU）	面积 （area， RFU）	数据取值点 （data point， RFU）
73	G01_883 - 978_11 - 50 - 34. fsa	225	224.56	2 640	25 727	4 832
74	G02_883 - 978_11 - 50 - 34. fsa	999				
75	G03_883 - 978_11 - 50 - 35. fsa	207	207.22	100	1 397	4 626
76	G04_883 - 978_11 - 50 - 36. fsa	225	224.25	343	3 733	5 105
77	G05_883 - 978_12 - 30 - 51. fsa	205	205.81	3 935	42 778	4 812
78	G06_883 - 978_12 - 30 - 51. fsa	205	205.88	949	10 260	4 821
79	G07_883 - 978_12 - 30 - 52. fsa	187	187.4	375	3 598	4 344
	G07_883 - 978_12 - 30 - 52. fsa	202	202.34	288	2 894	4 542
80	G08_883 - 978_13 - 11 - 02. fsa	202	202.64	2 370	26 012	4 766
	G08_883 - 978_13 - 11 - 02. fsa	209	209.08	3 988	43 981	4 849
81	G09_883 - 978_13 - 51 - 12. fsa	209	209.02	2 419	27 104	4 822
82	G10_883 - 978_13 - 51 - 12. fsa	225	224.13	2 215	25 258	5 038
83	G11_883 - 978_13 - 51 - 13. fsa	202	202.28	2 715	26 235	4 601
84	G12_883 - 978_13 - 51 - 13. fsa	218	218.24	1 154	14 316	4 817
85	H01_883 - 978_11 - 50 - 34. fsa	187	187.31	3 347	38 569	4 818
86	H02_883 - 978_11 - 50 - 34. fsa	999				
87	H03_883 - 978_11 - 50 - 36. fsa	187	187.71	1 901	21 422	4 643
88	H04_883 - 978_11 - 50 - 36. fsa	205	206.01	3 198	38 078	4 973
89	H05_883 - 978_11 - 50 - 37. fsa	205	205.45	1 252	12 145	4 684
90	H06_883 - 978_11 - 50 - 38. fsa	205	205.54	1 604	19 648	4 786
	H06_883 - 978_11 - 50 - 39. fsa	225	224.63	1 040	14 085	5 027
91	H07_883 - 978_13 - 11 - 02. fsa	225	224.23	1 361	15 116	5 095
92	H08_883 - 978_13 - 11 - 03. fsa	225	224.52	4 532	46 893	4 996
93	H09_883 - 978_13 - 51 - 12. fsa	205	205.85	2 192	23 755	4 829
94	H10_883 - 978_13 - 51 - 12. fsa	225	224.19	3 703	43 988	5 159
95	H11_883 - 978_14 - 31 - 19. fsa	225	224.14	2 644	32 427	5 059

（续）

资源序号	样本名 （sample file name）	等位基因位点 （allele，bp）	大小 （size，bp）	高度 （height，RFU）	面积 （area，RFU）	数据取值点 （data point，RFU）
96	H12_883-978_14-31-20.fsa	221	221.38	4 280	42 263	4 706
97	A01_979-1039_15-11-28.fsa	221	221.84	2 033	21 623	4 942
98	A02_979-1039_15-11-29.fsa	209	210.25	2 872	19 031	4 603
99	A03_979-1039_15-51-34.fsa	205	206.51	6 127	73 438	4 787
	A03_979-1039_15-51-34.fsa	221	221.94	7 252	90 591	4 982
100	A04_979-1039_15-51-34.fsa	205	205.77	5 587	67 046	4 883
101	A05_979-1039_15-51-35.fsa	205	205.38	1 023	9 398	4 537
102	A06_979-1039_16-31-39.fsa	205	205.73	3 002	38 153	4 877
103	A07_979-1039_16-31-40.fsa	207	207.37	118	1 453	4 568
104	A08_979-1039_17-11-46.fsa	218	218.19	6 539	70 344	5 015
105	A09_979-1039_17-52-17.fsa	225	224.63	7 149	65 790	5 030
106	A10_979-1039_17-52-18.fsa	205	205.49	1 624	15 689	4 576
	A10_979-1039_17-52-19.fsa	225	224.58	1 549	16 178	4 809
107	A11_979-1039_17-52-20.fsa	999				
108	A12_979-1039_17-52-20.fsa	225	224.54	4 531	48 713	4 866
109	B01_979-1039_15-51-32.fsa	205	205.67	4 194	45 691	4 724
110	B02_979-1039_15-51-32.fsa	225	224.55	110	1 046	4 923
111	B03_979-1039_15-51-33.fsa	187	187.33	1 867	19 305	4 440
112	B04_979-1039_15-51-34.fsa	202	202.55	5 025	58 157	4 831
113	B05_979-1039_16-31-39.fsa	218	218.35	7 539	74 031	4 949
114	B06_979-1039_16-31-39.fsa	187	187.55	3 619	41 522	4 615
115	B07_979-1039_17-11-46.fsa	202	202	6 833	60 134	4 738
116	B08_979-1039_17-11-47.fsa	207	207.24	81	1 234	4 775
117	B09_979-1039_17-11-48.fsa	225	224.59	7 295	76 454	4 992
118	B10_979-1039_17-11-49.fsa	225	224.61	857	8 827	4 817
119	B11_979-1039_17-11-50.fsa	207	207.35	87	1 162	4 556

（续）

资源序号	样本名 （sample file name）	等位基因位点 （allele，bp）	大小 （size，bp）	高度 （height，RFU）	面积 （area，RFU）	数据取值点 （data point，RFU）
120	B12_979 - 1039_17 - 11 - 51. fsa	207	207.53	96	1 242	4 592
121	C01_979 - 1039_15 - 11 - 27. fsa	215	216.83	101	1 483	4 698
122	C02_979 - 1039_15 - 11 - 28. fsa	205	206.1	7 721	78 735	4 827
123	C03_979 - 1039_15 - 11 - 29. fsa	202	202.36	182	1 773	4 559
	C03_979 - 1039_15 - 11 - 30. fsa	215	216.91	143	1 947	4 738
124	C04_979 - 1039_15 - 11 - 31. fsa	202	202.04	7 646	105 281	4 595
125	C05_979 - 1039_15 - 11 - 32. fsa	187	187.35	349	3 375	4 414
126	C06_979 - 1039_15 - 11 - 33. fsa	202	202.42	2 775	28 861	4 644
127	C07_979 - 1039_15 - 11 - 34. fsa	202	202.31	1 795	20 070	4 668
128	C08_979 - 1039_15 - 11 - 35. fsa	187	187.37	5 782	63 387	4 505
129	C09_979 - 1039_17 - 52 - 17. fsa	187	187.18	7 334	84 483	4 532
130	C10_979 - 1039_17 - 52 - 18. fsa	218	218.42	192	2 024	4 774
131	C11_979 - 1039_17 - 11 - 50. fsa	205	205.79	2 344	26 390	4 826
132	C12_979 - 1039_17 - 11 - 51. fsa	999				
133	D01_979 - 1039_16 - 31 - 32. fsa	202	202.42	448	4 811	4 609
	D01_979 - 1039_16 - 31 - 33. fsa	209	208.86	741	7 997	4 689
134	D02_979 - 1039_16 - 31 - 34. fsa	202	202.36	2 319	24 601	4 581
	D02_979 - 1039_16 - 31 - 35. fsa	218	218.31	852	9 152	4 777
135	D03_979 - 1039_16 - 31 - 36. fsa	205	205.53	3 853	41 235	4 677
136	D04_979 - 1039_16 - 31 - 37. fsa	202	202.42	1 833	21 157	4 631
	D04_979 - 1039_16 - 31 - 38. fsa	218	218.37	2 662	29 294	4 829
137	D05_979 - 1039_16 - 31 - 39. fsa	225	224.15	2 076	24 122	5 098
138	D06_979 - 1039_16 - 31 - 39. fsa	225	224.04	5 446	64 996	5 115
139	D07_979 - 1039_17 - 11 - 46. fsa	225	224.99	1 638	18 361	5 077
140	D08_979 - 1039_17 - 11 - 46. fsa	225	224	4 679	55 333	5 089
141	D09_979 - 1039_17 - 52 - 17. fsa	196	195.78	1 139	11 428	4 557

（续）

资源序号	样本名 （sample file name）	等位基因位点 （allele，bp）	大小 （size，bp）	高度 （height，RFU）	面积 （area，RFU）	数据取值点 （data point，RFU）
142	D10_979-1039_17-52-17. fsa	187	187.62	276	2 905	4 615
143	D11_979-1039_17-52-18. fsa	205	205.63	832	9 958	4 772
144	D12_979-1039_18-32-23. fsa	218	218.62	412	5 046	5 072
145	E01_979-1039_15-11-28. fsa	202	202.52	1 193	13 839	4 757
146	E02_979-1039_15-11-28. fsa	187	187.56	703	8 126	4 557
147	E03_979-1039_15-51-34. fsa	218	218.24	3 511	46 258	4 796
148	E04_979-1039_15-51-34. fsa	205	205.81	468	4 870	4 855
	E04_979-1039_15-51-34. fsa	225	224.12	616	7 150	5 112
149	E05_979-1039_16-31-39. fsa	205	205.49	7 479	84 421	4 837
150	E06_979-1039_16-31-39. fsa	205	205.76	6 085	70 441	4 856
151	E07_979-1039_17-11-46. fsa	202	202.44	7 729	100 559	4 777
152	E08_979-1039_17-11-46. fsa	205	205.71	391	4 301	4 824
153	E09_979-1039_17-52-17. fsa	205	205.77	2 961	33 068	4 848
154	E10_979-1039_17-52-17. fsa	225	224.04	2 831	33 800	5 127
155	E11_979-1039_18-32-23. fsa	225	224.16	4 387	62 344	5 138
156	E12_979-1039_18-32-23. fsa	225	224.04	5 059	60 684	5 156
157	F01_979-1039_15-11-28. fsa	202	202.81	7 727	123 806	4 742
158	2012-04-15_3_A03. fsa	187	187.1	7 651	66 364	3 992
159	2012-04-15_4_A04. fsa	202	201.96	2 952	22 985	4 192
160	2012-04-15_8_A08. fsa	205	205.5	469	4 455	4 955
161	2012-04-15_9_A09. fsa	225	225.69	402	3 268	4 469
162	2012-04-15_12_A12. fsa	205	204.98	1 850	15 096	4 243
163	2012-04-15_14_B02. fsa	205	205.47	3 348	28 189	4 315
164	2012-04-15_16_B04. fsa	205	205.08	7 401	61 836	4 216
165	2012-04-15_17_B05. fsa	187	187.04	7 647	62 261	4 003
166	2012-04-15_17_B06. fsa	205	205.11	5 735	42 561	4 313

（续）

资源序号	样本名 （sample file name）	等位基因位点 （allele，bp）	大小 （size，bp）	高度 （height，RFU）	面积 （area，RFU）	数据取值点 （data point，RFU）
167	2012 - 04 - 15 _21 _B09. fsa	187	187. 06	7 560	79 947	4 026
168	2012 - 04 - 15 _22 _B10. fsa	187	187. 02	7 589	65 063	4 028
169	2012 - 04 - 15 _23 _B11. fsa	209	209. 96	4 049	31 741	4 301
170	2012 - 04 - 15 _24 _B12. fsa	225	225. 74	2 087	16 824	4 481
171	2012 - 04 - 15 _26 _C02. fsa	205	205. 24	3 614	30 333	4 309
172	2012 - 04 - 15 _29 _C05. fsa	205	205. 12	7 419	77 584	4 222
173	2012 - 04 - 15 _31 _C07. fsa	218	217. 76	7 447	64 981	4 358
174	2012 - 04 - 15 _32 _C08. fsa	209	208. 21	5 511	43 211	4 282
175	2012 - 04 - 15 _34 _C10. fsa	225	223. 92	5 293	42 177	4 449
176	2012 - 04 - 15 _35 _C11. fsa	209	209. 92	3 531	27 487	4 270
177	2012 - 04 - 15 _38 _D02. fsa	205	205. 27	4 594	38 027	4 306
178	2012 - 04 - 15 _40 _D04. fsa	205	205. 1	7 520	64 264	4 200
179	2012 - 04 - 15 _41 _D05. fsa	187	187. 1	7 417	78 685	4 047
180	2012 - 04 - 15 _42 _D06. fsa	225	224. 03	6 703	62 162	4 462
181	2012 - 04 - 15 _46 _D10. fsa	187	187. 01	7 571	68 895	4 017
182	2012 - 04 - 15 _47 _D11. fsa	205	204. 99	2 406	19 210	4 242
183	2012 - 04 - 15 _48 _D12. fsa	205	204. 96	1 304	10 344	4 225
184	2012 - 04 - 15 _51 _E03. fsa	187	187. 07	4 360	34 573	4 010
185	2012 - 04 - 15 _52 _E04. fsa	215	214. 67	2 149	17 228	4 318
186	2012 - 04 - 15 _53 _E05. fsa	202	201. 98	6 972	54 705	4 182
187	2012 - 04 - 15 _54 _E06. fsa	225	224. 03	5 493	48 724	4 448
188	2012 - 04 - 15 _56 _E08. fsa	218	217. 78	5 784	46 706	4 394
189	2012 - 04 - 15 _61 _F01. fsa	218	217. 77	4 826	45 710	4 476
190	2012 - 04 - 15 _62 _F02. fsa	202	202. 11	3 281	27 893	4 276
191	2012 - 04 - 15 _64 _F04. fsa	218	217. 87	1 524	12 550	4 353
192	2012 - 04 - 15 _67 _F07. fsa	202	202. 01	5 714	46 123	4 213

（续）

资源序号	样本名 (sample file name)	等位基因位点 (allele，bp)	大小 (size，bp)	高度 (height，RFU)	面积 (area，RFU)	数据取值点 (data point，RFU)
193	2012 - 04 - 15_68_F08. fsa	187	187. 11	6 249	51 502	4 034
194	2012 - 04 - 15_69_F09. fsa	202	201. 92	6 797	54 440	4 203
195	2012 - 04 - 15_71_F11. fsa	187	186. 99	4 849	40 053	4 019
196	2012 - 04 - 15_72_F12. fsa	218	217. 61	1 043	8 526	4 373
197	2012 - 04 - 15_78_G06. fsa	202	201. 89	450	3 808	4 237
198	2012 - 04 - 15_83_G11. fsa	202	201. 94	1 836	15 121	4 221
199	2012 - 04 - 15_84_G12. fsa	205	205. 07	2 000	16 548	4 253
200	2012 - 04 - 15_85_H01. fsa	205	205. 32	1 949	17 908	4 387
	2012 - 04 - 15_85_H01. fsa	212	211. 61	1 819	15 497	4 445
201	2012 - 04 - 15_87_H03. fsa	209	208. 39	1 622	19 938	4 383
202	2012 - 04 - 15_88_H04. fsa	225	224	335	3 151	4 528
203	2012 - 04 - 15_90_H06. fsa	205	205. 21	6 244	52 785	4 300
204	2012 - 04 - 15_92_H08. fsa	225	224. 22	4 452	38 726	4 551
205	2012 - 04 - 15_93_H09. fsa	205	205. 72	423	3 613	4 289
206	2012 - 04 - 15_94_H10. fsa	225	224. 16	2 612	21 451	4 541
207	2012 - 04 - 15_96_H12. fsa	225	224. 12	2 743	22 900	4 534

12 Sat_218

资源序号	样本名 (sample file name)	等位基因位点 (allele, bp)	大小 (size, bp)	高度 (height, RFU)	面积 (area, RFU)	数据取值点 (data point, RFU)
1	A01_883-978_20-23-29.fsa	325	325.12	466	4 532	6 342
2	A02_883-978_20-23-29.fsa	297	297.93	1 219	13 643	6 331
3	A03_883-978_21-15-37.fsa	329	329.3	259	2 855	6 464
4	A04_883-978_21-15-37.fsa	295	295.97	356	5 222	5 702
5	A05_883-978_21-15-39.fsa	314	314.18	38	578	5 897
6	A06_883-978_21-15-39.fsa	323	323.25	526	4 054	5 743
7	A07_883-978_22-35-59.fsa	323	323.99	212	1 941	5 548
8	A08_883-978_22-35-59.fsa	323	323.12	331	3 553	6 556
	A08_883-978_22-35-59.fsa	325	325.22	300	3 091	6 584
9	A09_883-978_23-16-08.fsa	325	325.16	526	5 541	6 431
10	A10_883-978_23-16-08.fsa	284	284.71	1 135	12 889	6 056
11	A11_883-978_23-56-17.fsa	284	283.76	437	4 288	5 090
12	A12_883-978_23-56-17.fsa	290	290.28	634	7 061	6 158
13	B01_883-978_20-23-29.fsa	282	282.77	283	3 084	5 960
	B01_883-978_20-23-29.fsa	304	304.28	352	3 703	6 259
14	B02_883-978_20-23-29.fsa	284	284.68	810	8 920	6 160
15	B03_883-978_21-15-37.fsa	284	284.46	1 953	23 036	5 873
16	B04_883-978_21-15-37.fsa	284	284.44	547	6 584	6 020
17	B05_883-978_21-15-39.fsa	306	305.36	546	4 668	5 306
18	B06_883-978_21-15-39.fsa	284	284.71	728	5 347	5 576
19	B07_883-978_22-35-59.fsa	282	282.43	260	2 673	5 853
20	B08_883-978_22-35-59.fsa	284	284.69	116	1 143	6 041
21	B09_883-978_23-16-08.fsa	325	325.17	455	4 722	6 438
22	B10_883-978_23-16-08.fsa	323	323.16	239	2 522	6 607

（续）

资源序号	样本名 （sample file name）	等位基因位点 （allele，bp）	大小 （size， bp）	高度 （height， RFU）	面积 （area， RFU）	数据取值点 （data point， RFU）
23	B11_883-978_23-56-17. fsa	295	295.97	221	2 146	6 088
24	B12_883-978_23-56-17. fsa	302	301.98	506	5 467	6 348
25	C01_883-978_20-23-29. fsa	327	327.44	330	3 526	6 546
26	C02_883-978_20-23-29. fsa	288	288.51	1 022	12 279	6 217
27	C03_883-978_21-15-37. fsa	325	325.11	3 044	23 547	5 921
28	C04_883-978_21-15-37. fsa	290	290.17	1 072	13 031	6 104
29	C05_883-978_21-15-39. fsa	286	286.55	3 099	11 768	5 843
30	C06_883-978_21-15-39. fsa	325	325.08	4 453	9 788	6 345
31	C07_883-978_22-35-59. fsa	284	283.83	1 028	10 309	5 048
32	C08_883-978_22-35-59. fsa	284	284.62	68	739	6 040
33	C09_883-978_23-16-08. fsa	319	318.83	266	2 822	6 381
34	C10_883-978_23-16-08. fsa	284	284.57	1 166	14 064	6 065
35	C11_883-978_23-56-17. fsa	325	325.09	137	1 460	6 453
36	C12_883-978_23-56-17. fsa	284	284.53	336	3 674	6 087
	C12_883-978_23-56-17. fsa	286	286	375	4 161	6 146
37	D01_883-978_20-23-29. fsa	290	290.3	545	6 141	6 160
	D01_883-978_20-23-29. fsa	325	325.47	144	1 461	6 632
38	D02_883-978_20-23-29. fsa	295	296.01	60	720	6 305
39	D03_883-978_21-15-37. fsa	300	299.72	295	3 548	6 182
	D03_883-978_21-15-37. fsa	325	325.32	275	2 788	6 509
40	D04_883-978_21-15-38. fsa	334	334.85	616	7 275	6 234
41	D05_883-978_21-15-39. fsa	999				
42	D06_883-978_21-15-39. fsa	288	288.06	669	8 809	5 561
	D06_883-978_21-15-39. fsa	334	334.9	294	3 542	6 128
43	D07_883-978_22-35-59. fsa	284	284.5	1 211	13 291	5 971
44	D08_883-978_22-35-59. fsa	280	280.46	1 585	21 741	5 416

（续）

资源序号	样本名 （sample file name）	等位基因位点 （allele，bp）	大小 （size，bp）	高度 （height，RFU）	面积 （area，RFU）	数据取值点 （data point，RFU）
45	D09_883-978_23-16-08.fsa	280	280.72	94	943	5 939
46	D10_883-978_23-16-08.fsa	999				
47	D11_883-978_23-56-17.fsa	278	278.75	116	1 246	5 929
	D11_883-978_23-56-17.fsa	290	290.21	93	945	6 097
48	D12_883-978_23-56-17.fsa	284	284.51	656	7 530	6 075
49	E01_883-978_20-23-29.fsa	325	325.46	96	1 024	6 611
50	E02_883-978_20-23-29.fsa	295	295.72	70	842	5 860
51	E03_883-978_21-15-37.fsa	999				
52	E04_883-978_21-15-37.fsa	327	326.64	261	2 973	6 122
53	E05_883-978_20-23-32.fsa	999				
54	E06_883-978_20-23-32.fsa	290	289.91	486	6 385	5 562
55	E07_883-978_20-23-33.fsa	999				
56	E08_883-978_20-23-33.fsa	284	284.05	1 988	25 201	5 435
57	E09_883-978_23-16-08.fsa	286	286.54	63	667	6 007
58	E10_883-978_23-16-09.fsa	327	326.51	1 071	13 617	5 905
59	E11_883-978_23-16-10.fsa	300	299.52	1 626	21 421	5 552
60	E12_883-978_23-16-11.fsa	260	261.39	1 967	25 542	5 118
	E12_883-978_23-16-12.fsa	282	282.28	290	3 591	5 390
61	F01_883-978_21-55-46.fsa	321	320.61	341	3 883	6 071
62	F02_883-978_21-55-47.fsa	288	288.03	266	2 784	5 746
63	F03_883-978_21-15-48.fsa	999				
64	F04_883-978_21-15-49.fsa	999				
65	F05_883-978_21-55-48.fsa	321	321.02	34	351	6 422
66	F06_883-978_21-55-49.fsa	284	284.06	612	7 612	5 478
67	F07_883-978_22-35-59.fsa	297	297.86	72	847	6 135
68	F08_883-978_22-35-60.fsa	327	326.55	348	4 292	5 949

（续）

资源序号	样本名 （sample file name）	等位基因位点 （allele，bp）	大小 （size， bp）	高度 （height， RFU）	面积 （area， RFU）	数据取值点 （data point， RFU）
69	F09_883 - 978_22 - 35 - 61. fsa	295	295.59	1 520	19 511	5 482
70	F10_883 - 978_22 - 35 - 62. fsa	323	322.26	405	4 202	5 852
71	F11_883 - 978_23 - 56 - 17. fsa	323	323.18	123	1 359	6 512
72	F12_883 - 978_23 - 56 - 18. fsa	325	324.42	559	7 103	5 899
73	G01_883 - 978_21 - 55 - 36. fsa	325	324.81	427	5 431	6 218
74	G02_883 - 978_21 - 55 - 36. fsa	999				
75	G03_883 - 978_21 - 55 - 46. fsa	999				
76	G04_883 - 978_21 - 55 - 46. fsa	325	324.72	309	3 900	6 097
77	G05_883 - 978_21 - 55 - 47. fsa	295	295.6	122	1 379	5 649
78	G06_883 - 978_21 - 55 - 47. fsa	284	284.53	113	1 317	5 957
79	G07_883 - 978_21 - 55 - 59. fsa	306	305.76	57	820	5 718
80	G08_883 - 978_22 - 35 - 59. fsa	302	302.07	53	587	6 225
81	G09_883 - 978_23 - 16 - 08. fsa	302	301.87	446	5 081	6 206
82	G10_883 - 978_23 - 16 - 08. fsa	327	327.44	184	2 106	6 579
83	G11_883 - 978_23 - 16 - 17. fsa	297	297.88	564	3 712	6 348
84	G12_883 - 978_23 - 16 - 17. fsa	999				
85	H01_883 - 978_21 - 15 - 36. fsa	284	284.45	742	9 727	5 700
86	H02_883 - 978_21 - 15 - 36. fsa	999				
87	H03_883 - 978_21 - 15 - 37. fsa	264	264.07	368	4 470	5 697
88	H04_883 - 978_21 - 15 - 37. fsa	284	284.71	529	6 296	6 099
89	H05_883 - 978_21 - 15 - 38. fsa	327	326.53	303	3 457	6 000
90	H06_883 - 978_21 - 15 - 38. fsa	325	325.24	706	5 079	6 356
91	H07_883 - 978_22 - 35 - 59. fsa	325	325.4	128	1 507	6 556
92	H08_883 - 978_22 - 35 - 59. fsa	325	324.44	368	4 250	5 940
93	H09_883 - 978_23 - 16 - 08. fsa	327	327.48	85	906	6 613
94	H10_883 - 978_23 - 16 - 08. fsa	297	297.99	417	4 896	6 334

（续）

资源序号	样本名 （sample file name）	等位基因位点 （allele，bp）	大小 （size，bp）	高度 （height，RFU）	面积 （area，RFU）	数据取值点 （data point，RFU）
95	H11_883 - 978_23 - 56 - 17. fsa	284	284.57	522	6 109	6 054
96	H12_883 - 978_23 - 56 - 17. fsa	282	282.79	69	788	6 130
97	A01_979 - 1039_01 - 17 - 02. fsa	282	282.46	769	9 737	5 662
98	A02_979 - 1039_01 - 17 - 01. fsa	282	282.54	123	1 271	5 665
99	A03_979 - 1039_01 - 17 - 00. fsa	282	282.69	2 506	28 796	5 937
100	A04_979 - 1039_01 - 17 - 00. fsa	323	323.18	290	3 295	6 668
	A04_979 - 1039_01 - 17 - 00. fsa	325	325.24	229	2 536	6 696
101	A05_979 - 1039_01 - 17 - 01. fsa	282	282.41	572	7 647	5 553
102	A06_979 - 1039_01 - 57 - 11. fsa	282	282.76	1 782	19 675	6 121
103	A07_979 - 1039_01 - 57 - 12. fsa	282	282.41	128	1 495	5 560
104	A08_979 - 1039_02 - 37 - 20. fsa	286	286.65	468	5 108	6 205
105	A09_979 - 1039_03 - 17 - 26. fsa	323	323.13	545	6 412	6 549
106	A10_979 - 1039_03 - 17 - 27. fsa	286	286.07	113	1 515	5 507
	A10_979 - 1039_03 - 17 - 28. fsa	292	291.91	110	1 308	5 583
107	A11_979 - 1039_03 - 57 - 32. fsa	999				
108	A12_979 - 1039_03 - 57 - 32. fsa	327	327.42	196	1 950	6 815
109	B01_979 - 1039_01 - 17 - 02. fsa	284	284.23	447	5 616	5 433
110	B02_979 - 1039_01 - 17 - 01. fsa	295	295.6	307	3 572	5 589
111	B03_979 - 1039_01 - 17 - 02. fsa	286	286.03	733	9 125	5 411
112	B04_979 - 1039_01 - 17 - 00. fsa	286	286.61	86	1 022	6 173
113	B05_979 - 1039_01 - 57 - 11. fsa	286	286.66	288	3 443	6 028
114	B06_979 - 1039_01 - 57 - 11. fsa	284	284.65	844	10 038	6 167
115	B07_979 - 1039_02 - 37 - 20. fsa	282	282.71	1 400	16 595	5 987
116	B08_979 - 1039_02 - 37 - 21. fsa	282	282.5	106	1 240	5 677
117	B09_979 - 1039_02 - 37 - 22. fsa	295	295.73	348	4 063	5 735
118	B10_979 - 1039_02 - 37 - 23. fsa	327	326.79	263	3 149	6 132

（续）

资源序号	样本名 （sample file name）	等位基因位点 （allele，bp）	大小 （size， bp）	高度 （height， RFU）	面积 （area， RFU）	数据取值点 （data point， RFU）
119	B11_979 - 1039_02 - 37 - 24. fsa	325	324. 56	106	1 334	5 975
120	B12_979 - 1039_02 - 37 - 25. fsa	321	320. 51	137	1 555	5 952
121	C01_979 - 1039_24 - 36 - 27. fsa	297	297. 64	566	7 055	5 610
122	C02_979 - 1039_24 - 36 - 28. fsa	321	320. 96	258	2 935	6 632
123	C03_979 - 1039_24 - 36 - 29. fsa	295	295. 67	159	1 969	5 602
124	C04_979 - 1039_24 - 36 - 30. fsa	321	320. 39	198	2 431	5 829
125	C05_979 - 1039_24 - 36 - 31. fsa	306	305. 85	873	11 408	5 674
126	C06_979 - 1039_01 - 57 - 11. fsa	306	306. 3	247	2 881	6 489
127	C07_979 - 1039_02 - 37 - 20. fsa	284	284. 72	678	8 097	6 006
128	C08_979 - 1039_02 - 37 - 20. fsa	286	286. 58	810	11 037	6 229
129	C09_979 - 1039_03 - 17 - 26. fsa	284	284. 65	1 400	14 842	6 018
130	C10_979 - 1039_03 - 17 - 26. fsa	310	310. 02	436	5 259	5 725
131	C11_979 - 1039_03 - 17 - 28. fsa	999				
132	C12_979 - 1039_03 - 17 - 28. fsa	323	322. 9	59	715	6 240
133	D01_979 - 1039_24 - 36 - 27. fsa	284	284. 41	54	574	5 814
	D01_979 - 1039_24 - 36 - 27. fsa	302	301. 65	50	521	6 052
134	D02_979 - 1039_24 - 36 - 28. fsa	284	284. 42	110	1 308	6 110
135	D03_979 - 1039_01 - 17 - 00. fsa	288	288. 35	953	11 173	6 126
136	D04_979 - 1039_01 - 17 - 00. fsa	284	284. 59	1 173	14 070	6 129
137	D05_979 - 1039_01 - 57 - 11. fsa	325	325. 26	305	3 362	6 640
138	D06_979 - 1039_01 - 57 - 11. fsa	325	325. 25	345	3 894	6 730
139	D07_979 - 1039_02 - 37 - 20. fsa	288	288. 47	830	8 956	6 162
140	D08_979 - 1039_02 - 37 - 20. fsa	295	296. 01	440	4 924	6 348
	D08_979 - 1039_02 - 37 - 20. fsa	327	327. 38	87	946	6 786
141	D09_979 - 1039_03 - 17 - 26. fsa	284	284. 65	317	3 468	6 128
142	D10_979 - 1039_03 - 17 - 26. fsa	280	280. 88	1 678	18 925	6 137

（续）

资源序号	样本名 （sample file name）	等位基因位点 （allele，bp）	大小 （size， bp）	高度 （height， RFU）	面积 （area， RFU）	数据取值点 （data point， RFU）
143	D11_979-1039_03-17-27.fsa	325	324.6	41	463	6 097
144	D12_979-1039_03-57-32.fsa	284	284.72	239	2 888	6 219
145	E01_979-1039_24-36-28.fsa	306	306.21	780	8 756	6 329
146	E02_979-1039_24-36-28.fsa	284	284.58	355	3 965	6 094
147	E03_979-1039_01-17-00.fsa	284	284.58	377	4 083	6 041
148	E04_979-1039_01-17-00.fsa	297	297.92	462	5 278	6 326
	E04_979-1039_01-17-00.fsa	325	325.26	113	1 243	6 701
149	E05_979-1039_01-57-11.fsa	329	329.37	294	3 191	6 673
150	E06_979-1039_01-57-11.fsa	284	284.61	1 798	20 264	6 140
151	E07_979-1039_02-37-20.fsa	288	288.46	1 080	11 412	6 148
152	E08_979-1039_02-37-20.fsa	290	290.34	785	8 794	6 255
153	E09_979-1039_03-17-26.fsa	325	325.29	447	4 789	6 661
154	E10_979-1039_03-17-26.fsa	297	297.95	981	10 996	6 395
155	E11_979-1039_03-57-32.fsa	297	297.91	800	8 594	6 316
	E11_979-1039_03-57-32.fsa	327	327.43	435	4 787	6 706
156	E12_979-1039_03-57-32.fsa	323	323.36	739	8 410	6 769
157	F01_979-1039_24-36-28.fsa	288	288.45	1 144	12 517	6 080
	F01_979-1039_24-36-28.fsa	321	321.15	236	2 629	6 525
158	2012-04-11_3_A03.fsa	284	284.14	493	4 417	5 173
159	2012-04-11_4_A04.fsa	282	282.4	159	1 404	5 197
160	2012-04-11_9_A08.fsa	280	280.3	92	845	5 234
161	2012-04-11_9_A09.fsa	290	289.8	265	2 232	5 253
162	2012-04-11_12_A12.fsa	325	324.36	169	1 328	5 679
163	2012-04-11_14_B02.fsa	284	284.35	330	3 151	5 407
164	2012-04-11_16_B04.fsa	288	287.88	189	1 238	5 263
165	2012-04-11_17_B05.fsa	319	318.1	198	1 346	5 553

（续）

资源序号	样本名 （sample file name）	等位基因位点 （allele，bp）	大小 （size， bp）	高度 （height， RFU）	面积 （area， RFU）	数据取值点 （data point， RFU）
166	2012－04－11_17_B06.fsa	319				
167	2012－04－11_21_B09.fsa	316	316.09	48	395	5 562
168	2012－04－11_22_B10.fsa	282	282.32	482	4 191	5 216
169	2012－04－11_23_B11.fsa	284	284.17	462	4 048	5 202
170	2012－04－11_24_B12.fsa	284	284.13	563	5 112	5 231
171	2012－04－11_26_C02.fsa	280	280.65	464	4 355	5 342
172	2012－04－11_29_C05.fsa	288	287.9	555	4 690	5 196
173	2012－04－11_31_C07.fsa	284	284.09	603	4 879	5 168
174	2012－04－11_32_C08.fsa	300	299.26	299	2 313	5 431
175	2012－04－11_34_C10.fsa	288	287.86	422	3 401	5 285
176	2012－04－11_35_C11.fsa	278	278.45	545	4 490	5 106
177	2012－04－11_38_D02.fsa	321	320.51	110	847	5 781
178	2012－04－11_40_D04.fsa	282	282.25	445	3 854	5 196
179	2012－04－11_41_D05.fsa	282	282.34	609	5 281	5 193
180	2012－04－11_42_D06.fsa	290	289.8	425	3 650	5 276
181	2012－04－11_46_D10.fsa	284	284.07	463	3 792	5 241
182	2012－04－11_47_D11.fsa	290	289.77	381	2 757	5 297
183	2012－04－11_48_D12.fsa	284	284.07	404	3 743	5 231
184	2012－04－11_51_E03.fsa	282	282.35	367	3 322	5 199
185	2012－04－11_52_E04.fsa	284	284.23	369	3 102	5 230
186	2012－04－11_53_E05.fsa	284	284.17	454	4 173	5 202
187	2012－04－11_54_E06.fsa	288	287.94	436	3 685	5 266
188	2012－04－11_56_E08.fsa	282	282.28	521	4 233	5 217
189	2012－04－11_61_F01.fsa	308	307.8	324	3 059	5 636
190	2012－04－11_62_F02.fsa	282	282.5	350	3 448	5 362
191	2012－04－11_64_F04.fsa	297	297.49	196	1 580	5 379

（续）

资源序号	样本名 （sample file name）	等位基因位点 （allele，bp）	大小 （size， bp）	高度 （height， RFU）	面积 （area， RFU）	数据取值点 （data point， RFU）
192	2012 – 04 – 11_67_F07. fsa	319	318. 11	149	1 189	5 607
193	2012 – 04 – 11_68_F08. fsa	282	282. 33	246	2 405	5 207
194	2012 – 04 – 11_69_F09. fsa	290	289. 91	364	3 329	5 299
195	2012 – 04 – 11_71_F11. fsa	282	282. 31	332	3 264	5 199
196	2012 – 04 – 11_72_F12. fsa	282	282. 29	415	3 801	5 209
197	2012 – 04 – 11_83_G06. fsa	297	297. 44	97	912	5 470
198	2012 – 04 – 11_83_G11. fsa	293	293. 69	130	997	5 351
199	2012 – 04 – 11_84_G12. fsa	327	326. 59	82	596	5 721
200	2012 – 04 – 11_85_H01. fsa	280	280. 79	131	876	5 415
201	2012 – 04 – 11_87_H03. fsa	284	284. 26	458	4 337	5 273
202	2012 – 04 – 11_88_H04. fsa	319	318. 34	32	290	5 721
203	2012 – 04 – 11_90_H06. fsa	295	295. 57	346	2 880	5 456
204	2012 – 04 – 11_92_H08. fsa	293	293. 72	219	1 775	5 452
205	2012 – 04 – 11_93_H09. fsa	316	316. 26	237	368	5 649
206	2012 – 04 – 11_94_H10. fsa	323	322. 38	123	1 158	5 784
207	2012 – 04 – 11_96_H12. fsa	295	295. 58	275	2 169	5 475

13 Satt239

资源序号	样本名 （sample file name）	等位基因位点 （allele，bp）	大小 （size，bp）	高度 （height，RFU）	面积 （area，RFU）	数据取值点 （data point，RFU）
1	A01_883_21 – 47 – 36. fsa	173	173. 4	4 181	40 837	4 172
2	A02_883_21 – 47 – 36. fsa	173	173. 43	3 465	35 281	4 231
3	A03_883_22 – 39 – 09. fsa	188	188. 15	2 375	22 899	4 278
4	A04_883_22 – 39 – 09. fsa	185	185. 22	1 066	10 805	4 306
5	A05_883_23 – 19 – 15. fsa	194	194. 11	2 826	26 440	4 355
6	A06_883_23 – 19 – 15. fsa	173	173. 31	1 533	15 744	4 152
7	A07_883_23 – 59 – 19. fsa	182	182. 21	5 899	58 151	4 207
8	A08_883_23 – 59 – 19. fsa	173	173. 41	1 562	15 941	4 154
9	A09_883_24 – 39 – 22. fsa	194	194. 06	1 538	15 163	4 375
10	A10_883_24 – 39 – 22. fsa	185	185. 21	1 814	17 985	4 329
11	A11_883_01 – 19 – 26. fsa	173	173. 39	1 923	19 151	4 114
12	A12_883_01 – 19 – 26. fsa	194	194. 09	241	2 461	4 464
13	B01_883_21 – 47 – 36. fsa	188	188. 23	2 938	29 334	4 378
14	B02_883_21 – 47 – 36. fsa	185	185. 29	1 697	16 807	4 396
15	B03_883_22 – 39 – 09. fsa	173	173. 32	1 855	18 540	4 098
16	B04_883_22 – 39 – 09. fsa	173	173. 29	1 716	17 859	4 135
17	B05_883_23 – 19 – 15. fsa	179	179. 35	887	8 907	4 180
18	B06_883_23 – 19 – 15. fsa	999				
19	B07_883_23 – 59 – 19. fsa	179	179. 32	2 822	28 111	4 178
20	B08_883_23 – 59 – 19. fsa	173	173. 31	997	10 125	4 143
21	B09_883_24 – 39 – 22. fsa	191	191. 1	1 444	14 712	4 347
22	B10_883_24 – 39 – 22. fsa	191	191. 13	1 568	12 645	4 394
23	B11_883_01 – 19 – 26. fsa	191	191. 14	155	1 577	4 361

（续）

资源序号	样本名 （sample file name）	等位基因位点 （allele，bp）	大小 （size，bp）	高度 （height，RFU）	面积 （area，RFU）	数据取值点 （data point，RFU）
24	B12_883_01 - 19 - 26. fsa	173	173. 3	1 273	13 439	4 167
	B12_883_01 - 19 - 26. fsa	188	188. 17	439	4 596	4 372
25	C01_883_21 - 47 - 36. fsa	173	173. 42	1 180	11 860	4 152
26	C02_883_21 - 47 - 36. fsa	173	173. 37	2 152	22 385	4 215
27	C03_883_22 - 39 - 09. fsa	176	176. 33	3 107	30 740	4 116
28	C04_883_22 - 39 - 09. fsa	194	194. 07	507	5 268	4 405
29	C05_883_23 - 19 - 15. fsa	185	185. 29	1 637	16 339	4 234
30	C06_883_23 - 19 - 15. fsa	173	173. 28	3 316	34 132	4 122
31	C07_883_23 - 59 - 19. fsa	188	188. 15	188	1 970	4 278
32	C08_883_23 - 59 - 19. fsa	185	185. 22	1 447	15 039	4 294
33	C09_883_24 - 39 - 22. fsa	185	185. 22	529	5 320	4 248
34	C10_883_24 - 39 - 22. fsa	173	173. 4	158	1 589	4 144
35	C11_883_01 - 19 - 26. fsa	173	173. 26	683	6 955	4 100
36	C12_883_01 - 19 - 26. fsa	188	188. 18	2 505	26 549	4 360
37	D01_883_21 - 47 - 36. fsa	188	188. 26	2 197	22 592	4 414
38	D02_883_21 - 47 - 36. fsa	173	173. 4	872	8 932	4 202
	D02_883_21 - 47 - 36. fsa	191	191. 16	773	7 891	4 449
39	D03_883_22 - 39 - 09. fsa	173	173. 45	947	9 423	4 137
	D03_883_22 - 39 - 09. fsa	188	188. 22	2 390	23 971	4 335
40	D04_883_22 - 39 - 09. fsa	191	191. 14	3 524	35 593	4 364
41	D05_883_23 - 19 - 15. fsa	185	185. 21	3 965	39 399	4 293
42	D06_883_23 - 19 - 15. fsa	191	191. 14	1 218	12 541	4 367
43	D07_883_23 - 59 - 19. fsa	173	173. 4	2 953	29 464	4 137
44	D08_883_23 - 59 - 19. fsa	188	188. 17	2 002	20 776	4 334
45	D09_883_24 - 39 - 22. fsa	188	188. 23	2 090	21 486	4 358
46	D10_883_24 - 39 - 22. fsa	188	188. 2	2 339	24 614	4 345

（续）

资源序号	样本名 （sample file name）	等位基因位点 （allele，bp）	大小 （size， bp）	高度 （height， RFU）	面积 （area， RFU）	数据取值点 （data point， RFU）
47	D11_883_01 - 19 - 26. fsa	182	182. 31	2 656	27 461	4 277
48	D12_883_01 - 19 - 26. fsa	188	188. 15	2 590	27 379	4 356
49	E01_883_21 - 47 - 36. fsa	173	172. 46	2 320	25 481	4 374
50	E02_883_21 - 47 - 36. fsa	173	172. 48	1 155	11 914	4 195
51	E03_883_22 - 39 - 09. fsa	155	155. 21	251	2 198	4 284
52	E04_883_22 - 39 - 09. fsa	173	173. 37	1 075	11 130	4 120
53	E05_883_22 - 39 - 09. fsa	999				
54	E06_883_23 - 19 - 15. fsa	188	187. 26	902	9 290	4 327
55	E07_883_23 - 19 - 15. fsa	173	173. 06	244	2 186	4 338
56	E08_883_23 - 59 - 19. fsa	185	184. 34	217	2 148	4 279
57	E09_883_24 - 39 - 22. fsa	173	172. 46	131	1 247	4 129
58	E10_883_24 - 39 - 22. fsa	173	172. 47	577	5 997	4 127
59	E11_883_01 - 19 - 26. fsa	185	184. 23	177	1 650	4 302
60	E12_883_01 - 19 - 26. fsa	152	152. 26	193	1 656	4 155
61	F01_883_21 - 47 - 36. fsa	191	190. 27	154	1 557	4 416
62	F02_883_21 - 47 - 36. fsa	188	188. 28	80	849	4 393
63	F03_883_22 - 39 - 09. fsa	188	187. 24	237	2 570	4 294
64	F04_883_22 - 39 - 09. fsa	185	185. 19	1 125	8 841	4 426
65	F05_883_23 - 19 - 15. fsa	188	188. 16	110	1 088	4 305
66	F06_883_23 - 19 - 15. fsa	176	175. 45	758	7 747	4 144
67	F07_883_23 - 19 - 15. fsa	173	172. 49	1 316	8 856	4 427
68	F08_883_24 - 39 - 22. fsa	173	172. 55	1 431	11 548	4 267
69	F09_883_24 - 39 - 22. fsa	173	172. 53	53	586	4 109
70	F10_883_24 - 39 - 22. fsa	173	172. 52	501	5 304	4 118
71	F11_883_01 - 19 - 26. fsa	173	173. 33	1 610	16 331	4 131
72	F12_883_01 - 19 - 26. fsa	173	173. 05	978	6 521	4 517

（续）

资源序号	样本名 （sample file name）	等位基因位点 （allele，bp）	大小 （size，bp）	高度 （height，RFU）	面积 （area，RFU）	数据取值点 （data point，RFU）
73	G01_883_21 – 47 – 36. fsa	173	173.44	31	266	4 216
74	G02_883_21 – 47 – 36. fsa	155	155.33	478	3 756	4 412
	G02_883_21 – 47 – 36. fsa	173	173.11	1 012	12 314	4 217
75	G03_883_22 – 39 – 09. fsa	182	182.11	1 425	14 073	4 256
76	G04_883_22 – 39 – 09. fsa	173	173.4	271	2 554	4 131
77	G05_883_23 – 19 – 15. fsa	173	173.41	577	5 907	4 124
78	G06_883_23 – 19 – 15. fsa	188	187.28	226	2 081	4 314
79	G07_883_23 – 59 – 19. fsa	152	152.37	1 016	11 523	4 144
	G07_883_23 – 59 – 19. fsa	173	172.47	956	8 971	4 325
80	G08_883_23 – 59 – 19. fsa	173	172.49	466	4 581	4 118
	G08_883_23 – 59 – 19. fsa	188	188.18	129	1 232	4 329
81	G09_883_24 – 39 – 22. fsa	188	188.15	46	430	4 334
82	G10_883_24 – 39 – 22. fsa	191	191.25	293	3 016	4 380
83	G11_883_01 – 19 – 26. fsa	999				
84	G12_883_01 – 19 – 26. fsa	152	152.12	576	6 721	4 544
	G12_883_01 – 19 – 26. fsa	173	172.36	884	8 901	4 417
85	H01_883_21 – 47 – 36. fsa	173	172.24	1 156	19 548	4 235
86	H02_883_21 – 47 – 36. fsa	182	182.17	1 349	27 216	4 352
87	H03_883_22 – 39 – 09. fsa	999				
88	H04_883_22 – 39 – 09. fsa	188	188.32	289	3 081	4 417
89	H05_883_23 – 19 – 15. fsa	173	172.49	109	1 272	4 144
90	H06_883_23 – 19 – 15. fsa	999				
91	H07_883_23 – 59 – 19. fsa	173	172.55	208	2 059	4 151
92	H08_883_23 – 59 – 19. fsa	188	187.35	67	837	4 417
93	H09_883_24 – 39 – 22. fsa	999				
94	H10_883_24 – 39 – 22. fsa	188	188.23	93	1 009	4 430

（续）

资源序号	样本名 （sample file name）	等位基因位点 （allele，bp）	大小 （size，bp）	高度 （height，RFU）	面积 （area，RFU）	数据取值点 （data point，RFU）
95	H11_883_01 - 19 - 26. fsa	185	185.27	285	2 920	4 344
96	H12_883_01 - 19 - 26. fsa	173	172.24	771	9 214	4 563
97	A01_979_01 - 59 - 32. fsa	185	185.18	1 691	16 305	4 279
98	A02_979_01 - 59 - 32. fsa	185	185.23	681	6 855	4 349
99	A03_979_02 - 40 - 01. fsa	185	185.23	1 850	18 131	4 290
100	A04_979_02 - 40 - 01. fsa	176	176.33	390	3 899	4 215
101	A05_979_03 - 20 - 05. fsa	185	185.29	335	3 016	4 269
102	A06_979_03 - 20 - 05. fsa	191	191.26	230	2 503	4 424
103	A07_979_04 - 00 - 05. fsa	185	185.22	44	502	4 278
104	A08_979_04 - 00 - 05. fsa	173	173.48	931	9 824	4 190
	A08_979_04 - 00 - 05. fsa	185	185.3	524	5 225	4 352
105	A09_979_04 - 40 - 05. fsa	173	173.33	1 145	10 889	4 127
106	A10_979_04 - 40 - 05. fsa	179	179.36	1 857	18 238	4 275
107	A11_979_05 - 20 - 05. fsa	185	185.21	2 044	44 523	4 214
108	A12_979_05 - 20 - 05. fsa	182	182.37	160	1 572	4 327
109	B01_979_01 - 59 - 32. fsa	188	188.17	961	9 186	4 329
110	B02_979_01 - 59 - 32. fsa	173	173.38	1 408	13 855	4 176
111	B03_979_02 - 40 - 01. fsa	173	173.32	670	6 613	4 118
112	B04_979_02 - 40 - 01. fsa	188	188.18	1 493	14 707	4 371
113	B05_979_03 - 20 - 05. fsa	188	188.17	31	331	4 324
114	B06_979_03 - 20 - 05. fsa	188	188.2	289	2 917	4 367
115	B07_979_04 - 00 - 05. fsa	176	176.35	3 145	31 166	4 173
116	B08_979_04 - 00 - 05. fsa	176	175.41	209	2 038	4 203
117	B09_979_04 - 40 - 05. fsa	194	194.09	533	5 072	4 414
118	B10_979_04 - 40 - 05. fsa	173	173.31	1 145	11 072	4 181
	B10_979_04 - 40 - 05. fsa	182	182.21	2 187	21 538	4 304

（续）

资源序号	样本名 （sample file name）	等位基因位点 （allele，bp）	大小 （size，bp）	高度 （height，RFU）	面积 （area，RFU）	数据取值点 （data point，RFU）
119	B11_979_05 - 20 - 05. fsa	173	173. 45	502	4 866	4 149
120	B12_979_05 - 20 - 05. fsa	188	188. 19	857	8 383	4 396
121	C01_979_01 - 59 - 32. fsa	173	173. 26	145	1 261	4 100
122	C02_979_01 - 59 - 32. fsa	152	152. 16	1 180	12 252	3 876
	C02_979_01 - 59 - 32. fsa	191	191. 16	1 029	10 837	4 408
123	C03_979_02 - 40 - 01. fsa	173	172. 35	271	2 568	4 081
124	C04_979_02 - 40 - 01. fsa	173	173. 4	109	1 120	4 152
125	C05_979_03 - 20 - 05. fsa	179	179. 26	1 000	9 514	4 177
126	C06_979_03 - 20 - 05. fsa	188	188. 18	824	8 329	4 354
127	C07_979_04 - 00 - 05. fsa	185	185. 25	408	3 944	4 266
128	C08_979_04 - 00 - 05. fsa	185	185. 2	531	5 701	4 325
129	C09_979_04 - 40 - 05. fsa	185	185. 14	437	4 167	4 270
	C09_979_04 - 40 - 05. fsa	188	188. 15	560	5 324	4 310
130	C10_979_04 - 40 - 05. fsa	188	188. 19	409	4 024	4 373
131	C11_979_05 - 20 - 05. fsa	191	190. 16	94	918	4 345
132	C12_979_05 - 20 - 05. fsa	173	172. 44	508	5 219	4 164
133	D01_979_01 - 59 - 32. fsa	173	173. 39	559	5 498	4 156
	D01_979_01 - 59 - 32. fsa	188	188. 25	250	2 368	4 356
134	D02_979_01 - 59 - 32. fsa	179	179. 31	344	3 548	4 235
135	D03_979_02 - 40 - 01. fsa	173	173. 3	747	7 387	4 148
	D03_979_02 - 40 - 01. fsa	188	188. 2	300	2 946	4 348
136	D04_979_02 - 40 - 01. fsa	185	185. 28	282	3 243	4 305
137	D05_979_03 - 20 - 05. fsa	173	173. 34	390	4 269	4 155
138	D06_979_03 - 20 - 05. fsa	173	173. 29	44	477	4 144
139	D07_979_04 - 00 - 05. fsa	188	188. 16	217	2 172	4 364

（续）

资源序号	样本名 （sample file name）	等位基因位点 （allele，bp）	大小 （size，bp）	高度 （height，RFU）	面积 （area，RFU）	数据取值点 （data point，RFU）
140	D08_979_04 - 00 - 05. fsa	173	173.38	75	704	4 158
	D08_979_04 - 00 - 05. fsa	191	191.08	105	1 091	4 402
141	D09_979_04 - 40 - 05. fsa	185	185.17	442	5 076	4 311
142	D10_979_04 - 40 - 05. fsa	188	188.18	116	1 128	4 368
143	D11_979_05 - 20 - 05. fsa	191	191.2	991	10 685	4 419
144	D12_979_05 - 20 - 05. fsa	173	172.47	1 019	27 414	4 128
145	E01_979_01 - 59 - 32. fsa	185	185.28	745	7 797	4 325
146	E02_979_01 - 59 - 32. fsa	999				
147	E03_979_02 - 40 - 01. fsa	999				
148	E04_979_02 - 40 - 01. fsa	999				
149	E05_979_03 - 20 - 05. fsa	194	194.06	59	714	4 433
150	E06_979_03 - 20 - 05. fsa	185	185.23	119	1 279	4 306
151	E07_979_04 - 00 - 05. fsa	185	185.3	774	13 472	4 115
	E07_979_04 - 00 - 05. fsa	188	188.16	347	6 612	4 417
152	E08_979_04 - 00 - 05. fsa	185	185.24	85	926	4 320
153	E09_979_04 - 40 - 05. fsa	173	173.31	79	756	4 166
154	E10_979_04 - 40 - 05. fsa	173	173.46	333	3 623	4 165
155	E11_979_05 - 20 - 05. fsa	173	173.4	144	1 453	4 183
	E11_979_05 - 20 - 05. fsa	182	182.27	190	2 090	4 302
156	E12_979_05 - 20 - 05. fsa	173	173.47	61	659	4 174
157	F01_979_01 - 59 - 32. fsa	194	194.17	121	1 200	4 411
158	2012 - 04 - 11_3_A03. fsa	173	172.14	1 130	9 786	3 880
159	2012 - 04 - 11_4_A04. fsa	188	186.99	94	823	4 090
160	2012 - 04 - 11_8_A08. fsa	185	184.88	209	2 097	4 062
161	2012 - 04 - 11_9_A09. fsa	185	184.04	289	2 438	4 030
162	2012 - 04 - 11_12_A12. fsa	182	181.06	705	6 107	4 022

（续）

资源序号	样本名 （sample file name）	等位基因位点 （allele，bp）	大小 （size，bp）	高度 （height，RFU）	面积 （area，RFU）	数据取值点 （data point，RFU）
163	2012 - 04 - 11_14_B02. fsa	188	187.1	632	5 605	4 224
164	2012 - 04 - 11_16_B04. fsa	173	172.09	2 033	18 417	3 894
165	2012 - 04 - 11_17_B05. fsa	191	189.94	292	2 541	4 101
166	2012 - 04 - 11_17_B06. fsa	191	190.07	779	10 413	4 428
167	2012 - 04 - 11_21_B09. fsa	194	192.92	1 011	8 438	4 159
168	2012 - 04 - 11_22_B10. fsa	176	175.04	570	4 853	3 942
169	2012 - 04 - 11_23_B11. fsa	176	175.05	1 530	13 039	3 941
170	2012 - 04 - 11_24_B12. fsa	176	175.09	1 428	12 483	3 938
171	2012 - 04 - 11_26_C02. fsa	176	176.09	514	4 799	4 066
172	2012 - 04 - 11_29_C05. fsa	179	178.21	1 954	16 937	3 928
173	2012 - 04 - 11_31_C07. fsa	173	172.14	3 070	26 735	3 867
174	2012 - 04 - 11_32_C08. fsa	173	172.18	1 445	13 066	3 892
175	2012 - 04 - 11_34_C10. fsa	188	187.02	266	2 467	4 087
176	2012 - 04 - 11_35_C11. fsa	185	184.13	462	4 092	4 017
177	2012 - 04 - 11_38_D02. fsa	185	184.14	576	5 244	4 148
178	2012 - 04 - 11_40_D04. fsa	185	183.98	1 471	12 824	4 039
179	2012 - 04 - 11_41_D05. fsa	188	187.92	1 522	13 944	4 095
180	2012 - 04 - 11_42_D06. fsa	188	186.97	1 742	15 549	4 064
181	2012 - 04 - 11_46_D10. fsa	173	172.22	1 909	17 258	3 905
182	2012 - 04 - 11_47_D11. fsa	185	184.86	331	2 981	4 070
183	2012 - 04 - 11_47_D12. fsa	179	178.94	2 243	25 461	4 143
184	2012 - 04 - 11_51_E03. fsa	176	175.19	1 384	12 124	3 955
185	2012 - 04 - 11_52_E04. fsa	185	184.06	837	7 033	4 049
186	2012 - 04 - 11_53_E05. fsa	185	184.01	1 921	16 818	4 045
187	2012 - 04 - 11_54_E06. fsa	185	184.03	1 285	11 650	4 038
188	2012 - 04 - 11_56_E08. fsa	185	184.04	1 355	11 858	4 052

（续）

资源序号	样本名 （sample file name）	等位基因位点 （allele，bp）	大小 （size，bp）	高度 （height，RFU）	面积 （area，RFU）	数据取值点 （data point，RFU）
189	2012 - 04 - 11_61_F01. fsa	188	187.19	1 700	15 640	4 199
190	2012 - 04 - 11_62_F02. fsa	188	187.13	619	5 656	4 212
191	2012 - 04 - 11_64_F04. fsa	188	187.03	699	6 382	4 082
192	2012 - 04 - 11_67_F07. fsa	188	186.98	1 133	9 853	4 086
193	2012 - 04 - 11_68_F08. fsa	176	175.2	949	8 219	3 939
194	2012 - 04 - 11_69_F09. fsa	188	187.01	1 588	14 268	4 092
195	2012 - 04 - 11_71_F11. fsa	185	184.06	610	5 595	4 050
196	2012 - 04 - 11_71_F12. fsa	188	187.12	1 157	13 428	4 101
197	2012 - 04 - 11_78_G06. fsa	191	190.01	345	3 246	4 128
198	2012 - 04 - 11_83_G11. fsa	173	172.2	248	2 146	3 924
199	2012 - 04 - 11_84_G12. fsa	188	187.05	828	7 507	4 103
200	2012 - 04 - 11_85_H01. fsa	185	185.19	1 184	11 833	4 257
201	2012 - 04 - 11_87_H03. fsa	185	184.13	921	8 443	4 097
202	2012 - 04 - 11_88_H04. fsa	188	187.16	648	5 622	4 175
203	2012 - 04 - 11_90_H06. fsa	173	172.27	2 094	19 176	3 975
204	2012 - 04 - 11_92_H08. fsa	173	172.31	2 151	19 272	3 988
205	2012 - 04 - 11_93_H09. fsa	173	172.31	436	3 825	3 954
206	2012 - 04 - 11_94_H10. fsa	173	172.32	1 467	13 250	3 996
207	2012 - 04 - 11_96_H12. fsa	173	172.25	1 240	10 878	3 989

14 Satt380

资源序号	样本名 (sample file name)	等位基因位点 (allele, bp)	大小 (size, bp)	高度 (height, RFU)	面积 (area, RFU)	数据取值点 (data point, RFU)
1	A01_883 - 978_24 - 41 - 50. fsa	125	125.33	7 240	70 264	3 410
2	A02_883 - 978_24 - 41 - 50. fsa	125	125.25	6 901	61 529	3 448
3	A03_883 - 978_01 - 22 - 22. fsa	127	127.32	5 956	53 975	3 465
4	A04_883 - 978_01 - 22 - 22. fsa	132	132.16	4 058	35 396	3 552
5	A05_883 - 978_02 - 02 - 31. fsa	125	125.24	2 844	22 814	3 429
6	A06_883 - 978_02 - 02 - 31. fsa	125	125.27	5 212	46 782	3 470
7	A07_883 - 978_02 - 42 - 36. fsa	127	127.02	7 012	83 369	3 459
8	A08_883 - 978_02 - 42 - 36. fsa	125	125.32	4 224	37 256	3 484
9	A09_883 - 978_03 - 22 - 41. fsa	125	125.28	3 616	30 985	3 443
10	A10_883 - 978_03 - 22 - 41. fsa	127	127.27	5 393	47 590	3 507
11	A11_883 - 978_04 - 02 - 45. fsa	125	125.32	727	6 442	3 452
12	A12_883 - 978_04 - 02 - 45. fsa	127	127.3	695	6 378	3 523
13	B01_883 - 978_24 - 41 - 50. fsa	135	135.08	7 373	78 933	3 547
14	B02_883 - 978_24 - 41 - 50. fsa	135	136.4	2 510	22 840	3 577
15	B03_883 - 978_01 - 22 - 22. fsa	125	125.3	4 766	42 391	3 428
16	B04_883 - 978_01 - 22 - 22. fsa	125	125.29	1 521	13 225	3 444
17	B05_883 - 978_02 - 02 - 31. fsa	125	125.21	1 411	12 537	3 438
18	B06_883 - 978_02 - 02 - 31. fsa	135	136.26	5 264	47 056	3 599
19	B07_883 - 978_02 - 42 - 36. fsa	125	125.39	7 270	82 855	3 445
20	B08_883 - 978_02 - 42 - 36. fsa	132	132.15	4 405	38 804	3 552
21	B09_883 - 978_03 - 22 - 41. fsa	125	125.26	1 148	10 001	3 450
22	B10_883 - 978_03 - 22 - 41. fsa	127	127.3	85	784	3 494
23	B11_883 - 978_04 - 02 - 45. fsa	127	127.28	95	740	3 491
24	B12_883 - 978_04 - 02 - 45. fsa	127	127.25	3 287	29 676	3 503

（续）

资源序号	样本名 （sample file name）	等位基因位点 （allele，bp）	大小 （size，bp）	高度 （height，RFU）	面积 （area，RFU）	数据取值点 （data point，RFU）
25	C01_883 - 978_24 - 41 - 50. fsa	135	136. 35	112	914	3 552
26	C02_883 - 978_24 - 41 - 50. fsa	127	127. 27	2 577	23 450	3 444
27	C03_883 - 978_01 - 22 - 22. fsa	125	125. 25	3 158	32 381	3 411
28	C04_883 - 978_01 - 22 - 22. fsa	135	135. 28	4 377	40 113	3 565
29	C05_883 - 978_02 - 02 - 31. fsa	135	135. 18	4 562	39 654	3 661
30	C06_883 - 978_02 - 02 - 31. fsa	125	125. 11	4 432	39 806	3 525
31	C07_883 - 978_02 - 42 - 36. fsa	135	135. 08	4 218	33 613	3 442
32	C08_883 - 978_02 - 42 - 36. fsa	999				
33	C09_883 - 978_03 - 22 - 41. fsa	127	127. 13	4 113	29 967	3 601
34	C10_883 - 978_03 - 22 - 41. fsa	125	125. 22	3 549	30 067	3 345
35	C11_787 - 978_23 - 22 - 52. fsa	125	125. 28	1 058	9 847	4 200
36	C12_787 - 978_23 - 22 - 52. fsa	135	135. 13	2 131	7 765	4 176
37	D01_883 - 978_24 - 41 - 50. fsa	135	135. 28	1 594	14 604	3 768
38	D02_883 - 978_24 - 41 - 50. fsa	127	127. 23	814	7 837	4 083
	D02_883 - 978_24 - 41 - 50. fsa	135	135. 11	1 967	10 778	3 556
39	D03_883 - 978_01 - 22 - 22. fsa	125	125. 3	5 239	22 768	3 376
	D03_883 - 978_01 - 22 - 22. fsa	135	135. 23	727	6 615	4 206
40	D04_883 - 978_01 - 22 - 22. fsa	125	125. 4	855	7 457	3 611
41	D05_883 - 978_02 - 02 - 31. fsa	135	135. 41	664	5 797	3 747
42	D06_883 - 978_02 - 02 - 31. fsa	125	125. 42	1 060	9 992	3 740
43	D07_883 - 978_02 - 42 - 36. fsa	125	125. 22	1 072	9 594	3 395
44	D08_883 - 978_02 - 42 - 36. fsa	125	125. 11	2 231	10 235	3 666
45	D09_883 - 978_03 - 22 - 41. fsa	125	125. 1	3 865	19 768	3 354
46	D10_883 - 978_03 - 22 - 41. fsa	127	127. 07	2 694	12 535	3 474
47	D11_883 - 978_04 - 02 - 45. fsa	135	135. 12	2 151	11 525	3 612
48	D12_883 - 978_04 - 02 - 45. fsa	135	135. 11	2 658	9 979	3 326

（续）

资源序号	样本名 (sample file name)	等位基因位点 (allele, bp)	大小 (size, bp)	高度 (height, RFU)	面积 (area, RFU)	数据取值点 (data point, RFU)
49	E01_883-978_24-41-50.fsa	135	135.22	3 310	8 867	3 622
50	E02_883-978_24-41-50.fsa	132	132.24	2 843	22 908	3 476
51	E03_883-978_01-22-22.fsa	125	125.2	3 311	15 226	3 461
	E03_883-978_01-22-22.fsa	135	135.32	192	1 703	3 788
52	E04_883-978_01-22-22.fsa	125	125.3	2 466	8 677	3 544
	E04_883-978_01-22-22.fsa	132	132.28	272	2 396	3 802
53	E05_883-978_02-02-31.fsa	125	125.38	159	1 498	3 646
54	E06_883-978_02-02-31.fsa	135	136.44	250	2 325	3 800
55	E07_883-978_02-42-36.fsa	127	127.3	1 462	3 359	3 421
56	E08_883-978_02-42-36.fsa	132	132.11	1 625	3 451	3 366
57	E09_883-978_03-22-41.fsa	135	135.2	1 788	3 624	3 511
58	E10_883-978_03-22-41.fsa	125	125.17	1 146	3 355	3 421
59	E11_883-978_04-02-45.fsa	125	125.18	2 213	3 462	3 341
60	E12_883-978_04-02-45.fsa	125	125.11	1 556	3 612	3 412
61	F01_979_16-57-16.fsa	125	125.29	205	1 982	4 242
62	F02_979_16-57-17.fsa	135	135.32	149	1 371	3 990
63	F03_979_15-37-12.fsa	127	127.32	161	1 465	3 883
64	F04_979_15-37-12.fsa	127	127.3	2 351	7 654	3 652
65	F05_883-978_02-02-31.fsa	135	135.2	1 822	8 855	3 722
66	F06_883-978_02-02-31.fsa	125	125.12	1 731	9 003	3 755
67	F07_883-978_02-42-36.fsa	125	125.24	1 861	7 726	3 539
68	F08_883-978_02-42-36.fsa	125	125.12	1 774	9 925	3 366
69	F09_883-978_03-22-41.fsa	125	125.3	1 886	8 643	3 511
70	F10_883-978_03-22-41.fsa	125	125.23	1 069	7 744	3 377
71	F11_883-978_04-02-45.fsa	135	136.3	357	2 160	3 539
72	F12_883-978_04-02-45.fsa	125	125.22	1 362	8 541	3 322

（续）

资源序号	样本名 （sample file name）	等位基因位点 （allele，bp）	大小 （size，bp)	高度 （height，RFU）	面积 （area，RFU）	数据取值点 （data point，RFU）
73	G01_883-978_24-41-50.fsa	135	136.34	59	546	3 803
74	G02_883-978_24-41-50.fsa	999				
75	G03_883-978_01-22-22.fsa	127	127.4	230	1 950	3 484
76	G04_883-978_01-22-22.fsa	125	125.37	345	3 258	3 443
77	G05_883-978_02-02-31.fsa	135	135.3	2 014	19 438	3 588
78	G06_883-978_02-02-31.fsa	135	136.39	2 240	20 733	3 592
79	G07_883-978_02-42-36.fsa	125	125.29	526	4 413	3 462
	G07_883-978_02-42-36.fsa	135	136.37	275	2 411	3 608
80	G08_883-978_02-42-36.fsa	127	127.32	1 411	10 715	3 479
81	G09_883-978_03-22-41.fsa	127	127.32	1 959	18 508	3 503
82	G10_883-978_03-22-41.fsa	125	125.38	2 356	21 426	3 461
83	G11_883-978_04-02-45.fsa	135	135.26	1 190	9 822	3 627
84	G12_883-978_04-02-45.fsa	135	136.41	150	1 294	3 618
85	H01_883-978_24-41-50.fsa	125	125.41	75	642	3 466
86	H02_883-978_24-41-50.fsa	135	135.29	152	1 139	3 627
87	H03_883-978_01-22-22.fsa	135	136.4	733	7 608	3 624
88	H04_883-978_01-22-22.fsa	135	135.31	3 764	35 311	3 641
89	H05_883-978_02-02-31.fsa	125	125.3	52	458	3 474
90	H06_883-978_02-02-32.fsa	125	125.44	162	1 507	3 638
91	H07_883-978_02-42-36.fsa	125	125.34	377	3 788	3 492
92	H08_883-978_02-42-37.fsa	135	136.52	31	266	3 833
93	H09_883-978_03-22-41.fsa	125	125.38	304	3 108	3 502
94	H10_883-978_03-22-41.fsa	125	125.38	1 399	13 046	3 538
95	H11_883-978_04-02-45.fsa	135	135.3	1 501	15 152	3 646
96	H12_883-978_04-02-45.fsa	132	132.25	1 091	10 691	3 645
97	A01_979-1039_20-30-53.fsa	135	135.26	3 954	33 623	3 566

（续）

资源序号	样本名 （sample file name）	等位基因位点 （allele，bp）	大小 （size，bp）	高度 （height，RFU）	面积 （area，RFU）	数据取值点 （data point，RFU）
98	A02_979-1039_20-30-53.fsa	132	132.21	333	2 885	3 558
99	A03_979-1039_21-21-50.fsa	135	135.19	3 525	30 350	3 494
100	A04_979-1039_21-21-50.fsa	135	135.19	6 888	59 145	3 530
101	A05_979-1039_22-01-51.fsa	132	132.17	1 401	10 785	3 465
102	A06_979-1039_22-01-51.fsa	132	132.14	2 196	19 113	3 505
103	A07_979-1039_22-41-51.fsa	132	131.23	1 743	14 119	3 463
104	A08_979-1039_22-41-51.fsa	125	125.27	3 586	31 000	3 422
105	A09_979-1039_23-21-49.fsa	135	135.15	7 179	73 256	3 518
106	A10_979-1039_23-21-49.fsa	125	125.23	2 274	18 824	3 424
107	A11_979-1039_24-01-49.fsa	999				
108	A12_979-1039_24-01-49.fsa	135	136.3	1 257	10 571	3 583
109	B01_979-1039_20-30-53.fsa	135	136.33	3 659	30 539	3 587
110	B02_979-1039_20-30-53.fsa	125	125.27	2 657	22 422	3 454
111	B03_979-1039_21-21-50.fsa	135	136.3	5 461	46 334	3 517
112	B04_979-1039_21-21-50.fsa	135	135.2	3 747	32 490	3 513
113	B05_979-1039_22-01-51.fsa	125	125.2	1 133	9 853	3 387
114	B06_979-1039_22-01-51.fsa	135	135.22	5 852	50 454	3 525
115	B07_979-1039_22-41-51.fsa	135	136.39	6 829	59 305	3 536
116	B08_979-1039_22-41-51.fsa	135	136.3	507	4 079	3 551
117	B09_979-1039_23-21-49.fsa	135	135.29	7 454	64 632	3 527
118	B10_979-1039_23-21-49.fsa	135	135.24	6 415	54 794	3 543
119	B11_979-1039_24-01-49.fsa	135	135.21	1 253	10 072	3 539
120	B12_979-1039_24-01-49.fsa	135	135.24	1 222	10 169	3 552
121	C01_979-1039_20-30-53.fsa	125	125.25	2 666	22 465	3 413
122	C02_979-1039_20-30-53.fsa	127	127.23	4 682	42 595	3 468
123	C03_979-1039_21-21-50.fsa	127	126.18	1 314	9 736	3 362

（续）

资源序号	样本名 （sample file name）	等位基因位点 （allele，bp）	大小 （size， bp）	高度 （height， RFU）	面积 （area， RFU）	数据取值点 （data point， RFU）
124	C04_979-1039_21-21-50.fsa	132	132.19	2 728	22 724	3 462
125	C05_979-1039_22-01-51.fsa	125	125.33	3 228	26 674	3 360
126	C06_979-1039_22-01-51.fsa	127	127.24	6 189	53 329	3 409
127	C07_979-1039_22-41-51.fsa	135	136.32	1 701	14 335	3 512
128	C08_979-1039_22-41-51.fsa	127	127.3	2 832	24 965	3 420
129	C09_979-1039_23-21-49.fsa	127	127.2	6 058	55 039	3 398
	C09_979-1039_23-21-49.fsa	135	136.25	7 270	70 849	3 515
130	C10_979-1039_23-21-49.fsa	127	127.22	2 387	18 639	3 424
131	C11_979-1039_24-01-49.fsa	999				
132	C12_979-1039_24-01-49.fsa	125	124.26	826	6 089	3 393
133	D01_979-1039_20-30-53.fsa	127	127.26	879	6 244	3 481
134	D02_979-1039_20-30-53.fsa	125	125.27	2 044	17 585	3 433
	D02_979-1039_20-30-53.fsa	132	132.22	879	7 189	3 526
135	D03_979-1039_21-21-50.fsa	135	136.41	5 148	44 480	3 534
136	D04_979-1039_21-21-50.fsa	132	132.12	6 579	56 963	3 466
137	D05_979-1039_22-01-51.fsa	125	125.32	4 370	37 438	3 399
138	D06_979-1039_22-01-51.fsa	125	125.29	3 498	30 745	3 381
139	D07_979-1039_22-41-51.fsa	132	132.12	3 114	26 753	3 499
140	D08_979-1039_22-41-51.fsa	125	125.28	3 024	25 717	3 391
141	D09_979-1039_23-21-49.fsa	135	135.28	2 674	22 806	3 543
142	D10_979-1039_23-21-49.fsa	125	124.25	610	5 155	3 382
143	D11_979-1039_24-01-49.fsa	127	127.19	5 219	46 673	3 446
144	D12_979-1039_24-01-49.fsa	125	125.27	327	2 845	3 404
145	E01_979-1039_20-30-53.fsa	127	127.24	4 823	42 320	3 490
146	E02_979-1039_20-30-53.fsa	125	125.26	960	8 540	3 441

（续）

资源序号	样本名 （sample file name）	等位基因位点 （allele，bp）	大小 （size，bp）	高度 （height，RFU）	面积 （area，RFU）	数据取值点 （data point，RFU）
147	E03_979 - 1039_21 - 21 - 50. fsa	125	125.3	1 920	9 845	3 425
	E03_979 - 1039_21 - 21 - 50. fsa	135	135.11	1 861	10 258	3 362
148	E04_979 - 1039_21 - 21 - 50. fsa	127	127.2	2 479	25 782	3 415
149	E05_979 - 1039_22 - 01 - 51. fsa	127	127.19	3 034	27 165	3 433
150	E06_979 - 1039_22 - 01 - 51. fsa	125	125.28	3 374	32 328	3 394
151	E07_979 - 1039_22 - 41 - 51. fsa	135	135.32	1 930	16 440	3 543
152	E08_979 - 1039_22 - 41 - 51. fsa	127	127.28	982	9 000	3 430
153	E09_979 - 1039_23 - 21 - 49. fsa	135	136.34	2 791	25 841	3 570
154	E10_979 - 1039_23 - 21 - 49. fsa	125	125.12	3 055	17 524	3 520
155	E11_979 - 1039_24 - 01 - 49. fsa	125	125.34	985	8 791	3 442
	E11_979 - 1039_24 - 01 - 49. fsa	135	135.27	1 292	11 152	3 572
156	E12_979 - 1039_24 - 01 - 49. fsa	125	125.29	4 569	44 956	3 416
157	F01_979 - 1039_20 - 30 - 53. fsa	127	127.3	3 237	28 900	3 469
158	2012 - 04 - 13_3_A03. fsa	135	134.02	187	1 339	3 300
159	2012 - 04 - 13_4_A04. fsa	125	124.98	250	1 771	3 226
160	2012 - 04 - 13_8_A08. fsa	115	115.29	485	3 904	3 083
161	2012 - 04 - 13_9_A09. fsa	125	124.99	580	4 235	3 200
162	2012 - 04 - 13_12_A12. fsa	123	123.06	1 197	8 116	3 171
163	2012 - 04 - 13_14_B02. fsa	123	122.99	619	4 289	3 278
164	2012 - 04 - 13_16_B04. fsa	132	133	807	5 273	3 304
165	2012 - 04 - 13_17_B05. fsa	132	133	424	2 862	3 305
166	2012 - 04 - 13_17_B06. fsa	125	125.01	1 146	2 721	3 514
167	2012 - 04 - 13_21_B09. fsa	123	123.04	1 289	8 588	3 188
168	2012 - 04 - 13_22_B10. fsa	125	125.07	911	6 805	3 207
169	2012 - 04 - 13_23_B11. fsa	123	123.01	880	6 005	3 173
170	2012 - 04 - 13_24_B12. fsa	129	129.95	858	5 872	3 240

（续）

资源序号	样本名 （sample file name）	等位基因位点 （allele，bp）	大小 （size，bp）	高度 （height，RFU）	面积 （area，RFU）	数据取值点 （data point，RFU）
171	2012 - 04 - 13_26_C02. fsa	125	125. 05	633	4 799	3 300
172	2012 - 04 - 13_29_C05. fsa	132	133. 02	928	6 161	3 260
173	2012 - 04 - 13_31_C07. fsa	123	123. 05	1 317	9 147	3 148
174	2012 - 04 - 13_32_C08. fsa	125	125. 07	921	6 734	3 198
175	2012 - 04 - 13_34_C10. fsa	132	132. 95	379	2 475	3 288
176	2012 - 04 - 13_35_C11. fsa	123	123. 07	474	3 269	3 138
177	2012 - 04 - 13_38_D02. fsa	115	115. 37	1 569	13 230	3 145
	2012 - 04 - 13_38_D02. fsa	132	132. 95	264	1 755	3 368
178	2012 - 04 - 13_40_D04. fsa	129	129. 88	1 623	11 346	3 262
179	2012 - 04 - 13_41_D05. fsa	135	135. 15	1 026	7 660	3 324
180	2012 - 04 - 13_42_D06. fsa	125	124. 99	918	6 839	3 189
181	2012 - 04 - 13_46_D10. fsa	135	135. 1	668	4 846	3 317
182	2012 - 04 - 13_47_D11. fsa	123	123. 04	492	3 264	3 171
183	2012 - 04 - 13_48_D12. fsa	123	123. 01	632	4 386	3 150
184	2012 - 04 - 13_51_E03. fsa	125	125. 01	563	4 099	3 240
185	2012 - 04 - 13_52_E04. fsa	125	124. 96	484	3 550	3 211
186	2012 - 04 - 13_53_E05. fsa	125	125. 04	981	6 867	3 218
187	2012 - 04 - 13_54_E06. fsa	129	129. 99	351	2 473	3 248
188	2012 - 04 - 13_56_E08. fsa	129	129. 95	421	2 973	3 271
189	2012 - 04 - 13_61_F01. fsa	132	133. 04	796	5 813	3 389
190	2012 - 04 - 13_62_F02. fsa	132	133	445	3 119	3 412
191	2012 - 04 - 13_64_F04. fsa	123	123. 13	408	2 857	3 177
192	2012 - 04 - 13_67_F07. fsa	123	123	517	3 528	3 177
193	2012 - 04 - 13_68_F08. fsa	129	129. 91	222	1 519	3 259
194	2012 - 04 - 13_69_F09. fsa	135	135. 09	601	4 434	3 329
195	2012 - 04 - 13_71_F11. fsa	129	129. 94	273	2 019	3 261

（续）

资源序号	样本名 （sample file name）	等位基因位点 （allele，bp）	大小 （size，bp）	高度 （height，RFU）	面积 （area，RFU）	数据取值点 （data point，RFU）
196	2012 - 04 - 13_72_F12. fsa	125	125.96	193	1 431	3 198
197	2012 - 04 - 13_78_G06. fsa	123	123.07	161	1 109	3 182
198	2012 - 04 - 13_83_G11. fsa	123	123.04	155	1 082	3 186
199	2012 - 04 - 13_84_G12. fsa	125	125.04	520	3 855	3 214
200	2012 - 04 - 13_85_H01. fsa	129	130.07	340	2 485	3 440
201	2012 - 04 - 13_87_H03. fsa	123	123.15	668	4 650	3 235
202	2012 - 04 - 13_88_H04. fsa	123	123.05	428	2 987	3 249
203	2012 - 04 - 13_90_H06. fsa	125	125.11	715	5 253	3 272
204	2012 - 04 - 13_92_H08. fsa	123	123.13	891	6 213	3 245
205	2012 - 04 - 13_93_H09. fsa	127	126.96	140	1 005	3 267
206	2012 - 04 - 13_94_H10. fsa	135	135.17	302	2 125	3 387
207	2012 - 04 - 13_96_H12. fsa	123	123.1	497	3 541	3 277

15 Satt588

资源序号	样本名 （sample file name）	等位基因位点 （allele，bp）	大小 （size，bp）	高度 （height，RFU）	面积 （area，RFU）	数据取值点 （data point，RFU）
1	A01_883 - 978_11 - 12 - 56. fsa	167	167. 84	1 105	10 871	4 330
2	A02_883 - 978_11 - 12 - 56. fsa	164	165. 9	258	2 375	4 383
3	A03_883 - 978_12 - 04 - 53. fsa	167	167. 76	59	377	4 036
4	A04_883 - 978_12 - 04 - 53. fsa	139	139. 3	1 319	11 550	3 856
5	A05_883 - 978_12 - 45 - 05. fsa	140	140. 28	1 514	12 939	3 767
6	A06_883 - 978_12 - 45 - 05. fsa	167	167. 64	285	2 493	4 036
7	A07_883 - 978_13 - 25 - 12. fsa	164	164. 75	675	5 398	4 084
8	A08_883 - 978_13 - 25 - 12. fsa	164	164. 73	703	5 939	4 170
9	A09_883 - 978_14 - 05 - 20. fsa	164	164. 73	514	4 108	4 104
10	A10_883 - 978_14 - 05 - 20. fsa	140	140. 31	2 506	23 323	3 853
11	A11_883 - 978_14 - 45 - 24. fsa	139	139. 24	565	4 712	3 783
12	A12_883 - 978_14 - 45 - 24. fsa	164	165. 68	79	698	4 204
13	B01_883 - 978_11 - 12 - 56. fsa	164	165. 88	869	7 649	4 301
14	B02_883 - 978_11 - 12 - 56. fsa	147	148. 18	2 219	19 805	4 129
15	B03_883 - 978_12 - 04 - 53. fsa	147	148. 19	2 150	18 403	3 924
16	B04_883 - 978_12 - 04 - 53. fsa	139	139. 31	1 384	12 253	3 836
17	B05_883 - 978_12 - 45 - 05. fsa	167	167. 76	1 721	20 167	4 152
18	B06_883 - 978_12 - 45 - 05. fsa	147	148. 07	3 337	28 918	3 910
19	B07_883 - 978_13 - 25 - 12. fsa	167	167. 75	580	5 092	4 152
20	B08_883 - 978_13 - 25 - 12. fsa	164	164. 82	360	3 584	4 141
21	B09_883 - 978_14 - 05 - 20. fsa	164	164. 79	1 494	13 148	4 121
22	B10_883 - 978_14 - 05 - 20. fsa	164	164. 81	1 528	12 226	4 029
23	B11_883 - 978_14 - 45 - 24. fsa	167	167. 72	1 322	25 567	4 224
24	B12_883 - 978_14 - 45 - 24. fsa	167	167. 69	340	4 063	4 212

（续）

资源序号	样本名 （sample file name）	等位基因位点 （allele，bp）	大小 （size，bp）	高度 （height，RFU）	面积 （area，RFU）	数据取值点 （data point，RFU）
25	C01_883 - 978_11 - 12 - 56. fsa	167	167. 96	870	11 240	4 290
26	C02_883 - 978_11 - 12 - 56. fsa	167	167. 83	1 459	17 517	4 394
27	C03_883 - 978_12 - 04 - 53. fsa	162	162. 84	3 829	33 414	4 054
28	C04_883 - 978_12 - 04 - 53. fsa	164	165. 73	2 417	24 453	4 170
29	C05_883 - 978_12 - 45 - 05. fsa	147	148. 08	1 789	14 895	3 846
30	C06_883 - 978_12 - 45 - 05. fsa	140	140. 32	1 979	18 727	3 792
31	C07_883 - 978_13 - 25 - 12. fsa	164	164. 73	1 364	11 468	4 069
32	C08_883 - 978_13 - 25 - 12. fsa	164	164. 78	1 659	14 859	4 124
33	C09_883 - 978_14 - 05 - 20. fsa	164	164. 8	490	4 181	4 089
34	C10_883 - 978_14 - 05 - 20. fsa	164	165. 74	2 322	27 073	4 160
35	C11_883 - 978_14 - 45 - 24. fsa	164	164. 81	151	1 616	4 098
36	C12_883 - 978_14 - 45 - 24. fsa	164	164. 78	470	4 490	4 157
37	D01_883 - 978_11 - 12 - 56. fsa	164	165. 96	645	5 645	4 332
38	D02_883 - 978_11 - 12 - 56. fsa	164	164. 89	4 090	42 540	4 309
39	D03_883 - 978_12 - 04 - 53. fsa	140	140. 47	2 526	25 411	3 824
40	D04_883 - 978_12 - 04 - 53. fsa	164	165. 77	6 088	68 188	4 149
41	D05_883 - 978_12 - 45 - 05. fsa	170	170. 12	3 789	40 018	3 995
42	D06_883 - 978_12 - 45 - 05. fsa	164	165. 66	374	3 537	4 129
43	D07_883 - 978_12 - 45 - 06. fsa	140	140. 13	3 327	34 605	4 313
44	D08_883 - 978_12 - 45 - 07. fsa	140	140. 06	866	8 673	4 308
45	D09_883 - 978_12 - 45 - 08. fsa	140	140. 13	1 201	11 990	4 335
46	D10_883 - 978_12 - 45 - 09. fsa	164	165. 59	227	2 402	4 709
47	D11_883 - 978_12 - 45 - 10. fsa	999				
48	D12_883 - 978_12 - 45 - 11. fsa	164	165. 47	626	5 946	4 532
49	E01_883 - 978_11 - 12 - 56. fsa	140	140. 12	3 222	12 361	4 772
50	E02_883 - 978_11 - 12 - 56. fsa	167	167. 51	1 021	9 022	4 001

（续）

资源序号	样本名 （sample file name）	等位基因位点 （allele，bp）	大小 （size，bp）	高度 （height，RFU）	面积 （area，RFU）	数据取值点 （data point，RFU）
51	E03_883-978_12-04-53. fsa	162	162.54	112	1 311	3 916
52	E04_883-978_12-04-53. fsa	167	167.56	2 114	10 546	4 115
53	E05_883-978_12-45-05. fsa	167	167.61	2 323	10 535	4 128
54	E06_883-978_12-45-05. fsa	167	167.71	2 012	10 084	4 055
55	E07_883-978_13-25-12. fsa	999				
56	E08_883-978_13-25-12. fsa	140	140.11	755	7 724	4 001
	E08_883-978_13-25-12. fsa	164	164.65	466	4 721	4 889
57	E09_883-978_14-05-20. fsa	167	167.73	844	7 992	4 023
58	E10_883-978_14-05-20. fsa	147	148.01	1 881	15 425	3 852
59	E11_883-978_14-45-24. fsa	999				
60	E12_883-978_14-45-24. fsa	162	162.56	553	8 754	4 371
61	F01_883-978_11-12-56. fsa	162	162.51	734	7 089	4 231
62	F02_883-978_11-12-56. fsa	162	162.74	831	8 055	4 333
63	F03_883-978_12-04-53. fsa	167	167.61	511	4 881	4 772
64	F04_883-978_12-04-53. fsa	164	164.67	359	4 435	4 661
65	F05_883-978_12-45-05. fsa	999				
66	F06_883-978_12-45-05. fsa	170	170.61	1 082	11 432	4 623
67	F07_883-978_13-25-12. fsa	170	170.72	586	9 125	4 337
68	F08_883-978_13-25-12. fsa	164	164.63	192	1 905	4 658
69	F09_883-978_14-05-20. fsa	999				
70	F10_883-978_14-05-20. fsa	164	164.59	355	2 967	4 238
71	F11_883-978_14-45-24. fsa	164	164.7	296	2 571	4 811
72	F12_883-978_14-45-24. fsa	999				
73	G01_883-978_11-12-56. fsa	140	140.51	657	6 619	4 008
74	G02_bu-4_23-26-38. fsa	167	167.62	846	8 049	4 155
75	G03_883-978_11-12-57. fsa	999				

（续）

资源序号	样本名 （sample file name）	等位基因位点 （allele，bp）	大小 （size，bp）	高度 （height，RFU）	面积 （area，RFU）	数据取值点 （data point，RFU）
76	G04_883-978_11-12-57.fsa	167	167.79	411	4 698	4 779
77	G05_883-978_13-25-11.fsa	167	167.81	525	4 937	4 892
78	G06_883-978_13-25-11.fsa	164	164.77	322	3 065	4 811
79	G07_883-978_11-12-58.fsa	167	167.58	181	1 607	4 712
80	G08_883-978_11-12-59.fsa	167	167.55	559	5 703	4 738
81	G09_883-978_14-05-20.fsa	167	167.9	345	3 427	4 191
82	G10_883-978_14-05-21.fsa	167	167.65	678	7 104	4 763
83	G11_883-978_14-05-22.fsa	140	140.21	566	6 029	4 569
84	G12_883-978_14-05-22.fsa	147	148.05	134	1 225	4 032
85	H01_883-978_13-25-7.fsa	139	139.32	130	1 152	3 857
	H01_883-978_13-25-8.fsa	164	164.66	256	2 262	4 188
86	H02_883-978_13-25-9.fsa	164	165.65	93	972	4 028
87	H03_883-978_13-25-10.fsa	164	164.7	544	6 655	4 836
88	H04_883-978_13-25-10.fsa	164	164.8	488	5 147	4 819
89	H05_883-978_13-25-11.fsa	164	164.64	336	3 954	4 279
90	H06_883-978_13-25-11.fsa	164	164.66	232	2 475	4 752
91	H07_883-978_13-25-12.fsa	164	164.91	108	1 064	4 164
92	H08_883-978_13-25-13.fsa	164	164.69	179	1 827	4 770
93	H09_883-978_13-25-14.fsa	164	164.77	486	5 005	4 735
94	H10_883-978_13-25-15.fsa	167	167.63	111	1 131	4 842
95	H11_883-978_14-45-24.fsa	170	170.84	255	2 405	4 278
96	H12_883-978_14-45-24.fsa	164	164.94	116	997	4 250
97	A01_bu-4_20-34-50.fsa	140	140.02	347	3 954	4 645
98	A02_bu-4_20-34-50.fsa	999				
99	A03_bu-4_21-25-21.fsa	164	164.59	2 112	20 868	4 583
100	A04_bu-4_21-25-21.fsa	164	164.9	488	3 852	4 331

（续）

资源序号	样本名 （sample file name）	等位基因位点 （allele，bp）	大小 （size，bp）	高度 （height，RFU）	面积 （area，RFU）	数据取值点 （data point，RFU）
101	A05_bu-4_22-05-42.fsa	999				
102	A06_bu-4_22-05-42.fsa	139	139.28	551	5 191	4 305
103	A07_bu-4_22-46-05.fsa	164	165.53	547	5 410	4 644
104	A08_bu-4_22-46-05.fsa	139	139.07	5 601	54 462	4 326
105	A09_bu-4_23-26-34.fsa	167	167.6	2 604	27 151	4 623
106	A10_bu-4_23-26-34.fsa	140	140.07	1 009	9 656	4 671
107	A11_bu-4_23-26-35.fsa	999				
108	A12_bu-4_23-26-35.fsa	167	167.67	1 110	10 322	4 266
109	B01_bu-4_20-34-50.fsa	164	164.55	401	3 554	4 636
110	B02_bu-4_20-34-50.fsa	167	167.54	1 812	19 381	4 748
111	B03_bu-4_21-25-21.fsa	140	140.09	252	2 391	4 258
112	B04_bu-4_21-25-21.fsa	164	164.53	389	3 863	4 632
113	B05_bu-4_22-05-42.fsa	164	165.47	3 532	36 038	4 638
114	B06_bu-4_22-05-42.fsa	164	165.41	446	4 661	4 668
115	B07_bu-4_22-46-05.fsa	170	170.59	981	9 435	4 743
116	B08_bu-4_22-46-05.fsa	170	170.61	1 025	8 857	4 652
117	B09_bu-4_23-26-34.fsa	167	167.49	254	2 354	4 578
118	B10_bu-4_23-26-34.fsa	167	167.47	303	3 158	4 269
119	B11_bu-4_23-26-35.fsa	167	167.72	209	1 944	4 237
120	B12_bu-4_23-26-36.fsa	167	167.56	736	7 165	4 317
121	C01_bu-4_20-34-50.fsa	167	167.49	1 005	8 402	4 665
122	C02_bu-4_20-34-50.fsa	155	155.54	3 706	37 923	4 556
123	C03_bu-4_21-25-21.fsa	162	162.51	1 052	8 924	4 346
124	C04_bu-4_21-25-21.fsa	147	147.86	2 022	19 547	4 378
125	C05_bu-4_22-05-42.fsa	164	164.56	302	2 892	4 612
126	C06_bu-4_22-05-42.fsa	167	167.46	6 368	65 871	4 694

（续）

资源序号	样本名 （sample file name）	等位基因位点 （allele，bp）	大小 （size，bp）	高度 （height，RFU）	面积 （area，RFU）	数据取值点 （data point，RFU）
127	C07_bu-4_22-46-05.fsa	140	140.01	3 054	30 556	4 280
128	C08_bu-4_22-46-05.fsa	140	140.05	892	8 713	4 310
129	C09_bu-4_23-26-34.fsa	140	140.19	328	3 026	3 893
130	C10_bu-4_23-26-34.fsa	167	167.47	1 404	13 774	4 642
131	C11_bu-4_23-26-35.fsa	170	170.68	1 525	10 446	4 587
132	C12_bu-4_23-26-35.fsa	164	165.36	641	6 142	4 756
133	D01_bu-4_20-34-50.fsa	167	167.44	5 994	50 296	4 651
134	D02_bu-4_20-34-50.fsa	170	170.58	542	5 753	4 802
135	D03_bu-4_21-25-21.fsa	140	140.14	886	9 304	4 318
136	D04_bu-4_21-25-21.fsa	999				
137	D05_bu-4_22-05-42.fsa	164	164.51	443	3 785	4 613
138	D06_bu-4_22-05-42.fsa	140	140.06	1 127	11 577	4 300
139	D07_bu-4_22-46-05.fsa	167	167.48	190	2 023	4 755
140	D08_bu-4_22-46-05.fsa	167	167.46	439	4 554	4 728
141	D09_bu-4_23-26-34.fsa	140	140.08	96	2 059	4 699
142	D10_bu-4_23-26-34.fsa	140	140.14	920	8 881	3 974
143	D11_bu-4_23-26-35.fsa	167	167.62	276	2 468	4 061
144	D12_bu-4_23-26-35.fsa	140	140.02	531	5 546	4 625
145	E01_bu-4_20-34-50.fsa	170	170.66	663	6 939	4 796
146	E02_bu-4_20-34-50.fsa	162	162.62	135	1 584	4 672
147	E03_bu-4_21-25-21.fsa	999				
148	E04_bu-4_21-25-21.fsa	140	140.07	38	372	4 280
149	E05_bu-4_22-05-42.fsa	164	165.56	147	1 433	4 672
150	E06_bu-4_22-05-42.fsa	167	167.48	93	1 022	4 702
151	E07_bu-4_22-46-05.fsa	164	165.35	202	2 251	4 332
152	E08_bu-4_22-46-05.fsa	164	165.51	289	3 123	4 096

（续）

资源序号	样本名 （sample file name）	等位基因位点 （allele，bp）	大小 （size，bp）	高度 （height，RFU）	面积 （area，RFU）	数据取值点 （data point，RFU）
153	E09_bu-4_23-26-34. fsa	164	165.58	115	1 743	4 049
154	E10_bu-4_23-26-34. fsa	167	167.54	191	1 867	4 543
155	E11_bu-4_23-26-35. fsa	140	140.23	395	3 731	3 977
	E11_bu-4_23-26-35. fsa	167	167.65	169	1 530	4 343
156	E12_bu-4_23-26-35. fsa	164	165.59	299	3 265	4 296
157	F01_bu-4_20-34-50. fsa	164	165.68	194	2 047	4 735
158	2012-04-16_3_A03. fsa	140	139.71	2 739	20 883	3 526
159	2012-04-16_4_A04. fsa	167	167.17	646	4 256	3 874
160	2012-04-16_8_A08. fsa	139	138.76	402	3 020	3 558
161	2012-04-16_9_A09. fsa	164	164.15	784	5 424	3 805
162	2012-04-16_12_A12. fsa	164	164.03	1 223	9 141	3 832
163	2012-04-16_14_B02. fsa	170	169.26	370	2 783	3 972
164	2012-04-16_14_B04. fsa	164	164.33	46	552	3 831
165	2012-04-16_17_B05. fsa	164	164.23	1 347	9 459	3 843
166	2012-04-16_17_B06. fsa	164	164.35	1 021	8 884	3 841
167	2012-04-16_21_B09. fsa	167	167.1	958	6 615	3 863
168	2012-04-16_22_B10. fsa	139	138.67	1 117	7 628	3 514
169	2012-04-16_23_B11. fsa	147	147.53	966	6 754	3 635
170	2012-04-16_24_B12. fsa	114	114.64	4 564	34 890	3 211
171	2012-04-16_26_C02. fsa	114	114.73	1 149	9 298	3 277
172	2012-04-16_29_C05. fsa	170	170.12	808	5 582	3 887
173	2012-04-16_31_C07. fsa	164	164.11	1 033	7 316	3 825
174	2012-04-16_32_C08. fsa	167	167.07	365	2 843	3 882
175	2012-04-16_34_C10. fsa	164	164.97	155	1 043	3 822
176	2012-04-16_35_C11. fsa	140	140.93	940	6 639	3 525
177	2012-04-16_38_D02. fsa	170	170.17	570	4 235	3 957

（续）

资源序号	样本名 （sample file name）	等位基因位点 （allele，bp）	大小 （size，bp）	高度 （height，RFU）	面积 （area，RFU）	数据取值点 （data point，RFU）
178	2012 - 04 - 16_40_D04. fsa	164	164.15	397	2 851	3 817
179	2012 - 04 - 16_41_D05. fsa	170	170.17	378	2 627	3 932
180	2012 - 04 - 16_42_D06. fsa	170	169.05	930	6 826	3 899
181	2012 - 04 - 16_42_D10. fsa	170	169.08	993	6 954	3 913
182	2012 - 04 - 16_47_D11. fsa	170	169.19	255	1 767	3 903
	2012 - 04 - 17_47_D11. fsa	170	169.17	400	2 859	4 037
183	2012 - 04 - 17_48_D12. fsa	167	167.15	576	4 113	3 993
184	2012 - 04 - 16_51_E03. fsa	164	164.13	630	4 663	3 842
185	2012 - 04 - 16_52_E04. fsa	139	138.68	512	3 751	3 524
186	2012 - 04 - 16_53_E05. fsa	139	138.76	172	1 123	3 672
187	2012 - 04 - 16_54_E06. fsa	164	165.16	414	2 914	3 858
188	2012 - 04 - 16_56_E08. fsa	164	165.15	1 103	7 776	3 870
189	2012 - 04 - 16_61_F01. fsa	167	167.38	945	6 982	3 928
190	2012 - 04 - 16_62_F02. fsa	170	169.2	485	3 626	3 967
191	2012 - 04 - 16_64_F04. fsa	167	167.22	707	5 315	3 866
192	2012 - 04 - 16_67_F07. fsa	167	167.18	705	5 085	3 902
193	2012 - 04 - 16_68_F08. fsa	164	164.23	219	1 587	3 858
194	2012 - 04 - 16_69_F09. fsa	140	139.78	1 453	10 877	3 540
195	2012 - 04 - 16_71_F11. fsa	164	164.17	477	3 340	3 834
196	2012 - 04 - 16_72_F12. fsa	167	167.13	162	1 184	3 867
197	2012 - 04 - 16_78_G06. fsa	167	167.32	1 133	8 389	3 908
198	2012 - 04 - 16_83_G11. fsa	164	164.17	394	2 602	3 856
199	2012 - 04 - 16_84_G12. fsa	167	167.19	1 180	8 385	3 889
200	2012 - 04 - 16_85_H01. fsa	140	140.01	95	351	3 673
201	2012 - 04 - 16_87_H03. fsa	167	167.34	591	4 094	3 919
202	2012 - 04 - 16_88_H04. fsa	140	139.94	534	4 152	3 623

（续）

资源序号	样本名 （sample file name）	等位基因位点 （allele，bp）	大小 （size，bp）	高度 （height，RFU）	面积 （area，RFU）	数据取值点 （data point，RFU）
203	2012 - 04 - 16 _90 _H06. fsa	167	167.29	1 546	11 481	3 971
204	2012 - 04 - 16 _92 _H08. fsa	164	165.24	1 516	11 875	3 958
205	2012 - 04 - 16 _93 _H09. fsa	130	130.55	1 562	12 386	3 465
206	2012 - 04 - 16 _94 _H10. fsa	167	167.24	2 157	16 027	3 946
207	2012 - 04 - 16 _96 _H12. fsa	140	139.85	2 207	17 340	3 619

（续）

16 Satt462

资源序号	样本名 (sample file name)	等位基因位点 (allele, bp)	大小 (size, bp)	高度 (height, RFU)	面积 (area, RFU)	数据取值点 (data point, RFU)
1	A01_883-978_10-58-05. fsa	246	247.08	982	10 267	5 460
2	A02_883-978_10-58-05. fsa	240	240.73	3 219	34 344	5 512
3	A03_883-978_11-50-36. fsa	260	260.5	2 040	19 592	5 499
4	A04_883-978_11-50-36. fsa	240	240.69	3 354	35 680	5 419
5	A05_883-978_12-30-51. fsa	231	231.85	7 352	78 662	5 090
	A05_883-978_12-30-51. fsa	240	240.41	1 274	12 195	5 198
6	A06_883-978_12-30-51. fsa	250	250.95	268	2 691	5 453
7	A07_883-978_13-11-02. fsa	250	250.93	1 549	15 103	5 315
8	A08_883-978_13-11-02. fsa	248	248.94	1 821	18 784	5 412
9	A09_883-978_13-51-12. fsa	248	248.88	462	4 154	5 269
10	A10_883-978_13-51-12. fsa	240	240.4	1 008	10 279	5 278
	A10_883-978_13-51-12. fsa	252	252.85	1 163	11 839	5 446
11	A11_883-978_14-31-19. fsa	234	235	3 343	43 098	5 080
12	A12_883-978_14-31-19. fsa	246	246.77	278	2 634	5 338
13	B01_883-978_10-58-05. fsa	250	251.29	1 006	9 683	5 538
14	B02_883-978_10-58-05. fsa	246	247.5	3 460	30 019	4 644
15	B03_883-978_11-50-36. fsa	234	235.01	8 285	126 842	5 174
16	B04_883-978_11-50-36. fsa	234	235.08	521	6 465	5 276
17	B05_883-978_12-30-51. fsa	234	234.96	7 847	91 265	5 140
18	B06_883-978_12-30-51. fsa	234	235.01	431	5 207	5 242
19	B07_883-978_13-11-02. fsa	234	235.04	372	4 237	5 131
20	B08_883-978_13-11-02. fsa	234	235.01	4 155	48 736	5 224
	B08_883-978_13-11-02. fsa	240	241.46	3 732	39 567	5 310

（续）

资源序号	样本名 （sample file name）	等位基因位点 （allele，bp）	大小 （size，bp）	高度 （height，RFU）	面积 （area，RFU）	数据取值点 （data point，RFU）
21	B09_883-978_13-51-12.fsa	231	231.8	5 382	60 181	5 069
	B09_883-978_13-51-12.fsa	248	248.8	661	6 325	5 282
22	B10_883-978_13-51-12.fsa	248	248.87	1 968	19 285	5 389
23	B11_883-978_14-31-19.fsa	248	248.8	3 372	32 137	5 262
24	B12_883-978_14-31-19.fsa	250	250.81	2 930	30 246	5 396
25	C01_883-978_10-58-05.fsa	240	240.73	1 838	18 977	5 378
26	C02_883-978_10-58-05.fsa	248	249.73	2 293	19 892	4 719
27	C03_883-978_11-50-36.fsa	248	248.92	1 866	21 554	4 951
28	C04_883-978_11-50-36.fsa	248	248.9	855	9 029	5 454
29	C05_883-978_12-30-51.fsa	999				
30	C06_883-978_12-30-51.fsa	212	212.43	3 977	45 961	5 082
	C06_883-978_12-30-51.fsa	240	240.45	3 124	37 582	5 271
31	C07_883-978_13-11-02.fsa	234	235.01	3 345	38 304	5 115
32	C08_883-978_13-11-02.fsa	999				
33	C09_883-978_13-51-12.fsa	280	280	397	3 524	5 701
34	C10_883-978_13-51-12.fsa	250	251.81	2 663	26 666	5 423
35	C11_883-978_14-31-19.fsa	250	250.78	2 121	20 487	5 275
36	C12_883-978_14-31-19.fsa	248	248.9	1 603	16 356	5 361
37	D01_883-978_10-58-05.fsa	248	249.33	3 179	33 986	5 595
38	D02_883-978_10-58-05.fsa	202	202.17	1 167	15 428	5 279
	D02_883-978_10-58-05.fsa	231	231.77	3 256	39 856	5 397
39	D03_883-978_11-50-36.fsa	231	231.98	3 001	36 361	5 204
	D03_883-978_11-50-36.fsa	248	249.08	1 961	19 828	5 427
40	D04_883-978_11-50-36.fsa	266	266.65	3 325	38 552	5 137
41	D05_883-978_12-30-51.fsa	999				

（续）

资源序号	样本名 (sample file name)	等位基因位点 (allele，bp)	大小 (size，bp)	高度 (height，RFU)	面积 (area，RFU)	数据取值点 (data point，RFU)
42	D06_883 - 978_12 - 30 - 51. fsa	240	240.37	225	2 534	5 295
	D06_883 - 978_12 - 30 - 51. fsa	250	250.87	231	2 532	5 437
43	D07_883 - 978_13 - 11 - 02. fsa	246	246.76	2 901	28 247	5 345
44	D08_883 - 978_13 - 11 - 02. fsa	240	241.47	2 232	22 576	5 291
45	D09_883 - 978_13 - 51 - 12. fsa	240	241.55	2 500	25 205	5 258
46	D10_883 - 978_13 - 51 - 12. fsa	999				
47	D11_883 - 978_14 - 31 - 19. fsa	250	250.99	3 617	39 568	5 172
48	D12_883 - 978_14 - 31 - 19. fsa	248	248.79	1 439	13 917	5 352
49	E01_883 - 978_10 - 58 - 05. fsa	248	249.32	459	4 970	5 582
50	E02_883 - 978_10 - 58 - 05. fsa	999				
51	E03_883 - 978_11 - 50 - 36. fsa	999				
52	E04_883 - 978_11 - 50 - 36. fsa	240	240.47	3 113	32 250	5 325
53	E05_883 - 978_12 - 30 - 51. fsa	196	196.55	1 012	11 453	4 723
54	E06_883 - 978_12 - 30 - 51. fsa	999				
55	E07_883 - 978_13 - 11 - 02. fsa	999				
56	E08_883 - 978_13 - 11 - 02. fsa	999				
57	E09_883 - 978_13 - 51 - 12. fsa	287	287.76	1 915	26 423	5 281
58	E10_883 - 978_13 - 51 - 12. fsa	999				
59	E11_883 - 978_11 - 50 - 37. fsa	212	212.13	111	1 287	4 668
60	E12_883 - 978_11 - 50 - 37. fsa	999				
61	F01_883 - 978_10 - 58 - 05. fsa	250	251.05	877	10 522	5 328
62	F02_883 - 978_10 - 58 - 05. fsa	248	249.34	429	4 666	5 569
63	F03_883 - 978_11 - 50 - 36. fsa	999				
64	F04_883 - 978_11 - 50 - 36. fsa	999				
65	F05_883 - 978_12 - 30 - 51. fsa	248	249.07	998	9 823	5 360
66	F06_883 - 978_12 - 30 - 51. fsa	234	235.11	1 966	28 493	5 145

（续）

资源序号	样本名 （sample file name）	等位基因位点 （allele，bp）	大小 （size，bp）	高度 （height，RFU）	面积 （area，RFU）	数据取值点 （data point，RFU）
67	F07_883 - 978_13 - 11 - 02. fsa	248	248. 99	213	2 146	5 341
68	F08_883 - 978_13 - 11 - 02. fsa	248	248. 93	416	4 293	5 359
69	F09_883 - 978_13 - 51 - 12. fsa	999				
70	F10_883 - 978_13 - 51 - 12. fsa	999				
71	F11_883 - 978_14 - 31 - 19. fsa	248	248. 91	587	5 836	5 306
72	F12_883 - 978_14 - 31 - 19. fsa	231	231. 75	544	6 517	4 794
73	G01_883 - 978_10 - 58 - 05. fsa	248	249. 4	189	1 974	5 570
74	G02_883 - 978_10 - 58 - 05. fsa	999				
75	G03_883 - 978_11 - 50 - 36. fsa	231	231. 89	2 433	28 478	5 137
76	G04_883 - 978_11 - 50 - 36. fsa	250	251. 09	202	2 081	5 445
77	G05_883 - 978_12 - 30 - 51. fsa	250	251. 05	570	5 611	5 391
78	G06_883 - 978_12 - 30 - 51. fsa	234	235. 25	764	9 222	5 202
79	G07_883 - 978_13 - 11 - 02. fsa	999				
80	G08_883 - 978_13 - 11 - 02. fsa	250	251. 1	377	3 952	5 395
81	G09_883 - 978_13 - 51 - 12. fsa	250	251. 05	819	7 964	5 357
82	G10_883 - 978_13 - 51 - 12. fsa	250	251. 03	363	3 620	5 374
83	G11_883 - 978_14 - 31 - 19. fsa	999				
84	G12_883 - 978_14 - 31 - 19. fsa	999				
85	H01_883 - 978_10 - 58 - 05. fsa	234	235. 61	518	6 523	5 448
86	H02_883 - 978_10 - 58 - 05. fsa	999				
87	H03_883 - 978_11 - 50 - 36. fsa	248	248. 16	633	6 435	5 447
88	H04_883 - 978_11 - 50 - 36. fsa	234	235. 43	4 053	49 699	5 366
89	H05_883 - 978_12 - 30 - 51. fsa	999				
90	H06_883 - 978_12 - 30 - 51. fsa	999				
91	H07_883 - 978_13 - 11 - 02. fsa	248	249. 15	869	8 985	5 404
92	H08_883 - 978_13 - 11 - 02. fsa	231	231. 83	972	15 321	5 261

（续）

资源序号	样本名 (sample file name)	等位基因位点 (allele，bp)	大小 (size，bp)	高度 (height，RFU)	面积 (area，RFU)	数据取值点 (data point，RFU)
93	H09_883 - 978_13 - 51 - 12. fsa	231	231. 98	1 637	19 356	5 165
94	H10_883 - 978_13 - 51 - 12. fsa	240	240. 62	1 409	14 592	5 363
95	H11_883 - 978_14 - 31 - 19. fsa	248	249. 06	395	4 367	5 366
96	H12_883 - 978_14 - 31 - 19. fsa	212	212. 17	658	7 112	5 244
97	A01_979 - 1039_15 - 11 - 28. fsa	196	196. 86	3 061	23 849	4 625
97	A01_979 - 1039_15 - 11 - 28. fsa	212	212. 52	4 818	64 554	4 825
98	A02_979 - 1039_15 - 11 - 28. fsa	999				
99	A03_979 - 1039_15 - 51 - 34. fsa	212	212. 84	7 380	62 199	4 867
100	A04_979 - 1039_15 - 51 - 34. fsa	212	212. 59	3 937	50 139	4 973
101	A05_979 - 1039_16 - 31 - 39. fsa	999				
102	A06_979 - 1039_16 - 31 - 39. fsa	212	212. 53	8 057	126 814	4 966
103	A07_979 - 1039_17 - 11 - 46. fsa	212	212. 55	5 789	89 624	5 185
104	A08_979 - 1039_17 - 11 - 46. fsa	234	234. 87	7 670	121 322	5 234
105	A09_979 - 1039_17 - 52 - 17. fsa	250	250. 85	4 130	39 128	5 364
106	A10_979 - 1039_17 - 52 - 17. fsa	252	252. 82	253	2 730	5 523
107	A11_979 - 1039_18 - 32 - 23. fsa	999				
108	A12_979 - 1039_18 - 32 - 23. fsa	250	250. 93	2 367	24 398	5 526
109	B01_979 - 1039_15 - 11 - 28. fsa	999				
110	B02_979 - 1039_15 - 11 - 28. fsa	999				
111	B03_979 - 1039_15 - 51 - 34. fsa	248	248. 91	674	7 198	5 382
112	B04_979 - 1039_15 - 51 - 34. fsa	246	246. 73	999	10 224	5 424
113	B05_979 - 1039_16 - 31 - 39. fsa	248	248. 89	228	2 032	5 334
114	B06_979 - 1039_16 - 31 - 39. fsa	248	248. 96	687	7 042	5 450
115	B07_979 - 1039_17 - 11 - 46. fsa	186	186. 08	5 184	41 775	4 508
115	B07_979 - 1039_17 - 11 - 46. fsa	202	200. 64	6 518	94 239	4 708
116	B08_979 - 1039_17 - 11 - 46. fsa	999				

（续）

资源序号	样本名 （sample file name）	等位基因位点 （allele，bp）	大小 （size，bp）	高度 （height，RFU）	面积 （area，RFU）	数据取值点 （data point，RFU）
117	B09_979-1039_17-52-17. fsa	231	232.98	1 147	9 519	5 147
	B09_979-1039_17-52-17. fsa	248	248.82	2 383	23 395	5 348
118	B10_979-1039_17-52-17. fsa	234	235.14	729	5 500	5 286
	B10_979-1039_17-52-17. fsa	250	250.79	1 197	11 912	5 499
119	B11_979-1039_18-32-23. fsa	248	248.82	829	8 687	5 376
120	B12_979-1039_18-32-23. fsa	266	266.65	3 649	41 263	5 197
121	C01_979-1039_15-11-28. fsa	224	224.48	1 560	11 989	4 971
	C01_979-1039_15-11-28. fsa	240	240.32	2 690	27 066	5 172
122	C02_979-1039_15-11-29. fsa	248	248.25	218	2 536	5 218
123	C03_979-1039_15-51-34. fsa	196	196.68	491	5 542	5 129
124	C04_979-1039_15-51-34. fsa	999				
125	C05_979-1039_16-31-39. fsa	234	235.01	610	8 746	5 144
126	C06_979-1039_16-31-39. fsa	248	248.89	2 471	25 603	5 442
127	C07_979-1039_17-11-46. fsa	274	274.48	2 534	25 481	5 662
128	C08_979-1039_17-11-47. fsa	274	274.21	73	875	5 532
129	C09_979-1039_17-52-17. fsa	234	235	7 494	153 348	5 158
130	C10_979-1039_17-52-17. fsa	224	224.5	1 996	27 432	5 517
131	C11_979-1039_18-32-23. fsa	240	240.22	2 569	26 958	5 183
132	C12_979-1039_18-32-23. fsa	231	231.64	3 037	46 253	4 978
133	D01_979-1039_15-11-28. fsa	240	240.35	1 884	27 441	5 168
134	D02_979-1039_15-11-28. fsa	234	234.99	321	3 877	5 207
135	D03_979-1039_15-51-34. fsa	287	287.67	826	8 143	5 974
136	D04_979-1039_15-51-34. fsa	276	276.71	979	11 586	5 436
137	D05_979-1039_16-31-39. fsa	248	249	1 336	12 412	5 407
138	D06_979-1039_16-31-39. fsa	231	232	2 777	30 080	5 163
139	D07_979-1039_17-11-46. fsa	246	246.68	4 794	49 443	5 358

（续）

资源序号	样本名 （sample file name）	等位基因位点 （allele，bp）	大小 （size，bp）	高度 （height，RFU）	面积 （area，RFU）	数据取值点 （data point，RFU）
140	D08_979 - 1039_17 - 11 - 46. fsa	250	250. 8	846	8 424	5 435
141	D09_979 - 1039_17 - 52 - 17. fsa	248	248. 85	2 889	28 605	5 424
142	D10_979 - 1039_17 - 52 - 17. fsa	240	241. 49	2 776	28 347	5 355
143	D11_979 - 1039_18 - 32 - 23. fsa	246	246. 87	1 793	18 362	5 421
144	D12_979 - 1039_18 - 32 - 23. fsa	234	234. 85	7 689	125 629	5 292
145	E01_979 - 1039_15 - 11 - 28. fsa	274	274. 37	2 085	21 763	4 971
146	E02_979 - 1039_15 - 11 - 28. fsa	238	237. 91	7 462	129 910	5 239
147	E03_979 - 1039_15 - 51 - 34. fsa	234	235. 04	4 345	52 720	5 223
	E03_979 - 1039_15 - 51 - 34. fsa	248	248. 91	1 616	16 111	5 401
148	E04_979 - 1039_15 - 51 - 34. fsa	248	248. 96	5 077	51 925	5 431
149	E05_979 - 1039_16 - 31 - 39. fsa	240	240. 46	4 237	38 478	5 284
150	E06_979 - 1039_16 - 31 - 39. fsa	231	231. 62	7 448	131 104	5 199
	E06_979 - 1039_16 - 31 - 39. fsa	248	249. 03	1 167	11 904	5 431
151	E07_979 - 1039_17 - 11 - 46. fsa	248	248. 9	5 346	54 153	5 369
152	E08_979 - 1039_17 - 11 - 46. fsa	268	267. 94	938	8 935	5 678
153	E09_979 - 1039_17 - 52 - 17. fsa	240	240. 39	5 104	51 348	5 294
154	E10_979 - 1039_17 - 52 - 17. fsa	248	248. 88	2 981	30 840	5 447
155	E11_979 - 1039_18 - 32 - 23. fsa	248	249	4 089	43 097	5 447
156	E12_979 - 1039_18 - 32 - 23. fsa	231	231. 79	7 848	157 748	5 247
157	F01_979 - 1039_15 - 11 - 28. fsa	276	276. 44	1 216	11 730	5 733
158	2012 - 04 - 17_3_A03. fsa	234	233. 82	1 241	12 144	4 841
159	2012 - 04 - 17_4_A04. fsa	212	211. 84	228	2 142	4 789
160	2012 - 04 - 17_8_A08. fsa	260	258. 98	406	3 872	4 603
161	2012 - 04 - 17_9_A09. fsa	262	261. 01	639	6 517	4 580
162	2012 - 04 - 17_12_A12. fsa	248	247. 45	836	8 765	4 858
163	2012 - 04 - 17_14_B02. fsa	204	204. 45	312	2 689	4 545

（续）

资源序号	样本名 （sample file name）	等位基因位点 （allele，bp）	大小 （size，bp）	高度 （height，RFU）	面积 （area，RFU）	数据取值点 （data point，RFU）
164	2012 - 04 - 17_16_B04. fsa	248	247.41	107	891	5 010
165	2012 - 04 - 17_17_B05. fsa	234	233.78	115	1 142	4 856
166	2012 - 04 - 17_17_B06. fsa	240	239.05	118	1 174	4 817
167	2012 - 04 - 17_21_B09. fsa	250	249.15	205	2 033	4 890
168	2012 - 04 - 17_22_B10. fsa	212	211.79	1 503	16 183	4 911
169	2012 - 04 - 17_23_B11. fsa	250	249.21	417	4 296	4 873
170	2012 - 04 - 17_24_B12. fsa	243	243.1	103	860	4 965
171	2012 - 04 - 17_26_C02. fsa	212	211.71	671	7 097	4 635
172	2012 - 04 - 17_29_C05. fsa	231	230.61	1 167	12 079	4 797
173	2012 - 04 - 17_31_C07. fsa	234	233.73	1 031	9 950	4 829
174	2012 - 04 - 17_32_C08. fsa	250	249.49	158	1 584	4 605
175	2012 - 04 - 17_34_C10. fsa	248	247.32	152	1 626	4 881
176	2012 - 04 - 17_35_C11. fsa	212	211.86	1 328	14 398	4 876
177	2012 - 04 - 17_38_D02. fsa	248	247.34	140	1 491	4 621
178	2012 - 04 - 17_40_D04. fsa	256	254.89	107	784	3 836
179	2012 - 04 - 17_41_D05. fsa	202	200.08	734	6 191	4 492
180	2012 - 04 - 17_42_D06. fsa	231	230.64	869	9 485	4 838
181	2012 - 04 - 17_46_D10. fsa	234	233.76	1 383	14 871	4 875
182	2012 - 04 - 17_47_D11. fsa	266	254.91	114	1 938	3 605
183	2012 - 04 - 17_48_D12. fsa	202	200.08	258	2 193	4 459
184	2012 - 04 - 17_51_E03. fsa	287	285.95	283	2 900	4 686
185	2012 - 04 - 17_52_E04. fsa	256	254.88	246	2 108	4 377
186	2012 - 04 - 17_53_E05. fsa	274	273.12	118	2 113	3 545
187	2012 - 04 - 17_54_E06. fsa	246	245.01	131	2 885	4 020
188	2012 - 04 - 17_56_E08. fsa	246	244.92	265	4 927	3 498
189	2012 - 04 - 17_61_F01. fsa	268	267.01	148	2 417	3 917

（续）

资源序号	样本名 （sample file name）	等位基因位点 （allele，bp）	大小 （size，bp）	高度 （height，RFU）	面积 （area，RFU）	数据取值点 （data point，RFU）
190	2012 - 04 - 17_62_F02.fsa	268	266.98	234	2 335	4 705
191	2012 - 04 - 17_64_F04.fsa	999		315	5 599	3 873
192	2012 - 04 - 17_67_F07.fsa	252	251.11	160	2 687	3 872
193	2012 - 04 - 17_68_F08.fsa	212	211.7	224	2 572	4 610
194	2012 - 04 - 17_69_F09.fsa	248	247.43	179	1 376	5 037
195	2012 - 04 - 17_71_F11.fsa	212	211.68	389	3 832	4 602
196	2012 - 04 - 17_72_F12.fsa	248	247.23	115	957	4 992
197	2012 - 04 - 17_78_G06.fsa	240	239.01	158	1 274	5 110
198	2012 - 04 - 17_83_G11.fsa	246	244.88	147	2 804	3 484
199	2012 - 04 - 17_84_G12.fsa	240	239.08	251	2 045	4 948
200	2012 - 04 - 17_85_H01.fsa	212	211.85	194	2 335	4 734
201	2012 - 04 - 17_87_H03.fsa	212	211.8	360	3 564	4 667
202	2012 - 04 - 17_88_H04.fsa	999		202	3 592	3 862
203	2012 - 04 - 17_90_H06.fsa	248	247.51	548	6 072	4 644
204	2012 - 04 - 17_92_H08.fsa	250	249.56	116	968	4 972
205	2012 - 04 - 17_93_H09.fsa	999		127	934	5 089
206	2012 - 04 - 17_94_H10.fsa	248	247.53	917	10 218	4 946
207	2012 - 04 - 17_96_H12.fsa	248	247.55	323	2 525	5 122

17 Satt567

资源序号	样本名 (sample file name)	等位基因位点 (allele, bp)	大小 (size, bp)	高度 (height, RFU)	面积 (area, RFU)	数据取值点 (data point, RFU)
1	A01_883_21-47-36.fsa	109	109.76	5 007	46 304	3 330
2	A02_883_21-47-36.fsa	106	106.75	2 007	19 503	3 323
3	A03_883_22-39-09.fsa	106	106.8	431	3 863	3 217
4	A04_883_22-39-09.fsa	109	109.73	3 090	28 986	3 298
5	A05_883_23-19-15.fsa	106	106.82	3 211	30 141	3 215
6	A06_883_23-19-15.fsa	106	106.74	1 255	12 227	3 260
7	A07_883_23-59-19.fsa	109	109.71	213	1 879	3 261
8	A08_883_23-59-19.fsa	109	109.71	1 888	17 714	3 303
9	A09_883_24-39-22.fsa	106	106.86	3 852	36 374	3 229
10	A10_883_24-39-22.fsa	109	109.74	5 472	53 631	3 313
11	A11_883_01-19-26.fsa	103	103.88	4 223	41 285	3 198
12	A12_883_01-19-26.fsa	106	106.73	3 058	29 732	3 283
13	B01_883_21-47-36.fsa	103	103.94	2 847	24 991	3 256
	B01_883_21-47-36.fsa	106	106.86	5 740	53 878	3 298
14	B02_883_21-47-36.fsa	109	109.71	3 902	37 645	3 355
15	B03_883_22-39-09.fsa	103	103.84	2 398	22 255	3 189
16	B04_883_22-39-09.fsa	103	103.82	198	1 809	3 196
17	B05_883_23-19-15.fsa	106	106.82	6 256	58 310	3 232
18	B06_883_23-19-15.fsa	109	109.67	521	4 578	3 278
19	B07_883_23-59-19.fsa	109	109.69	4 141	36 420	3 271
20	B08_883_23-59-19.fsa	103	103.88	2 607	23 947	3 200
	B08_883_23-59-19.fsa	106	106.76	1 110	9 791	3 242
21	B09_883_24-39-22.fsa	103	103.87	7 860	95 051	4 011
	B09_883_24-39-22.fsa	106	106.72	380	3 338	3 241

（续）

资源序号	样本名 （sample file name）	等位基因位点 （allele，bp）	大小 （size，bp）	高度 （height，RFU）	面积 （area，RFU）	数据取值点 （data point，RFU）
22	B10_883_24-39-22. fsa	109	109.61	7 781	96 717	4 409
23	B11_883_01-19-26. fsa	106	106.6	7 096	66 182	4 395
24	B12_883_01-19-26. fsa	109	109.67	367	3 327	3 305
25	C01_883_21-47-36. fsa	109	109.69	205	1 932	3 307
26	C02_883_21-47-36. fsa	106	106.76	3 392	32 286	3 298
27	C03_883_22-39-09. fsa	106	106.71	232	1 993	3 204
	C03_883_22-39-09. fsa	109	109.04	7 767	98 292	4 043
28	C04_883_22-39-09. fsa	106	106.71	560	5 225	3 226
29	C05_883_23-19-15. fsa	106	106.71	2 966	27 004	3 203
30	C06_883_23-19-15. fsa	109	109.62	2 009	18 570	3 267
31	C07_883_23-59-19. fsa	103	103.01	7 947	86 821	4 042
32	C08_883_23-59-19. fsa	101	101.02	4 262	39 490	3 147
33	C09_883_24-39-22. fsa	101	101.04	66	650	3 132
34	C10_883_24-39-22. fsa	106	106.74	4 046	37 771	3 240
35	C11_883_01-19-26. fsa	103	103.81	2 528	23 359	3 181
36	C12_883_01-19-26. fsa	106	106.75	544	5 274	3 250
37	D01_883_21-47-36. fsa	106	106.81	1 503	14 131	3 312
38	D02_883_21-47-36. fsa	106	106.75	1 064	9 310	3 251
	D02_883_21-47-36. fsa	109	109.88	7 794	87 802	4 314
39	D03_883_22-39-09. fsa	103	103.84	986	8 970	3 209
	D03_883_22-39-09. fsa	109	109.69	1 734	15 518	3 293
40	D04_883_22-39-09. fsa	106	106.74	4 713	44 209	3 227
41	D05_883_23-19-15. fsa	109	108.45	408	3 540	3 271
42	D06_883_23-19-15. fsa	106	106.73	1 947	18 275	3 227
43	D07_883_23-59-19. fsa	106	106.75	4 716	44 254	3 250
44	D08_883_23-59-19. fsa	109	109.65	118	1 104	3 274

（续）

资源序号	样本名 （sample file name）	等位基因位点 （allele，bp）	大小 （size，bp）	高度 （height，RFU）	面积 （area，RFU）	数据取值点 （data point，RFU）
45	D09_883_24 - 39 - 22. fsa	109	109. 63	2 124	20 548	3 308
46	D10_883_24 - 39 - 22. fsa	109	109. 65	489	4 319	3 282
47	D11_883_01 - 19 - 26. fsa	103	103. 88	1 141	10 140	3 226
	D11_883_01 - 19 - 26. fsa	106	106. 7	2 027	18 450	3 267
48	D12_883_01 - 19 - 26. fsa	106	106. 74	1 900	17 918	3 249
49	E01_883_21 - 47 - 36. fsa	109	109. 67	1 655	15 703	3 368
50	E02_883_21 - 47 - 36. fsa	106	106. 81	5 053	48 730	3 298
51	E03_883_22 - 39 - 09. fsa	109	109. 66	2 847	26 521	3 288
52	E04_883_22 - 39 - 09. fsa	109	109. 75	1 300	12 542	3 271
53	E05_883_23 - 19 - 15. fsa	103	103. 89	1 662	15 865	3 212
54	E06_883_23 - 19 - 15. fsa	106	106. 79	3 011	29 149	3 241
55	E07_883_23 - 59 - 19. fsa	109	109. 69	3 344	31 479	3 293
56	E08_883_23 - 59 - 19. fsa	106	106. 8	2 612	25 246	3 234
57	E09_883_24 - 39 - 22. fsa	106	106. 77	1 068	9 999	3 262
58	E10_883_24 - 39 - 22. fsa	109	109. 71	1 054	10 180	3 284
59	E11_883_01 - 19 - 26. fsa	109	109	7 957	88 638	3 566
60	E12_883_01 - 19 - 26. fsa	106	106. 75	812	7 873	3 252
61	F01_883_21 - 47 - 36. fsa	109	109. 72	579	5 499	3 334
62	F02_883_21 - 47 - 36. fsa	106	106. 73	69	686	3 289
63	F03_883_22 - 39 - 09. fsa	103	103. 86	151	1 335	3 187
64	F04_883_22 - 39 - 09. fsa	103	103	7 831	87 637	3 560
65	F05_883_23 - 19 - 15. fsa	109	109. 69	1 239	11 396	3 267
66	F06_883_23 - 19 - 15. fsa	109	109. 9	7 797	82 306	4 286
67	F07_883_23 - 59 - 19. fsa	109	109. 94	7 632	94 001	4 298
68	F08_883_23 - 59 - 19. fsa	106	106. 83	616	5 671	3 233
69	F09_883_24 - 39 - 22. fsa	106	106. 6	7 864	72 689	4 294

（续）

资源序号	样本名 （sample file name）	等位基因位点 （allele，bp）	大小 （size，bp）	高度 （height，RFU）	面积 （area，RFU）	数据取值点 （data point，RFU）
70	F10_883_24-39-22.fsa	109	109.67	7 832	78 189	4 273
71	F11_883_01-19-26.fsa	106	106.81	1 274	11 957	3 245
72	F12_883_01-19-26.fsa	103	103.62	6 116	56 134	4 360
73	G01_883_21-47-36.fsa	103	103.94	119	1 091	3 279
74	G02_883_21-47-36.fsa	106	106.58	7 826	97 103	4 412
75	G03_883_22-39-09.fsa	106	106.81	195	1 783	3 248
76	G04_883_22-39-09.fsa	103	103.91	1 242	11 967	3 203
77	G05_883_23-19-15.fsa	109	109.68	756	7 029	3 287
78	G06_883_23-19-15.fsa	106	106.81	714	6 731	3 240
79	G07_883_23-59-19.fsa	103	103.61	7 528	101 675	4 418
79	G07_883_23-59-19.fsa	106	106.86	52	479	3 251
80	G08_883_23-59-19.fsa	103	103.9	864	8 321	3 200
80	G08_883_23-59-19.fsa	109	109.72	1 512	14 219	3 284
81	G09_883_24-39-22.fsa	109	109.73	2 330	22 036	3 298
82	G10_883_24-39-22.fsa	106	106.83	711	6 837	3 249
83	G11_883_01-19-26.fsa	109	109.98	7 319	58 704	4 058
84	G12_883_01-19-26.fsa	103	103.96	1 891	17 645	3 218
85	H01_883_21-47-36.fsa	106	106.82	680	6 721	3 343
86	H02_883_21-47-36.fsa	106	106.68	7 664	99 481	4 060
87	H03_883_22-39-09.fsa	103	103.99	7 722	94 847	4 065
88	H04_883_22-39-09.fsa	106	106.8	1 168	11 487	3 309
89	H05_883_23-19-15.fsa	109	109.74	1 523	14 375	3 309
90	H06_883_23-19-15.fsa	103	103.97	253	2 413	3 264
91	H07_883_23-59-19.fsa	109	109.71	328	3 119	3 314
92	H08_883_23-59-19.fsa	109	109.79	478	4 639	3 360
93	H09_883_24-39-22.fsa	106	106.83	7 788	91 804	4 020

（续）

资源序号	样本名 （sample file name）	等位基因位点 （allele，bp）	大小 （size，bp）	高度 （height，RFU）	面积 （area，RFU）	数据取值点 （data point，RFU）
94	H10_883_24 - 39 - 22. fsa	109	109.72	478	4 758	3 360
95	H11_883_01 - 19 - 26. fsa	106	106.93	8 078	76 141	4 000
96	H12_883_01 - 19 - 26. fsa	106	106.85	2 310	22 787	3 328
97	A01_979_21 - 47 - 36. fsa	109	109.17	7 697	55 446	3 632
98	A02_979_21 - 47 - 36. fsa	109	109.83	7 353	56 027	4 093
99	A03_979_22 - 39 - 09. fsa	109	109.61	7 913	75 768	4 356
100	A04_979_22 - 39 - 09. fsa	106	106.12	7 901	76 747	3 603
101	A05_979_23 - 19 - 15. fsa	106	106	7 737	97 173	4 003
102	A06_979_23 - 19 - 15. fsa	106	106	6 128	56 070	3 982
103	A07_979_23 - 59 - 19. fsa	106	106	130	1 175	4 014
104	A08_979_04 - 00 - 05. fsa	103	103.95	80	709	3 246
105	A09_979_24 - 39 - 22. fsa	106	106.68	7 262	56 116	4 012
106	A10_979_24 - 39 - 22. fsa	106	106.57	7 713	89 836	4 329
107	A11_979_01 - 19 - 26. fsa	106	106.61	7 733	88 721	4 361
108	A12_979_05 - 20 - 05. fsa	109	109.73	137	1 268	3 342
109	B01_979_21 - 47 - 36. fsa	106	106.53	7 522	78 322	4 351
	B01_979_21 - 47 - 36. fsa	109	109.55	5 534	55 151	4 416
110	B02_979_21 - 47 - 36. fsa	106	106.45	7 782	74 461	4 221
111	B03_979_22 - 39 - 09. fsa	103	103.55	7 888	92 365	4 321
	B03_979_22 - 39 - 09. fsa	106	106	2 824	25 367	4 261
112	B04_979_22 - 39 - 09. fsa	103	103	7 302	66 799	3 994
113	B05_979_23 - 19 - 15. fsa	103	103	7 550	72 608	4 337
	B05_979_23 - 19 - 15. fsa	106	106.71	7 763	72 823	4 315
114	B06_979_23 - 19 - 15. fsa	103	103.51	7 715	92 551	4 330
115	B07_979_04 - 00 - 05. fsa	103	103.87	1 344	12 276	3 215
116	B08_979_04 - 00 - 05. fsa	103	103.64	5 719	55 232	4 151

（续）

资源序号	样本名 （sample file name）	等位基因位点 （allele，bp）	大小 （size，bp）	高度 （height，RFU）	面积 （area，RFU）	数据取值点 （data point，RFU）
117	B09_979_24 - 39 - 22. fsa	109	109.57	5 782	54 392	4 313
118	B10_979_04 - 40 - 05. fsa	109	109.73	635	5 971	3 316
119	B11_979_05 - 20 - 05. fsa	109	109.71	265	2 464	3 311
120	B12_979_05 - 20 - 05. fsa	106	106.75	230	2 074	3 279
121	C01_979_21 - 47 - 36. fsa	109	109.6	6 165	59 911	4 329
122	C02_979_21 - 47 - 36. fsa	106	106.59	6 902	56 859	4 300
123	C03_979_02 - 40 - 01. fsa	109	109.71	326	2 996	3 259
124	C04_979_22 - 39 - 09. fsa	106	106	6 238	60 157	4 015
125	C05_979_23 - 19 - 15. fsa	106	106	5 164	47 654	4 299
126	C06_979_03 - 20 - 05. fsa	109	109.62	223	2 123	3 289
127	C07_979_04 - 00 - 05. fsa	106	106.8	260	2 256	3 229
128	C08_979_04 - 00 - 05. fsa	106	106.78	682	6 534	3 255
129	C09_979_04 - 40 - 05. fsa	106	106.86	195	1 689	3 233
130	C10_979_04 - 40 - 05. fsa	109	109.76	2 708	25 965	3 304
131	C11_979_05 - 20 - 05. fsa	109	109.65	202	1 907	3 280
132	C12_979_05 - 20 - 05. fsa	106	106.8	206	1 845	3 268
	C12_979_05 - 20 - 05. fsa	109	109.76	359	3 380	3 311
133	D01_883_21 - 47 - 36. fsa	103	103	7 630	96 051	3 908
	D01_883_21 - 47 - 36. fsa	109	109.59	7 922	76 233	3 939
134	D02_883_21 - 47 - 36. fsa	106	106.87	7 429	55 678	3 881
135	D03_883_22 - 39 - 09. fsa	106	106.09	7 516	51 988	4 011
136	D04_883_22 - 39 - 09. fsa	106	106	7 614	92 274	3 978
137	D05_883_23 - 19 - 15. fsa	109	109.09	7 476	51 880	4 013
138	D06_883_23 - 19 - 15. fsa	109	109.52	7 436	93 299	3 892
139	D07_883_23 - 59 - 19. fsa	106	106.39	7 649	78 844	3 973
140	D08_883_23 - 59 - 19. fsa	106	106.62	7 462	89 946	4 013

（续）

资源序号	样本名 （sample file name）	等位基因位点 （allele，bp）	大小 （size，bp）	高度 （height，RFU）	面积 （area，RFU）	数据取值点 （data point，RFU）
141	D09_883_24 - 39 - 22. fsa	103	103.31	7 595	140 283	4 008
142	D10_883_24 - 39 - 22. fsa	109	109.48	5 642	52 795	3 903
143	D11_883_01 - 19 - 26. fsa	103	103.54	4 144	41 693	4 414
144	D12_883_01 - 19 - 26. fsa	103	103	7 196	72 175	4 278
145	E01_883_21 - 47 - 36. fsa	106	106.71	3 048	29 624	4 331
146	E02_883_21 - 47 - 36. fsa	103	103	7 225	66 238	3 947
147	E03_883_22 - 39 - 09. fsa	103	103.93	7 473	91 910	4 000
148	E04_883_22 - 39 - 09. fsa	101	101	7 436	83 417	4 301
149	E05_883_23 - 19 - 15. fsa	106	106.6	7 523	74 217	4 363
150	E06_883_23 - 19 - 15. fsa	106	106.6	7 450	72 328	4 344
151	E07_883_23 - 59 - 19. fsa	106	106.37	7 332	72 410	3 959
152	E08_883_23 - 59 - 19. fsa	999				
153	E09_883_24 - 39 - 22. fsa	109	109.54	7 263	145 694	4 419
154	E10_883_24 - 39 - 22. fsa	109	109.54	6 464	68 221	3 944
155	E11_883_01 - 19 - 26. fsa	103	103.59	4 672	45 569	3 984
	E11_883_01 - 19 - 26. fsa	109	109	6 506	60 532	3 839
156	E12_883_01 - 19 - 26. fsa	109	109	3 677	35 874	3 957
157	F01_883_21 - 47 - 36. fsa	103	103.84	7 823	80 288	3 930
158	2012 - 04 - 13_3_A03. fsa	103	103.72	4 734	39 455	2 921
159	2012 - 04 - 13_4_A04. fsa	109	109.59	3 122	27 081	3 017
160	2012 - 04 - 13_8_A08. fsa	109	109.55	1 486	12 554	3 009
161	2012 - 04 - 13_9_A09. fsa	106	106.68	6 216	51 567	2 955
162	2012 - 04 - 13_12_A12. fsa	103	103.63	7 444	69 743	2 923
163	2012 - 04 - 13_14_B02. fsa	106	106.59	5 635	49 757	3 062
164	2012 - 04 - 13_16_B04. fsa	103	102.63	6 355	49 635	2 907
165	2012 - 04 - 13_17_B05. fsa	106	105.59	6 362	47 259	2 952

（续）

资源序号	样本名 （sample file name）	等位基因位点 （allele，bp）	大小 （size，bp）	高度 （height，RFU）	面积 （area，RFU）	数据取值点 （data point，RFU）
166	2012 - 04 - 13_17_B06. fsa	106				
167	2012 - 04 - 13_21_B09. fsa	106	106. 61	7 507	64 771	2 979
168	2012 - 04 - 13_22_B10. fsa	106	106. 63	5 877	49 841	2 959
169	2012 - 04 - 13_23_B11. fsa	106	106. 59	5 906	48 559	2 966
170	2012 - 04 - 13_24_B12. fsa	106	106. 65	7 263	60 677	2 945
171	2012 - 04 - 13_26_C02. fsa	106	106. 71	3 032	26 172	3 047
172	2012 - 04 - 13_29_C05. fsa	106	106. 72	6 990	59 148	2 932
173	2012 - 04 - 13_31_C07. fsa	103	103. 72	7 645	70 767	2 902
174	2012 - 04 - 13_32_C08. fsa	109	109. 53	4 755	39 913	2 988
175	2012 - 04 - 13_34_C10. fsa	106	106. 61	3 649	30 196	2 954
176	2012 - 04 - 13_35_C11. fsa	106	106. 64	4 010	33 175	2 930
177	2012 - 04 - 13_38_D02. fsa	106	106. 66	4 435	39 415	3 030
178	2012 - 04 - 13_40_D04. fsa	101	100. 75	7 749	86 129	2 876
179	2012 - 04 - 13_41_D05. fsa	103	103. 76	6 315	53 744	2 928
180	2012 - 04 - 13_42_D06. fsa	103	103. 68	5 198	44 274	2 903
181	2012 - 04 - 13_46_D10. fsa	109	109. 55	5 874	50 390	2 995
182	2012 - 04 - 13_47_D11. fsa	106	106. 66	3 917	32 154	2 962
183	2012 - 04 - 13_48_D12. fsa	106	106. 58	5 142	44 160	2 940
184	2012 - 04 - 13_51_E03. fsa	106	106. 67	2 303	18 744	2 994
185	2012 - 04 - 13_52_E04. fsa	109	109. 51	3 127	26 622	3 001
186	2012 - 04 - 13_53_E05. fsa	106	106. 7	3 091	25 531	2 974
187	2012 - 04 - 13_54_E06. fsa	106	106. 64	1 153	9 513	2 952
188	2012 - 04 - 13_56_E08. fsa	106	106. 67	3 653	31 317	2 961
189	2012 - 04 - 13_61_F01. fsa	106	106. 67	7 421	67 627	3 050
190	2012 - 04 - 13_62_F02. fsa	109	109. 62	3 749	32 543	3 098
191	2012 - 04 - 13_64_F04. fsa	106	106. 73	2 249	19 090	2 967

（续）

资源序号	样本名 （sample file name）	等位基因位点 （allele，bp）	大小 （size，bp）	高度 （height，RFU）	面积 （area，RFU）	数据取值点 （data point，RFU）
192	2012 - 04 - 13_67_F07. fsa	106	106.62	4 400	37 827	2 967
193	2012 - 04 - 13_68_F08. fsa	109	109.57	3 619	31 295	3 001
194	2012 - 04 - 13_69_F09. fsa	106	106.67	6 673	58 149	2 970
195	2012 - 04 - 13_71_F11. fsa	109	109.58	4 258	35 690	2 992
196	2012 - 04 - 13_72_F12. fsa	109	109.51	3 446	28 834	2 989
197	2012 - 04 - 13_78_G06. fsa	106	106.67	618	5 048	2 971
198	2012 - 04 - 13_83_G11. fsa	106	106.63	3 000	25 279	2 976
199	2012 - 04 - 13_84_G12. fsa	109	109.63	4 700	40 221	3 005
200	2012 - 04 - 13_85_H01. fsa	106	106.78	2 594	23 433	3 120
	2012 - 04 - 13_85_H01. fsa	109	109.74	2 309	20 252	3 160
201	2012 - 04 - 13_87_H03. fsa	106	106.73	4 856	41 736	3 010
202	2012 - 04 - 13_88_H04. fsa	103	103.76	2 833	24 523	2 996
203	2012 - 04 - 13_90_H06. fsa	106	106.74	4 922	42 342	3 021
204	2012 - 04 - 13_92_H08. fsa	106	106.72	5 459	49 096	3 030
205	2012 - 04 - 13_93_H09. fsa	103	103.86	4 618	40 058	2 968
206	2012 - 04 - 13_94_H10. fsa	109	109.69	4 906	43 114	3 073
207	2012 - 04 - 13_96_H12. fsa	109	109.63	4 851	43 386	3 100

（续）

18 Satt022

资源序号	样本名 （sample file name）	等位基因位点 （allele，bp）	大小 （size，bp）	高度 （height，RFU）	面积 （area，RFU）	数据取值点 （data point，RFU）
1	A01_883_19－44－28.fsa	206	207.2	3 495	36 802	4 950
2	A02_883_19－44－29.fsa	206	206.65	2 527	28 937	4 658
3	A03_883_20－36－41.fsa	197	197.33	6 769	67 580	4 492
4	A04_883_20－36－41.fsa	216	216.66	3 901	41 720	5 047
5	A05_883_21－16－53.fsa	206	207.07	3 954	41 226	4 807
	A05_883_21－16－53.fsa	216	216.67	7 641	82 397	4 928
6	A06_883_21－16－53.fsa	194	194.67	5 359	57 681	4 742
7	A07_883_21－57－03.fsa	206	206.98	5 214	53 473	4 810
8	A08_883_21－57－03.fsa	206	206.98	7 326	81 307	4 917
9	A09_883_22－37－13.fsa	194	194.69	8 578	122 741	4 666
10	A10_883_22－37－13.fsa	213	213.7	4 201	53 280	5 196
11	A11_883_23－17－20.fsa	194	194.69	8 546	129 775	4 681
12	A12_883_23－17－21.fsa	206	206.62	7 692	95 940	4 725
13	B01_883_19－44－28.fsa	206	207.25	3 196	46 497	4 977
14	B02_883_19－44－28.fsa	206	207.14	8 216	127 936	5 081
15	B03_883_20－36－41.fsa	216	216.59	7 665	122 193	4 968
16	B04_883_20－36－41.fsa	194	193.68	2 281	23 646	4 737
17	B05_883_21－16－53.fsa	194	194.65	8 517	123 357	4 656
18	B06_883_21－16－53.fsa	213	213.44	1 749	18 221	5 003
19	B07_883_21－57－03.fsa	216	216.63	1 893	19 135	4 945
20	B08_883_21－57－03.fsa	206	207.05	7 579	91 230	4 921
	B08_883_21－57－03.fsa	213	213.42	4 117	47 503	5 007
21	B09_883_22－37－13.fsa	206	207.03	4 542	47 329	4 842
22	B10_883_22－37－13.fsa	206	207.01	2 341	25 793	4 944

（续）

资源序号	样本名 （sample file name）	等位基因位点 （allele，bp）	大小 （size，bp）	高度 （height，RFU）	面积 （area，RFU）	数据取值点 （data point，RFU）
23	B11_883_23-17-20.fsa	216	216.7	4 379	46 263	4 980
24	B12_883_23-17-20.fsa	194	194.69	7 131	78 907	4 788
25	C01_883_19-44-28.fsa	206	207.16	8 047	124 851	4 955
26	C02_883_19-44-28.fsa	206	206.95	7 903	136 346	5 072
27	C03_883_20-36-41.fsa	216	216.65	3 449	35 598	4 945
28	C04_883_20-36-41.fsa	206	206.94	7 746	96 768	4 920
29	C05_883_20-36-42.fsa	216	216.16	5 433	52 563	4 746
30	C06_883_21-16-53.fsa	194	194.7	2 669	28 736	4 740
31	C07_883_21-16-54.fsa	216	216.13	7 892	107 964	4 777
32	C08_883_21-57-03.fsa	216	215.46	729	8 213	5 034
33	C09_883_22-37-13.fsa	216	216.71	2 686	30 416	4 957
34	C10_883_22-37-13.fsa	216	216.59	7 704	99 968	5 072
35	C11_883_23-17-20.fsa	206	207.07	7 946	99 798	4 848
36	C12_883_23-17-20.fsa	206	207.06	7 342	83 541	4 960
37	D01_883_19-44-28.fsa	206	207.29	4 289	47 002	5 034
38	D02_883_19-44-28.fsa	206	206.09	533	6 058	5 042
39	D03_883_20-36-41.fsa	194	194.74	2 648	28 171	4 725
	D03_883_20-36-41.fsa	206	207.1	2 372	25 454	4 892
40	D04_883_20-36-42.fsa	194	194.31	7 567	77 255	4 493
41	D05_883_20-36-43.fsa	206	206.7	5 314	49 678	4 553
42	D06_883_21-16-53.fsa	194	194.77	177	1 822	4 733
43	D07_883_21-57-03.fsa	203	203.86	4 393	46 744	4 842
44	D08_883_21-57-03.fsa	213	213.47	7 016	85 904	4 994
45	D09_883_22-37-13.fsa	213	213.52	2 258	24 288	4 986
46	D10_883_22-37-13.fsa	216	216.68	1 701	18 808	5 060
47	D11_883_23-17-20.fsa	206	207.11	5 391	56 808	4 919

（续）

资源序号	样本名 （sample file name）	等位基因位点 （allele，bp）	大小 （size， bp)	高度 （height， RFU)	面积 （area， RFU)	数据取值点 （data point， RFU)
48	D12_883_23 - 17 - 20. fsa	216	216.71	3 614	40 987	5 078
49	E01_883_19 - 44 - 28. fsa	216	216.95	2 288	25 447	5 165
50	E02_883_19 - 44 - 28. fsa	194	193.81	1 319	14 975	4 856
51	E03_883_19 - 44 - 29. fsa	206	206.8	5 295	50 841	4 561
52	E04_883_20 - 36 - 41. fsa	216	216.69	1 984	21 954	5 029
53	E05_883_21 - 16 - 53. fsa	194	193.75	607	5 932	4 690
54	E06_883_21 - 16 - 53. fsa	206	207.06	2 389	25 722	4 894
55	E07_883_21 - 16 - 54. fsa	194	194.52	4 223	39 962	4 436
56	E08_883_21 - 57 - 03. fsa	216	216.71	1 434	15 837	5 026
57	E09_883_22 - 37 - 13. fsa	203	203.9	2 726	29 194	4 856
58	E10_883_22 - 37 - 13. fsa	206	207.08	1 413	15 226	4 919
59	E11_883_23 - 17 - 20. fsa	216	215.71	578	5 084	5 022
60	E12_883_23 - 17 - 20. fsa	206	207.12	1 915	21 751	4 936
61	F01_883_19 - 44 - 28. fsa	206	207.25	3 801	42 668	4 997
62	F02_883_19 - 44 - 28. fsa	206	207.24	3 772	47 809	5 005
63	F03_883_19 - 44 - 30. fsa	194	194.35	319	3 109	4 460
64	F04_883_19 - 44 - 31. fsa	216	216.08	191	1 913	4 675
65	F05_883_21 - 16 - 53. fsa	206	207.07	425	4 431	4 840
66	F06_883_21 - 16 - 53. fsa	206	207.05	877	9 387	4 859
67	F07_883_21 - 57 - 03. fsa	216	216.73	1 489	16 106	4 966
68	F08_883_21 - 57 - 03. fsa	206	207.05	3 483	38 111	4 862
69	F09_883_22 - 37 - 13. fsa	206	207.1	273	2 865	4 862
70	F10_883_22 - 37 - 13. fsa	216	216.73	1 365	14 972	5 009
71	F11_883_23 - 17 - 20. fsa	206	207.15	2 608	29 927	4 878
72	F12_883_23 - 17 - 20. fsa	216	216.76	1 084	11 772	5 026
73	G01_883_19 - 44 - 28. fsa	194	194.86	372	4 071	4 834

（续）

资源序号	样本名 （sample file name）	等位基因位点 （allele，bp）	大小 （size，bp）	高度 （height，RFU）	面积 （area，RFU）	数据取值点 （data point，RFU）
74	G02_883_19 - 44 - 29. fsa	216	216. 34	72	669	4 764
75	G03_883_19 - 44 - 30. fsa	203	203. 6	379	3 602	4 661
76	G04_883_20 - 36 - 41. fsa	206	207. 12	2 625	28 993	4 866
77	G05_883_21 - 16 - 53. fsa	194	194. 69	3 438	36 317	4 679
78	G06_883_21 - 16 - 53. fsa	203	203. 87	4 467	53 697	4 813
79	G07_883_21 - 57 - 03. fsa	216	216. 71	638	6 509	4 967
80	G08_883_21 - 57 - 03. fsa	194	194. 72	3 719	40 931	4 690
	G08_883_21 - 57 - 03. fsa	206	207. 13	1 775	19 611	4 857
81	G09_883_22 - 37 - 13. fsa	194	194. 79	1 343	14 068	4 699
82	G10_883_22 - 37 - 13. fsa	194	194. 77	2 938	33 998	4 709
83	G11_883_23 - 17 - 20. fsa	209	209. 17	355	3 638	4 905
84	G12_883_23 - 17 - 21. fsa	206	206. 77	4 611	47 400	4 698
85	H01_883_19 - 44 - 28. fsa	194	194. 94	1 542	17 612	4 886
	H01_883_19 - 44 - 28. fsa	213	213. 83	904	10 291	5 143
86	H02_883_19 - 44 - 28. fsa	206	206. 15	332	3 703	5 109
87	H03_883_20 - 36 - 41. fsa	203	204. 04	5 025	60 197	4 861
88	H04_883_20 - 36 - 42. fsa	206	206. 63	6 834	67 109	4 630
89	H05_883_21 - 16 - 53. fsa	194	194. 8	405	4 183	4 726
90	H06_883_21 - 16 - 53. fsa	194	193. 81	558	5 835	4 785
91	H07_883_21 - 57 - 03. fsa	194	194. 72	3 363	39 308	4 728
92	H08_883_21 - 57 - 03. fsa	206	207. 2	1 359	14 839	4 973
93	H09_883_22 - 37 - 13. fsa	206	207. 12	2 254	26 129	4 912
94	H10_883_22 - 37 - 13. fsa	194	194. 87	2 823	33 521	4 824
95	H11_883_22 - 37 - 14. fsa	206	206. 61	3 969	40 397	4 629
96	H12_883_23 - 17 - 20. fsa	216	216. 93	1 141	12 678	5 140
97	A01_979_24 - 38 - 02. fsa	216	216. 11	7 648	83 222	4 785

（续）

资源序号	样本名 （sample file name）	等位基因位点 （allele，bp）	大小 （size，bp）	高度 （height，RFU）	面积 （area，RFU）	数据取值点 （data point，RFU）
98	A02_979_24 - 38 - 03. fsa	216	216. 12	1 895	18 439	4 782
	A02_979_24 - 38 - 04. fsa	229	228. 81	783	7 653	4 941
99	A03_979_24 - 38 - 05. fsa	216	215. 57	4 257	40 590	4 979
100	A04_979_24 - 38 - 05. fsa	206	205. 96	3 169	32 975	4 968
101	A05_979_24 - 38 - 06. fsa	206	206. 79	3 626	36 373	4 583
102	A06_979_01 - 18 - 15. fsa	194	194. 75	3 110	31 911	4 822
103	A07_979_01 - 18 - 16. fsa	206	206. 69	3 385	33 322	4 669
104	A08_979_01 - 58 - 22. fsa	194	193. 73	2 330	24 117	4 819
	A08_979_01 - 58 - 22. fsa	216	215. 71	804	8 458	5 124
105	A09_979_02 - 38 - 29. fsa	206	207. 18	7 098	67 096	4 886
106	A10_979_02 - 38 - 29. fsa	206	207. 09	6 625	70 254	4 811
107	A11_979_02 - 38 - 30. fsa	206	206. 83	7 667	83 947	4 604
108	A12_979_03 - 18 - 34. fsa	206	207. 18	944	9 531	5 009
109	B01_979_01 - 18 - 11. fsa	216	216. 11	92	880	4 710
110	B02_979_01 - 18 - 12. fsa	206	206. 52	4 485	41 362	4 420
111	B03_979_01 - 18 - 13. fsa	216	216. 03	7 960	90 557	4 571
112	B04_979_01 - 18 - 14. fsa	206	206. 65	1 584	15 981	4 617
113	B05_979_01 - 18 - 15. fsa	203	203. 83	6 798	67 679	4 849
114	B06_979_01 - 18 - 15. fsa	203	203. 93	1 348	14 129	4 960
115	B07_979_01 - 58 - 22. fsa	194	193. 71	55	507	4 723
116	B08_979_01 - 58 - 23. fsa	194	194. 4	116	1 110	4 470
117	B09_979_01 - 58 - 24. fsa	194	194. 41	2 705	25 528	4 479
118	B10_979_01 - 58 - 25. fsa	206	206. 68	1 311	12 600	4 652
119	B11_979_01 - 58 - 26. fsa	206	206. 65	3 931	38 327	4 665
120	B12_979_01 - 58 - 27. fsa	206	206. 69	4 920	48 073	4 690
121	C01_979_23 - 57 - 30. fsa	206	206. 71	328	3 195	4 670

（续）

资源序号	样本名 （sample file name）	等位基因位点 （allele，bp）	大小 （size，bp）	高度 （height，RFU）	面积 （area，RFU）	数据取值点 （data point，RFU）
122	C02_979_23 - 57 - 31. fsa	206	205.96	657	7 002	4 967
	C02_979_23 - 57 - 31. fsa	216	215.59	1 153	12 641	5 100
123	C03_979_23 - 57 - 32. fsa	213	213.29	1 319	13 660	4 744
124	C04_979_23 - 57 - 33. fsa	194	194.28	8 078	102 489	4 461
125	C05_979_23 - 57 - 34. fsa	206	204.81	34	353	4 668
126	C06_979_01 - 18 - 15. fsa	197	197.63	397	4 336	4 849
127	C07_979_01 - 58 - 22. fsa	216	215.66	3 233	32 901	4 999
128	C08_979_01 - 58 - 22. fsa	216	215.63	5 348	58 591	5 126
129	C09_979_02 - 38 - 29. fsa	216	215.56	7 781	88 555	5 001
130	C10_979_02 - 38 - 30. fsa	206	206.85	789	7 600	4 686
131	C11_979_02 - 38 - 31. fsa	206	206.81	481	6 598	4 790
132	C12_979_02 - 38 - 32. fsa	194	194.63	3 732	41 303	4 627
	C12_979_02 - 38 - 33. fsa	216	216.48	1 458	16 691	4 909
133	D01_979_23 - 57 - 30. fsa	999				
134	D02_979_23 - 57 - 31. fsa	999				
135	D03_979_24 - 38 - 05. fsa	194	193.72	3 776	39 037	4 756
136	D04_979_24 - 38 - 05. fsa	216	215.6	2 947	31 571	5 085
137	D05_979_01 - 18 - 15. fsa	194	194.69	6 614	67 998	4 785
	D05_979_01 - 18 - 15. fsa	206	207.14	3 724	37 899	4 956
138	D06_979_01 - 18 - 15. fsa	206	207.08	4 211	44 687	4 983
	D06_979_01 - 18 - 15. fsa	216	216.76	2 008	21 910	5 116
139	D07_979_01 - 58 - 22. fsa	194	194.75	6 786	68 874	4 790
140	D08_979_01 - 58 - 22. fsa	194	194.75	5 877	62 431	4 816
141	D09_979_02 - 38 - 29. fsa	206	207.13	1 494	15 907	4 963
142	D10_979_02 - 38 - 29. fsa	213	213.52	7 423	84 382	5 087
143	D11_979_03 - 18 - 34. fsa	194	194.71	5 577	56 958	4 799

（续）

资源序号	样本名 （sample file name）	等位基因位点 （allele，bp）	大小 （size，bp）	高度 （height，RFU）	面积 （area，RFU）	数据取值点 （data point，RFU）
144	D12_979_03 - 18 - 34. fsa	194	194.73	1 254	13 611	4 829
145	E01_979_23 - 57 - 31. fsa	216	216.75	4 059	40 333	5 061
146	E02_979_23 - 57 - 31. fsa	194	194.7	2 867	31 254	4 781
147	E03_979_24 - 38 - 05. fsa	206	207.11	2 742	29 205	4 937
148	E04_979_24 - 38 - 05. fsa	206	207.09	3 239	34 967	4 959
	E04_979_24 - 38 - 05. fsa	216	216.74	1 659	18 014	5 090
149	E05_979_01 - 18 - 15. fsa	216	216.84	1 864	19 385	5 075
150	E06_979_01 - 18 - 15. fsa	206	207.14	1 973	20 740	4 972
	E06_979_01 - 18 - 15. fsa	216	216.82	1 072	11 454	5 104
151	E07_979_01 - 58 - 22. fsa	206	207	7 685	95 647	4 961
152	E08_979_01 - 58 - 22. fsa	203	203.89	2 055	22 683	4 937
153	E09_979_02 - 38 - 29. fsa	194	194.71	1 191	12 216	4 786
	E09_979_02 - 38 - 29. fsa	206	207.16	2 282	23 709	4 955
154	E10_979_02 - 38 - 29. fsa	206	205.94	2 384	25 430	4 972
155	E11_979_03 - 18 - 34. fsa	206	207.15	6 512	66 344	4 959
156	E12_979_03 - 18 - 34. fsa	194	194.73	3 020	32 261	4 818
157	F01_979_23 - 57 - 31. fsa	216	215.64	2 285	23 152	5 005
158	2012 - 04 - 12_3_A03. fsa	203	202.18	6 573	53 041	4 104
159	2012 - 04 - 12_4_A04. fsa	197	196.21	3 754	30 292	4 073
160	2012 - 04 - 12_8_A08. fsa	206	205.32	3 733	30 861	4 112
161	2012 - 04 - 12_9_A09. fsa	194	193.14	7 455	62 877	3 906
162	2012 - 04 - 12_12_A12. fsa	206	205.25	3 719	29 820	4 058
163	2012 - 04 - 12_14_B02. fsa	206	205.47	7 301	69 383	4 291
164	2012 - 04 - 12_16_B04. fsa	206	205.35	3 894	31 591	4 157
	2012 - 04 - 12_16_B04. fsa	216	214.81	2 540	20 560	4 263
165	2012 - 04 - 12_17_B05. fsa	206	205.36	6 167	48 438	4 129

（续）

资源序号	样本名 （sample file name）	等位基因位点 （allele，bp）	大小 （size，bp）	高度 （height，RFU）	面积 （area，RFU）	数据取值点 （data point，RFU）
166	2012 - 04 - 12_17_B06. fsa	194	193. 12	7 422	55 488	4 056
167	2012 - 04 - 12_21_B09. fsa	216	214. 64	7 493	72 343	4 177
168	2012 - 04 - 12_22_B10. fsa	194	193. 16	5 553	45 067	3 924
169	2012 - 04 - 12_23_B11. fsa	216	214. 79	2 360	26 895	4 221
170	2012 - 04 - 12_24_B12. fsa	218	217. 81	4 332	33 562	4 176
171	2012 - 04 - 12_26_C02. fsa	194	193. 16	7 451	80 548	4 112
172	2012 - 04 - 12_29_C05. fsa	194	193. 07	7 597	80 503	3 934
173	2012 - 04 - 12_31_C07. fsa	194	193. 11	7 848	89 488	3 914
174	2012 - 04 - 12_32_C08. fsa	194	193. 07	7 658	80 914	3 941
175	2012 - 04 - 12_34_C10. fsa	206	205. 17	4 354	35 358	4 058
176	2012 - 04 - 12_35_C11. fsa	209	208. 39	3 300	25 557	4 042
177	2012 - 04 - 12_38_D02. fsa	206	205. 44	6 014	50 729	4 229
178	2012 - 04 - 12_40_D04. fsa	216	214. 86	6 186	50 366	4 238
179	2012 - 04 - 12_41_D05. fsa	203	202. 16	7 443	69 409	4 085
180	2012 - 04 - 12_42_D06. fsa	216	214. 84	5 710	47 482	4 209
181	2012 - 04 - 12_46_D10. fsa	203	202. 18	4 758	39 110	4 021
182	2012 - 04 - 12_47_D11. fsa	203	202. 12	2 703	21 054	4 015
183	2012 - 04 - 12_48_D12. fsa	206	205. 23	5 008	40 117	4 032
184	2012 - 04 - 12_51_E03. fsa	194	193. 24	6 713	57 195	4 056
185	2012 - 04 - 12_52_E04. fsa	216	214. 85	3 102	25 955	4 250
186	2012 - 04 - 12_53_E05. fsa	206	205. 4	7 100	58 618	4 155
187	2012 - 04 - 12_54_E06. fsa	206	205. 3	4 721	38 936	4 113
188	2012 - 04 - 12_56_E08. fsa	216	214. 8	6 880	57 233	4 194
189	2012 - 04 - 12_61_F01. fsa	213	211. 83	7 221	65 667	4 304
190	2012 - 04 - 12_62_F02. fsa	197	196. 26	7 713	79 334	4 150
191	2012 - 04 - 12_64_F04. fsa	200	199. 17	5 009	42 846	4 077

（续）

资源序号	样本名 （sample file name）	等位基因位点 （allele，bp）	大小 （size，bp）	高度 （height，RFU）	面积 （area，RFU）	数据取值点 （data point，RFU）
192	2012 - 04 - 12 _67 _F07. fsa	200	199.07	7 695	71 903	4 015
193	2012 - 04 - 12 _68 _F08. fsa	216	214.79	6 442	53 837	4 195
194	2012 - 04 - 12 _69 _F09. fsa	213	211.56	7 552	71 559	4 130
195	2012 - 04 - 12 _71 _F11. fsa	216	214.71	2 734	21 319	4 142
196	2012 - 04 - 12 _72 _F12. fsa	206	205.32	2 811	25 010	4 105
197	2012 - 04 - 12 _78 _G06. fsa	200	199.17	3 798	32 503	4 058
198	2012 - 04 - 12 _83 _G11. fsa	216	214.74	1 116	8 934	4 167
199	2012 - 04 - 12 _84 _G12. fsa	216	214.76	4 040	32 877	4 158
200	2012 - 04 - 12 _85 _H01. fsa	216	215.19	5 918	51 125	4 444
201	2012 - 04 - 12 _87 _H03. fsa	194	193.28	7 545	74 145	4 062
202	2012 - 04 - 12 _88 _H04. fsa	206	205.53	2 093	17 636	4 244
203	2012 - 04 - 12 _90 _H06. fsa	206	205.48	5 732	48 783	4 208
204	2012 - 04 - 12 _92 _H08. fsa	194	193.11	7 605	86 989	4 035
205	2012 - 04 - 12 _93 _H09. fsa	206	205.35	4 298	35 168	4 116
206	2012 - 04 - 12 _94 _H10. fsa	206	205.36	6 382	52 453	4 154
207	2012 - 04 - 12 _96 _H12. fsa	206	205.36	6 057	48 869	4 123

19 Satt487

资源序号	样本名 （sample file name）	等位基因位点 （allele，bp）	大小 （size，bp）	高度 （height，RFU）	面积 （area，RFU）	数据取值点 （data point，RFU）
1	A01_883-978_24-41-50.fsa	198	197.98	8 903	141 794	4 330
2	A02_883-978_24-41-50.fsa	195	195.06	4 083	38 302	4 354
3	A03_883-978_01-22-22.fsa	198	197.99	3 783	36 179	4 367
4	A04_883-978_01-22-22.fsa	201	201.06	4 207	40 193	4 447
5	A05_883-978_02-02-31.fsa	195	195.11	1 845	16 991	4 319
	A05_883-978_02-02-31.fsa	201	201.09	3 249	30 139	4 395
6	A06_883-978_02-02-31.fsa	204	204.08	8 900	147 788	4 497
7	A07_883-978_02-42-36.fsa	201	201.09	7 414	70 236	4 403
8	A08_883-978_02-42-36.fsa	198	198.05	3 736	36 821	4 438
9	A09_883-978_03-22-41.fsa	201	201.09	7 632	70 172	4 411
10	A10_883-978_03-22-41.fsa	204	204.15	7 997	96 277	4 511
11	A11_883-978_04-02-45.fsa	201	201.09	2 695	24 984	4 423
12	A12_883-978_04-02-45.fsa	198	197.99	7 839	82 693	4 455
13	B01_883-978_24-41-50.fsa	201	200.93	8 157	95 225	4 377
14	B02_883-978_24-41-50.fsa	201	200.98	5 711	55 130	4 418
15	B03_883-978_01-22-22.fsa	204	204.04	8 162	96 888	4 425
16	B04_883-978_01-22-22.fsa	201	201.05	8 730	132 639	4 438
17	B05_883-978_02-02-31.fsa	201	201.01	8 844	130 953	4 402
18	B06_883-978_02-02-31.fsa	201	201	3 708	34 135	4 408
19	B07_883-978_02-42-36.fsa	204	204.2	8 790	127 077	4 445
20	B08_883-978_02-42-36.fsa	201	201.05	8 880	137 527	4 457
21	B09_883-978_03-22-41.fsa	195	195	3 724	32 345	4 303
22	B10_883-978_03-22-41.fsa	201	200.97	2 271	22 908	4 467
23	B11_883-978_04-02-45.fsa	201	201.17	1 610	15 201	4 436

（续）

资源序号	样本名 （sample file name）	等位基因位点 （allele，bp）	大小 （size，bp）	高度 （height，RFU）	面积 （area，RFU）	数据取值点 （data point，RFU）
24	B12_883 - 978_04 - 02 - 45. fsa	204	204.17	7 815	78 448	4 520
25	C01_883 - 978_24 - 41 - 50. fsa	201	201.01	3 896	38 013	4 374
26	C02_883 - 978_24 - 41 - 50. fsa	195	195.05	8 724	132 023	4 327
27	C03_883 - 978_01 - 22 - 22. fsa	204	204.18	8 032	107 075	4 418
28	C04_883 - 978_01 - 22 - 22. fsa	201	200.81	8 131	108 916	4 421
29	C05_883 - 978_02 - 02 - 31. fsa	204	204.18	8 800	127 855	4 414
30	C06_883 - 978_02 - 02 - 31. fsa	198	197.83	8 121	109 985	4 392
31	C07_883 - 978_02 - 42 - 36. fsa	201	201.08	8 834	135 507	4 396
32	C08_883 - 978_02 - 42 - 36. fsa	201	200.81	8 144	109 998	4 442
33	C09_883 - 978_03 - 22 - 41. fsa	201	201	4 195	39 690	4 395
34	C10_883 - 978_03 - 22 - 41. fsa	198	197.99	8 210	113 043	4 415
35	C11_883 - 978_04 - 02 - 45. fsa	198	198.01	8 646	111 992	4 369
36	C12_883 - 978_04 - 02 - 45. fsa	201	201.04	5 447	53 471	4 468
37	D01_883 - 978_24 - 41 - 50. fsa	198	198.09	2 307	21 639	4 382
	D01_883 - 978_24 - 41 - 50. fsa	201	201.08	2 095	19 743	4 420
38	D02_883 - 978_24 - 41 - 50. fsa	201	201.06	895	8 483	4 411
	D02_883 - 978_24 - 41 - 50. fsa	204	204.16	775	7 392	4 449
39	D03_883 - 978_01 - 22 - 22. fsa	198	198.08	6 697	63 658	4 388
40	D04_883 - 978_01 - 22 - 22. fsa	204	204.15	8 206	103 441	4 459
41	D05_883 - 978_02 - 02 - 31. fsa	192	191.26	407	3 550	4 302
42	D06_883 - 978_02 - 02 - 31. fsa	192	192.09	912	10 679	4 318
	D06_883 - 978_02 - 02 - 31. fsa	204	204.2	1 716	19 622	4 476
43	D07_883 - 978_02 - 42 - 36. fsa	201	201.07	8 374	108 682	4 439
44	D08_883 - 978_02 - 42 - 36. fsa	201	201.13	3 010	34 472	4 454
45	D09_883 - 978_03 - 22 - 41. fsa	201	201.07	6 305	59 890	4 451
46	D10_883 - 978_03 - 22 - 41. fsa	201	200	239	2 128	4 436

（续）

资源序号	样本名 （sample file name）	等位基因位点 （allele，bp）	大小 （size，bp）	高度 （height，RFU）	面积 （area，RFU）	数据取值点 （data point，RFU）
47	D11_883－978_04－02－45. fsa	195	195.1	8 093	89 745	4 386
48	D12_883－978_04－02－45. fsa	198	198.07	3 039	33 986	4 435
49	E01_883－978_24－41－50. fsa	195	195.14	7 784	76 285	4 327
50	E02_883－978_24－41－50. fsa	201	201.06	1 149	14 603	4 413
51	E03_883－978_01－22－22. fsa	999				
52	E04_883－978_01－22－22. fsa	195	195.09	6 365	61 614	4 344
53	E05_883－978_02－02－31. fsa	198	198	442	4 333	4 394
54	E06_883－978_02－02－31. fsa	198	197.98	7 821	95 531	4 401
55	E07_883－978_02－42－36. fsa	198	198.06	1 341	14 525	4 431
56	E08_883－978_02－42－36. fsa	195	195.13	3 798	43 295	4 375
57	E09_883－978_03－22－41. fsa	204	204.25	7 888	80 348	4 480
58	E10_883－978_03－22－41. fsa	195	195.07	2 809	30 254	4 381
59	E11_883－978_04－02－45. fsa	204	204.23	7 882	81 227	4 507
60	E12_883－978_04－02－45. fsa	198	197.99	2 260	21 851	4 423
61	F01_883－978_24－41－50. fsa	198	198.01	2 384	22 727	4 355
62	F02_883－978_24－41－51. fsa	201	201.04	2 936	33 573	5 250
63	F03_883－978_01－22－22. fsa	195	195.12	877	8 394	4 331
64	F04_883－978_01－22－22. fsa	999				
65	F05_883－978_02－02－31. fsa	201	201.07	583	6 113	4 421
66	F06_883－978_02－02－31. fsa	204	204.28	5 029	51 216	4 456
67	F07_883－978_02－42－36. fsa	198	198.09	414	4 426	4 397
68	F08_883－978_02－42－36. fsa	204	204.19	8 030	89 483	4 465
69	F09_883－978_03－22－41. fsa	195	195.07	1 640	16 090	4 358
70	F10_883－978_03－22－41. fsa	198	198.11	742	7 525	4 401
71	F11_883－978_04－02－45. fsa	204	204.26	1 373	14 198	4 500
72	F12_883－978_04－02－45. fsa	198	198.05	450	4 504	4 412

（续）

资源序号	样本名 （sample file name）	等位基因位点 （allele，bp）	大小 （size， bp）	高度 （height， RFU）	面积 （area， RFU）	数据取值点 （data point， RFU）
73	G01_883－978_24－41－50.fsa	198	198.06	399	4 004	4 366
74	G02_883－978_24－41－50.fsa	999				
75	G03_883－978_01－22－22.fsa	999				
76	G04_883－978_01－22－22.fsa	204	204.3	965	9 417	4 461
77	G05_883－978_02－02－31.fsa	198	198.09	5 274	53 553	4 393
78	G06_883－978_02－02－31.fsa	192	192.19	4 724	46 378	4 310
79	G07_883－978_02－42－36.fsa	192	192.16	1 001	9 399	4 321
	G07_883－978_02－42－36.fsa	204	204.34	399	3 694	4 475
80	G08_883－978_02－42－36.fsa	204	204.33	1 514	8 624	4 377
81	G09_883－978_03－22－41.fsa	204	204.32	1 232	12 415	4 495
82	G10_883－978_03－22－41.fsa	204	204.28	5 321	52 538	4 485
83	G11_883－978_04－02－45.fsa	204	204.36	679	7 102	4 518
84	G12_883－978_04－02－45.fsa	999				
85	H01_883－978_24－41－50.fsa	201	201.16	180	1 918	4 447
86	H02_883－978_24－41－50.fsa	999				
87	H03_883－978_01－22－22.fsa	192	192.28	644	6 970	4 345
88	H04_883－978_01－22－22.fsa	192	192.25	1 386	13 882	4 387
89	H05_883－978_02－02－31.fsa	204	204.11	2 577	16 389	4 427
90	H06_883－978_02－02－31.fsa	204	204.38	1 377	13 793	4 554
91	H07_883－978_02－42－36.fsa	204	204.36	5 466	54 585	4 520
92	H08_883－978_02－42－36.fsa	198	198.07	169	1 696	4 489
93	H09_883－978_03－22－41.fsa	198	198.12	1 450	15 833	4 454
94	H10_883－978_03－22－41.fsa	201	201.21	425	4 483	4 545
95	H11_883－978_04－02－45.fsa	201	201.22	1 057	11 383	4 508
96	H12_883－978_04－02－45.fsa	198	198.16	1 341	17 450	4 520
97	A01_979－1039_20－30－53.fsa	999				

（续）

资源序号	样本名 （sample file name）	等位基因位点 （allele，bp）	大小 （size，bp）	高度 （height，RFU）	面积 （area，RFU）	数据取值点 （data point，RFU）
98	A02_979 - 1039_20 - 30 - 53. fsa	999				
99	A03_979 - 1039_23 - 21 - 42. fsa	195	195	131	1 469	5 099
100	A04_979 - 1039_23 - 21 - 43. fsa	195	195. 02	54	596	5 072
101	A05_979 - 1039_23 - 21 - 44. fsa	999				
102	A06_979 - 1039_23 - 21 - 45. fsa	195	194. 98	86	987	5 095
103	A07_979 - 1039_23 - 21 - 46. fsa	999				
104	A08_979 - 1039_23 - 21 - 46. fsa	201	201. 1	3 105	31 830	4 715
105	A09_979 - 1039_23 - 21 - 49. fsa	195	195. 05	517	4 681	4 270
106	A10_979 - 1039_23 - 21 - 49. fsa	999				
107	A11_979 - 1039_23 - 21 - 48. fsa	999				
108	A12_979 - 1039_23 - 21 - 48. fsa	195	195. 18	271	3 115	5 212
109	B01_979 - 1039_20 - 30 - 53. fsa	999				
110	B02_979 - 1039_20 - 30 - 53. fsa	999				
111	B03_bu - 4_21 - 25 - 21. fsa	204	204. 25	36	401	5 254
112	B04_bu - 4_21 - 25 - 21. fsa	999				
113	B05_bu - 4_21 - 25 - 22. fsa	201	201. 11	2 764	9 936	4 786
114	B06_bu - 4_21 - 25 - 22. fsa	204	204. 13	95	1 042	5 319
115	B07_bu - 4_21 - 25 - 23. fsa	192	192. 05	147	1 656	5 114
116	B08_bu - 4_21 - 25 - 23. fsa	999				
117	B09_979 - 1039_23 - 21 - 49. fsa	999				
118	B10_bu - 4_21 - 25 - 24. fsa	198	197. 27	124	1 216	4 453
119	B11_bu - 4_21 - 25 - 25. fsa	198	198. 14	154	1 497	4 491
120	B12_bu - 4_21 - 25 - 24. fsa	204	204. 38	67	735	5 303
121	C01_979 - 1039_20 - 30 - 53. fsa	999				
122	C02_979 - 1039_20 - 30 - 53. fsa	201	201. 06	852	7 975	4 433
123	C03_979 - 1039_21 - 21 - 50. fsa	999				

（续）

资源序号	样本名 (sample file name)	等位基因位点 (allele，bp)	大小 (size， bp)	高度 (height， RFU)	面积 (area， RFU)	数据取值点 (data point， RFU)
124	C04_979 - 1039_21 - 21 - 50. fsa	201	200. 99	2 640	26 274	4 343
125	C05_979 - 1039_22 - 01 - 51. fsa	204	204. 24	590	5 246	4 351
126	C06_979 - 1039_22 - 01 - 51. fsa	201	200	7 868	78 169	4 348
127	C07_979 - 1039_22 - 41 - 51. fsa	204	204. 15	6 918	65 407	4 361
128	C08_979 - 1039_22 - 41 - 51. fsa	201	200. 99	6 483	66 082	4 374
129	C09_979 - 1039_23 - 21 - 49. fsa	192	192. 13	8 736	134 523	4 216
	C09_979 - 1039_23 - 21 - 49. fsa	201	201. 02	8 757	113 867	4 329
130	C10_979 - 1039_23 - 21 - 49. fsa	999				
131	C11_979 - 1039_23 - 21 - 48. fsa	999				
132	C12_979 - 1039_23 - 21 - 48. fsa	999				
133	D01_979 - 1039_20 - 30 - 53. fsa	204	204. 32	95	824	4 469
134	D02_979 - 1039_20 - 30 - 53. fsa	204	204. 25	464	4 298	4 459
135	D03_979 - 1039_21 - 21 - 50. fsa	201	201. 01	8 951	134 291	4 351
136	D04_979 - 1039_21 - 21 - 50. fsa	204	203. 89	8 727	89 522	4 382
137	D05_979 - 1039_22 - 01 - 51. fsa	204	204. 19	7 966	80 732	4 402
138	D06_979 - 1039_22 - 01 - 51. fsa	198	198. 02	8 932	138 405	4 319
139	D07_979 - 1039_22 - 41 - 51. fsa	201	200. 92	8 202	95 378	4 374
140	D08_979 - 1039_22 - 41 - 51. fsa	195	195. 06	7 922	84 786	4 292
	D08_979 - 1039_22 - 41 - 51. fsa	204	204. 2	8 782	123 302	4 408
141	D09_979 - 1039_23 - 21 - 49. fsa	201	201	3 759	35 162	4 380
142	D10_979 - 1039_23 - 21 - 49. fsa	201	200. 99	8 172	91 576	4 375
143	D11_979 - 1039_23 - 21 - 48. fsa	201	200. 97	7 766	66 489	4 337
144	D12_979 - 1039_23 - 21 - 48. fsa	201	201. 01	6 642	59 591	4 322
145	E01_979 - 1039_20 - 30 - 53. fsa	201	201. 01	8 142	90 808	4 431
146	E02_979 - 1039_20 - 30 - 53. fsa	204	204. 27	235	2 283	4 466
147	E03_979 - 1039_21 - 21 - 50. fsa	204	204. 6	110	1 080	4 384

（续）

资源序号	样本名 （sample file name）	等位基因位点 （allele，bp）	大小 （size，bp）	高度 （height，RFU）	面积 （area，RFU）	数据取值点 （data point，RFU）
148	E04_979 - 1039_21 - 21 - 50. fsa	198	198	1 132	13 301	4 324
149	E05_979 - 1039_22 - 01 - 51. fsa	204	204. 32	1 328	12 607	4 403
150	E06_979 - 1039_22 - 01 - 51. fsa	198	198. 1	2 783	30 691	4 334
151	E07_979 - 1039_22 - 41 - 51. fsa	201	201. 1	480	4 456	4 371
152	E08_979 - 1039_22 - 41 - 51. fsa	198	198. 02	906	9 866	4 344
153	E09_979 - 1039_23 - 21 - 49. fsa	198	198. 06	3 173	32 639	4 352
154	E10_979 - 1039_23 - 21 - 49. fsa	195	195	547	7 319	4 306
155	E11_979 - 1039_23 - 21 - 48. fsa	201	201. 2	1 356	7 754	4 356
156	E12_979 - 1039_23 - 21 - 48. fsa	204	201. 3	1 439	7 625	4 355
157	F01_979 - 1039_20 - 30 - 53. fsa	198	198. 16	4 224	41 425	4 379
158	2012 - 04 - 12_3_A03. fsa	204	202. 98	824	6 484	4 016
159	2012 - 04 - 12_4_A04. fsa	201	201. 7	3 355	19 287	4 011
160	2012 - 04 - 12_8_A08. fsa	204	202. 9	288	3 208	4 050
161	2012 - 04 - 12_9_A09. fsa	198	196. 77	374	2 854	3 917
162	2012 - 04 - 12_12_A12. fsa	195	195. 01	1 341	14 325	3 879
163	2012 - 04 - 12_14_B02. fsa	204	204. 17	1 937	16 379	3 799
164	2012 - 04 - 12_16_B04. fsa	204	202. 94	143	1 137	4 030
165	2012 - 04 - 12_17_B05. fsa	198	196. 86	233	1 843	3 961
166	2012 - 04 - 12_17_B06. fsa	201	200. 98	1 658	14 319	3 752
167	2012 - 04 - 12_21_B09. fsa	204	202. 89	175	1 432	4 018
168	2012 - 04 - 12_22_B10. fsa	192	190. 95	161	1 258	3 869
169	2012 - 04 - 12_23_B11. fsa	204	202. 89	231	1 799	4 026
170	2012 - 04 - 12_24_B12. fsa	192	190. 93	431	3 451	3 880
171	2012 - 04 - 12_26_C02. fsa	198	196. 83	1 413	11 762	4 051
172	2012 - 04 - 12_29_C05. fsa	198	196. 87	1 301	9 989	3 922
173	2012 - 04 - 12_31_C07. fsa	204	202. 91	1 847	14 522	3 961

（续）

资源序号	样本名 （sample file name）	等位基因位点 （allele，bp）	大小 （size，bp）	高度 （height，RFU）	面积 （area，RFU）	数据取值点 （data point，RFU）
174	2012 - 04 - 12_32_C08. fsa	204	202.77	325	2 693	3 984
175	2012 - 04 - 12_34_C10. fsa	201	199.74	249	1 946	3 967
176	2012 - 04 - 12_35_C11. fsa	198	197.74	372	2 919	3 917
177	2012 - 04 - 12_38_D02. fsa	198	196.9	1 246	10 225	4 050
178	2012 - 04 - 12_40_D04. fsa	204	202.94	1 118	9 109	4 023
179	2012 - 04 - 12_41_D05. fsa	204	202.87	988	7 862	4 031
180	2012 - 04 - 12_42_D06. fsa	204	202.85	505	4 038	4 014
181	2012 - 04 - 12_46_D10. fsa	201	199.74	1 100	8 915	3 972
182	2012 - 04 - 12_47_D11. fsa	198	197.76	425	3 333	3 953
183	2012 - 04 - 12_48_D12. fsa	204	202.85	425	3 454	4 006
184	2012 - 04 - 12_51_E03. fsa	192	191.01	2 748	21 903	3 917
185	2012 - 04 - 12_52_E04. fsa	204	202.93	2 731	21 991	4 034
186	2012 - 04 - 12_53_E05. fsa	204	202.99	3 634	18 755	4 013
187	2012 - 04 - 12_54_E06. fsa	201	199.74	503	4 118	3 989
188	2012 - 04 - 12_56_E08. fsa	204	202.95	511	4 122	3 992
189	2012 - 04 - 12_61_F01. fsa	198	196.99	5 808	47 721	4 062
190	2012 - 04 - 12_62_F02. fsa	192	191.08	2 483	21 081	3 989
191	2012 - 04 - 12_64_F04. fsa	192	191.07	3 466	18 741	3 979
192	2012 - 04 - 12_67_F07. fsa	201	199.83	734	5 874	3 960
193	2012 - 04 - 12_68_F08. fsa	204	202.98	1 631	15 336	4 006
194	2012 - 04 - 12_69_F09. fsa	204	202.87	2 751	21 953	4 012
195	2012 - 04 - 12_71_F11. fsa	999				
196	2012 - 04 - 12_72_F12. fsa	198	196.84	532	4 446	3 949
197	2012 - 04 - 12_78_G06. fsa	201	200.87	4 711	19 854	3 966
198	2012 - 04 - 12_83_G11. fsa	198	196.82	358	2 895	3 968
199	2012 - 04 - 12_84_G12. fsa	201	200.97	1 011	5 764	3 885

（续）

资源序号	样本名 （sample file name）	等位基因位点 （allele，bp）	大小 （size，bp）	高度 （height，RFU）	面积 （area，RFU）	数据取值点 （data point，RFU）
200	2012 - 04 - 12_85_H01. fsa	195	194	2 229	18 836	4 074
201	2012 - 04 - 12_87_H03. fsa	198	196.88	3 331	12 645	4 425
202	2012 - 04 - 12_88_H04. fsa	198	196.89	1 441	11 693	4 045
203	2012 - 04 - 12_90_H06. fsa	198	196.87	836	6 922	4 036
204	2012 - 04 - 12_92_H08. fsa	204	202.93	1 603	13 025	4 071
205	2012 - 04 - 12_93_H09. fsa	999				
206	2012 - 04 - 12_94_H10. fsa	204	202.89	1 522	13 245	4 358
207	2012 - 04 - 12_96_H12. fsa	198	196.89	1 617	13 397	4 026

（续）

20 Satt236

资源序号	样本名 （sample file name）	等位基因位点 （allele，bp）	大小 （size，bp）	高度 （height，RFU）	面积 （area，RFU）	数据取值点 （data point，RFU）
1	A01_883 - 978_24 - 41 - 50. fsa	220	220. 47	4 361	39 676	4 598
	A01_883 - 978_24 - 41 - 50. fsa	223	223. 69	3 164	28 464	4 636
2	A02_883 - 978_24 - 41 - 50. fsa	220	220. 23	7 159	89 252	4 665
3	A03_883 - 978_01 - 22 - 22. fsa	220	220. 84	5 546	48 752	4 641
4	A04_883 - 978_01 - 22 - 22. fsa	214	214. 16	6 306	59 512	4 607
5	A05_883 - 978_02 - 02 - 31. fsa	223	223. 63	3 181	30 429	4 663
6	A06_883 - 978_02 - 02 - 31. fsa	220	220	6 165	58 756	4 660
7	A07_883 - 978_02 - 42 - 36. fsa	220	220. 12	6 844	79 512	4 598
8	A08_883 - 978_02 - 42 - 36. fsa	220	220. 51	4 182	40 400	4 677
9	A09_883 - 978_03 - 22 - 41. fsa	220	220. 21	3 012	28 271	4 605
10	A10_883 - 978_03 - 22 - 41. fsa	223	223. 9	7 132	86 749	4 754
11	A11_883 - 978_04 - 02 - 45. fsa	223	223. 67	2 182	20 768	4 693
12	A12_883 - 978_04 - 02 - 45. fsa	223	223. 66	1 635	16 096	4 774
13	B01_883 - 978_24 - 41 - 50. fsa	223	223. 7	7 135	77 814	4 646
14	B02_883 - 978_24 - 41 - 50. fsa	233	233. 06	2 346	23 371	4 812
15	B03_883 - 978_01 - 22 - 22. fsa	233	233. 02	2 732	26 285	4 769
16	B04_883 - 978_01 - 22 - 22. fsa	233	233. 1	5 080	50 349	4 834
17	B05_883 - 978_02 - 02 - 31. fsa	220	220. 43	5 835	55 853	4 633
18	B06_883 - 978_02 - 02 - 31. fsa	223	223. 64	4 046	38 692	4 728
19	B07_883 - 978_02 - 42 - 36. fsa	220	220. 69	6 650	78 831	4 641
20	B08_883 - 978_02 - 42 - 36. fsa	223	223. 6	3 932	39 490	4 737
21	B09_883 - 978_03 - 22 - 41. fsa	220	220. 57	2 545	24 632	4 649
22	B10_883 - 978_03 - 22 - 41. fsa	220	220. 54	1 524	15 615	4 710
23	B11_883 - 978_04 - 02 - 45. fsa	214	214. 26	514	5 090	4 555

（续）

资源序号	样本名 （sample file name）	等位基因位点 （allele，bp）	大小 （size，bp）	高度 （height，RFU）	面积 （area，RFU）	数据取值点 （data point，RFU）
24	B12_883 - 978_04 - 02 - 45. fsa	220	220.52	4 618	47 173	4 684
25	C01_883 - 978_24 - 41 - 50. fsa	220	220.49	2 012	20 976	4 606
26	C02_883 - 978_24 - 41 - 50. fsa	220	220.42	6 981	73 515	4 644
27	C03_883 - 978_01 - 22 - 22. fsa	220	220.5	2 547	27 173	4 613
28	C04_883 - 978_01 - 22 - 22. fsa	223	223.49	6 913	80 431	4 701
29	C05_883 - 978_02 - 02 - 31. fsa	233	233.06	5 939	57 688	4 759
30	C06_883 - 978_02 - 02 - 31. fsa	220	220.51	6 820	68 640	4 635
31	C07_883 - 978_02 - 42 - 36. fsa	220	220.48	5 210	52 145	4 629
32	C08_883 - 978_02 - 42 - 36. fsa	223	223.56	5 612	55 833	4 725
33	C09_883 - 978_03 - 22 - 41. fsa	223	223.6	2 115	21 056	4 666
34	C10_883 - 978_03 - 22 - 41. fsa	220	220.49	5 305	54 926	4 657
35	C11_883 - 978_04 - 02 - 45. fsa	214	214.22	4 434	43 615	4 528
36	C12_883 - 978_04 - 02 - 45. fsa	220	220	4 299	43 914	4 672
37	D01_883 - 978_24 - 41 - 50. fsa	214	214.23	1 858	18 902	4 579
38	D02_883 - 978_24 - 41 - 50. fsa	214	214.18	2 222	22 797	4 533
	D02_883 - 978_24 - 41 - 50. fsa	220	220.45	2 099	21 096	4 649
39	D03_883 - 978_01 - 22 - 22. fsa	220	220.52	4 808	49 038	4 661
40	D04_883 - 978_01 - 22 - 22. fsa	214	214.14	6 099	62 396	4 543
41	D05_883 - 978_02 - 02 - 31. fsa	220	220.64	6 600	79 769	4 667
42	D06_883 - 978_02 - 02 - 31. fsa	214	214.21	1 357	15 679	4 600
43	D07_883 - 978_02 - 42 - 36. fsa	226	226.88	5 665	66 567	4 752
44	D08_883 - 978_02 - 42 - 36. fsa	226	226.95	3 919	50 084	4 775
45	D09_883 - 978_03 - 22 - 41. fsa	223	223.71	3 780	37 311	4 726
	D09_883 - 978_03 - 22 - 41. fsa	226	226.84	3 847	40 612	4 764
46	D10_883 - 978_03 - 22 - 41. fsa	220	220.53	6 261	71 223	4 690
47	D11_883 - 978_04 - 02 - 45. fsa	226	226.87	3 158	33 579	4 779

（续）

资源序号	样本名 （sample file name）	等位基因位点 （allele，bp）	大小 （size，bp）	高度 （height，RFU）	面积 （area，RFU）	数据取值点 （data point，RFU）
48	D12_883-978_04-02-45.fsa	226	226.89	2 103	25 606	4 798
49	E01_883-978_24-41-50.fsa	220	220	2 307	21 576	4 597
50	E02_883-978_24-41-50.fsa	220	220.6	644	7 714	4 652
51	E03_883-978_24-41-51.fsa	211	211.05	390	3 939	4 724
	E03_883-978_24-41-51.fsa	220	220.55	657	6 385	4 841
52	E04_883-978_01-22-22.fsa	214	214	2 555	25 108	4 544
53	E05_883-978_02-02-31.fsa	214	214.12	234	2 017	4 589
54	E06_883-978_02-02-31.fsa	220	220.52	2 202	22 551	4 681
55	E07_883-978_02-42-36.fsa	226	225.86	1 190	10 200	4 733
56	E08_883-978_02-42-36.fsa	214	214.32	1 229	13 415	4 617
57	E09_883-978_03-22-41.fsa	223	223.73	1 582	15 206	4 714
58	E10_883-978_03-22-41.fsa	220	220.53	1 027	12 564	4 701
59	E11_883-978_04-02-45.fsa	220	220.55	2 727	26 391	4 665
60	E12_883-978_04-02-45.fsa	220	220.5	2 185	20 740	4 664
61	F01_883-978_24-41-50.fsa	220	220.52	2 109	19 749	4 627
62	F02_883-978_24-41-50.fsa	223	223.64	991	9 887	4 668
63	F03_883-978_01-22-22.fsa	223	223.66	1 063	10 026	4 680
64	F04_883-978_01-22-22.fsa	226	226.86	660	6 084	4 723
65	F05_883-978_02-02-31.fsa	233	233.13	722	8 186	4 809
66	F06_883-978_02-02-31.fsa	220	220.54	1 362	13 893	4 654
	F06_883-978_02-02-31.fsa	233	233.17	929	9 295	4 808
67	F07_883-978_02-42-36.fsa	220	220	194	1 978	4 633
68	F08_883-978_02-42-36.fsa	220	220.45	3 614	36 345	4 663
69	F09_883-978_03-22-41.fsa	220	220.57	2 818	27 589	4 672
70	F10_883-978_03-22-41.fsa	220	220.55	3 618	35 327	4 677
71	F11_883-978_04-02-45.fsa	220	220.57	2 691	29 588	4 699

（续）

资源序号	样本名 （sample file name）	等位基因位点 （allele，bp）	大小 （size，bp）	高度 （height，RFU）	面积 （area，RFU）	数据取值点 （data point，RFU）
72	F12_883-978_04-02-45. fsa	220	220.62	857	8 265	4 691
73	G01_883-978_24-41-50. fsa	214	214.27	1 156	11 220	4 523
74	G02_883-978_24-41-50. fsa	214	214.24	456	4 132	4 562
75	G03_883-978_01-22-22. fsa	214	214.28	359	3 491	4 588
76	G04_883-978_01-22-22. fsa	220	220.58	2 166	22 300	4 658
77	G05_883-978_02-02-31. fsa	220	220.56	4 734	48 294	4 638
78	G06_883-978_02-02-31. fsa	223	223.8	2 622	26 759	4 701
79	G07_883-978_02-42-36. fsa	223	223.77	2 226	22 331	4 708
80	G08_883-978_02-42-36. fsa	220	220	2 299	23 609	4 633
81	G09_883-978_03-22-41. fsa	220	220.58	2 887	30 201	4 691
82	G10_883-978_03-22-41. fsa	220	220	2 107	21 861	4 645
83	G11_883-978_04-02-45. fsa	220	220.71	1 424	15 717	4 717
84	G12_883-978_04-02-45. fsa	236	236.41	2 794	27 633	4 890
85	H01_883-978_24-41-50. fsa	223	223.83	1 489	16 143	4 721
86	H02_883-978_24-41-50. fsa	223	223.76	3 856	39 764	4 763
87	H03_883-978_01-22-22. fsa	214	214.35	388	4 208	4 583
88	H04_883-978_01-22-22. fsa	220	220.63	1 798	20 040	4 745
89	H05_883-978_02-02-31. fsa	223	223.79	2 136	22 051	4 733
90	H06_883-978_02-02-31. fsa	220	220.69	2 129	21 816	4 755
91	H07_883-978_02-42-36. fsa	220	220.71	1 252	13 718	4 719
92	H08_883-978_02-42-36. fsa	214	214.34	2 987	33 898	4 692
93	H09_883-978_03-22-41. fsa	223	223.92	2 600	31 810	4 771
94	H10_883-978_03-22-41. fsa	223	223.98	1 570	20 038	4 827
95	H11_883-978_04-02-45. fsa	226	227.07	2 930	36 211	4 825
96	H12_883-978_04-02-45. fsa	223	223.95	1 398	17 068	4 843
97	A01_979-1039_20-30-53. fsa	226	226.64	2 635	27 932	4 600

（续）

资源序号	样本名 （sample file name）	等位基因位点 （allele，bp）	大小 （size，bp）	高度 （height，RFU）	面积 （area，RFU）	数据取值点 （data point，RFU）
98	A02_979 - 1039_20 - 30 - 53. fsa	226	227. 27	2 512	25 545	4 527
99	A03_979 - 1039_21 - 21 - 50. fsa	226	226. 72	3 370	28 902	4 613
100	A04_979 - 1039_21 - 21 - 50. fsa	214	214. 48	3 496	35 101	4 518
101	A05_979 - 1039_21 - 21 - 51. fsa	223	223. 22	159	1 870	5 613
102	A06_979 - 1039_22 - 01 - 51. fsa	226	226. 77	2 340	20 774	4 698
103	A07_979 - 1039_21 - 21 - 51. fsa	223	223. 12	92	953	5 489
104	A08_979 - 1039_21 - 21 - 51. fsa	226	226. 72	2 031	20 992	4 719
104	A08_979 - 1039_21 - 21 - 51. fsa	236	236. 32	7 160	76 896	4 392
105	A09_979 - 1039_23 - 21 - 49. fsa	223	223. 56	5 149	45 945	4 610
106	A10_979 - 1039_23 - 21 - 49. fsa	236	236. 16	2 286	20 657	4 503
107	A11_979 - 1039_24 - 01 - 49. fsa	999				
108	A12_979 - 1039_24 - 01 - 49. fsa	220	220. 87	1 524	13 352	4 482
109	B01_979 - 1039_22 - 01 - 47. fsa	236	236. 37	7 260	92 958	4 431
110	B02_979 - 1039_22 - 01 - 48. fsa	220	220. 61	70	757	5 354
111	B03_979 - 1039_22 - 01 - 49. fsa	206	206. 29	533	7 301	4 785
112	B04_979 - 1039_22 - 01 - 50. fsa	223	223. 9	398	4 177	5 071
113	B05_979 - 1039_22 - 01 - 51. fsa	214	214. 08	3 491	30 118	4 491
114	B06_979 - 1039_22 - 01 - 51. fsa	214	214. 4	4 335	43 755	4 568
115	B07_979 - 1039_22 - 41 - 51. fsa	211	211. 06	5 236	10 229	5 264
116	B08_979 - 1039_22 - 41 - 51. fsa	999				
117	B09_979 - 1039_23 - 21 - 49. fsa	220	220. 54	1 432	10 243	4 552
118	B10_979 - 1039_23 - 21 - 49. fsa	220	220. 64	1 883	11 545	5 741
119	B11_979 - 1039_24 - 01 - 49. fsa	999				
120	B12_979 - 1039_24 - 01 - 49. fsa	214	214. 01	3 536	29 563	5 215
121	C01_979 - 1039_20 - 30 - 53. fsa	223	223. 87	1 026	7 474	4 991
122	C02_979 - 1039_20 - 30 - 53. fsa	214	214. 19	7 520	78 457	4 595

（续）

资源序号	样本名 （sample file name）	等位基因位点 （allele，bp）	大小 （size，bp）	高度 （height，RFU）	面积 （area，RFU）	数据取值点 （data point，RFU）
123	C03_979 - 1039_21 - 21 - 50. fsa	223	223.88	1 155	12 281	4 554
124	C04_979 - 1039_21 - 21 - 50. fsa	226	226.74	640	6 544	4 655
125	C05_979 - 1039_22 - 01 - 51. fsa	226	226.61	3 105	22 964	4 665
126	C06_979 - 1039_22 - 01 - 51. fsa	220	220.67	7 388	91 168	4 600
127	C07_979 - 1039_22 - 41 - 51. fsa	226	226.45	7 393	85 907	4 624
128	C08_979 - 1039_22 - 41 - 51. fsa	220	220.58	7 450	89 436	4 613
129	C09_979 - 1039_23 - 21 - 49. fsa	220	220.56	6 519	77 579	4 560
129	C09_979 - 1039_23 - 21 - 49. fsa	226	226.83	7 128	73 673	4 634
130	C10_979 - 1039_23 - 21 - 49. fsa	220	220.47	7 009	69 983	4 618
131	C11_979 - 1039_24 - 01 - 49. fsa	999				
132	C12_979 - 1039_24 - 01 - 49. fsa	220	220	6 958	71 568	4 624
133	D01_979 - 1039_20 - 30 - 53. fsa	220	220.04	6 734	85 330	4 658
133	D01_979 - 1039_20 - 30 - 53. fsa	226	226.94	6 912	67 235	4 741
134	D02_979 - 1039_20 - 30 - 53. fsa	226	227.13	6 946	60 760	4 739
135	D03_979 - 1039_21 - 21 - 50. fsa	223	223.58	4 819	44 915	4 619
136	D04_979 - 1039_21 - 21 - 50. fsa	223	223.64	2 411	23 433	4 621
137	D05_979 - 1039_22 - 01 - 51. fsa	217	217.26	2 712	26 271	4 558
138	D06_979 - 1039_22 - 01 - 51. fsa	217	217.31	4 416	44 478	4 555
139	D07_979 - 1039_22 - 41 - 51. fsa	220	220.5	3 897	39 292	4 608
140	D08_979 - 1039_22 - 41 - 51. fsa	220	220.4	3 533	36 262	4 605
141	D09_979 - 1039_23 - 21 - 49. fsa	211	210.96	1 721	17 071	4 499
142	D10_979 - 1039_23 - 21 - 49. fsa	226	226.77	3 709	38 571	4 689
143	D11_979 - 1039_24 - 01 - 49. fsa	220	220.47	5 262	52 530	4 623
144	D12_979 - 1039_24 - 01 - 49. fsa	226	226.8	2 336	25 006	4 701
145	E01_979 - 1039_20 - 30 - 53. fsa	233	233.16	5 212	53 089	4 814
146	E02_979 - 1039_20 - 30 - 53. fsa	223	223.78	3 153	33 437	4 704

（续）

资源序号	样本名 （sample file name）	等位基因位点 （allele，bp）	大小 （size，bp）	高度 （height，RFU）	面积 （area，RFU）	数据取值点 （data point，RFU）
147	E03_979 - 1039_21 - 21 - 50. fsa	223	223.69	2 313	23 697	4 608
148	E04_979 - 1039_21 - 21 - 50. fsa	217	217.31	1 937	24 403	4 559
149	E05_979 - 1039_22 - 01 - 51. fsa	217	217.35	2 718	27 106	4 557
150	E06_979 - 1039_22 - 01 - 51. fsa	233	233.15	2 207	25 649	4 762
151	E07_979 - 1039_22 - 41 - 51. fsa	220	220.49	3 361	33 020	4 600
152	E08_979 - 1039_22 - 41 - 51. fsa	223	223.65	1 979	23 446	4 657
153	E09_979 - 1039_23 - 21 - 49. fsa	220	220.5	2 324	25 153	4 620
154	E10_979 - 1039_23 - 21 - 49. fsa	220	220.49	729	10 049	4 621
155	E11_979 - 1039_24 - 01 - 49. fsa	220	220.57	891	9 707	4 640
156	E12_979 - 1039_24 - 01 - 49. fsa	220	220.56	1 680	19 943	4 637
157	F01_979 - 1039_20 - 30 - 53. fsa	223	223.83	1 729	17 357	4 689
158	2012 - 04 - 14_3_A03. fsa	220	219.09	2 743	22 706	4 368
159	2012 - 04 - 14_4_A04. fsa	220	219.06	2 195	18 650	4 401
160	2012 - 04 - 15_8_A08. fsa	226	225.3	2 171	18 157	4 467
161	2012 - 04 - 15_9_A09. fsa	223	222.1	3 560	29 600	4 405
162	2012 - 04 - 15_12_A12. fsa	223	222.11	3 262	26 277	4 469
163	2012 - 04 - 14_14_B02. fsa	226	225.53	2 295	21 210	4 562
164	2012 - 04 - 14_16_B04. fsa	226	225.35	2 650	22 766	4 462
165	2012 - 04 - 15_17_B05. fsa	220	219.03	2 990	24 731	4 381
166	2012 - 04 - 15_17_B06. fsa	214	213.32	3 220	22 661	4 210
167	2012 - 04 - 15_21_B09. fsa	226	225.24	3 454	27 800	4 467
168	2012 - 04 - 15_22_B10. fsa	231	231.51	2 350	20 045	4 539
169	2012 - 04 - 15_23_B11. fsa	236	234.65	4 690	37 597	4 592
170	2012 - 04 - 15_24_B12. fsa	226	225.3	3 904	32 305	4 498
171	2012 - 04 - 14_26_C02. fsa	236	234.84	2 638	23 474	4 663
172	2012 - 04 - 15_29_C05. fsa	220	219	4 364	36 967	4 347

（续）

资源序号	样本名 （sample file name）	等位基因位点 （allele，bp）	大小 （size，bp）	高度 （height，RFU）	面积 （area，RFU）	数据取值点 （data point，RFU）
173	2012 - 04 - 15_31_C07. fsa	226	225. 25	3 853	31 945	4 421
174	2012 - 04 - 15_32_C08. fsa	220	220. 05	2 189	20 296	4 400
175	2012 - 04 - 15_34_C10. fsa	226	225. 31	3 332	28 959	4 471
176	2012 - 04 - 15_35_C11. fsa	206	206. 47	4 532	38 466	4 251
177	2012 - 04 - 14_38_D02. fsa	226	225. 45	2 604	23 497	4 554
178	2012 - 04 - 14_40_D04. fsa	223	222. 12	3 581	31 970	4 417
179	2012 - 04 - 15_41_D05. fsa	226	225. 34	4 039	34 029	4 464
180	2012 - 04 - 15_42_D06. fsa	226	225. 21	3 389	28 165	4 449
181	2012 - 04 - 15_46_D10. fsa	226	225. 3	2 797	24 734	4 485
182	2012 - 04 - 15_47_D11. fsa	226	225. 29	1 995	15 554	4 505
183	2012 - 04 - 15_48_D12. fsa	226	225. 21	2 485	19 936	4 494
184	2012 - 04 - 14_51_E03. fsa	237	237. 32	100	1 118	4 600
185	2012 - 04 - 14_52_E04. fsa	223	222. 21	2 105	18 706	4 429
186	2012 - 04 - 15_53_E05. fsa	217	215. 87	2 736	23 748	4 366
187	2012 - 04 - 15_54_E06. fsa	226	225. 4	177	1 487	4 460
188	2012 - 04 - 15_56_E08. fsa	223	222. 23	1 448	12 596	4 432
189	2012 - 04 - 14_61_F01. fsa	220	219. 25	2 237	21 724	4 489
190	2012 - 04 - 14_62_F02. fsa	220	219. 21	2 094	19 749	4 487
191	2012 - 04 - 14_64_F04. fsa	223	222. 3	1 487	13 050	4 427
192	2012 - 04 - 15_67_F07. fsa	223	222. 14	1 856	15 507	4 427
193	2012 - 04 - 15_68_F08. fsa	236	234. 74	904	6 797	4 569
194	2012 - 04 - 15_69_F09. fsa	226	225. 29	1 387	11 558	4 485
195	2012 - 04 - 15_71_F11. fsa	236	234. 77	975	7 841	4 600
196	2012 - 04 - 15_72_F12. fsa	220	219. 11	1 173	9 629	4 426
197	2012 - 04 - 15_78_G06. fsa	220	219. 17	1 108	9 254	4 409
198	2012 - 04 - 15_83_G11. fsa	220	219. 13	1 151	9 766	4 471

（续）

资源序号	样本名 （sample file name）	等位基因位点 （allele，bp）	大小 （size，bp）	高度 （height，RFU）	面积 （area，RFU）	数据取值点 （data point，RFU）
199	2012 - 04 - 15 _84 _G12. fsa	220	219.09	1 210	10 203	4 458
200	2012 - 04 - 14 _85 _H01. fsa	217	216.2	894	8 777	4 509
	2012 - 04 - 14 _85 _H01. fsa	223	222.55	810	7 800	4 581
201	2012 - 04 - 14 _87 _H03. fsa	223	222.38	1 797	15 918	4 476
202	2012 - 04 - 14 _88 _H04. fsa	220	219.27	741	6 558	4 484
203	2012 - 04 - 15 _90 _H06. fsa	228	228.28	244	2 160	4 579
204	2012 - 04 - 15 _92 _H08. fsa	223	223.48	1 734	17 554	4 532
205	2012 - 04 - 15 _93 _H09. fsa	220	219.22	729	6 285	4 446
206	2012 - 04 - 15 _94 _H10. fsa	223	222.34	174	1 398	4 530
207	2012 - 04 - 15 _96 _H12. fsa	220	219.21	1 890	16 706	4 519

21 Satt453

资源序号	样本名 （sample file name）	等位基因位点 （allele，bp）	大小 （size，bp）	高度 （height，RFU）	面积 （area，RFU）	数据取值点 （data point，RFU）
1	A01_883_11-25-19. fsa	245	245. 61	5 146	47 653	5 146
2	A02_883_11-25-19. fsa	258	258. 57	2 577	25 177	5 438
3	A03_883_12-16-50. fsa	237	236. 83	583	5 372	4 931
4	A04_883_12-16-50. fsa	258	258. 29	2 976	28 614	5 316
5	A05_883_12-56-58. fsa	237	236. 76	2 047	19 875	4 918
	A05_883_12-56-58. fsa	258	258. 21	3 226	29 828	5 187
6	A06_883_12-56-58. fsa	245	245. 27	3 961	36 666	5 128
7	A07_883_13-37-03. fsa	261	261. 07	5 534	51 677	5 220
8	A08_883_13-37-03. fsa	258	258. 47	1 386	35 763	5 304
9	A09_883_14-17-07. fsa	261	261. 05	2 377	21 613	5 205
10	A10_883_14-17-07. fsa	237	235. 77	2 447	24 638	4 983
11	A11_883_14-57-10. fsa	258	258. 12	3 919	35 854	5 165
12	A12_883_14-57-10. fsa	245	245. 16	4 353	41 899	5 106
13	B01_883_11-25-19. fsa	237	237. 05	4 175	41 080	5 044
	B01_883_11-25-19. fsa	258	258. 58	1 358	12 958	5 321
14	B02_883_11-25-19. fsa	258	258. 51	3 423	34 604	5 462
15	B03_883_12-16-50. fsa	258	258. 2	5 224	49 062	5 206
16	B04_883_12-16-50. fsa	258	258. 01	5 993	71 250	5 317
17	B05_883_12-56-58. fsa	261	261. 02	4 733	43 950	5 232
18	B06_883_12-56-58. fsa	261	261. 03	1 031	9 428	5 344
19	B07_883_13-37-03. fsa	258	258. 18	2 314	20 974	5 185
20	B08_883_13-37-03. fsa	237	236. 7	578	5 549	5 015
	B08_883_13-37-03. fsa	261	261. 05	1 038	9 781	5 340
21	B09_883_14-17-07. fsa	261	260. 92	6 269	58 521	5 209

（续）

资源序号	样本名 （sample file name）	等位基因位点 （allele，bp）	大小 （size，bp）	高度 （height，RFU）	面积 （area，RFU）	数据取值点 （data point，RFU）
22	B10_883_14-17-07. fsa	261	261.07	274	2 558	5 323
23	B11_883_14-57-10. fsa	258	258.14	1 298	12 343	5 178
24	B12_883_14-57-10. fsa	261	261.01	2 985	29 319	5 320
25	C01_883_11-25-19. fsa	237	237.12	4 301	43 221	5 062
26	C02_883_11-25-19. fsa	261	261.33	3 421	36 279	5 500
27	C03_883_12-16-50. fsa	258	258.18	6 060	56 929	5 204
28	C04_883_12-16-50. fsa	237	236.77	1 693	16 464	5 027
29	C05_883_12-56-58. fsa	258	258.22	3 321	31 053	5 184
30	C06_883_12-56-58. fsa	237	236.72	4 993	49 399	5 013
31	C07_883_13-37-03. fsa	258	258.16	730	6 745	5 178
32	C08_883_13-37-03. fsa	258	258.35	5 298	49 288	5 312
33	C09_883_14-17-07. fsa	258	258.33	1 801	16 676	5 180
34	C10_883_14-17-07. fsa	237	236.68	3 250	32 278	4 994
35	C11_883_14-57-10. fsa	261	261.02	857	8 060	5 205
36	C12_883_14-57-10. fsa	258	257.18	1 533	14 954	5 265
37	D01_883_11-25-19. fsa	237	237.21	497	4 761	5 156
	D01_883_11-25-19. fsa	239	239.41	378	3 083	5 197
38	D02_883_11-25-19. fsa	237	237.09	2 428	21 639	5 168
	D02_883_11-25-19. fsa	239	239.3	1 727	13 797	5 210
39	D03_883_12-16-50. fsa	237	236.85	3 017	28 819	5 014
	D03_883_12-16-50. fsa	245	245.32	999	9 785	5 119
40	D04_883_12-16-50. fsa	245	245.24	5 262	51 480	5 138
41	D05_883_12-56-58. fsa	237	236.78	5 550	49 870	4 995
42	D06_883_12-56-58. fsa	245	245.28	3 108	30 309	5 119
43	D07_883_13-37-03. fsa	258	258.29	2 675	25 567	5 267
44	D08_883_13-37-03. fsa	261	260.99	1 940	19 064	5 331

（续）

资源序号	样本名 （sample file name）	等位基因位点 （allele，bp）	大小 （size， bp）	高度 （height， RFU）	面积 （area， RFU）	数据取值点 （data point， RFU）
45	D09_883_14 - 17 - 07. fsa	261	260. 19	2 025	19 660	5 280
46	D10_883_14 - 17 - 07. fsa	258	258. 2	1 072	9 418	5 278
47	D11_883_14 - 57 - 10. fsa	261	261. 04	2 896	26 836	5 291
	D11_883_14 - 57 - 10. fsa	278	278. 06	1 294	12 118	5 523
48	D12_883_14 - 57 - 10. fsa	258	258. 12	3 045	30 042	5 276
49	E01_883_11 - 25 - 19. fsa	237	237. 16	3 056	28 618	5 104
	E01_883_11 - 25 - 19. fsa	261	261. 53	922	8 838	5 425
50	E02_883_11 - 25 - 19. fsa	245	245. 65	3 432	33 409	5 262
51	E03_883_12 - 16 - 50. fsa	258	258. 3	2 170	19 480	5 258
52	E04_883_12 - 16 - 50. fsa	261	261. 21	418	4 138	5 352
53	E05_883_12 - 56 - 58. fsa	261	261. 18	390	3 534	5 287
54	E06_883_12 - 56 - 58. fsa	258	258. 23	3 201	30 932	5 294
55	E07_883_13 - 37 - 03. fsa	245	245. 29	139	1 165	5 070
56	E08_883_13 - 37 - 03. fsa	258	258. 18	3 955	38 790	5 289
57	E09_883_14 - 17 - 07. fsa	258	258. 4	1 878	17 101	5 234
58	E10_883_14 - 17 - 07. fsa	261	261. 05	2 082	19 125	5 314
59	E11_883_14 - 57 - 10. fsa	258	258. 25	2 989	28 480	5 229
60	E12_883_14 - 57 - 10. fsa	245	244. 17	247	2 473	5 083
61	F01_883_11 - 25 - 19. fsa	258	257. 75	1 759	17 879	5 415
62	F02_883_11 - 25 - 19. fsa	237	237. 23	1 409	14 975	5 127
63	F03_883_12 - 16 - 50. fsa	261	261. 26	2 206	19 849	5 315
64	F04_883_12 - 16 - 50. fsa	258	258. 44	376	3 420	5 288
65	F05_883_12 - 56 - 58. fsa	258	258. 29	1 516	14 969	5 254
66	F06_883_12 - 56 - 58. fsa	258	258. 33	1 223	11 746	5 271
67	F07_883_13 - 37 - 03. fsa	237	236. 84	475	4 476	4 971
	F07_883_13 - 37 - 03. fsa	258	258. 31	802	7 491	5 249

（续）

资源序号	样本名 （sample file name）	等位基因位点 （allele，bp）	大小 （size，bp）	高度 （height，RFU）	面积 （area，RFU）	数据取值点 （data point，RFU）
68	F08_883_13 - 37 - 03. fsa	245	245.38	334	3 247	5 094
	F08_883_13 - 37 - 03. fsa	258	258.35	666	6 621	5 269
69	F09_883_14 - 17 - 07. fsa	237	236.82	577	5 326	4 957
70	F10_883_14 - 17 - 07. fsa	258	258.22	2 698	25 245	5 251
71	F11_883_14 - 57 - 10. fsa	261	261.09	128	1 117	5 273
72	F12_883_14 - 57 - 10. fsa	261	260.16	369	3 683	5 279
73	G01_883_11 - 25 - 19. fsa	245	245.86	695	7 170	5 240
	G01_883_11 - 25 - 19. fsa	261	261.61	1 543	15 129	5 456
74	G02_883_11 - 25 - 19. fsa	261	261.65	56	505	5 478
75	G03_883_12 - 16 - 50. fsa	258	257.45	794	7 562	5 254
76	G04_883_12 - 16 - 50. fsa	261	261.35	66	612	5 339
77	G05_883_12 - 56 - 58. fsa	258	258.36	1 659	16 491	5 252
78	G06_883_12 - 56 - 58. fsa	258	258.46	222	2 131	5 280
79	G07_883_13 - 37 - 03. fsa	258	258.3	2 400	22 171	5 246
80	G08_883_13 - 37 - 03. fsa	261	261.27	745	6 306	5 316
81	G09_883_14 - 17 - 07. fsa	261	260.25	565	5 380	5 258
82	G10_883_14 - 17 - 07. fsa	237	236.86	1 230	12 375	4 983
83	G11_883_14 - 57 - 10. fsa	261	261.14	1 746	15 920	5 270
84	G12_883_14 - 57 - 10. fsa	258	258.29	763	7 101	5 261
85	H01_883_11 - 25 - 19. fsa	258	258.86	1 096	11 225	5 478
86	H02_883_11 - 25 - 19. fsa	237	237.47	631	5 867	5 261
87	H03_883_12 - 16 - 50. fsa	239	239.24	964	9 456	5 090
88	H04_883_12 - 16 - 50. fsa	261	261.41	93	953	5 461
89	H05_883_12 - 56 - 58. fsa	261	261.41	812	7 301	5 353
90	H06_883_12 - 56 - 58. fsa	261	261.4	2 309	22 857	5 441
91	H07_883_13 - 37 - 03. fsa	261	261.29	1 733	17 151	5 347

（续）

资源序号	样本名 （sample file name）	等位基因位点 （allele，bp）	大小 （size，bp）	高度 （height，RFU）	面积 （area，RFU）	数据取值点 （data point，RFU）
92	H08_883_13-37-03.fsa	261	260.44	211	2 257	5 422
93	H09_883_14-17-07.fsa	237	236.99	1 783	17 696	5 017
	H09_883_14-17-07.fsa	245	245.55	792	7 894	5 123
94	H10_883_14-17-07.fsa	261	261.32	719	7 270	5 417
95	H11_883_14-57-10.fsa	258	258.37	1 103	10 809	5 291
96	H12_883_14-57-10.fsa	258	258.52	1 079	10 825	5 377
97	A01_979_15-37-13.fsa	258	258.12	3 499	31 166	5 167
98	A02_979_15-37-13.fsa	258	258.17	5 605	52 445	5 275
99	A03_979_16-17-13.fsa	258	256.91	1 073	8 727	4 647
100	A04_979_16-17-13.fsa	258	256.9	857	6 811	4 628
101	A05_979_16-57-14.fsa	258	257.18	6 299	61 364	5 174
102	A06_979_16-57-14.fsa	258	258.18	2 240	20 133	5 296
103	A07_979_17-37-17.fsa	258	258.09	5 232	46 777	5 183
104	A08_979_17-37-17.fsa	258	258.15	3 715	32 537	5 292
105	A09_979_18-17-44.fsa	237	236.54	3 787	35 321	4 918
106	A10_979_18-17-44.fsa	245	245.09	3 100	25 056	5 114
	A10_979_18-17-44.fsa	249	249.44	2 795	22 044	5 168
107	A11_979_18-57-46.fsa	999				
108	A12_979_18-57-46.fsa	237	235.44	1 749	14 980	4 370
109	B01_979_15-37-13.fsa	258	258.15	3 041	26 523	5 171
110	B02_979_15-37-13.fsa	258	258.25	5 029	54 861	5 284
111	B03_979_16-17-13.fsa	258	258.01	5 699	69 951	5 171
112	B04_979_16-17-13.fsa	237	236.64	4 028	35 945	4 999
113	B05_979_16-57-14.fsa	237	235.53	302	2 575	4 380
114	B06_979_16-57-14.fsa	258	258.15	2 415	21 379	5 303
115	B07_979_17-37-17.fsa	282	282.75	1 745	15 178	4 932

（续）

资源序号	样本名 （sample file name）	等位基因位点 （allele，bp）	大小 （size，bp）	高度 （height，RFU）	面积 （area，RFU）	数据取值点 （data point，RFU）
116	B08_979_17 – 37 – 17. fsa	282	282.64	2 539	21 018	5 655
117	B09_979_18 – 17 – 44. fsa	261	260.93	1 152	9 941	5 218
118	B10_979_18 – 17 – 44. fsa	258	258.02	3 073	26 548	5 299
119	B11_979_18 – 57 – 46. fsa	258	257.99	5 679	50 539	5 179
120	B12_979_18 – 57 – 46. fsa	249	249.37	526	4 870	5 155
121	C01_979_15 – 37 – 13. fsa	258	258.11	3 007	26 360	5 169
122	C02_979_15 – 37 – 13. fsa	261	260.91	5 936	59 144	5 320
123	C03_979_16 – 17 – 13. fsa	237	236.67	2 178	18 705	4 899
124	C04_979_16 – 17 – 13. fsa	258	258.1	5 419	49 023	5 279
125	C05_979_16 – 57 – 14. fsa	258	258.16	2 284	19 862	5 184
126	C06_979_16 – 57 – 14. fsa	237	236.63	3 330	30 012	5 016
127	C07_979_17 – 37 – 17. fsa	258	257	232	2 046	4 635
128	C08_979_17 – 37 – 17. fsa	258	257.14	671	6 115	4 704
129	C09_979_18 – 17 – 44. fsa	258	258.08	825	7 250	5 185
130	C10_979_18 – 17 – 44. fsa	237	236.61	3 572	31 065	5 011
131	C11_979_18 – 57 – 46. fsa	999				
132	C12_979_18 – 57 – 46. fsa	237	236.59	4 554	40 204	4 985
133	D01_979_15 – 37 – 13. fsa	261	259.21	1 227	11 011	5 267
134	D02_979_15 – 37 – 13. fsa	258	258.2	1 059	9 805	5 282
135	D03_979_16 – 17 – 13. fsa	258	257.26	1 807	17 029	5 235
136	D04_979_16 – 17 – 13. fsa	258	258.15	2 440	21 310	5 280
137	D05_979_16 – 57 – 14. fsa	261	261.09	1 919	16 747	5 303
138	D06_979_16 – 57 – 14. fsa	245	245.07	1 806	16 622	5 122
139	D07_979_17 – 37 – 17. fsa	245	245.14	1 228	10 635	5 105
140	D08_979_17 – 37 – 17. fsa	237	236.64	659	6 000	5 022
141	D09_979_18 – 17 – 44. fsa	258	258.11	992	7 388	5 228

（续）

资源序号	样本名 （sample file name）	等位基因位点 （allele，bp）	大小 （size，bp）	高度 （height，RFU）	面积 （area，RFU）	数据取值点 （data point，RFU）
142	D10_979_18-17-44.fsa	261	260.95	179	1 592	5 335
143	D11_979_18-57-46.fsa	245	245.11	2 858	24 642	5 074
144	D12_979_18-57-46.fsa	258	258.09	1 303	11 101	5 279
145	E01_979_15-37-13.fsa	258	258.17	1 822	16 038	5 218
146	E02_979_15-37-13.fsa	258	258.2	415	3 765	5 277
147	E03_979_16-17-13.fsa	237	236.7	209	1 958	4 966
148	E04_979_16-17-13.fsa	237	236.73	282	2 575	4 992
	E04_979_16-17-13.fsa	261	261.12	134	1 238	5 317
149	E05_979_16-57-14.fsa	245	245.2	794	7 104	5 072
150	E06_979_16-57-14.fsa	237	236.71	1 965	18 719	5 012
	E06_979_16-57-14.fsa	258	258.18	760	6 711	5 297
151	E07_979_17-37-17.fsa	237	236.7	217	2 114	4 954
152	E08_979_17-37-17.fsa	245	245.21	230	2 042	5 118
153	E09_979_18-17-44.fsa	258	258.12	835	7 507	5 225
154	E10_979_18-17-44.fsa	258	258.15	206	1 819	5 288
155	E11_979_18-57-46.fsa	258	257.21	733	5 103	5 216
	E11_979_18-57-46.fsa	261	261.01	886	6 360	5 267
156	E12_979_18-57-46.fsa	245	245.12	168	1 564	5 101
157	F01_979_15-37-13.fsa	237	236.75	1 508	13 902	4 958
158	2012-04-12_3_A03.fsa	247	246.11	761	7 387	5 271
	2012-04-12_3_A03.fsa	258	255.25	55	411	4 576
159	2012-04-12_4_A04.fsa	233	233.51	65	438	4 373
160	2012-04-12_8_A08.fsa	261	259.74	3 360	31 547	4 995
161	2012-04-12_9_A09.fsa	267	266.19	189	1 662	5 096
162	2012-04-12_12_A12.fsa	261	257.95	40	263	4 627
163	2012-04-12_14_B02.fsa	261	258.12	46	338	4 741

（续）

资源序号	样本名 （sample file name）	等位基因位点 （allele，bp）	大小 （size，bp）	高度 （height，RFU）	面积 （area，RFU）	数据取值点 （data point，RFU）
164	2012 - 04 - 12 _ 16 _ B04. fsa	233	233.18	41	312	4 498
165	2012 - 04 - 12 _ 16 _ B05. fsa	258	258.65	1 901	18 546	5 428
166	2012 - 04 - 12 _ 16 _ B06. fsa	258	258.4	820	7 601	5 267
167	2012 - 04 - 12 _ 21 _ B09. fsa	247	246.5	45	334	4 344
168	2012 - 04 - 12 _ 21 _ B10. fsa	258	258.82	214	2 279	7 018
169	2012 - 04 - 12 _ 23 _ B11. fsa	258	255.09	52	396	4 584
170	2012 - 04 - 12 _ 24 _ B12. fsa	258	255.15	56	382	4 587
171	2012 - 04 - 12 _ 26 _ C02. fsa	258	256.43	60	426	4 718
172	2012 - 04 - 12 _ 29 _ C05. fsa	233	233.57	173	1 272	4 315
173	2012 - 04 - 12 _ 31 _ C07. fsa	258	255.03	231	1 705	4 515
	2012 - 04 - 12 _ 31 _ C07. fsa	258	258.67	37	343	5 064
174	2012 - 04 - 12 _ 31 _ C08. fsa	261	259.25	7 639	94 374	6 625
175	2012 - 04 - 12 _ 34 _ C10. fsa	233	233.42	62	467	4 332
176	2012 - 04 - 12 _ 35 _ C11. fsa	258	258.55	30	208	4 543
177	2012 - 04 - 12 _ 38 _ D02. fsa	233	233.83	86	675	4 460
178	2012 - 04 - 12 _ 40 _ D04. fsa	258	255.15	129	953	4 592
179	2012 - 04 - 12 _ 41 _ D05. fsa	258	256.17	83	625	4 606
180	2012 - 04 - 12 _ 42 _ D06. fsa	233	233.58	105	794	4 346
181	2012 - 04 - 12 _ 46 _ D10. fsa	261	257.92	127	909	4 607
182	2012 - 04 - 12 _ 47 _ D11. fsa	245	244.91	54	417	4 440
183	2012 - 04 - 12 _ 48 _ D12. fsa	261	257.9	53	409	4 608
184	2012 - 04 - 12 _ 51 _ E03. fsa	258	255.22	66	483	4 614
185	2012 - 04 - 12 _ 52 _ E04. fsa	233	233.58	144	1 113	4 367
186	2012 - 04 - 12 _ 53 _ E05. fsa	245	244.93	120	928	4 456
187	2012 - 04 - 12 _ 55 _ E06. fsa	258	255.91	5 761	42 141	4 176
188	2012 - 04 - 12 _ 56 _ E08. fsa	258	255.01	58	391	4 556

（续）

资源序号	样本名 （sample file name）	等位基因位点 （allele，bp）	大小 （size，bp）	高度 （height，RFU）	面积 （area，RFU）	数据取值点 （data point，RFU）
189	2012 - 04 - 12_61_F01. fsa	247	247. 6	162	1 190	4 618
190	2012 - 04 - 12_62_F02. fsa	261	258. 29	46	405	4 744
191	2012 - 04 - 12_63_F04. fsa	261	258. 81	407	3 862	4 241
192	2012 - 04 - 12_67_F07. fsa	261	257. 86	71	521	4 586
193	2012 - 04 - 12_68_F08. fsa	258	255. 98	33	253	4 567
194	2012 - 04 - 12_69_F09. fsa	233	233. 57	116	870	4 342
195	2012 - 04 - 12_71_F11. fsa	258	255. 03	62	489	4 575
196	2012 - 04 - 12_72_F12. fsa	233	233. 58	95	715	4 349
197	2012 - 04 - 12_79_G06. fsa	247	247. 45	108	898	4 135
198	2012 - 04 - 12_83_G11. fsa	258	255. 2	43	354	4 600
199	2012 - 04 - 12_84_G12. fsa	258	255. 08	82	682	4 595
200	2012 - 04 - 12_85_H01. fsa	258	255. 59	72	551	4 761
	2012 - 04 - 12_85_H01. fsa	267	267. 13	30	229	5 203
201	2012 - 04 - 12_87_H03. fsa	261	258. 29	100	831	4 682
202	2012 - 04 - 12_88_H04. fsa	233	233. 85	88	643	4 452
203	2012 - 04 - 12_90_H06. fsa	233	233. 75	113	899	4 442
	2012 - 04 - 12_90_H06. fsa	267	267. 14	6 820	70 312	4 159
204	2012 - 04 - 12_92_H08. fsa	233	233. 72	168	1 277	4 405
	2012 - 04 - 12_92_H08. fsa	267	267. 13	8 260	93 237	4 106
205	2012 - 04 - 12_93_H09. fsa	233	233. 54	42	319	4 376
206	2012 - 04 - 12_94_H10. fsa	261	258. 09	107	833	4 693
	2012 - 04 - 12_94_H10. fsa	267	267. 11	82	601	4 705
207	2012 - 04 - 12_96_H12. fsa	233	233. 69	144	1 259	4 432

（续）

22 Satt168

资源序号	样本名 (sample file name)	等位基因位点 (allele, bp)	大小 (size, bp)	高度 (height, RFU)	面积 (area, RFU)	数据取值点 (data point, RFU)
1	A01_883-978_11-12-56. fsa	233	233.09	2 439	26 041	5 234
2	A02_883-978_11-12-56. fsa	200	200.28	7 281	62 216	4 907
3	A03_883-978_12-04-53. fsa	230	230.83	7 315	112 055	5 002
4	A04_883-978_12-04-53. fsa	227	227.45	4 147	47 192	5 088
5	A05_883-978_12-45-05. fsa	227	227.44	404	4 861	4 911
6	A06_883-978_12-45-05. fsa	230	230.58	7 216	78 480	5 087
7	A07_883-978_13-25-12. fsa	233	233.75	1 267	12 746	4 993
8	A08_883-978_13-25-12. fsa	230	230.57	2 262	25 461	5 090
9	A09_883-978_14-05-20. fsa	233	233.74	1 287	14 381	5 015
10	A10_883-978_14-05-20. fsa	227	227.14	7 711	105 551	5 058
11	A11_883-978_14-45-24. fsa	227	227.33	3 779	41 815	4 939
12	A12_883-978_14-45-24. fsa	211	211.49	3 924	44 090	4 846
13	B01_883-978_11-12-56. fsa	227	227.93	7 483	111 841	5 172
14	B02_883-978_11-12-56. fsa	227	227.2	7 397	89 860	5 297
15	B03_883-978_12-04-53. fsa	227	227.17	7 524	113 428	4 986
16	B04_883-978_12-04-53. fsa	227	227.49	1 685	18 816	5 065
17	B05_883-978_12-45-05. fsa	230	230.86	7 490	59 179	4 991
18	B06_883-978_12-45-05. fsa	227	226.39	5 539	59 244	4 997
19	B07_883-978_13-25-12. fsa	230	229.53	3 287	32 740	4 975
20	B08_883-978_13-25-12. fsa	227	227.31	7 521	90 295	5 015
21	B09_883-978_14-05-20. fsa	233	233.75	2 876	30 623	5 038
22	B10_883-978_14-05-20. fsa	200	199.66	608	6 737	4 667
23	B11_883-978_14-45-24. fsa	233	233.65	145	1 731	5 042
24	B12_883-978_14-45-24. fsa	227	227.33	2 482	28 974	5 040

（续）

资源序号	样本名 （sample file name）	等位基因位点 （allele，bp）	大小 （size，bp）	高度 （height，RFU）	面积 （area，RFU）	数据取值点 （data point，RFU）
25	C01_883-978_11-12-56.fsa	233	233.87	7 527	98 864	5 199
26	C02_883-978_11-12-56.fsa	230	230.8	7 706	105 294	5 316
27	C03_883-978_12-04-53.fsa	227	227.39	3 405	34 392	4 914
28	C04_883-978_12-04-53.fsa	211	211.51	7 627	86 928	4 817
29	C05_883-978_12-45-05.fsa	227	226.37	7 646	78 729	4 882
30	C06_883-978_12-45-05.fsa	233	232.76	4 828	48 496	5 058
31	C07_883-978_13-25-12.fsa	227	227.35	5 637	64 163	4 900
32	C08_883-978_13-25-12.fsa	200	198.75	2 992	31 920	4 612
33	C09_883-978_14-05-20.fsa	200	199.64	855	8 900	4 569
34	C10_883-978_14-05-20.fsa	233	233.73	5 069	58 118	5 103
35	C11_883-978_14-45-24.fsa	233	233.76	1 520	20 278	5 006
36	C12_883-978_14-45-24.fsa	227	227.41	3 437	40 744	5 028
37	D01_883-978_11-12-56.fsa	227	227.74	1 584	19 948	5 215
	D01_883-978_11-12-56.fsa	233	234.08	1 430	17 873	5 302
38	D02_883-978_11-12-56.fsa	227	226.71	335	4 353	5 206
39	D03_883-978_12-04-53.fsa	233	233.85	1 754	19 393	5 091
40	D04_883-978_12-04-53.fsa	236	235.96	3 913	42 361	5 116
41	D05_883-978_12-45-05.fsa	230	229.69	152	1 547	5 017
42	D06_883-978_12-45-05.fsa	227	226.48	854	9 058	4 966
	D06_883-978_12-45-05.fsa	236	235.97	1 598	17 014	5 092
43	D07_883-978_13-25-12.fsa	227	227.61	7 633	114 799	4 994
44	D08_883-978_13-25-12.fsa	227	227.37	4 287	51 730	4 986
45	D09_883-978_14-05-20.fsa	227	227.37	7 615	94 379	5 010
46	D10_883-978_14-05-20.fsa	227	227.21	1 154	15 365	5 738
47	D11_883-978_14-45-24.fsa	200	199.64	1 097	10 710	4 650
	D11_883-978_14-45-24.fsa	230	230.52	1 781	18 053	5 049

（续）

资源序号	样本名 （sample file name）	等位基因位点 （allele，bp）	大小 （size， bp）	高度 （height， RFU）	面积 （area， RFU）	数据取值点 （data point， RFU）
48	D12_883-978_14-45-24.fsa	227	227.38	448	5 563	5 016
49	E01_883-978_11-12-56.fsa	200	199.96	4 610	6 521	4 322
50	E02_883-978_11-12-56.fsa	211	211.38	2 749	29 180	4 771
51	E03_883-978_12-04-53.fsa	233	232.56	3 109	35 423	5 658
52	E04_883-978_12-04-53.fsa	233	233.7	284	3 378	5 083
53	E05_883-978_12-45-05.fsa	233	233.5	1 788	21 205	5 231
54	E06_883-978_12-45-05.fsa	227	227.28	4 411	32 382	4 885
55	E07_883-978_13-25-12.fsa	233	233.12	4 750	6 679	5 521
56	E08_883-978_13-25-12.fsa	236	235.92	4 025	35 260	4 994
57	E09_883-978_14-05-20.fsa	227	227.25	5 026	56 512	5 771
58	E10_883-978_14-05-20.fsa	233	233.1	6 210	32 314	4 885
59	E11_883-978_14-45-24.fsa	227	227.22	5 521	45 463	4 992
60	E12_883-978_14-45-24.fsa	227	227.36	116	1 549	5 890
61	F01_883-978_11-12-56.fsa	233	233.31	5 146	10 559	5 913
62	F02_883-978_11-12-56.fsa	227	227.15	281	3 202	4 999
63	F03_883-978_12-04-53.fsa	200	199.58	877	11 181	4 735
64	F04_883-978_12-04-53.fsa	200	199.63	1 183	13 039	4 656
65	F05_883-978_12-45-05.fsa	227	227.41	220	2 612	4 933
66	F06_883-978_12-45-05.fsa	227	227.15	7 654	5 046	5 721
67	F07_883-978_13-25-12.fsa	233	233.25	5 534	70 612	4 452
68	F08_883-978_13-25-12.fsa	233	233.31	4 610	32 411	4 885
69	F09_883-978_14-05-20.fsa	233	233.12	5 547	10 224	4 993
70	F10_883-978_14-05-20.fsa	233	233.22	6 018	55 221	4 882
71	F11_883-978_14-45-24.fsa	233	232.78	96	1 044	5 041
72	F12_883-978_14-45-24.fsa	233	233.24	5 221	49 316	4 967
73	G01_883-978_11-12-56.fsa	233	233.11	6 059	50 212	4 669

（续）

资源序号	样本名 （sample file name）	等位基因位点 （allele，bp）	大小 （size，bp）	高度 （height，RFU）	面积 （area，RFU）	数据取值点 （data point，RFU）
74	G02_883 - 978_11 - 12 - 56. fsa	233	232. 64	835	9 398	5 855
75	G03_883 - 978_12 - 04 - 53. fsa	233	233. 6	796	9 008	5 372
76	G04_883 - 978_12 - 04 - 53. fsa	233	233. 57	787	9 205	5 341
77	G05_883 - 978_12 - 45 - 05. fsa	230	230. 6	650	7 433	5 009
78	G06_883 - 978_12 - 45 - 05. fsa	227	227. 21	1 059	8 021	5 514
79	G07_883 - 978_13 - 25 - 12. fsa	227	226. 93	2 212	7 042	4 936
80	G08_883 - 978_13 - 25 - 12. fsa	227	226. 98	3 354	6 023	4 552
81	G09_883 - 978_14 - 05 - 20. fsa	227	227. 48	1 829	20 523	4 992
82	G10_883 - 978_14 - 05 - 20. fsa	233	233. 81	246	2 813	5 083
83	G11_883 - 978_14 - 45 - 24. fsa	200	200. 1	6 645	10 322	4 884
84	G12_883 - 978_14 - 45 - 24. fsa	200	199. 92	5 023	7 058	3 996
	G12_883 - 978_14 - 45 - 24. fsa	227	226. 94	3 721	6 658	4 855
85	H01_883 - 978_11 - 12 - 56. fsa	227	227. 3	4 665	7 011	4 522
86	H02_883 - 978_11 - 12 - 56. fsa	227	227. 23	183	1 991	5 001
87	H03_883 - 978_12 - 04 - 53. fsa	227	227. 32	490	5 991	5 262
88	H04_883 - 978_12 - 04 - 53. fsa	233	232. 96	144	1 612	5 208
89	H05_883 - 978_12 - 45 - 05. fsa	233	233. 58	964	11 216	5 126
90	H06_883 - 978_12 - 45 - 05. fsa	233	233. 22	1 024	6 692	4 421
91	H07_883 - 978_13 - 25 - 12. fsa	233	233. 1	5 542	30 245	4 925
92	H08_883 - 978_13 - 25 - 12. fsa	230	230. 44	778	8 529	5 001
93	H09_883 - 978_14 - 05 - 20. fsa	233	233. 1	7 094	66 396	5 126
94	H10_883 - 978_14 - 05 - 20. fsa	233	233. 03	362	4 101	5 196
95	H11_883 - 978_14 - 45 - 24. fsa	227	226. 54	266	2 967	5 033
96	H12_883 - 978_14 - 45 - 24. fsa	227	227. 32	7 503	102 131	5 045
97	A01_979 - 1039_15 - 25 - 29. fsa	233	233. 87	7 417	91 899	5 025
98	A02_979 - 1039_15 - 25 - 29. fsa	236	237. 15	7 586	63 697	5 166

（续）

资源序号	样本名 （sample file name）	等位基因位点 （allele，bp）	大小 （size，bp）	高度 （height，RFU）	面积 （area，RFU）	数据取值点 （data point，RFU）
99	A03_979-1039_16-05-31. fsa	233	233.14	7 095	65 809	5 018
100	A04_979-1039_16-05-31. fsa	236	236.72	7 771	91 419	5 156
101	A05_979-1039_16-45-33. fsa	230	230.54	7 554	91 213	5 021
	A05_979-1039_16-45-33. fsa	236	236.68	7 551	90 224	5 026
102	A06_979-1039_16-45-33. fsa	236	236.92	7 751	95 669	5 166
103	A07_979-1039_17-25-38. fsa	230	230.46	776	8 657	5 003
104	A08_979-1039_17-25-38. fsa	227	227.08	7 739	108 349	5 049
105	A09_979-1039_18-06-07. fsa	230	230.66	7 445	90 506	4 966
106	A10_979-1039_18-06-07. fsa	200	199.71	5 259	55 750	4 654
107	A11_979-1039_18-46-11. fsa	227	227.56	7 421	99 445	4 904
108	A12_979-1039_18-46-11. fsa	233	233.75	4 028	44 528	5 077
109	B01_979-1039_15-25-29. fsa	227	227.53	7 605	110 251	4 961
110	B02_979-1039_15-25-29. fsa	233	234.11	7 390	67 291	5 120
111	B03_979-1039_16-05-31. fsa	227	227.65	7 503	62 616	4 966
112	B04_979-1039_16-05-31. fsa	233	234.06	7 559	63 755	5 120
113	B05_979-1039_16-45-33. fsa	227	227.75	7 597	61 988	4 964
114	B06_979-1039_16-45-33. fsa	227	227.72	7 589	63 546	5 048
115	B07_979-1039_17-25-38. fsa	230	230.52	6 006	64 288	5 008
116	B08_979-1039_17-25-38. fsa	230	230.88	7 343	60 932	5 102
117	B09_979-1039_18-06-07. fsa	230	230.07	7 481	66 708	4 960
118	B10_979-1039_18-06-07. fsa	233	233.24	7 569	72 550	5 088
119	B11_979-1039_18-46-11. fsa	233	234.06	7 520	61 870	4 997
120	B12_979-1039_18-46-11. fsa	230	230.69	7 768	101 762	5 029
121	C01_979-1039_15-25-29. fsa	233	233.92	7 498	122 661	5 019
122	C02_979-1039_15-25-29. fsa	233	233.89	7 701	115 060	5 110
123	C03_979-1039_16-05-31. fsa	230	230.67	7 613	107 245	4 973

（续）

资源序号	样本名 （sample file name）	等位基因位点 （allele，bp）	大小 （size，bp）	高度 （height，RFU）	面积 （area，RFU）	数据取值点 （data point，RFU）
124	C04_979-1039_16-05-31.fsa	233	233.41	7 716	107 989	5 105
125	C05_979-1039_16-45-33.fsa	227	226.92	7 477	71 483	4 951
126	C06_979-1039_16-45-33.fsa	230	230	7 469	75 650	5 071
127	C07_979-1039_17-25-38.fsa	227	227.38	7 467	93 467	4 997
128	C08_979-1039_17-25-38.fsa	227	227.49	7 774	106 943	5 046
129	C09_979-1039_18-06-07.fsa	227	227.68	7 584	61 584	4 896
130	C10_979-1039_18-06-07.fsa	230	230.87	7 590	67 284	5 039
131	C11_979-1039_18-46-11.fsa	233	233.53	7 713	97 828	4 953
132	C12_979-1039_18-46-11.fsa	230	230.62	1 456	17 177	5 016
133	D01_979-1039_15-25-29.fsa	227	227.53	7 645	106 047	5 004
134	D02_979-1039_15-25-29.fsa	227	227.66	7 624	62 802	5 018
135	D03_979-1039_16-05-31.fsa	227	227.61	7 633	113 376	5 006
136	D04_979-1039_16-05-31.fsa	227	227.58	7 683	111 103	5 018
137	D05_979-1039_16-45-33.fsa	233	233.82	7 725	98 533	5 093
138	D06_979-1039_16-45-33.fsa	233	234.01	7 590	65 368	5 110
139	D07_979-1039_17-25-38.fsa	211	211.55	7 772	90 056	4 792
140	D08_979-1039_17-25-38.fsa	233	233.6	6 805	75 337	5 094
141	D09_979-1039_18-06-07.fsa	227	227.37	5 798	61 992	4 941
142	D10_979-1039_18-06-07.fsa	227	227.3	5 498	61 450	4 953
143	D11_979-1039_18-46-11.fsa	233	233.71	5 085	55 294	5 025
144	D12_979-1039_18-46-11.fsa	227	227.42	1 127	12 608	4 955
145	E01_979-1039_15-25-29.fsa	227	227	7 658	110 956	4 998
146	E02_979-1039_15-25-29.fsa	227	227.33	5 856	66 650	5 013
147	E03_979-1039_16-05-31.fsa	227	227.4	1 989	21 991	4 997
148	E04_979-1039_16-05-31.fsa	230	230.48	3 848	42 653	5 054

（续）

资源序号	样本名 （sample file name）	等位基因位点 （allele，bp）	大小 （size，bp）	高度 （height，RFU）	面积 （area，RFU）	数据取值点 （data point，RFU）
149	E05 _979 - 1039_16 - 45 - 33. fsa	200	199.64	2 971	32 036	4 654
	E05 _979 - 1039_16 - 45 - 33. fsa	233	233.68	5 970	65 342	5 082
150	E06 _979 - 1039_16 - 45 - 33. fsa	227	227.59	7 749	116 259	5 026
151	E07 _979 - 1039_17 - 25 - 38. fsa	227	227.43	4 650	50 728	5 025
152	E08 _979 - 1039_17 - 25 - 38. fsa	211	211.51	1 450	16 220	4 817
153	E09 _979 - 1039_18 - 06 - 07. fsa	233	233.71	2 568	28 097	5 063
154	E10 _979 - 1039_18 - 06 - 07. fsa	233	233.66	6 573	74 404	5 047
155	E11 _979 - 1039_18 - 46 - 11. fsa	233	233.72	5 751	62 321	5 044
156	E12 _979 - 1039_18 - 46 - 11. fsa	233	233.74	857	9 737	5 040
157	F01 _979 - 1039_15 - 25 - 29. fsa	227	227.36	4 356	47 611	4 976
158	2012 - 04 - 12 _3 _A03. fsa	227	226.27	3 113	29 780	4 752
159	2012 - 04 - 12 _4 _A04. fsa	230	229.43	1 905	17 571	4 839
160	2012 - 04 - 12 _8 _A08. fsa	230	229.19	1 384	12 792	4 704
161	2012 - 04 - 12 _9 _A09. fsa	227	226.02	1 294	11 651	4 602
162	2012 - 04 - 12 _12 _A12. fsa	233	232.22	1 244	11 285	4 685
163	2012 - 04 - 12 _15 _B02. fsa	230	230.88	7 554	63 235	4 970
164	2012 - 04 - 12 _16 _B04. fsa	227	226.21	3 049	29 600	4 808
165	2012 - 04 - 12 _17 _B05. fsa	227	226.11	2 531	22 897	4 662
166	2012 - 04 - 12 _17 _B06. fsa	230	230.23	5 442	52 142	5 021
167	2012 - 04 - 12 _21 _B09. fsa	233	232.24	1 804	16 337	4 700
168	2012 - 04 - 12 _22 _B10. fsa	227	225.98	1 563	14 500	4 642
169	2012 - 04 - 12 _23 _B11. fsa	227	225.88	2 885	25 660	4 591
170	2012 - 04 - 12 _24 _B12. fsa	233	232.15	2 451	22 508	4 676
171	2012 - 04 - 12 _27 _C02. fsa	233	232.25	1 904	16 447	4 821
172	2012 - 04 - 12 _29 _C05. fsa	230	229.17	2 426	21 797	4 654
173	2012 - 04 - 12 _31 _C07. fsa	227	226.04	2 856	25 074	4 594

（续）

资源序号	样本名 （sample file name）	等位基因位点 （allele，bp）	大小 （size，bp）	高度 （height，RFU）	面积 （area，RFU）	数据取值点 （data point，RFU）
174	2012 - 04 - 12_32_C08. fsa	227	227	943	8 765	4 663
175	2012 - 04 - 12_34_C10. fsa	227	225.97	1 787	16 602	4 638
176	2012 - 04 - 12_35_C11. fsa	200	199.51	2 284	21 355	4 234
177	2012 - 04 - 12_39_D02. fsa	200	198.6	888	8 138	4 178
178	2012 - 04 - 12_40_D04. fsa	227	226.3	2 298	21 897	4 816
179	2012 - 04 - 12_41_D05. fsa	230	229.28	2 345	21 167	4 715
180	2012 - 04 - 12_42_D06. fsa	200	198.67	2 781	26 988	4 345
181	2012 - 04 - 12_46_D10. fsa	227	225.97	2 385	21 894	4 633
182	2012 - 04 - 12_47_D11. fsa	211	210.16	2 685	24 234	4 418
183	2012 - 04 - 12_48_D12. fsa	230	229.04	2 183	20 003	4 630
184	2012 - 04 - 12_51_E03. fsa	227	226.34	2 282	22 220	4 810
185	2012 - 04 - 12_52_E04. fsa	230	229.43	1 883	18 383	4 844
186	2012 - 04 - 12_53_E05. fsa	236	235.58	2 009	19 045	4 798
187	2012 - 04 - 12_54_E06. fsa	227	226.07	2 468	23 003	4 672
188	2012 - 04 - 12_56_E08. fsa	227	226.03	2 736	25 048	4 653
189	2012 - 04 - 12_63_F01. fsa	230	229.37	1 629	10 221	4 753
190	2012 - 04 - 12_63_F02. fsa	230	229.35	1 752	13 223	4 755
191	2012 - 04 - 12_64_F04. fsa	230	229.47	1 543	15 242	4 834
192	2012 - 04 - 12_67_F07. fsa	233	232.33	2 177	20 191	4 700
193	2012 - 04 - 12_68_F08. fsa	227	226.07	1 994	18 658	4 647
194	2012 - 04 - 12_69_F09. fsa	233	232.25	2 274	20 768	4 691
195	2012 - 04 - 12_71_F11. fsa	227	225.98	2 624	24 057	4 581
196	2012 - 04 - 12_72_F12. fsa	230	229.06	2 111	19 438	4 631
197	2012 - 04 - 12_78_G06. fsa	230	229.32	980	9 543	4 716
198	2012 - 04 - 12_83_G11. fsa	233	232.29	1 027	9 723	4 678
199	2012 - 04 - 12_84_G12. fsa	230	229.21	2 042	19 135	4 640

（续）

资源序号	样本名 （sample file name）	等位基因位点 （allele，bp）	大小 （size，bp）	高度 （height，RFU）	面积 （area，RFU）	数据取值点 （data point，RFU）
200	2012 - 04 - 12_87_H01. fsa	236	235. 66	3 102	18 224	4 856
201	2012 - 04 - 12_87_H03. fsa	227	226. 46	1 933	19 034	4 855
202	2012 - 04 - 12_88_H04. fsa	227	226. 4	1 379	14 129	4 914
203	2012 - 04 - 12_90_H06. fsa	227	226. 22	2 048	20 398	4 774
204	2012 - 04 - 12_92_H08. fsa	233	232. 53	2 023	19 629	4 826
205	2012 - 04 - 12_93_H09. fsa	233	232. 5	778	7 577	4 755
206	2012 - 04 - 12_94_H10. fsa	233	232. 46	2 093	20 544	4 810
207	2012 - 04 - 12_96_H12. fsa	230	229. 25	1 769	16 703	4 730

23 Satt180

资源序号	样本名 （sample file name）	等位基因位点 （allele，bp）	大小 （size，bp）	高度 （height，RFU）	面积 （area，RFU）	数据取值点 （data point，RFU）
1	A01_883_13-31-31.fsa	999				
2	A02_883_13-31-31.fsa	258	258.63	7 927	125 066	5 892
3	A03_883_14-24-57.fsa	212	213.05	8 419	118 344	4 942
4	A04_883_14-24-57.fsa	264	264.16	1 797	19 589	5 759
5	A05_883_15-05-13.fsa	212	212.39	1 337	13 937	4 689
6	A06_883_15-05-14.fsa	258	258.66	878	9 239	5 293
7	A07_883_15-45-24.fsa	258	258.65	1 143	12 459	5 724
8	A08_883_15-45-24.fsa	258	258.41	6 826	72 574	5 628
9	A09_883_16-25-34.fsa	258	258.35	499	4 884	5 484
10	A10_883_16-25-34.fsa	289	289.47	583	6 818	6 088
11	A11_883_17-05-43.fsa	258	258.25	8 069	140 818	5 474
	A11_883_17-05-43.fsa	289	289.56	2 835	30 356	5 917
12	A12_883_17-05-43.fsa	258	258.29	8 198	118 949	5 615
13	B01_883_13-31-31.fsa	258	258.93	1 985	22 866	5 769
	B01_883_13-31-31.fsa	264	264.52	4 095	44 846	5 853
14	B02_883_13-31-31.fsa	264	264.56	3 982	42 156	5 741
15	B03_883_14-24-57.fsa	258	258.47	2 734	27 700	5 552
16	B04_883_14-24-58.fsa	258	257.64	652	6 385	5 225
17	B05_883_15-05-13.fsa	276	276.03	8 549	135 437	5 753
18	B06_883_15-05-14.fsa	264	263.34	434	4 470	5 313
19	B07_883_15-05-15.fsa	264	263.24	881	8 885	5 314
20	B08_883_15-45-24.fsa	276	276.25	1 298	14 359	5 889
21	B09_883_16-25-34.fsa	258	258.37	2 570	26 042	5 504

（续）

资源序号	样本名 （sample file name）	等位基因位点 （allele，bp）	大小 （size，bp）	高度 （height，RFU）	面积 （area，RFU）	数据取值点 （data point，RFU）
22	B10_883_16 - 25 - 34. fsa	267	266.79	8 211	121 676	5 761
	B10_883_16 - 25 - 34. fsa	289	289.52	1 557	17 989	6 107
23	B11_883_17 - 05 - 43. fsa	258	258.29	7 646	80 045	5 495
	B11_883_17 - 05 - 43. fsa	264	263.29	4 120	43 045	5 566
24	B12_883_17 - 05 - 43. fsa	264	264.03	8 665	129 703	5 707
25	C01_883_13 - 31 - 31. fsa	258	258.88	1 602	18 145	5 758
26	C02_883_13 - 31 - 31. fsa	243	243.75	8 027	129 389	5 686
27	C03_883_13 - 31 - 32. fsa	212	212.38	5 486	56 281	4 676
28	C04_883_14 - 24 - 57. fsa	243	243.64	1 127	12 660	5 472
29	C05_883_14 - 24 - 58. fsa	264	263.24	1 040	10 164	5 328
30	C06_883_14 - 24 - 58. fsa	258	258.53	2 423	24 834	5 269
31	C07_883_15 - 45 - 24. fsa	264	264.02	8 522	138 557	5 577
	C07_883_15 - 45 - 24. fsa	289	289.6	2 484	28 117	5 945
32	C08_883_15 - 45 - 25. fsa	258	257.51	332	3 247	5 238
33	C09_883_16 - 25 - 34. fsa	258	258.38	612	6 218	5 496
	C09_883_16 - 25 - 34. fsa	289	289.54	235	2 530	5 945
34	C10_883_16 - 25 - 34. fsa	264	263.97	8 395	138 140	5 718
35	C11_883_17 - 05 - 43. fsa	258	258.27	8 304	117 811	5 490
36	C12_883_17 - 05 - 43. fsa	258	258.27	7 705	86 327	5 620
37	D01_883_13 - 31 - 31. fsa	243	244.19	4 976	55 998	5 657
	D01_883_13 - 31 - 31. fsa	258	258.99	3 533	40 724	5 877
38	D02_883_13 - 31 - 32. fsa	243	243.99	3 348	39 687	5 962
39	D03_883_14 - 24 - 57. fsa	243	243.75	8 089	115 715	5 444
	D03_883_14 - 24 - 57. fsa	258	258.6	5 079	56 275	5 655
40	D04_883_14 - 24 - 58. fsa	243	243.92	4 704	57 005	5 912
41	D05_883_14 - 24 - 59. fsa	264	264.32	4 338	52 183	6 317

（续）

资源序号	样本名 （sample file name）	等位基因位点 （allele，bp）	大小 （size，bp）	高度 （height，RFU）	面积 （area，RFU）	数据取值点 （data point，RFU）
42	D06_883_14 - 24 - 60. fsa	258	258. 57	3 151	37 347	6 047
43	D07_883_15 - 45 - 24. fsa	264	264. 13	962	10 106	5 683
44	D08_883_15 - 45 - 24. fsa	258	258. 61	4 402	49 358	5 674
45	D09_883_16 - 25 - 34. fsa	276	276. 16	950	10 118	5 846
46	D10_883_16 - 25 - 35. fsa	264	264. 42	1 407	16 178	5 570
47	D11_883_17 - 05 - 43. fsa	258	258. 79	1 772	19 828	5 500
48	D12_883_17 - 05 - 43. fsa	258	258. 4	4 779	51 773	5 623
49	E01_883_13 - 31 - 31. fsa	258	259. 02	1 946	22 382	5 862
50	E02_883_13 - 31 - 31. fsa	258	258. 66	3 057	37 256	5 714
51	E03_883_13 - 31 - 32. fsa	253	252. 87	1 644	22 547	5 669
52	E04_883_14 - 24 - 57. fsa	267	267	7 378	85 444	5 811
53	E05_883_14 - 24 - 58. fsa	258	258. 21	2 522	27 525	5 798
54	E06_883_14 - 24 - 58. fsa	258	257. 75	862	8 476	5 249
55	E07_883_14 - 24 - 59. fsa	258	258. 34	3 461	45 675	5 642
56	E08_883_14 - 24 - 59. fsa	264	264. 31	1 004	9 920	5 341
57	E09_883_16 - 25 - 34. fsa	264	264. 05	287	3 026	5 652
	E09_883_16 - 25 - 35. fsa	276	275. 61	738	7 832	5 511
58	E10_883_16 - 25 - 36. fsa	258	257. 67	1 415	14 264	5 261
59	E11_883_16 - 25 - 37. fsa	264	264. 24	2 343	24 799	5 368
60	E12_883_16 - 25 - 38. fsa	258	257. 65	841	8 524	5 245
61	F01_883_13 - 31 - 30. fsa	258	257. 52	234	3 030	5 301
62	F02_883_13 - 31 - 31. fsa	243	244. 14	1 445	17 325	5 630
63	F03_883_13 - 31 - 32. fsa	999				
64	F04_883_14 - 24 - 57. fsa	253	252. 88	988	9 674	5 427
	F04_883_14 - 24 - 57. fsa	264	264. 41	1 302	15 142	5 581
65	F05_883_15 - 05 - 13. fsa	264	264. 19	112	1 290	5 668

（续）

资源序号	样本名 （sample file name）	等位基因位点 （allele，bp）	大小 （size，bp）	高度 （height，RFU）	面积 （area，RFU）	数据取值点 （data point，RFU）
66	F06_883_15-05-14.fsa	264	263.57	519	5 313	5 368
67	F07_883_15-45-24.fsa	258	258.25	66	671	5 508
68	F08_883_15-45-24.fsa	258	258.74	5 103	55 058	5 307
69	F09_883_15-45-24.fsa	258	257.83	723	7 355	5 360
70	F10_883_15-45-24.fsa	258	258.56	335	3 733	5 358
71	F11_883_17-05-43.fsa	258	258.41	6 082	64 554	5 560
72	F12_883_17-05-43.fsa	243	243.96	1 325	15 478	5 586
73	G01_883_14-24-56.fsa	258	258.4	3 906	40 206	5 261
74	G02_883_13-31-31.fsa	999				
75	G03_883_13-31-32.fsa	999				
76	G04_883_14-24-57.fsa	258	258.74	216	2 369	5 651
77	G05_883_15-05-13.fsa	258	258.58	370	4 002	5 573
78	G06_883_15-05-14.fsa	247	246.85	457	5 148	5 611
	G06_883_15-05-14.fsa	258	258.33	1 321	15 144	5 736
79	G07_883_15-45-24.fsa	261	261.74	2 921	31 447	5 522
80	G08_883_15-45-24.fsa	212	213.03	172	1 804	4 984
81	G09_883_16-25-34.fsa	264	264	8 442	134 117	5 386
82	G10_883_16-25-34.fsa	258	258.54	3 784	42 919	5 595
83	G11_883_17-05-43.fsa	999				
84	G12_883_17-05-43.fsa	999				
85	H01_883_14-24-56.fsa	258	258.39	2 102	21 190	5 697
	H01_883_14-24-56.fsa	273	273.09	555	5 116	5 423
86	H02_883_13-31-31.fsa	999				
87	H03_883_14-24-57.fsa	264	264.39	2 366	26 909	5 774
88	H04_883_14-24-57.fsa	243	243.97	841	9 706	5 568
89	H05_883_14-24-58.fsa	999				

（续）

资源序号	样本名 （sample file name）	等位基因位点 （allele，bp）	大小 （size，bp）	高度 （height，RFU）	面积 （area，RFU）	数据取值点 （data point，RFU）
90	H06_883_14-24-58.fsa	999				
91	H07_883_15-45-24.fsa	258	258.64	824	9 249	5 633
92	H08_883_15-45-24.fsa	258	258.34	3 352	35 261	5 518
93	H09_883_16-25-34.fsa	243	243.85	2 387	25 799	5 422
94	H10_883_16-25-34.fsa	258	258.6	3 978	45 421	5 726
95	H11_883_17-05-43.fsa	258	259.54	3 916	41 523	5 638
96	H12_883_17-05-43.fsa	999				
97	A01_979_18-25-56.fsa	267	266.94	2 334	22 320	5 322
98	A02_979_18-25-56.fsa	999				
99	A03_979_18-25-57.fsa	243	243.54	274	2 767	5 280
100	A04_979_18-25-58.fsa	243	243.57	7 509	76 871	5 108
101	A05_979_18-25-58.fsa	273	273.05	456	5 127	5 331
102	A06_979_19-06-02.fsa	267	266.79	5 933	63 257	5 777
103	A07_979_19-06-03.fsa	243	242.49	988	8 916	5 049
104	A08_979_19-46-10.fsa	264	263.91	7 576	91 816	5 407
105	A09_979_20-26-42.fsa	258	258.37	4 127	42 284	5 482
106	A10_979_20-26-42.fsa	243	244.01	1 226	13 253	5 462
107	A11_979_20-26-43.fsa	270	270.66	1 106	11 560	5 232
108	A12_979_20-26-43.fsa	267	266.8	7 523	83 507	5 258
109	B01_979_17-45-51.fsa	999				
110	B02_979_17-45-51.fsa	247	246.94	328	3 545	5 504
111	B03_979_19-06-00.fsa	264	263.07	2 162	20 582	5 299
112	B04_979_19-06-01.fsa	264	265.93	3 053	30 381	5 392
113	B05_979_19-06-02.fsa	258	258.37	1 859	18 753	5 528
114	B06_979_19-06-03.fsa	258	258.35	8 244	110 553	5 315
115	B07_979_19-06-04.fsa	258	258.35	5 060	47 457	5 276

（续）

资源序号	样本名 （sample file name）	等位基因位点 （allele，bp）	大小 （size，bp）	高度 （height，RFU）	面积 （area，RFU）	数据取值点 （data point，RFU）
116	B08_979_19 - 46 - 10. fsa	253	253.46	349	4 152	5 603
117	B09_979_20 - 26 - 42. fsa	247	246.76	433	4 384	5 351
118	B10_979_20 - 26 - 42. fsa	253	253.44	150	1 641	5 486
119	B11_979_19 - 06 - 05. fsa	212	212.19	2 269	20 976	4 538
120	B12_979_19 - 06 - 06. fsa	258	257.3	250	2 266	5 138
121	C01_979_17 - 45 - 51. fsa	243	243.44	327	3 345	5 467
122	C02_979_17 - 45 - 51. fsa	999				
123	C03_979_18 - 25 - 57. fsa	999				
124	C04_979_18 - 25 - 57. fsa	999				
125	C05_979_19 - 06 - 02. fsa	999				
126	C06_979_19 - 06 - 02. fsa	243	243.34	208	2 266	5 074
127	C07_979_19 - 46 - 10. fsa	999				
128	C08_979_19 - 46 - 10. fsa	247	246.68	211	5 288	5 475
129	C09_979_20 - 26 - 42. fsa	264	264	2 469	25 408	5 531
130	C10_979_20 - 26 - 42. fsa	258	258.4	4 655	50 664	5 613
131	C11_979_21 - 06 - 50. fsa	261	261.66	555	5 421	4 715
132	C12_979_21 - 06 - 50. fsa	999				
133	D01_979_17 - 45 - 51. fsa	999				
134	D02_979_17 - 45 - 51. fsa	999				
135	D03_979_18 - 25 - 57. fsa	999				
136	D04_979_18 - 25 - 57. fsa	999				
137	D05_979_19 - 06 - 02. fsa	258	258.44	813	8 268	5 614
138	D06_979_19 - 06 - 02. fsa	258	258.42	5 034	55 370	5 659
139	D07_979_19 - 46 - 10. fsa	258	258.38	2 757	30 464	5 583
140	D08_979_19 - 46 - 10. fsa	258	258.31	4 291	48 284	5 625
141	D09_979_20 - 26 - 42. fsa	258	258.43	716	7 529	5 542

（续）

资源序号	样本名 （sample file name）	等位基因位点 （allele，bp）	大小 （size，bp）	高度 （height，RFU）	面积 （area，RFU）	数据取值点 （data point，RFU）
142	D10_979_20 - 26 - 42. fsa	276	275. 3	2 618	29 332	5 845
143	D11_979_21 - 06 - 50. fsa	258	258. 31	2 061	21 119	5 640
144	D12_979_21 - 06 - 50. fsa	258	258. 38	345	3 671	5 552
145	E01_979_17 - 45 - 51. fsa	264	263. 99	2 086	21 839	5 639
146	E02_979_17 - 45 - 51. fsa	258	258. 33	1 407	15 644	5 616
147	E03_979_18 - 25 - 57. fsa	264	264. 06	835	8 635	5 656
148	E04_979_18 - 25 - 57. fsa	258	258. 36	2 599	28 776	5 626
149	E05_979_19 - 06 - 02. fsa	258	258. 43	746	7 798	5 595
150	E06_979_19 - 06 - 02. fsa	243	243. 57	2 092	22 810	5 434
151	E07_979_19 - 46 - 10. fsa	264	264. 08	1 808	19 433	5 691
152	E08_979_19 - 46 - 10. fsa	258	258. 42	2 430	27 276	5 643
153	E09_979_20 - 26 - 42. fsa	258	258. 48	779	8 318	5 563
	E09_979_20 - 26 - 42. fsa	267	266. 89	1 399	14 841	5 685
154	E10_979_20 - 26 - 42. fsa	258	258. 39	2 685	29 737	5 596
155	E11_979_21 - 06 - 50. fsa	267	266. 84	2 854	29 703	5 645
156	E12_979_21 - 06 - 50. fsa	258	258. 39	1 372	15 233	5 553
157	F01_979_17 - 45 - 51. fsa	258	258. 46	1 120	11 919	5 560
158	2012 - 04 - 10_17_A03. fsa	264	262. 44	200	1 605	4 815
159	2012 - 04 - 10_25_A04. fsa	258	257. 09	696	6 078	4 796
160	2012 - 04 - 10_57_A08. fsa	258	257. 03	225	1 959	4 774
161	2012 - 04 - 10_65_A09. fsa	243	242. 14	1 229	9 921	4 557
162	2012 - 04 - 10_89_A12. fsa	264	262. 38	319	2 777	4 818
	2012 - 04 - 10_89_A12. fsa	270	270. 51	330	2 855	4 914
163	2012 - 04 - 10_10_B02. fsa	258	257. 39	492	4 460	4 922
	2012 - 04 - 10_10_B02. fsa	270	270. 78	300	2 809	5 088
164	2012 - 04 - 10_26_B04. fsa	264	262. 43	192	1 839	4 847

（续）

资源序号	样本名 （sample file name）	等位基因位点 （allele，bp）	大小 （size，bp）	高度 （height，RFU）	面积 （area，RFU）	数据取值点 （data point，RFU）
165	2012 - 04 - 10_26_B05. fsa	258	257.01	3 211	32 775	5 246
166	2012 - 04 - 10_26_B06. fsa	258	257.06	1 799	18 041	5 114
167	2012 - 04 - 10_66_B09. fsa	258	257	1 640	13 528	4 743
168	2012 - 04 - 10_66_B10. fsa	258	257.05	2 256	25 146	5 641
169	2012 - 04 - 10_82_B11. fsa	258	256.9	240	2 173	4 749
	2012 - 04 - 10_82_B11. fsa	270	270.44	380	3 243	4 907
170	2012 - 04 - 10_90_B12. fsa	264	262.3	348	3 017	4 809
171	2012 - 04 - 10_11_C02. fsa	258	257.37	255	2 335	4 918
172	2012 - 04 - 10_35_C05. fsa	258	257.03	510	4 165	4 728
173	2012 - 04 - 10_59_C07. fsa	258	257.05	114	1 224	5 219
174	2012 - 04 - 10_59_C08. fsa	212	211.05	3 113	25 948	4 238
175	2012 - 04 - 10_75_C10. fsa	270	270.4	150	1 450	4 907
176	2012 - 04 - 10_83_C11. fsa	264	262.29	460	3 659	4 766
177	2012 - 04 - 10_12_D02. fsa	267	265.85	347	2 961	5 030
	2012 - 04 - 10_12_D02. fsa	270	270.76	628	6 314	5 091
178	2012 - 04 - 10_40_D04. fsa	258	257.09	304	27 418	5 001
179	2012 - 04 - 10_41_D05. fsa	264	262.56	125	1 229	5 237
180	2012 - 04 - 10_42_D06. fsa	243	242.11	1 003	10 134	5 411
181	2012 - 04 - 10_46_D10. fsa	999				
182	2012 - 04 - 10_84_D11. fsa	264	262.34	400	3 194	4 825
183	2012 - 04 - 10_92_D12. fsa	258	257.01	359	3 221	4 742
184	2012 - 04 - 10_21_E03. fsa	258	257.21	591	4 926	4 801
185	2012 - 04 - 10_29_E04. fsa	270	270.58	751	6 681	4 952
186	2012 - 04 - 10_53_E05. fsa	258	257.11	550	5 412	5 504
187	2012 - 04 - 10_54_E06. fsa	258	257.09	3 949	46 857	5 602
188	2012 - 04 - 10_61_E08. fsa	214	214.2	7 838	71 945	4 278

（续）

资源序号	样本名 （sample file name）	等位基因位点 （allele，bp）	大小 （size，bp）	高度 （height，RFU）	面积 （area，RFU）	数据取值点 （data point，RFU）
189	2012-04-10_6_F01. fsa	212	211. 32	1 702	14 438	4 401
190	2012-04-10_14_F02. fsa	212	211. 29	2 693	23 432	4 392
191	2012-04-10_30_F04. fsa	258	257. 2	2 624	23 218	4 785
192	2012-04-10_54_F07. fsa	258	257. 07	584	5 114	4 743
193	2012-04-10_62_F08. fsa	249	248. 45	1 773	15 186	4 659
194	2012-04-10_70_F09. fsa	201	200. 54	110	946	4 111
195	2012-04-10_86_F11. fsa	264	262. 32	336	2 924	4 807
196	2012-04-10_94_F12. fsa	270	270. 53	317	2 854	4 902
197	2012-04-10_47_G06. fsa	264	262. 37	176	1 522	4 859
198	2012-04-10_83_G11. fsa	258	257. 06	3 172	36 624	5 513
199	2012-04-10_95_G12. fsa	264	262. 41	303	2 792	4 841
200	2012-04-10_8_H01. fsa	258	257. 69	323	3 094	4 983
	2012-04-10_8_H01. fsa	270	270. 97	226	2 470	5 148
201	2012-04-10_24_H03. fsa	258	257. 35	901	7 936	4 836
202	2012-04-10_32_H04. fsa	264	263. 12	91	704	4 953
203	2012-04-10_48_H06. fsa	264	262. 66	355	3 950	4 934
204	2012-04-10_64_H08. fsa	212	211. 15	4 491	37 739	4 332
205	2012-04-10_72_H09. fsa	212	211. 14	3 076	25 828	4 285
206	2012-04-10_80_H10. fsa	273	272. 61	107	974	5 030
207	2012-04-10_96_H12. fsa	264	262. 53	155	1 214	4 903

（续）

24 Sat_130

资源序号	样本名 (sample file name)	等位基因位点 (allele，bp)	大小 (size，bp)	高度 (height，RFU)	面积 (area，RFU)	数据取值点 (data point，RFU)
1	A01_883_13 – 31 – 31. fsa	310	311. 15	391	4 704	6 498
2	A02_883_13 – 31 – 31. fsa	302	302. 33	2 271	31 270	6 575
3	A03_883_14 – 24 – 57. fsa	308	308. 63	1 486	18 954	6 237
4	A04_883_14 – 24 – 57. fsa	279	279. 17	2 574	36 230	5 986
5	A05_883_15 – 05 – 13. fsa	308	308. 4	805	14 230	6 239
6	A06_883_15 – 05 – 13. fsa	300	299. 87	1 855	25 503	6 255
7	A07_883_15 – 45 – 24. fsa	304	303. 97	510	9 058	6 133
8	A08_883_15 – 45 – 24. fsa	310	310. 68	999	11 837	6 388
9	A09_883_16 – 25 – 34. fsa	302	301. 9	1 619	14 074	6 098
10	A10_883_16 – 25 – 34. fsa	312	312. 72	1 163	13 535	6 410
11	A11_883_17 – 05 – 43. fsa	310	310. 59	1 968	23 887	6 194
12	A12_883_17 – 05 – 43. fsa	298	297. 91	1 822	22 481	6 206
13	B01_883_13 – 31 – 31. fsa	312	313. 26	506	6 420	6 556
14	B02_883_13 – 31 – 31. fsa	310	311. 07	313	3 517	6 731
15	B03_883_14 – 24 – 57. fsa	306	306. 41	2 315	29 896	6 227
16	B04_883_14 – 24 – 57. fsa	310	310. 77	380	4 543	6 470
17	B05_883_15 – 05 – 13. fsa	304	304. 1	1 294	12 623	6 155
18	B06_883_15 – 05 – 13. fsa	310	310. 61	411	4 474	6 421
19	B07_883_15 – 45 – 24. fsa	294	294. 14	369	4 264	6 020
20	B08_883_15 – 45 – 24. fsa	310	310. 64	1 300	15 008	6 405
21	B09_883_16 – 25 – 34. fsa	304	304. 16	1 654	20 153	6 145
22	B10_883_16 – 25 – 34. fsa	298	297. 89	1 163	14 338	6 234
23	B11_883_17 – 05 – 43. fsa	312	312. 75	510	5 559	6 243
24	B12_883_17 – 05 – 43. fsa	296	296. 09	337	3 948	6 193

（续）

资源序号	样本名 （sample file name）	等位基因位点 （allele，bp）	大小 （size，bp）	高度 （height，RFU）	面积 （area，RFU）	数据取值点 （data point，RFU）
25	C01_883_13-31-31. fsa	298	298.22	772	9 845	6 356
26	C02_883_13-31-31. fsa	302	302.44	1 003	12 760	6 623
27	C03_883_14-24-57. fsa	308	308.49	560	7 262	6 260
28	C04_883_14-24-57. fsa	312	312.88	802	10 148	6 513
29	C05_883_15-05-13. fsa	294	294.09	610	7 838	6 025
30	C06_883_15-05-14. fsa	306	305.5	119	1 548	6 769
31	C07_883_15-45-24. fsa	298	297.97	1 354	17 503	6 065
32	C08_883_15-45-25. fsa	306	305.55	92	1 188	6 778
33	C09_883_16-25-34. fsa	306	306.3	867	11 188	6 173
34	C10_883_16-25-34. fsa	294	294.11	2 058	28 016	6 180
35	C11_883_17-05-43. fsa	304	304.11	382	3 804	6 140
36	C12_883_17-05-43. fsa	306	306.29	983	11 758	6 343
37	D01_883_13-31-31. fsa	298	298.26	442	5 478	6 488
	D01_883_13-31-31. fsa	312	313.26	235	2 719	6 692
38	D02_883_13-31-32. fsa	300	299.3	259	2 761	6 721
	D02_883_13-31-33. fsa	312	311.85	271	2 981	6 902
39	D03_883_13-31-34. fsa	294	293.47	1 213	14 301	6 634
	D03_883_13-31-35. fsa	310	309.61	995	10 619	6 879
40	D04_883_13-31-36. fsa	294	293.57	908	10 877	6 617
41	D05_883_13-31-37. fsa	304	303.34	2 235	27 586	6 785
42	D06_883_15-05-13. fsa	294	294.11	769	10 938	6 187
43	D07_883_15-45-24. fsa	315	314.92	868	9 270	6 403
44	D08_883_15-45-24. fsa	310	310.69	173	2 038	6 407
45	D09_883_16-25-34. fsa	310	310.62	779	8 924	6 344
46	D10_883_16-25-34. fsa	300	299.95	1 769	23 661	6 389
47	D11_883_17-05-43. fsa	300	299.79	449	5 270	6 195

（续）

资源序号	样本名 （sample file name）	等位基因位点 （allele，bp）	大小 （size，bp）	高度 （height，RFU）	面积 （area，RFU）	数据取值点 （data point，RFU）
48	D12_883_17 - 05 - 43. fsa	306	306. 3	785	9 920	6 340
49	E01_883_13 - 31 - 31. fsa	306	306. 8	469	6 414	6 578
50	E02_883_13 - 31 - 33. fsa	308	308. 44	557	6 795	6 533
51	E03_883_13 - 31 - 34. fsa	308	308. 34	674	7 124	6 492
52	E04_883_14 - 24 - 57. fsa	300	299. 94	1 141	15 295	6 319
53	E05_883_14 - 24 - 58. fsa	308	308. 37	869	9 564	6 328
54	E06_883_14 - 24 - 58. fsa	312	311. 89	300	3 215	6 867
55	E07_883_14 - 24 - 59. fsa	999				
56	E08_883_15 - 45 - 24. fsa	279	279. 06	214	2 584	5 935
57	E09_883_16 - 25 - 34. fsa	294	294. 17	708	9 416	6 088
	E09_883_16 - 25 - 34. fsa	310	310. 69	252	3 178	6 306
58	E10_883_16 - 25 - 34. fsa	308	308. 44	991	12 584	6 472
59	E11_883_17 - 05 - 43. fsa	296	296. 03	228	2 700	6 102
60	E12_883_17 - 05 - 43. fsa	306	306. 4	191	2 334	6 334
61	F01_883_13 - 31 - 31. fsa	310	311. 2	282	3 731	6 641
62	F02_883_13 - 31 - 31. fsa	312	313. 29	305	3 837	6 688
63	F03_883_13 - 31 - 32. fsa	304	303. 48	324	3 834	6 743
64	F04_883_13 - 31 - 32. fsa	308	308. 49	771	8 255	6 436
65	F05_883_15 - 05 - 13. fsa	312	312. 84	642	7 981	6 365
66	F06_883_15 - 05 - 13. fsa	308	308. 54	177	1 732	6 340
67	F07_883_15 - 45 - 24. fsa	310	311. 31	96	1 291	6 413
68	F08_883_15 - 45 - 24. fsa	304	304. 19	464	5 951	6 272
69	F09_883_15 - 45 - 25. fsa	312	311. 85	199	2 182	6 907
70	F10_883_16 - 25 - 34. fsa	312	312. 81	105	1 227	6 380
71	F11_883_17 - 05 - 43. fsa	298	297. 89	847	11 120	6 141
72	F12_883_17 - 05 - 43. fsa	304	304. 56	771	9 015	6 412

（续）

资源序号	样本名 （sample file name）	等位基因位点 （allele，bp）	大小 （size，bp）	高度 （height，RFU）	面积 （area，RFU）	数据取值点 （data point，RFU）
73	G01_883_13 - 31 - 31. fsa	304	304.65	78	787	6 528
74	G02_883_13 - 31 - 31. fsa	312	312.77	554	5 849	6 253
75	G03_883_13 - 31 - 32. fsa	999				
76	G04_883_14 - 24 - 57. fsa	310	310.95	361	4 714	6 412
77	G05_883_15 - 05 - 13. fsa	296	296.06	1 240	15 147	6 118
78	G06_883_15 - 05 - 13. fsa	306	306.48	509	7 084	6 311
79	G07_883_15 - 05 - 14. fsa	294	293.68	33	366	6 717
	G07_883_15 - 05 - 15. fsa	308	307.76	30	432	6 932
80	G08_883_15 - 45 - 24. fsa	296	296.09	836	11 264	6 159
81	G09_883_16 - 25 - 34. fsa	296	296.04	1 070	12 896	6 107
82	G10_883_16 - 25 - 34. fsa	298	297.97	512	6 396	6 181
83	G11_883_17 - 05 - 43. fsa	308	308.62	1 157	13 646	6 247
84	G12_883_17 - 05 - 43. fsa	999				
85	H01_883_13 - 31 - 31. fsa	310	311.34	182	2 388	6 708
86	H02_883_13 - 31 - 32. fsa	302	301.29	61	776	6 631
87	H03_883_14 - 24 - 57. fsa	302	302.21	637	8 799	6 335
88	H04_883_14 - 24 - 57. fsa	298	298.09	525	6 852	6 386
89	H05_883_14 - 24 - 58. fsa	310	309.63	74	800	6 784
90	H06_883_14 - 24 - 59. fsa	302	301.29	525	6 271	6 655
91	H07_883_15 - 45 - 24. fsa	302	302.14	308	3 858	6 272
92	H08_883_15 - 45 - 25. fsa	308	307.69	110	1 418	6 784
93	H09_883_16 - 25 - 34. fsa	308	308.68	223	2 611	6 355
94	H10_883_16 - 25 - 34. fsa	302	302.19	122	1 346	6 382
95	H11_883_17 - 05 - 43. fsa	315	315.07	372	4 440	6 428
96	H12_883_17 - 05 - 44. fsa	296	295.46	95	1 201	6 607
97	A01_979_13 - 31 - 31. fsa	999				

（续）

资源序号	样本名 （sample file name）	等位基因位点 （allele，bp）	大小 （size，bp）	高度 （height，RFU）	面积 （area，RFU）	数据取值点 （data point，RFU）
98	A02_979_13-31-31.fsa	999				
99	A03_979_14-24-57.fsa	999				
100	A04_979_14-24-57.fsa	999				
101	A05_979_15-05-13.fsa	999				
102	A06_979_15-05-13.fsa	999				
103	A07_979_15-45-24.fsa	999				
104	A08_979_15-45-24.fsa	999				
105	A09_979_16-25-34.fsa	999				
106	A10_979_16-25-34.fsa	999				
107	A11_979_17-05-43.fsa	999				
108	A12_979_17-05-43.fsa	999				
109	B01_979_13-31-31.fsa	999				
110	B02_979_13-31-31.fsa	999				
111	B03_979_14-24-57.fsa	999				
112	B04_979_14-24-57.fsa	999				
113	B05_979_15-05-13.fsa	999				
114	B06_979_15-05-13.fsa	999				
115	B07_979_15-45-24.fsa	999				
116	B08_979_15-45-24.fsa	999				
117	B09_979_16-25-34.fsa	999				
118	B10_979_16-25-34.fsa	999				
119	B11_979_17-05-43.fsa	999				
120	B12_979_17-05-43.fsa	999				
121	C01_979_13-31-31.fsa	999				
122	C02_979_13-31-31.fsa	999				
123	C03_979_14-24-57.fsa	999				

（续）

资源序号	样本名 (sample file name)	等位基因位点 (allele，bp)	大小 (size, bp)	高度 (height, RFU)	面积 (area, RFU)	数据取值点 (data point, RFU)
124	C04_979_14 - 24 - 57. fsa	999				
125	C05_979_15 - 05 - 13. fsa	999				
126	C06_979_15 - 05 - 14. fsa	999				
127	C07_979_15 - 45 - 24. fsa	999				
128	C08_979_15 - 45 - 25. fsa	999				
129	C09_979_16 - 25 - 34. fsa	999				
130	C10_979_16 - 25 - 34. fsa	999				
131	C11_979_17 - 05 - 43. fsa	999				
132	C12_979_17 - 05 - 43. fsa	999				
133	D01_979_13 - 31 - 31. fsa	999				
134	D02_979_13 - 31 - 32. fsa	999				
135	D03_979_13 - 31 - 35. fsa	999				
136	D04_979_13 - 31 - 36. fsa	999				
137	D05_979_13 - 31 - 37. fsa	999				
138	D06_979_15 - 05 - 13. fsa	999				
139	D07_979_15 - 45 - 24. fsa	999				
140	D08_979_15 - 45 - 24. fsa	999				
141	D09_979_16 - 25 - 34. fsa	999				
142	D10_979_16 - 25 - 34. fsa	999				
143	D11_979_17 - 05 - 43. fsa	999				
144	D12_979_17 - 05 - 43. fsa	999				
145	E01_979_13 - 31 - 31. fsa	999				
146	E02_979_13 - 31 - 33. fsa	999				
147	E03_979_13 - 31 - 34. fsa	999				
148	E04_979_14 - 24 - 57. fsa	999				
149	E05_979_14 - 24 - 58. fsa	999				

（续）

资源序号	样本名 （sample file name）	等位基因位点 （allele，bp）	大小 （size，bp）	高度 （height，RFU）	面积 （area，RFU）	数据取值点 （data point，RFU）
150	E06 _979 _14 - 24 - 58. fsa	999				
151	E07 _979 _14 - 24 - 59. fsa	999				
152	E08 _979 _15 - 45 - 24. fsa	999				
153	E09 _979 _16 - 25 - 34. fsa	999				
154	E10 _979 _16 - 25 - 34. fsa	999				
155	E11 _979 _17 - 05 - 43. fsa	999				
156	E12 _979 _17 - 05 - 43. fsa	999				
157	F01 _979 _13 - 31 - 31. fsa	999				
158	2012 - 04 - 12 _3 _A03. fsa	306	305. 28	1 028	8 425	5 132
159	2012 - 04 - 12 _4 _A04. fsa	300	299. 02	1 349	11 901	5 109
160	2012 - 04 - 12 _8 _A08. fsa	308	307. 19	553	5 682	5 114
161	2012 - 04 - 12 _9 _A09. fsa	292	291. 38	188	1 590	4 947
162	2012 - 04 - 12 _12 _A12. fsa	304	303. 04	703	6 058	5 137
163	2012 - 04 - 12 _14 _B02. fsa	296	295. 36	999	8 752	5 180
164	2012 - 04 - 12 _16 _B04. fsa	306	305. 26	1 059	9 097	5 168
165	2012 - 04 - 12 _17 _B05. fsa	294	293. 22	745	6 477	5 014
166	2012 - 04 - 12 _17 _B06. fsa	296	295. 33	573	6 429	5 106
167	2012 - 04 - 12 _21 _B09. fsa	298	297. 1	1 130	9 664	5 046
168	2012 - 04 - 12 _22 _B10. fsa	330	330. 07	233	1 945	5 397
169	2012 - 04 - 12 _23 _B11. fsa	304	303. 06	481	4 078	5 119
170	2012 - 04 - 12 _24 _B12. fsa	308	307. 28	490	4 138	5 177
171	2012 - 04 - 12 _26 _C02. fsa	302	301. 14	850	7 688	5 245
172	2012 - 04 - 12 _29 _C05. fsa	304	303. 08	1 116	8 803	5 082
173	2012 - 04 - 12 _31 _C07. fsa	306	305. 07	1 665	13 936	5 068
174	2012 - 04 - 12 _32 _C08. fsa	296	295. 11	1 120	9 659	5 007
175	2012 - 04 - 12 _34 _C10. fsa	312	311. 42	396	3 399	5 201

（续）

资源序号	样本名 （sample file name）	等位基因位点 （allele，bp）	大小 （size，bp）	高度 （height，RFU）	面积 （area，RFU）	数据取值点 （data point，RFU）
176	2012 - 04 - 12_35_C11. fsa	298	297. 11	411	3 533	5 016
177	2012 - 04 - 12_38_D02. fsa	304	303. 36	313	2 660	5 264
178	2012 - 04 - 12_40_D04. fsa	312	311. 58	814	7 014	5 247
179	2012 - 04 - 12_41_D05. fsa	306	305. 3	1 478	12 652	5 157
180	2012 - 04 - 12_42_D06. fsa	300	299. 03	1 868	16 618	5 085
181	2012 - 04 - 12_46_D10. fsa	310	309. 32	708	5 937	5 185
182	2012 - 04 - 12_47_D11. fsa	298	297. 14	631	5 436	5 063
183	2012 - 04 - 12_48_D12. fsa	304	303. 02	422	3 698	5 122
184	2012 - 04 - 12_51_E03. fsa	300	299. 1	716	6 282	5 111
185	2012 - 04 - 12_52_E04. fsa	306	305. 24	890	7 963	5 175
186	2012 - 04 - 12_53_E05. fsa	323	323. 95	636	5 156	5 347
187	2012 - 04 - 12_54_E06. fsa	312	311. 45	582	5 064	5 226
188	2012 - 04 - 12_56_E08. fsa	304	303. 11	1 456	12 799	5 101
189	2012 - 04 - 12_61_F01. fsa	292	291. 6	1 975	18 568	5 132
190	2012 - 04 - 12_62_F02. fsa	315	315. 79	487	4 838	5 422
191	2012 - 04 - 12_63_F04. fsa	999				
192	2012 - 04 - 12_67_F07. fsa	308	307. 23	1 857	16 912	5 134
193	2012 - 04 - 12_68_F08. fsa	306	305. 21	291	2 604	5 120
194	2012 - 04 - 12_69_F09. fsa	308	307. 25	1 392	12 232	5 160
195	2012 - 04 - 12_71_F11. fsa	306	305. 1	630	5 569	5 138
196	2012 - 04 - 12_72_F12. fsa	300	298. 94	794	7 117	5 087
197	2012 - 04 - 12_78_G06. fsa	294	293. 37	157	1 431	5 047
198	2012 - 04 - 12_78_G11. fsa	312	311. 49	578	6 068	5 146
199	2012 - 04 - 12_84_G12. fsa	310	309. 42	674	6 149	5 206
200	2012 - 04 - 12_85_H01. fsa	279	278. 4	2 416	25 760	5 032
	2012 - 04 - 12_85_H01. fsa	302	301. 35	599	5 501	5 299

（续）

资源序号	样本名 （sample file name）	等位基因位点 （allele，bp）	大小 （size，bp）	高度 （height，RFU）	面积 （area，RFU）	数据取值点 （data point，RFU）
201	2012 - 04 - 12_87 _H03. fsa	310	309.51	1 004	8 817	5 259
202	2012 - 04 - 12_88 _H04. fsa	306	305.44	269	2 409	5 268
203	2012 - 04 - 12_90 _H06. fsa	310	309.59	1 037	9 420	5 299
204	2012 - 04 - 12_92 _H08. fsa	296	295.26	1 096	9 803	5 104
205	2012 - 04 - 12_93 _H09. fsa	290	289.54	346	3 185	5 006
206	2012 - 04 - 12_94 _H10. fsa	298	297.11	1 579	14 597	5 145
207	2012 - 04 - 12_96 _H12. fsa	306	305.29	833	7 062	5 246

25 Sat_092

资源序号	样本名 （sample file name）	等位基因位点 （allele，bp）	大小 （size， bp）	高度 （height， RFU）	面积 （area， RFU）	数据取值点 （data point， RFU）
1	A01_883-978_10-58-05. fsa	231	232.11	265	2 547	5 265
2	A02_883-978_10-58-05. fsa	238	238.46	3 907	40 315	5 481
3	A03_883-978_11-50-36. fsa	231	231.83	5 736	56 669	5 120
4	A04_883-978_11-50-36. fsa	225	225.52	4 801	48 256	5 148
5	A05_883-978_12-30-51. fsa	238	238.11	5 952	57 469	5 169
6	A06_883-978_12-30-51. fsa	236	235.98	3 120	31 114	5 254
7	A07_883-978_13-11-02. fsa	242	242.35	2 856	27 216	5 206
8	A08_883-978_13-11-02. fsa	212	212.77	7 892	111 630	4 937
9	A09_883-978_13-51-12. fsa	229	229.57	2 598	24 839	5 027
	A09_883-978_13-51-12. fsa	240	240.18	4 857	46 097	5 160
10	A10_883-978_13-51-12. fsa	234	233.84	3 531	36 237	5 192
11	A11_883-978_14-31-19. fsa	234	233.8	1 575	17 055	5 065
12	A12_883-978_14-31-20. fsa	246	245.63	916	8 486	4 975
13	B01_883-978_10-58-05. fsa	236	236.34	1 744	17 272	5 341
	B01_883-978_10-58-05. fsa	246	247.01	2 687	26 728	5 480
14	B02_883-978_10-58-05. fsa	210	209.73	4 640	38 832	4 219
15	B03_883-978_11-50-36. fsa	236	236.03	5 148	50 854	5 187
16	B04_883-978_11-50-37. fsa	234	233.12	7 895	89 234	4 806
17	B05_883-978_12-30-51. fsa	236	235.91	7 233	69 563	5 152
18	B06_883-978_12-30-52. fsa	234	232.93	5 304	51 542	4 841
19	B07_883-978_12-30-53. fsa	238	237.21	4 741	40 108	4 865
20	B08_883-978_13-11-02. fsa	227	227.28	7 763	102 362	5 121
21	B09_883-978_13-51-12. fsa	248	248.64	1 557	15 087	5 280
22	B10_883-978_13-51-12. fsa	246	246.54	2 093	20 522	5 358

（续）

资源序号	样本名 （sample file name）	等位基因位点 （allele，bp）	大小 （size， bp）	高度 （height， RFU）	面积 （area， RFU）	数据取值点 （data point， RFU）
23	B11_883 - 978_14 - 31 - 19. fsa	240	240. 15	808	7 534	5 154
24	B12_883 - 978_14 - 31 - 19. fsa	246	246. 45	285	2 964	5 337
25	C01_883 - 978_10 - 58 - 05. fsa	231	232. 06	6 090	61 083	5 264
26	C02_883 - 978_10 - 58 - 05. fsa	212	211. 94	2 361	20 654	4 291
27	C03_883 - 978_11 - 50 - 36. fsa	236	235. 99	3 874	37 554	5 168
28	C04_883 - 978_11 - 50 - 36. fsa	246	246. 61	3 523	35 834	5 423
29	C05_883 - 978_12 - 30 - 51. fsa	227	227. 47	5 503	53 106	5 026
30	C06_883 - 978_12 - 30 - 51. fsa	212	212. 6	7 991	108 525	4 933
31	C07_883 - 978_13 - 11 - 02. fsa	246	246. 53	4 466	43 448	5 261
32	C08_883 - 978_13 - 11 - 02. fsa	225	225. 39	4 124	43 251	5 086
33	C09_883 - 978_13 - 51 - 12. fsa	225	225. 34	5 258	51 164	4 967
34	C10_883 - 978_13 - 51 - 12. fsa	225	225. 27	7 867	92 274	5 066
35	C11_883 - 978_14 - 31 - 19. fsa	229	229. 55	3 742	37 075	5 007
36	C12_883 - 978_14 - 31 - 19. fsa	246	246. 77	2 458	24 739	5 330
37	D01_883 - 978_10 - 58 - 05. fsa	238	238. 5	214	2 183	5 449
	D01_883 - 978_10 - 58 - 05. fsa	251	251. 12	155	1 584	5 621
38	D02_883 - 978_10 - 58 - 05. fsa	231	232. 01	1 707	17 656	5 377
	D02_883 - 978_10 - 58 - 05. fsa	240	240. 58	977	10 206	5 496
39	D03_883 - 978_11 - 50 - 36. fsa	212	212. 86	7 767	69 867	4 955
	D03_883 - 978_11 - 50 - 36. fsa	251	250. 89	642	6 355	5 452
40	D04_883 - 978_11 - 50 - 36. fsa	225	225. 38	4 105	42 042	5 128
41	D05_883 - 978_12 - 30 - 51. fsa	227	227. 32	5 040	61 243	5 124
42	D06_883 - 978_12 - 30 - 51. fsa	234	233. 91	2 634	29 577	5 233
43	D07_883 - 978_13 - 11 - 02. fsa	234	233. 8	6 018	59 472	5 177
44	D08_883 - 978_13 - 11 - 02. fsa	210	210. 44	7 852	96 420	4 878
45	D09_883 - 978_13 - 51 - 12. fsa	210	210. 43	7 897	87 710	4 857

（续）

资源序号	样本名 （sample file name）	等位基因位点 （allele，bp）	大小 （size，bp）	高度 （height，RFU）	面积 （area，RFU）	数据取值点 （data point，RFU）
46	D10_883-978_13-51-12. fsa	227	227. 41	268	2 667	5 088
47	D11_883-978_14-31-19. fsa	236	235. 96	511	4 936	5 168
48	D12_883-978_14-31-19. fsa	246	246. 51	2 790	28 078	5 322
49	E01_883-978_10-58-05. fsa	246	247. 06	2 682	27 150	5 552
50	E02_883-978_10-58-05. fsa	240	240. 44	1 069	22 461	5 276
51	E03_883-978_11-50-36. fsa	212	212. 63	2 034	26 786	5 246
52	E04_883-978_11-50-36. fsa	212	212. 72	7 926	107 068	4 954
53	E05_883-978_12-30-51. fsa	212	212. 69	1 611	17 215	4 913
54	E06_883-978_12-30-51. fsa	248	248. 8	1 199	12 118	5 404
55	E07_883-978_13-11-02. fsa	212	212. 75	3 055	39 451	5 239
56	E08_883-978_13-11-02. fsa	225	225. 35	3 866	38 857	5 074
57	E09_883-978_13-51-12. fsa	234	233. 91	2 785	27 280	5 151
58	E10_883-978_13-51-12. fsa	231	231. 7	1 980	19 919	5 142
59	E11_883-978_14-31-19. fsa	227	227. 51	757	7 567	5 045
60	E12_883-978_14-31-19. fsa	225	225. 36	262	2 691	5 041
61	F01_883-978_10-58-05. fsa	231	232. 15	1 413	14 584	5 333
62	F02_883-978_10-58-05. fsa	246	246. 99	1 747	18 448	5 537
63	F03_883-978_11-50-36. fsa	212	212. 63	1 755	19 846	5 437
64	F04_883-978_11-50-36. fsa	999				
65	F05_883-978_12-30-51. fsa	210	210. 51	8 116	103 436	4 862
66	F06_883-978_12-30-51. fsa	248	248. 86	1 396	14 146	5 375
67	F07_883-978_13-11-02. fsa	231	231. 81	958	9 418	5 120
68	F08_883-978_13-11-02. fsa	236	236. 01	1 702	17 001	5 190
69	F09_883-978_13-51-12. fsa	236	235. 98	474	4 830	5 157
70	F10_883-978_13-51-13. fsa	248	247. 71	800	7 110	4 936
71	F11_883-978_14-31-19. fsa	236	235. 94	2 606	25 962	5 140

（续）

资源序号	样本名 （sample file name）	等位基因位点 （allele，bp）	大小 （size，bp）	高度 （height，RFU）	面积 （area，RFU）	数据取值点 （data point，RFU）
72	F12_883 - 978_14 - 31 - 19. fsa	248	248.69	612	6 070	5 323
73	G01_883 - 978_10 - 58 - 05. fsa	212	212.91	1 945	19 993	5 087
	G01_883 - 978_10 - 58 - 05. fsa	240	240.72	904	9 277	5 455
74	G02_883 - 978_10 - 58 - 05. fsa	999				
75	G03_883 - 978_11 - 50 - 36. fsa	999				
76	G04_883 - 978_11 - 50 - 36. fsa	212	212.76	391	4 259	4 942
77	G05_883 - 978_12 - 30 - 51. fsa	212	212.56	7 900	88 122	4 898
78	G06_883 - 978_12 - 30 - 52. fsa	231	230.92	4 146	38 656	4 806
79	G07_883 - 978_13 - 11 - 02. fsa	234	234.02	124	1 263	5 156
80	G08_883 - 978_13 - 11 - 02. fsa	234	233.96	526	5 229	5 171
	G08_883 - 978_13 - 11 - 02. fsa	246	246.76	590	5 797	5 337
81	G09_883 - 978_13 - 51 - 12. fsa	246	246.69	341	3 353	5 300
82	G10_883 - 978_13 - 51 - 12. fsa	212	212.62	6 581	67 088	4 877
83	G11_883 - 978_14 - 31 - 19. fsa	236	236.12	967	9 816	5 149
84	G12_883 - 978_14 - 31 - 19. fsa	999				
85	H01_883 - 978_10 - 58 - 05. fsa	234	234.49	1 244	13 122	5 433
86	H02_883 - 978_10 - 58 - 05. fsa	248	248.87	1 524	19 336	5 369
87	H03_883 - 978_11 - 50 - 36. fsa	248	249.08	1 071	11 037	5 459
88	H04_883 - 978_11 - 50 - 36. fsa	251	251.13	624	6 604	5 578
89	H05_883 - 978_12 - 30 - 51. fsa	212	212.77	720	7 934	4 952
	H05_883 - 978_12 - 30 - 51. fsa	231	232.05	329	3 492	5 202
90	H06_883 - 978_12 - 30 - 51. fsa	236	236.26	356	3 837	5 343
91	H07_883 - 978_13 - 11 - 02. fsa	231	231.96	619	6 330	5 182
92	H08_883 - 978_13 - 11 - 02. fsa	212	212.72	1 265	13 593	5 013
93	H09_883 - 978_13 - 51 - 12. fsa	212	212.63	4 213	42 974	4 916
94	H10_883 - 978_13 - 51 - 12. fsa	212	212.61	6 635	69 371	4 993

（续）

资源序号	样本名 （sample file name）	等位基因位点 （allele，bp）	大小 （size，bp）	高度 （height，RFU）	面积 （area，RFU）	数据取值点 （data point，RFU）
95	H11_883 - 978_14 - 31 - 19. fsa	234	234.03	1 050	11 322	5 173
96	H12_883 - 978_14 - 31 - 19. fsa	251	250.95	311	3 243	5 480
97	A01_bu - 8_23 - 43 - 46. fsa	240	239.32	1 621	14 346	4 936
98	A02_bu - 8_23 - 43 - 46. fsa	240	239.45	1 513	16 247	5 132
99	A03_bu - 8_23 - 43 - 47. fsa	240	239.42	130	1 192	4 931
100	A04_bu - 8_23 - 43 - 48. fsa	248	247.73	794	7 176	4 982
101	A05_bu - 8_23 - 43 - 49. fsa	999				
102	A06_bu - 8_23 - 43 - 49. fsa	248	248	61	507	4 999
103	A07_bu - 8_23 - 43 - 50. fsa	234	233.48	892	10 169	5 032
104	A08_bu - 8_23 - 43 - 50. fsa	234	233.07	209	1 930	4 843
105	A09_bu - 8_23 - 43 - 50. fsa	225	225.31	1 439	19 653	5 247
106	A10_bu - 8_23 - 43 - 51. fsa	212	212	3 091	29 856	4 604
107	A11_bu - 8_23 - 43 - 52. fsa	999				
108	A12_bu - 8_23 - 43 - 52. fsa	236	235.14	2 588	23 679	4 903
109	B01_bu - 8_23 - 43 - 46. fsa	999				
110	B02_bu - 8_23 - 43 - 46. fsa	212	212.77	574	5 698	5 173
111	B03_bu - 8_23 - 43 - 47. fsa	999				
112	B04_bu - 8_23 - 43 - 48. fsa	999				
113	B05_bu - 8_21 - 02 - 59. fsa	248	247.68	313	2 865	4 979
114	B06_bu - 8_21 - 02 - 60. fsa	248	247.74	159	1 726	5 092
115	B07_bu - 8_21 - 02 - 61. fsa	227	226.75	598	6 236	4 740
116	B08_bu - 8_23 - 43 - 50. fsa	999				
117	B09_bu - 8_23 - 43 - 50. fsa	999				
118	B10_bu - 8_23 - 43 - 51. fsa	999				
119	B11_bu - 8_23 - 43 - 52. fsa	999				
120	B12_bu - 8_23 - 43 - 52. fsa	999				

（续）

资源序号	样本名 (sample file name)	等位基因位点 (allele，bp)	大小 (size，bp)	高度 (height，RFU)	面积 (area，RFU)	数据取值点 (data point，RFU)
121	C01_bu－8_23－43－46.fsa	999				
122	C02_bu－8_23－43－46.fsa	240	240.16	2 051	29 335	5 261
	C02_bu－8_23－43－46.fsa	246	246.55	1 747	28 697	5 136
123	C03_bu－8_23－43－47.fsa	999				
124	C04_bu－8_23－43－48.fsa	999				
125	C05_bu－8_23－43－49.fsa	999				
126	C06_bu－8_21－43－13.fsa	225	224.64	4 240	40 205	4 703
127	C07_bu－8_21－43－14.fsa	210	209.89	2 666	25 973	4 532
	C07_bu－8_21－43－15.fsa	234	233.09	1 592	14 747	4 811
128	C08_bu－8_21－43－16.fsa	231	231	971	9 325	4 799
129	C09_bu－8_21－43－17.fsa	236	235.19	1 283	11 728	4 856
130	C10_bu－8_23－43－51.fsa	231	231.11	1 054	13 429	4 975
131	C11_bu－8_23－43－52.fsa	999				
132	C12_bu－8_23－43－52.fsa	999				
133	D01_bu－8_23－43－46.fsa	999				
134	D02_bu－8_23－43－46.fsa	999				
135	D03_bu－8_20－12－01.fsa	248	248	421	4 067	5 038
136	D04_bu－8_20－12－02.fsa	234	233.21	235	2 145	4 843
137	D05_bu－8_20－12－03.fsa	212	212.02	545	5 308	4 558
	D05_bu－8_20－12－04.fsa	229	228.98	383	3 693	4 761
138	D06_bu－8_20－12－05.fsa	212	212.09	1 661	15 683	4 570
139	D07_bu－8_20－12－06.fsa	251	250.94	2 346	30 572	4 893
140	D08_bu－8_20－12－06.fsa	212	212.03	2 619	24 872	4 587
	D08_bu－8_20－12－07.fsa	236	235.22	414	3 933	4 864
141	D09_bu－8_20－12－08.fsa	999				
142	D10_bu－8_20－12－08.fsa	210	209.93	2 222	21 001	4 574

（续）

资源序号	样本名 （sample file name）	等位基因位点 （allele，bp）	大小 （size， bp）	高度 （height， RFU）	面积 （area， RFU）	数据取值点 （data point， RFU）
143	D11_bu-8_20-12-09. fsa	212	212.03	6 766	68 445	4 605
144	D12_bu-8_20-12-09. fsa	999				
145	E01_bu-8_23-43-46. fsa	231	231.15	1 116	10 142	4 856
146	E02_bu-8_23-43-46. fsa	227	226.74	1 947	32 426	4 974
147	E03_bu-8_20-12-01. fsa	999				
148	E04_bu-8_20-12-02. fsa	212	212.08	1 624	29 871	4 863
149	E05_bu-8_23-43-47. fsa	248	248.02	121	1 184	5 075
150	E06_bu-8_23-43-48. fsa	236	235.32	710	6 791	4 879
151	E07_bu-8_21-43-15. fsa	248	248.01	547	5 712	4 527
152	E08_bu-8_21-43-16. fsa	999				
153	E09_bu-8_21-43-17. fsa	231	231.12	696	6 875	4 566
154	E10_bu-8_23-43-49. fsa	212	212.12	315	2 994	4 634
155	E11_bu-8_23-43-50. fsa	229	229.07	313	3 119	4 893
	E11_bu-8_23-43-51. fsa	240	239.65	272	2 706	5 023
156	E12_bu-8_23-43-51. fsa	231	231.15	1 694	19 758	5 192
157	F01_bu-8_23-43-46. fsa	227	226.96	149	1 406	4 880
158	2012-04-09_3_A03. fsa	246	245.81	171	1 669	4 829
159	2012-04-09_4_A04. fsa	231	231.14	188	3 460	4 724
160	2012-04-09_8_A08. fsa	231	231.13	112	1 150	4 633
161	2012-04-09_9_A09. fsa	227	226.8	172	1 292	4 500
162	2012-04-09_12_A12. fsa	212	212.08	2 113	17 313	4 346
163	2012-04-09_16_B02. fsa	246	245.77	2 141	19 312	4 574
164	2012-04-09_16_B04. fsa	244	243.81	275	2 391	4 840
165	2012-04-09_17_B05. fsa	244	243.39	475	4 456	4 792
166	2012-04-09_17_B06. fsa	238	237.14	551	5 921	4 719
167	2012-04-09_21_B09. fsa	225	224.68	1 652	13 520	4 516

（续）

资源序号	样本名 (sample file name)	等位基因位点 (allele，bp)	大小 (size，bp)	高度 (height，RFU)	面积 (area，RFU)	数据取值点 (data point，RFU)
168	2012－04－09_22_B10. fsa	240	241.57	402	3 221	4 706
169	2012－04－09_23_B11. fsa	234	232.98	751	6 020	4 572
170	2012－04－09_24_B12. fsa	231	230.99	171	2 269	4 548
171	2012－04－09_26_C02. fsa	227	227.17	268	2 262	4 808
172	2012－04－09_29_C05. fsa	248	247.97	203	1 551	4 764
173	2012－04－09_31_C07. fsa	234	233.16	912	7 172	4 578
174	2012－04－09_32_C08. fsa	246	245.76	319	2 962	4 772
175	2012－04－09_34_C10. fsa	244	243.66	288	2 388	4 723
176	2012－04－09_35_C11. fsa	234	232.95	73	562	4 521
177	2012－04－09_38_D02. fsa	240	239.83	166	1 345	4 882
178	2012－04－09_40_D04. fsa	240	239.62	521	4 075	4 738
179	2012－04－09_41_D05. fsa	227	226.99	1 260	9 980	4 587
180	2012－04－09_42_D06. fsa	236	235.37	713	5 912	4 671
181	2012－04－09_46_D10. fsa	231	231.02	559	4 352	4 579
182	2012－04－09_47_D11. fsa	246	246.19	182	1 626	4 048
183	2012－04－09_48_D12. fsa	236	235.12	199	1 605	4 590
184	2012－04－09_51_E03. fsa	231	231.27	444	3 749	4 741
185	2012－04－09_52_E04. fsa	240	239.69	280	2 269	4 751
186	2012－04－09_53_E05. fsa	240	239.62	355	2 860	4 772
187	2012－04－09_54_E06. fsa	240	241.65	305	2 379	4 750
188	2012－04－09_56_E08. fsa	246	245.75	297	2 491	4 778
189	2012－04－09_61_F01. fsa	229	229.32	445	3 871	4 737
190	2012－04－09_62_F02. fsa	236	235.64	110	932	4 907
191	2012－04－09_64_F04. fsa	257	257.77	194	1 540	4 974
192	2012－04－09_67_F07. fsa	225	224.72	464	4 063	4 518
193	2012－04－09_68_F08. fsa	234	233.3	156	1 208	4 627

（续）

资源序号	样本名 （sample file name）	等位基因位点 （allele，bp）	大小 （size，bp）	高度 （height，RFU）	面积 （area，RFU）	数据取值点 （data point，RFU）
194	2012－04－09_69_F09. fsa	251	249. 91	269	2 264	4 782
195	2012－04－09_71_F11. fsa	236	235. 17	187	1 457	4 582
196	2012－04－09_72_F12. fsa	225	224. 71	242	2 602	4 474
197	2012－04－09_78_G06. fsa	225	225. 06	104	1 029	4 567
198	2012－04－09_83_G11. fsa	231	231. 06	181	1 895	4 559
199	2012－04－09_84_G12. fsa	212	212. 15	2 055	18 418	4 345
200	2012－04－09_85_H01. fsa	225	225. 31	661	5 924	4 892
201	2012－04－09_87_H03. fsa	227	227. 19	1 403	12 248	4 677
202	2012－04－09_88_H04. fsa	246	246. 22	174	1 603	4 949
203	2012－04－09_90_H06. fsa	229	229. 32	1 173	10 245	4 713
204	2012－04－09_92_H08. fsa	240	241. 93	599	5 086	4 839
205	2012－04－09_93_H09. fsa	234	233. 46	68	543	4 654
206	2012－04－09_94_H10. fsa	212	212. 28	2 520	23 496	4 463
207	2012－04－09_96_H12. fsa	212	212. 15	1 254	11 084	4 421

26 Sat_112

资源序号	样本名 （sample file name）	等位基因位点 （allele，bp）	大小 （size，bp）	高度 （height，RFU）	面积 （area，RFU）	数据取值点 （data point，RFU）
1	A01_883_20-37-40.fsa	346	346.49	997	11 615	7 083
2	A02_883_20-37-40.fsa	342	342.97	159	1 779	7 251
3	A03_883_21-29-57.fsa	350	350.76	1 451	17 448	6 930
4	A04_883_21-29-57.fsa	300	300.61	755	7 913	6 434
	A04_883_21-29-57.fsa	325	325.8	3 418	50 054	6 773
5	A05_883_22-10-09.fsa	323	323.72	842	9 296	6 554
	A05_883_22-10-09.fsa	335	334.97	214	2 436	6 702
6	A06_883_22-10-09.fsa	350	349.88	1 405	16 115	7 133
7	A07_883_22-50-21.fsa	342	342.78	817	14 008	6 813
8	A08_883_22-50-21.fsa	346	347.25	3 420	42 278	7 127
9	A09_883_23-30-30.fsa	323	323.78	336	5 546	6 598
10	A10_883_23-30-30.fsa	339	339.15	2 846	33 935	7 041
11	A11_0_20-12-15.fsa	328	328.42	2 753	33 747	5 495
	A11_883_24-10-39.fsa	330	330.04	5 803	87 616	6 676
12	A12_883_24-10-39.fsa	298	298.57	1 180	12 837	6 456
	A12_883_24-10-39.fsa	323	323.74	3 515	52 872	6 800
13	B01_883_20-37-40.fsa	323	323.98	672	7 707	6 753
	B01_883_20-37-40.fsa	346	346.43	374	4 248	7 071
14	B02_883_20-37-40.fsa	328	328.11	95	1 337	7 063
15	B03_883_21-29-57.fsa	330	329.92	85	1 280	6 652
16	B04_883_21-29-57.fsa	330	329.85	886	12 879	6 873
17	B05_883_22-10-09.fsa	323	323.68	1 512	21 451	6 560
18	B06_883_22-10-09.fsa	328	327.91	1 657	21 245	6 856
19	B07_883_22-50-21.fsa	323	323.67	1 985	28 339	6 589

（续）

资源序号	样本名 （sample file name）	等位基因位点 （allele，bp）	大小 （size，bp）	高度 （height，RFU）	面积 （area，RFU）	数据取值点 （data point，RFU）
20	B08_0_20 - 12 - 15. fsa	323	324.46	1 911	23 237	5 459
	B08_883_22 - 50 - 21. fsa	325	325.82	374	5 341	6 858
21	B09_883_23 - 30 - 30. fsa	346	347.12	3 782	46 361	6 925
22	B10_883_23 - 30 - 30. fsa	346	347.21	2 348	28 804	7 191
23	B11_883_24 - 10 - 39. fsa	335	335	2 806	33 549	6 764
24	B12_883_24 - 10 - 39. fsa	330	329.79	7 318	131 321	6 931
25	C01_883_20 - 37 - 40. fsa	346	347.29	1 580	19 701	7 083
26	C02_883_20 - 37 - 40. fsa	348	348.15	501	4 866	6 677
27	C03_883_21 - 29 - 57. fsa	298	298.57	700	7 366	6 239
	C03_883_21 - 29 - 57. fsa	323	323.62	2 912	42 451	6 566
28	C04_883_21 - 29 - 57. fsa	323	323.89	670	7 103	6 796
	C04_883_21 - 29 - 57. fsa	346	347.13	4 246	56 754	7 143
29	C05_883_22 - 10 - 09. fsa	325	325.66	2 742	39 619	6 593
30	C06_883_22 - 10 - 09. fsa	342	342.79	1 067	13 895	7 084
31	C07_883_22 - 50 - 21. fsa	325	325.82	6 697	68 546	6 617
32	C08_883_22 - 50 - 21. fsa	325	325.84	514	6 464	6 867
33	C09_883_23 - 30 - 30. fsa	323	323.77	466	7 155	6 924
34	C10_883_23 - 30 - 30. fsa	335	334.95	3 412	45 359	6 983
35	C11_883_24 - 10 - 39. fsa	346	347.2	1 207	14 397	6 935
36	C12_0_20 - 12 - 15. fsa	323	324.44	3 513	41 953	5 538
	C12_883_24 - 10 - 39. fsa	325	325.79	7 071	76 129	6 885
37	D01_883_20 - 37 - 40. fsa	999				
38	D02_883_20 - 37 - 40. fsa	342	342.75	4 422	56 147	6 924
	D02_883_20 - 37 - 40. fsa	346	347.11	305	5 541	6 874
39	D03_883_21 - 29 - 57. fsa	311	311.09	4 564	59 681	6 513
	D03_883_21 - 29 - 57. fsa	346	347.24	424	4 504	7 016

（续）

资源序号	样本名 （sample file name）	等位基因位点 （allele，bp）	大小 （size，bp）	高度 （height，RFU）	面积 （area，RFU）	数据取值点 （data point，RFU）
40	D04_883_21 - 29 - 57. fsa	323	323.73	2 530	39 103	6 776
41	D05_883_22 - 10 - 09. fsa	999				
42	D06_883_22 - 10 - 09. fsa	323	323.71	705	9 311	6 780
43	D07_883_22 - 50 - 21. fsa	325	325.79	114	1 549	6 736
44	D08_883_22 - 50 - 21. fsa	323	323.82	152	2 172	6 811
45	D09_883_23 - 30 - 30. fsa	323	323.82	65	833	6 719
46	D10_883_23 - 30 - 31. fsa	335	333.78	5 939	74 599	5 959
47	D11_883_24 - 10 - 39. fsa	328	328.89	1 643	22 131	6 794
48	D12_883_24 - 10 - 40. fsa	346	346.51	7 050	86 387	6 060
49	E01_883_20 - 37 - 40. fsa	298	298.75	557	6 168	6 508
	E01_883_20 - 37 - 40. fsa	323	324.01	2 459	37 724	6 848
50	E02_883_20 - 37 - 40. fsa	350	349.94	220	3 068	7 378
51	E03_883_20 - 37 - 41. fsa	342	341.96	6 137	56 428	6 033
52	E04_883_21 - 29 - 57. fsa	335	335.07	170	2 239	6 924
53	E05_883_21 - 29 - 58. fsa	346	345.55	5 961	64 093	6 051
54	E06_883_22 - 10 - 09. fsa	348	348.46	355	7 715	6 488
55	E07_883_22 - 50 - 21. fsa	323	323.74	155	2 234	6 894
56	E08_883_22 - 50 - 21. fsa	325	325.86	820	12 546	6 831
57	E09_883_23 - 30 - 30. fsa	325	325.75	2 257	32 055	6 713
58	E10_883_23 - 30 - 30. fsa	346	346.36	224	2 906	7 153
59	E11_883_24 - 10 - 39. fsa	330	329.86	3 003	43 559	6 776
60	E12_883_24 - 10 - 39. fsa	325	325.9	1 180	15 805	6 854
61	F01_883_20 - 37 - 40. fsa	311	311.48	596	9 657	6 680
62	F02_883_20 - 37 - 40. fsa	346	346.45	822	10 111	7 244
63	F03_883_20 - 37 - 41. fsa	346	345.71	1 437	16 056	6 029
64	F04_883_20 - 37 - 42. fsa	323	324.45	7 220	79 950	5 793

（续）

资源序号	样本名 （sample file name）	等位基因位点 （allele，bp）	大小 （size，bp）	高度 （height，RFU）	面积 （area，RFU）	数据取值点 （data point，RFU）
65	F05_883_22 - 10 - 09. fsa	328	327.91	822	10 388	6 712
66	F06_883_22 - 10 - 09. fsa	325	325.81	707	11 033	6 744
67	F07_883_22 - 50 - 21. fsa	342	342.78	131	1 793	7 005
68	F08_883_22 - 50 - 21. fsa	346	346.44	154	1 850	7 077
69	F09_883_23 - 30 - 30. fsa	311	311.17	141	2 227	6 522
70	F10_883_23 - 30 - 31. fsa	342	341.86	5 075	61 214	5 967
71	F11_883_24 - 10 - 39. fsa	346	346.31	197	1 999	7 057
72	F12_883_24 - 10 - 39. fsa	323	324.11	998	10 151	5 711
73	G01_883_20 - 37 - 40. fsa	346	347.34	292	3 695	7 191
74	G02_883_20 - 37 - 41. fsa	328	327.8	2 637	29 145	5 864
	G02_883_20 - 37 - 42. fsa	342	342.94	1 295	15 348	6 039
75	G03_883_21 - 29 - 57. fsa	323	323.67	587	7 154	5 966
76	G04_883_21 - 29 - 57. fsa	346	347.31	208	2 680	7 036
77	G05_883_22 - 10 - 09. fsa	342	342.81	176	1 980	6 898
78	G06_883_22 - 10 - 09. fsa	346	346.5	257	3 165	7 051
79	G07_883_22 - 10 - 10. fsa	323	322.62	3 642	38 153	5 801
	G07_883_22 - 10 - 11. fsa	342	342.97	687	7 017	6 038
80	G08_883_22 - 50 - 21. fsa	330	329.99	615	6 802	6 807
81	G09_883_23 - 30 - 30. fsa	330	329.99	887	12 845	6 755
82	G10_883_23 - 30 - 30. fsa	346	346.39	97	1 128	7 087
83	G11_883_23 - 30 - 31. fsa	342	341.93	2 211	21 763	6 043
84	G12_883_23 - 30 - 32. fsa	335	333.91	1 125	11 241	5 909
85	H01_883_20 - 37 - 40. fsa	330	330.27	131	2 219	7 048
86	H02_883_20 - 37 - 41. fsa	346	346.65	1 748	17 289	6 080
87	H03_883_21 - 29 - 57. fsa	346	347.29	291	4 085	7 069

（续）

资源序号	样本名 （sample file name）	等位基因位点 （allele，bp）	大小 （size，bp）	高度 （height，RFU）	面积 （area，RFU）	数据取值点 （data point，RFU）
88	H04_883_21 - 29 - 57. fsa	325	326.12	34	454	6 883
	H04_883_21 - 29 - 57. fsa	346	347.28	33	450	7 195
89	H05_883_21 - 29 - 58. fsa	323	324.65	2 300	28 766	5 819
90	H06_883_21 - 29 - 59. fsa	323	324.64	3 055	31 235	5 774
91	H07_883_22 - 50 - 21. fsa	342	342.91	141	1 768	7 026
92	H08_883_22 - 50 - 22. fsa	323	324.51	4 760	52 422	5 780
93	H09_883_23 - 30 - 30. fsa	323	324.25	71	759	6 772
	H09_883_23 - 30 - 30. fsa	346	347.39	291	4 061	7 108
94	H10_883_23 - 30 - 30. fsa	346	346.5	169	2 156	7 225
95	H11_883_24 - 10 - 39. fsa	311	311.08	4 985	82 831	6 605
96	H12_883_24 - 10 - 39. fsa	325	326.07	490	7 655	6 928
97	A01_979_01 - 31 - 23. fsa	323	324.29	7 886	119 944	5 764
98	A02_979_01 - 31 - 24. fsa	323	324.2	7 805	116 827	5 778
99	A03_979_01 - 31 - 25. fsa	300	300.63	868	8 648	6 353
	A03_979_01 - 31 - 25. fsa	325	325.8	2 706	35 009	6 681
100	A04_979_01 - 31 - 25. fsa	346	347.25	713	8 874	7 215
101	A05_979_01 - 31 - 26. fsa	323	324.39	7 670	106 442	5 818
102	A06_979_02 - 11 - 37. fsa	325	325.96	2 067	30 253	6 929
	A06_979_02 - 11 - 37. fsa	348	349.04	717	8 629	7 279
103	A07_979_02 - 51 - 46. fsa	323	323.75	1 154	11 699	5 547
104	A08_979_02 - 51 - 46. fsa	323	323.81	595	8 364	6 924
	A08_979_02 - 51 - 46. fsa	330	329.93	676	9 457	7 011
105	A09_979_03 - 31 - 54. fsa	350	349.87	236	3 792	7 089
106	A10_979_03 - 31 - 55. fsa	344	344.89	583	5 541	6 067
107	A11_979_04 - 12 - 00. fsa	346	346.35	2 147	29 546	6 149
108	A12_979_04 - 12 - 00. fsa	346	346.4	198	2 319	7 273

（续）

资源序号	样本名 （sample file name）	等位基因位点 （allele，bp）	大小 （size，bp）	高度 （height，RFU）	面积 （area，RFU）	数据取值点 （data point，RFU）
109	B01_979_02-11-35.fsa	323	324.35	7 813	106 897	5 809
110	B02_979_02-11-36.fsa	346	345.66	2 310	25 383	6 072
111	B03_979_02-11-37.fsa	332	331.82	3 835	52 554	5 892
112	B04_979_02-11-38.fsa	332	331.76	3 734	39 792	5 906
113	B05_979_02-11-37.fsa	325	325.8	1 049	20 577	6 725
114	B06_979_02-11-37.fsa	325	325.86	1 289	17 492	6 976
115	B07_979_02-51-46.fsa	335	335.1	324	4 264	6 902
116	B08_979_02-51-47.fsa	335	335.6	6 087	103 111	5 903
117	B09_979_02-51-48.fsa	342	341.88	2 090	22 746	6 000
118	B10_979_02-51-49.fsa	346	346.57	1 976	21 530	6 036
119	B11_979_02-51-50.fsa	344	343.88	876	9 127	6 017
120	B12_979_02-51-51.fsa	311	309.93	8 077	103 818	5 664
	B12_979_02-51-51.fsa	323	323.85	4 615	55 891	5 523
121	C01_979_24-50-50.fsa	344	343.9	1 067	11 041	6 072
122	C02_979_24-50-51.fsa	325	325.84	227	2 182	6 920
123	C03_979_24-50-52.fsa	342	342.07	1 562	17 835	6 088
124	C04_979_24-50-53.fsa	298	298.55	526	5 944	5 608
	C04_979_24-50-53.fsa	323	322.85	480	5 400	5 841
125	C05_979_24-50-54.fsa	300	300.42	785	10 125	6 017
	C05_979_24-50-54.fsa	323	322.88	1 162	12 329	5 926
126	C06_979_24-50-55.fsa	346	346.78	349	3 606	6 191
127	C07_979_02-51-46.fsa	323	324.69	332	4 002	5 560
128	C08_979_02-51-46.fsa	298	298.65	1 457	16 080	6 612
	C08_979_02-51-46.fsa	323	323.77	6 035	90 433	6 974
129	C09_979_03-31-54.fsa	300	300.54	609	5 987	6 403
	C09_979_03-31-54.fsa	325	325.79	2 464	25 814	6 739

（续）

资源序号	样本名 (sample file name)	等位基因位点 (allele，bp)	大小 (size，bp)	高度 (height，RFU)	面积 (area，RFU)	数据取值点 (data point，RFU)
130	C10_979_03-31-55.fsa	346	346.78	1 765	19 022	6 124
131	C11_979_03-31-56.fsa	346	345.87	225	2 502	6 180
132	C12_979_03-31-57.fsa	339	340.08	978	10 342	6 000
133	D01_979_01-31-24.fsa	999				
134	D02_979_01-31-24.fsa	323	322.53	4 954	51 829	5 860
135	D03_979_01-31-25.fsa	325	325.92	305	4 216	6 825
136	D04_979_01-31-25.fsa	325	325.85	462	6 732	6 933
137	D05_979_02-11-37.fsa	342	342.85	896	9 544	7 084
138	D06_979_02-11-37.fsa	346	347.26	1 909	23 369	7 288
139	D07_979_02-51-46.fsa	350	350	543	5 603	7 242
140	D08_979_02-51-46.fsa	342	342.87	656	8 364	7 235
141	D09_979_03-31-54.fsa	325	325.97	930	11 205	6 867
142	D10_979_03-31-54.fsa	323	323.87	1 195	17 584	6 961
143	D11_979_04-12-00.fsa	342	342.65	180	2 028	7 158
144	D12_979_04-12-00.fsa	330	330.13	400	4 805	7 074
145	E01_979_24-50-51.fsa	300	300.54	878	8 280	6 428
	E01_979_24-50-51.fsa	325	325.73	6 056	86 848	6 761
146	E02_979_24-50-51.fsa	325	325.93	341	4 657	6 892
147	E03_979_01-31-25.fsa	325	325.84	1 418	17 145	6 775
148	E04_979_01-31-25.fsa	323	323.81	1 299	18 847	6 891
149	E05_979_02-11-37.fsa	346	347.36	713	8 326	7 121
150	E06_979_02-11-37.fsa	346	346.45	85	987	7 265
151	E07_979_02-51-46.fsa	323	323.86	781	10 840	6 809
152	E08_979_02-51-46.fsa	323	323.89	1 243	15 796	6 942
153	E09_979_03-31-54.fsa	346	347.36	107	1 080	7 137
154	E10_979_03-31-54.fsa	342	342.95	449	5 413	7 271

（续）

资源序号	样本名 （sample file name）	等位基因位点 （allele，bp）	大小 （size，bp）	高度 （height，RFU）	面积 （area，RFU）	数据取值点 （data point，RFU）
155	E11_979_04 - 12 - 00. fsa	298	298. 69	526	5 430	6 468
	E11_979_04 - 12 - 00. fsa	323	323. 93	2 965	42 246	6 807
156	E12_979_04 - 12 - 00. fsa	346	347. 38	459	6 161	7 336
157	F01_979_24 - 50 - 51. fsa	323	323. 79	1 919	26 653	6 748
158	2012 - 04 - 15_4 _A03. fsa	323	324. 33	669	8 847	6 295
159	2012 - 04 - 15_4 _A04. fsa	323	324. 49	158	1 367	5 582
160	2012 - 04 - 15_8 _A08. fsa	335	336. 8	166	1 528	5 753
161	2012 - 04 - 15_9 _A09. fsa	325	326. 53	116	974	5 597
162	2012 - 04 - 15_9 _A12. fsa	999				
163	2012 - 04 - 15_13 _B02. fsa	335	334. 67	499	5 819	5 694
164	2012 - 04 - 15_16 _B04. fsa	346	345. 76	95	708	5 814
165	2012 - 04 - 15_17 _B05. fsa	323	324. 41	309	2 746	5 551
166	2012 - 04 - 15_17 _B06. fsa	311	310. 24	1 152	14 673	5 882
167	2012 - 04 - 15_21 _B09. fsa	323	322. 36	388	3 666	5 563
168	2012 - 04 - 15_22 _B10. fsa	323	322. 42	154	1 404	5 600
169	2012 - 04 - 15_23 _B11. fsa	323	322. 73	240	2 150	5 552
170	2012 - 04 - 15_24 _B12. fsa	323	322. 44	440	3 920	5 586
171	2012 - 04 - 15_27 _C02. fsa	999				
172	2012 - 04 - 15_29 _C05. fsa	325	326. 68	221	1 784	5 585
173	2012 - 04 - 15_31 _C07. fsa	323	324. 43	1 047	9 265	5 572
174	2012 - 04 - 15_32 _C08. fsa	328	328. 63	290	2 451	5 677
175	2012 - 04 - 15_33 _C10. fsa	999				
176	2012 - 04 - 15_35 _C11. fsa	311	309. 84	848	8 593	5 396
177	2012 - 04 - 15_38 _D02. fsa	323	322. 66	332	3 331	5 682
178	2012 - 04 - 15_40 _D04. fsa	323	322. 1	462	4 229	5 532
179	2012 - 04 - 15_41 _D05. fsa	323	323. 54	343	2 984	5 623

（续）

资源序号	样本名 （sample file name）	等位基因位点 （allele，bp）	大小 （size，bp）	高度 （height，RFU）	面积 （area，RFU）	数据取值点 （data point，RFU）
180	2012-04-15_42_D06.fsa	323	321.83	394	3 654	5 585
181	2012-04-15_46_D10.fsa	325	326.52	446	3 954	5 630
182	2012-04-15_47_D11.fsa	323	322.33	182	1 765	5 578
183	2012-04-15_47_D12.fsa	999				
184	2012-04-15_51_E03.fsa	323	324.5	247	2 207	5 558
185	2012-04-15_52_E04.fsa	323	324.48	85	758	5 581
186	2012-04-15_54_E05.fsa	328	328.56	1 785	14 693	5 878
187	2012-04-15_54_E06.fsa	323	323.6	144	1 252	5 588
188	2012-04-15_56_E08.fsa	323	322.39	957	8 575	5 613
189	2012-04-15_61_F01.fsa	311	310.28	2 216	23 824	5 550
190	2012-04-15_62_F02.fsa	342	342.89	67	566	5 904
191	2012-04-15_66_F04.fsa	999				
192	2012-04-15_67_F07.fsa	342	342.75	70	531	5 814
193	2012-04-15_68_F08.fsa	323	324.53	282	3 478	5 625
194	2012-04-15_69_F09.fsa	342	341.69	59	435	5 788
195	2012-04-15_71_F11.fsa	323	324.42	129	1 210	5 595
196	2012-04-15_71_F12.fsa	999				
197	2012-04-15_83_G06.fsa	342	342.87	88	879	6 220
198	2012-04-15_83_G11.fsa	311	309.96	603	6 207	5 463
199	2012-04-15_83_G12.fsa	999				
200	2012-04-15_86_H01.fsa	323	324.91	327	4 945	6 117
201	2012-04-15_87_H03.fsa	335	335.91	34	538	5 861
202	2012-04-15_87_H04.fsa	999				
203	2012-04-15_90_H06.fsa	323	322.53	311	2 796	5 663
204	2012-04-15_92_H08.fsa	311	310.1	1 951	20 137	5 574
205	2012-04-15_92_H09.fsa	999				

（续）

资源序号	样本名 （sample file name）	等位基因位点 （allele，bp）	大小 （size，bp）	高度 （height，RFU）	面积 （area，RFU）	数据取值点 （data point，RFU）
206	2012－04－15 _92 _H10. fsa	999				
207	2012－04－15 _92 _H12. fsa	999				

（续）

			大小 （size，bp）	高度 （height，RFU）	面积 （area，RFU）	数据取值点 （data point，RFU）
资源序号						

27 Satt193

资源序号	样本名 (sample file name)	等位基因位点 (allele，bp)	大小 (size，bp)	高度 (height，RFU)	面积 (area，RFU)	数据取值点 (data point，RFU)
1	A01_883_19-44-28.fsa	213	213	824	7 655	4 998
2	A02_883_19-44-28.fsa	230	229.87	1 155	8 654	7 972
3	A03_883_20-36-41.fsa	239	239.78	7 716	95 242	5 230
4	A04_883_20-36-41.fsa	223	223.61	3 111	32 201	5 139
5	A05_883_21-16-53.fsa	230	230.32	327	3 633	5 384
	A05_883_21-16-53.fsa	249	249.21	766	8 087	5 339
6	A06_883_21-16-53.fsa	249	249.09	6 585	74 558	5 468
7	A07_883_21-57-03.fsa	249	249.13	4 449	45 383	5 342
8	A08_883_21-57-03.fsa	249	249.17	243	2 619	5 476
9	A09_883_22-37-13.fsa	233	233.24	6 631	67 591	5 162
10	A10_883_22-37-13.fsa	236	236.74	1 754	21 209	5 521
11	A11_883_23-17-20.fsa	236	236.33	4 870	49 612	5 217
12	A12_883_23-17-20.fsa	236	236.47	3 291	36 768	5 348
13	B01_883_19-44-28.fsa	236	236.66	2 824	36 488	5 360
14	B02_883_19-44-28.fsa	249	249.36	7 164	84 742	5 670
15	B03_883_20-36-41.fsa	258	257.7	2 945	41 037	5 504
16	B04_883_20-36-41.fsa	236	236.36	4 575	49 595	5 321
17	B05_883_21-16-53.fsa	258	257.76	8 026	95 802	5 472
18	B06_883_21-16-53.fsa	236	236.29	6 745	74 850	5 312
19	B07_883_21-57-03.fsa	258	257.71	6 499	66 908	5 476
20	B08_883_21-57-03.fsa	236	236.75	7 668	78 625	5 323
21	B09_883_22-37-13.fsa	236	236.16	8 036	107 729	5 212
22	B10_883_22-37-13.fsa	236	236.39	6 876	76 914	5 344
23	B11_883_23-17-20.fsa	230	229.98	7 754	87 612	5 149

（续）

资源序号	样本名 （sample file name）	等位基因位点 （allele，bp）	大小 （size，bp）	高度 （height，RFU）	面积 （area，RFU）	数据取值点 （data point，RFU）
24	B12_883_23 - 17 - 20. fsa	236	236. 36	7 734	89 669	5 363
25	C01_883_19 - 44 - 28. fsa	230	230. 16	5 193	55 744	5 258
26	C02_883_19 - 44 - 28. fsa	249	249. 43	8 253	111 699	5 669
27	C03_883_20 - 36 - 41. fsa	230	229. 98	1 456	14 514	5 116
28	C04_883_20 - 36 - 41. fsa	236	236. 32	8 226	99 951	5 320
29	C05_883_21 - 16 - 53. fsa	236	236. 37	4 791	50 928	5 189
30	C06_883_21 - 16 - 53. fsa	230	229. 94	1 749	19 379	5 226
31	C07_883_21 - 57 - 03. fsa	236	236. 47	7 952	93 853	5 193
32	C08_883_21 - 57 - 03. fsa	233	233. 12	3 509	38 868	5 275
33	C09_883_22 - 37 - 13. fsa	233	233. 21	300	3 260	5 170
34	C10_883_22 - 37 - 13. fsa	230	229. 98	4 806	51 029	5 256
	C10_883_22 - 37 - 13. fsa	252	252. 01	6 869	79 965	5 563
35	C11_883_23 - 17 - 20. fsa	249	249. 23	7 912	94 632	5 393
36	C12_883_23 - 17 - 20. fsa	236	236. 31	7 388	84 510	5 364
37	D01_883_19 - 44 - 28. fsa	230	230. 2	4 956	55 620	5 340
	D01_883_19 - 44 - 28. fsa	236	236. 7	4 251	48 317	5 427
38	D02_883_19 - 44 - 28. fsa	236	236. 62	732	8 359	5 465
	D02_883_19 - 44 - 28. fsa	249	249. 42	543	6 223	5 643
39	D03_883_20 - 36 - 41. fsa	236	236. 48	2 469	26 431	5 274
	D03_883_20 - 36 - 41. fsa	249	249. 23	1 629	18 305	5 440
40	D04_883_20 - 36 - 41. fsa	233	233. 25	4 629	49 778	5 265
41	D05_883_20 - 36 - 42. fsa	252	251. 47	69	760	5 168
42	D06_883_21 - 16 - 53. fsa	233	233. 27	3 525	38 963	5 259
43	D07_883_21 - 57 - 03. fsa	236	236. 32	6 667	71 661	5 264
44	D08_883_21 - 57 - 03. fsa	236	236. 2	7 888	111 584	5 301
45	D09_883_22 - 37 - 13. fsa	236	236. 55	613	6 427	5 287

（续）

资源序号	样本名 （sample file name）	等位基因位点 （allele，bp）	大小 （size，bp）	高度 （height，RFU）	面积 （area，RFU）	数据取值点 （data point，RFU）
46	D10_883_22 - 37 - 14. fsa	236	235.79	121	1 291	4 976
47	D11_883_23 - 17 - 20. fsa	226	226.87	3 635	38 137	5 178
	D11_883_23 - 17 - 20. fsa	233	233.34	1 582	16 463	5 263
48	D12_883_23 - 17 - 20. fsa	236	236.42	6 830	77 457	5 347
49	E01_883_19 - 44 - 28. fsa	249	249.39	3 635	41 081	5 593
50	E02_883_19 - 44 - 28. fsa	230	230.2	3 328	37 523	5 366
51	E03_883_19 - 44 - 29. fsa	249	248.54	118	1 255	5 144
52	E04_883_20 - 36 - 41. fsa	230	230.02	1 217	13 503	5 208
53	E05_883_21 - 16 - 53. fsa	249	249.22	768	7 971	5 408
54	E06_883_21 - 16 - 53. fsa	242	242.85	1 212	13 413	5 373
55	E07_883_21 - 57 - 03. fsa	230	230.01	1 766	15 247	5 255
56	E08_883_21 - 57 - 03. fsa	223	223.66	4 117	44 294	5 119
57	E09_883_22 - 37 - 13. fsa	236	236.49	6 693	70 371	5 275
58	E10_883_22 - 37 - 13. fsa	249	249.19	3 514	38 397	5 488
59	E11_883_23 - 17 - 20. fsa	239	239.68	1 013	10 976	5 331
60	E12_883_23 - 17 - 20. fsa	230	230.08	5 035	56 956	5 247
61	F01_883_19 - 44 - 28. fsa	230	230.27	2 730	30 584	5 303
62	F02_883_19 - 44 - 28. fsa	236	236.77	1 856	21 285	5 403
63	F03_883_20 - 36 - 41. fsa	226	226.86	3 064	31 890	5 107
64	F04_883_20 - 36 - 41. fsa	233	233.21	4 411	52 535	5 107
65	F05_883_21 - 16 - 53. fsa	236	236.4	3 271	35 401	5 219
66	F06_883_21 - 16 - 53. fsa	236	236.45	2 607	27 922	5 244
67	F07_883_21 - 57 - 03. fsa	230	230.1	2 159	22 591	5 139
	F07_883_21 - 57 - 03. fsa	249	249.15	840	9 309	5 386
68	F08_883_21 - 57 - 03. fsa	230	229.55	378	4 053	4 921
69	F09_883_21 - 57 - 04. fsa	249	248.43	435	4 538	5 124

（续）

资源序号	样本名 （sample file name）	等位基因位点 （allele，bp）	大小 （size，bp）	高度 （height，RFU）	面积 （area，RFU）	数据取值点 （data point，RFU）
70	F10_883_22-37-13.fsa	230	230.14	3 001	32 112	5 186
71	F11_883_23-17-20.fsa	249	249.16	2 615	28 596	5 427
72	F12_883_23-17-20.fsa	230	230.13	1 378	14 815	5 203
73	G01_883_19-44-28.fsa	226	227.13	1 306	14 444	5 262
	G01_883_19-44-28.fsa	258	258.06	1 869	21 196	5 680
74	G02_883_19-44-28.fsa	239	239.77	1 922	25 466	5 570
75	G03_883_20-36-41.fsa	230	230.2	7 761	66 554	5 201
	G03_883_20-36-41.fsa	246	246.05	1 766	18 342	5 110
76	G04_883_20-36-41.fsa	249	249.31	2 089	22 674	5 413
77	G05_883_21-16-53.fsa	249	249.29	2 587	28 351	5 378
78	G06_883_21-16-53.fsa	236	236.44	4 348	48 598	5 235
79	G07_883_21-57-03.fsa	236	236.46	2 270	23 621	5 218
80	G08_883_21-57-03.fsa	236	236.49	5 424	58 845	5 237
81	G09_883_22-37-13.fsa	236	236.51	3 306	35 459	5 237
82	G10_883_22-37-13.fsa	230	230.14	2 122	23 190	5 176
83	G11_883_23-17-20.fsa	246	246.09	855	9 202	5 377
84	G12_883_23-17-20.fsa	236	236.44	1 124	10 447	5 288
85	H01_883_19-44-28.fsa	236	236.89	1 383	15 816	5 449
86	H02_883_19-44-28.fsa	999				
87	H03_883_20-36-41.fsa	233	233.42	3 312	36 433	5 240
88	H04_883_20-36-41.fsa	252	252.35	1 238	14 273	5 583
89	H05_883_21-16-53.fsa	249	249.38	1 860	20 082	5 436
90	H06_883_21-16-53.fsa	249	249.39	655	7 525	5 527
	H06_883_21-16-53.fsa	258	258.01	405	4 585	5 654
91	H07_883_21-57-03.fsa	249	249.38	1 903	21 225	5 439
92	H08_883_21-57-03.fsa	226	227.02	1 775	19 344	5 235

（续）

资源序号	样本名 （sample file name）	等位基因位点 （allele，bp）	大小 （size，bp）	高度 （height，RFU）	面积 （area，RFU）	数据取值点 （data point，RFU）
93	H09_883_22 - 37 - 13. fsa	249	249.38	1 781	19 572	5 459
94	H10_883_22 - 37 - 13. fsa	249	249.4	1 954	23 435	5 555
95	H11_883_23 - 17 - 20. fsa	236	236.61	1 948	22 002	5 311
96	H12_883_23 - 17 - 20. fsa	249	249.55	527	5 813	5 575
97	A01_979_23 - 57 - 31. fsa	246	246.01	1 012	10 195	5 360
98	A02_979_23 - 57 - 31. fsa	246	246	906	9 499	5 502
99	A03_979_24 - 38 - 05. fsa	249	249.38	7 700	95 089	5 412
100	A04_979_24 - 38 - 05. fsa	249	249.19	3 314	35 175	5 551
101	A05_979_01 - 18 - 15. fsa	252	252.2	3 414	24 526	5 247
102	A06_979_01 - 18 - 15. fsa	230	230.08	5 579	58 686	5 306
103	A07_979_01 - 58 - 22. fsa	252	252.15	6 569	67 283	5 465
104	A08_979_01 - 58 - 22. fsa	236	236.52	7 886	83 811	5 406
105	A09_979_02 - 38 - 29. fsa	233	233.46	7 721	88 145	5 224
106	A10_979_02 - 38 - 30. fsa	242	242.36	247	2 721	5 089
107	A11_979_03 - 18 - 34. fsa	999				
108	A12_979_03 - 18 - 34. fsa	249	249.27	3 121	34 234	5 581
109	B01_979_23 - 57 - 29. fsa	236	235.96	201	2 322	5 015
	B01_979_23 - 57 - 30. fsa	258	259.26	136	1 924	5 314
110	B02_979_23 - 57 - 31. fsa	249	249.13	2 130	23 399	5 564
111	B03_979_24 - 38 - 05. fsa	252	252.09	7 657	79 653	5 462
112	B04_979_24 - 38 - 05. fsa	249	249.2	3 533	38 310	5 575
113	B05_979_01 - 18 - 15. fsa	230	230.24	8 038	98 667	5 188
114	B06_979_01 - 18 - 15. fsa	230	230.13	4 722	50 458	5 322
115	B07_979_01 - 58 - 22. fsa	236	236.49	4 421	46 136	5 281
116	B08_979_01 - 58 - 22. fsa	236	236.46	4 897	52 314	5 418
117	B09_979_02 - 38 - 29. fsa	249	249.22	1 835	18 648	5 438

（续）

资源序号	样本名 （sample file name）	等位基因位点 （allele，bp）	大小 （size，bp）	高度 （height，RFU）	面积 （area，RFU）	数据取值点 （data point，RFU）
118	B10_979_02 - 38 - 29. fsa	230	230.07	3 337	35 323	5 334
	B10_979_02 - 38 - 29. fsa	249	249.14	8 030	100 538	5 599
119	B11_979_03 - 18 - 34. fsa	230	230.1	3 055	17 958	5 544
120	B12_979_03 - 18 - 34. fsa	252	252.18	1 607	17 559	5 653
121	C01_979_23 - 57 - 31. fsa	246	246.01	3 511	16 458	5 234
122	C02_979_23 - 57 - 31. fsa	258	257.8	5 116	59 727	5 700
123	C03_979_24 - 38 - 05. fsa	236	236.41	2 321	23 269	5 251
	C03_979_24 - 38 - 05. fsa	249	249.16	5 729	59 010	5 417
124	C04_979_24 - 38 - 05. fsa	236	236.44	2 082	21 912	5 397
	C04_979_24 - 38 - 05. fsa	249	249.14	3 943	43 524	5 574
125	C05_979_01 - 18 - 15. fsa	236	236.45	3 402	33 950	5 264
	C05_979_01 - 18 - 15. fsa	239	239.67	1 793	17 482	5 306
126	C06_979_01 - 18 - 15. fsa	239	239.71	5 648	63 703	5 453
127	C07_979_01 - 58 - 22. fsa	236	236.32	7 897	105 873	5 269
128	C08_979_01 - 58 - 22. fsa	236	236.81	7 967	75 871	5 422
129	C09_979_02 - 38 - 29. fsa	236	236.42	449	4 592	5 274
	C09_979_02 - 38 - 29. fsa	258	257.82	419	4 405	5 567
130	C10_979_02 - 38 - 29. fsa	239	239.73	4 140	45 872	5 469
131	C11_979_02 - 38 - 30. fsa	999				
132	C12_979_02 - 38 - 30. fsa	249	248.64	365	4 184	5 244
133	D01_979_23 - 57 - 31. fsa	236	236.5	7 957	86 444	5 323
134	D02_979_23 - 57 - 31. fsa	236	236.47	3 500	38 761	5 368
135	D03_979_24 - 38 - 05. fsa	236	236.52	2 895	31 505	5 328
136	D04_979_24 - 38 - 05. fsa	236	236.43	7 076	77 886	5 371
	D04_979_24 - 38 - 05. fsa	258	257.82	6 922	79 688	5 679
137	D05_979_01 - 18 - 15. fsa	249	249.32	4 550	47 663	5 514

（续）

资源序号	样本名 （sample file name）	等位基因位点 （allele，bp）	大小 （size，bp）	高度 （height，RFU）	面积 （area，RFU）	数据取值点 （data point，RFU）
138	D06_979_01 - 18 - 15. fsa	249	249.42	7 837	102 845	5 567
139	D07_979_01 - 58 - 22. fsa	230	230.13	63	647	5 265
140	D08_979_01 - 58 - 22. fsa	230	230.17	3 589	39 950	5 311
	D08_979_01 - 58 - 22. fsa	249	249.28	4 443	49 706	5 576
141	D09_979_02 - 38 - 29. fsa	249	249.32	2 584	27 292	5 522
142	D10_979_02 - 38 - 29. fsa	236	236.52	4 928	53 879	5 405
143	D11_979_03 - 18 - 34. fsa	230	230.16	6 268	65 159	5 276
144	D12_979_03 - 18 - 34. fsa	236	236.47	2 998	33 316	5 413
145	E01_979_23 - 57 - 31. fsa	236	236.54	3 913	41 491	5 318
146	E02_979_23 - 57 - 31. fsa	236	236.47	3 656	40 223	5 356
147	E03_979_24 - 38 - 05. fsa	236	236.54	3 312	34 439	5 319
148	E04_979_24 - 38 - 05. fsa	230	230.18	569	6 212	5 273
149	E05_979_01 - 18 - 15. fsa	230	230.18	4 703	49 302	5 249
150	E06_979_01 - 18 - 15. fsa	236	236.54	4 550	50 141	5 374
151	E07_979_01 - 58 - 22. fsa	242	242.88	5 695	59 687	5 429
152	E08_979_01 - 58 - 22. fsa	236	236.58	1 036	11 540	5 385
153	E09_979_02 - 38 - 29. fsa	230	230.17	3 189	33 700	5 255
154	E10_979_02 - 38 - 29. fsa	249	249.27	1 243	14 521	5 567
155	E11_979_03 - 18 - 34. fsa	249	249.39	4 840	51 414	5 511
156	E12_979_03 - 18 - 34. fsa	249	249.35	5 104	57 179	5 576
157	F01_979_23 - 57 - 31. fsa	255	255.02	3 097	35 962	5 529
158	2012 - 04 - 14_3_A03. fsa	236	235.05	1 997	15 746	4 449
159	2012 - 04 - 14_4_A04. fsa	239	238.17	336	2 790	4 513
160	2012 - 04 - 14_9_A08. fsa	242	241.2	43	390	4 583
161	2012 - 04 - 14_9_A09. fsa	252	250.68	427	4 353	4 696
162	2012 - 04 - 14_12_A12. fsa	230	228.84	651	5 885	4 776

（续）

资源序号	样本名 （sample file name）	等位基因位点 （allele，bp）	大小 （size，bp）	高度 （height，RFU）	面积 （area，RFU）	数据取值点 （data point，RFU）
163	2012 - 04 - 14 _14 _B02. fsa	261	262.24	495	4 602	4 862
164	2012 - 04 - 14 _16 _B04. fsa	236	235.06	769	6 289	4 471
165	2012 - 04 - 14 _17 _B05. fsa	230	228.81	1 451	11 656	4 414
166	2012 - 04 - 14 _17 _B06. fsa	230	228.99	1 561	10 741	4 344
167	2012 - 04 - 14 _21 _B09. fsa	230	228.79	1 832	14 957	4 441
168	2012 - 04 - 14 _22 _B10. fsa	249	247.55	585	5 182	4 658
169	2012 - 04 - 14 _23 _B11. fsa	236	235.07	665	5 520	4 519
170	2012 - 04 - 14 _24 _B12. fsa	226	225.71	1 431	11 766	4 426
171	2012 - 04 - 14 _26 _C02. fsa	233	232.05	1 050	8 813	4 516
172	2012 - 04 - 14 _29 _C05. fsa	236	235.04	2 920	23 688	4 448
173	2012 - 04 - 14 _31 _C07. fsa	236	234.97	1 676	13 766	4 463
174	2012 - 04 - 14 _32 _C08. fsa	236	235.04	1 700	14 243	4 502
175	2012 - 04 - 14 _34 _C10. fsa	236	234.98	699	5 601	4 514
176	2012 - 04 - 14 _35 _C11. fsa	230	228.78	1 178	9 617	4 420
177	2012 - 04 - 14 _38 _D02. fsa	230	228.94	834	7 441	4 495
178	2012 - 04 - 14 _40 _D04. fsa	242	241.21	1 976	17 072	4 534
179	2012 - 04 - 14 _41 _D05. fsa	236	235.06	2 943	25 631	4 489
180	2012 - 04 - 14 _42 _D06. fsa	236	235.06	1 942	16 943	4 478
181	2012 - 04 - 14 _46 _D10. fsa	236	235.08	2 261	20 138	4 509
182	2012 - 04 - 14 _47 _D11. fsa	236	235.08	826	7 027	4 533
183	2012 - 04 - 14 _48 _D12. fsa	261	262.1	658	6 007	4 831
184	2012 - 04 - 14 _51 _E03. fsa	233	231.93	1 126	9 638	4 442
185	2012 - 04 - 14 _52 _E04. fsa	242	241.28	1 137	10 212	4 541
186	2012 - 04 - 14 _53 _E05. fsa	236	235.08	1 658	13 693	4 487
187	2012 - 04 - 14 _54 _E06. fsa	233	231.97	1 055	9 790	4 454
188	2012 - 04 - 14 _56 _E08. fsa	242	241.35	1 073	8 918	4 575

（续）

资源序号	样本名 （sample file name）	等位基因位点 （allele，bp）	大小 （size，bp）	高度 （height，RFU）	面积 （area，RFU）	数据取值点 （data point，RFU）
189	2012－04－14_61_F01. fsa	239	238.43	1 440	13 136	4 608
190	2012－04－14_62_F02. fsa	230	229.02	1 135	10 229	4 483
191	2012－04－14_64_F04. fsa	239	238.22	618	5 240	4 503
192	2012－04－14_67_F07. fsa	236	235.12	1 156	10 133	4 497
193	2012－04－14_68_F08. fsa	230	228.9	1 095	10 016	4 435
194	2012－04－14_69_F09. fsa	236	235.08	2 162	19 571	4 510
195	2012－04－14_71_F11. fsa	230	228.89	1 431	12 819	4 455
196	2012－04－14_72_F12. fsa	239	238.26	539	4 625	4 562
197	2012－04－14_78_G06. fsa	239	238.26	167	1 594	4 537
198	2012－04－14_83_G11. fsa	230	228.94	473	3 979	4 482
199	2012－04－14_84_G12. fsa	233	232.09	1 667	15 412	4 513
200	2012－04－14_85_H01. fsa	249	248	443	4 178	4 745
201	2012－04－14_87_H03. fsa	252	250.84	1 640	15 148	4 687
202	2012－04－14_88_H04. fsa	249	247.81	141	1 337	4 697
203	2012－04－14_90_H06. fsa	252	250.83	786	7 443	4 783
204	2012－04－14_92_H08. fsa	230	229.02	2 460	22 475	4 523
205	2012－04－14_93_H09. fsa	249	247.72	278	2 623	4 701
206	2012－04－14_94_H10. fsa	249	247.93	1 291	12 160	4 746
207	2012－04－14_96_H12. fsa	249	247.84	1 036	9 947	4 758

28 Satt288

资源序号	样本名 （sample file name）	等位基因位点 （allele，bp）	大小 （size，bp）	高度 （height，RFU）	面积 （area，RFU）	数据取值点 （data point，RFU）
1	A01_883_11-25-18.fsa	249	249.54	1 179	11 460	5 398
2	A02_883_11-25-19.fsa	246	247.12	6 951	113 587	5 278
3	A03_883_12-16-50.fsa	246	246.93	1 894	18 517	5 053
4	A04_883_12-16-51.fsa	238	238.91	5 499	53 593	5 294
5	A05_883_12-56-58.fsa	233	233.93	3 215	31 420	4 884
	A05_883_12-56-58.fsa	249	250.07	1 669	16 394	5 078
6	A06_883_12-56-58.fsa	252	252.94	3 079	31 985	5 228
7	A07_883_13-37-03.fsa	246	246.75	7 212	82 105	5 033
8	A08_883_13-37-04.fsa	246	245.95	6 424	103 947	5 403
9	A09_883_14-17-07.fsa	249	249.83	5 397	70 129	5 056
10	A10_883_14-17-07.fsa	246	246.78	2 651	27 979	5 120
11	A11_883_14-57-10.fsa	246	246.74	3 692	36 369	5 018
12	A12_883_14-57-10.fsa	246	246.69	6 447	72 128	5 125
13	B01_883_11-25-19.fsa	233	233.23	97	920	4 997
14	B02_883_11-25-19.fsa	195	195.4	6 603	85 153	4 616
	B02_883_11-25-19.fsa	252	252.99	387	8 682	5 381
15	B03_883_12-16-50.fsa	246	246.84	4 470	44 185	5 058
16	B04_883_12-16-50.fsa	246	246.75	289	2 994	5 199
17	B05_883_12-56-58.fsa	195	195.34	6 229	108 369	4 424
18	B06_883_12-56-58.fsa	195	195.36	769	7 947	5 354
19	B07_883_13-37-03.fsa	233	233.9	7 415	78 733	4 883
20	B08_883_13-37-03.fsa	246	246.77	2 724	28 682	5 143
21	B09_883_14-17-07.fsa	246	246.74	1 514	14 621	5 025
22	B10_883_14-17-07.fsa	233	233.95	298	3 141	4 964

（续）

资源序号	样本名 （sample file name）	等位基因位点 （allele，bp）	大小 （size， bp）	高度 （height， RFU）	面积 （area， RFU）	数据取值点 （data point， RFU）
23	B11_883_14 - 57 - 10. fsa	249	249.92	518	5 323	5 069
24	B12_883_14 - 57 - 10. fsa	236	235.93	6 482	87 503	4 987
25	C01_883_11 - 25 - 19. fsa	233	234.24	1 755	18 547	5 026
26	C02_883_11 - 25 - 19. fsa	252	253.04	6 661	98 169	5 377
27	C03_883_12 - 16 - 50. fsa	246	246.79	811	8 278	5 054
28	C04_883_12 - 16 - 50. fsa	219	219.94	5 323	55 350	4 811
29	C05_883_12 - 56 - 58. fsa	195	195.34	580	5 431	4 404
30	C06_883_12 - 56 - 58. fsa	249	250	227	2 557	5 183
31	C07_883_13 - 37 - 03. fsa	233	232.82	400	4 063	4 860
32	C08_883_13 - 37 - 03. fsa	236	236.08	1 244	13 371	5 002
33	C09_883_14 - 17 - 07. fsa	236	236.1	320	3 286	4 888
34	C10_883_14 - 17 - 07. fsa	246	246.77	380	3 962	4 947
35	C11_883_14 - 57 - 10. fsa	249	249.92	4 312	43 118	5 056
36	C12_883_14 - 57 - 10. fsa	246	246.71	6 231	67 151	5 121
37	D01_883_11 - 25 - 19. fsa	223	223.56	6 071	63 609	4 982
	D01_883_11 - 25 - 19. fsa	246	247.25	5 216	57 544	5 284
38	D02_883_11 - 25 - 19. fsa	195	195.4	432	4 481	4 615
	D02_883_11 - 25 - 19. fsa	223	223.49	259	2 824	4 989
39	D03_883_12 - 16 - 50. fsa	246	246.85	390	4 043	5 138
40	D04_883_12 - 16 - 51. fsa	195	195.22	1 428	18 128	4 811
41	D05_883_12 - 56 - 58. fsa	236	236.11	1 728	19 253	5 125
	D05_883_12 - 56 - 58. fsa	246	246.88	1 314	14 951	5 066
42	D06_883_12 - 56 - 58. fsa	195	195.25	1 060	10 595	4 478
43	D07_883_13 - 37 - 03. fsa	246	246.84	7 209	80 385	5 114
44	D08_883_13 - 37 - 03. fsa	195	195.32	6 859	79 405	4 473
45	D09_883_14 - 17 - 07. fsa	195	195.27	7 358	85 279	4 460

（续）

资源序号	样本名 （sample file name）	等位基因位点 （allele，bp）	大小 （size，bp）	高度 （height，RFU）	面积 （area，RFU）	数据取值点 （data point，RFU）
46	D10_883_14-17-07.fsa	195	195.19	1 224	14 366	5 071
	D10_883_14-17-07.fsa	246	246.87	1 554	18 297	4 856
47	D11_883_14-57-10.fsa	195	195.34	2 019	19 632	4 461
48	D12_883_14-57-10.fsa	246	246.77	7 203	111 345	5 120
49	E01_883_11-25-19.fsa	246	247.19	4 601	50 310	5 229
50	E02_883_11-25-19.fsa	999				
51	E03_883_12-16-50.fsa	195	195.21	7 160	84 696	4 511
	E03_883_12-16-50.fsa	243	243.07	7 218	87 661	4 487
52	E04_883_12-16-50.fsa	252	252.94	347	3 724	5 234
53	E05_883_12-16-51.fsa	219	219.83	1 322	13 083	5 051
54	E06_883_12-16-52.fsa	219	220.01	546	5 819	4 913
	E06_883_12-16-52.fsa	252	252.7	841	8 603	5 485
55	E07_883_13-37-03.fsa	195	195.13	443	4 972	4 993
	E07_883_13-37-03.fsa	249	249.88	3 821	39 523	4 796
56	E08_883_13-37-03.fsa	195	195.09	4 551	47 215	4 802
57	E09_883_14-17-07.fsa	195	195.11	496	5 677	4 934
58	E10_883_14-17-07.fsa	243	243.64	2 691	28 425	5 003
59	E11_883_14-57-10.fsa	195	195.26	1 424	13 684	4 451
60	E12_883_14-57-10.fsa	246	246.55	5 622	58 124	4 815
61	F01_883_11-25-19.fsa	246	246.41	7 514	115 647	5 025
62	F02_883_11-25-19.fsa	219	220.25	475	5 097	4 908
63	F03_883_12-16-50.fsa	999				
64	F04_883_12-16-50.fsa	999				
65	F05_883_11-25-20.fsa	195	195.3	3 902	39 113	4 890
66	F06_883_12-16-52.fsa	246	246.59	7 134	172 453	4 971
67	F07_883_13-37-03.fsa	999				

（续）

资源序号	样本名 (sample file name)	等位基因位点 (allele，bp)	大小 (size，bp)	高度 (height，RFU)	面积 (area，RFU)	数据取值点 (data point，RFU)
68	F08_883_11 - 25 - 21. fsa	246	247.08	323	3 402	5 641
69	F09_883_14 - 17 - 07. fsa	249	249.82	7 499	105 237	5 067
70	F10_883_14 - 17 - 07. fsa	999				
71	F11_883_14 - 57 - 10. fsa	246	246.77	1 850	19 964	5 080
72	F12_883_14 - 57 - 10. fsa	999				
73	G01_883_11 - 25 - 19. fsa	252	253.47	791	8 647	5 341
74	G02_883_11 - 25 - 19. fsa	195	195.27	3 749	40 151	4 822
	G02_883_11 - 25 - 19. fsa	246	246.55	7 712	145 268	5 013
75	G03_883_12 - 16 - 50. fsa	246	246.61	2 657	29 551	5 124
76	G04_883_12 - 16 - 50. fsa	246	246.77	8 156	152 931	5 127
77	G05_883_12 - 56 - 58. fsa	246	246.96	605	6 250	5 101
78	G06_883_12 - 16 - 52. fsa	999				
79	G07_883_13 - 37 - 03. fsa	999				
80	G08_883_11 - 25 - 21. fsa	195	195.17	5 137	125 461	5 231
81	G09_883_14 - 17 - 07. fsa	236	236.26	3 284	33 723	4 952
82	G10_883_14 - 17 - 07. fsa	246	246.94	1 419	15 062	5 108
83	G11_883_14 - 57 - 10. fsa	243	243.57	5 146	55 324	4 976
84	G12_883_14 - 57 - 10. fsa	999				
85	H01_883_11 - 25 - 19. fsa	243	243.53	5 721	59 642	4 877
86	H02_883_11 - 25 - 19. fsa	999				
87	H03_883_12 - 16 - 50. fsa	233	234.19	1 492	16 675	5 014
88	H04_883_12 - 16 - 50. fsa	233	233.23	2 078	23 113	5 084
	H04_883_12 - 16 - 50. fsa	246	247.18	1 936	21 939	5 262
89	H05_883_12 - 56 - 58. fsa	249	249.75	2 639	31 256	5 126
90	H06_883_12 - 16 - 52. fsa	999				
91	H07_883_13 - 37 - 03. fsa	249	250.29	187	2 006	5 194

（续）

资源序号	样本名 （sample file name）	等位基因位点 （allele，bp）	大小 （size，bp）	高度 （height，RFU）	面积 （area，RFU）	数据取值点 （data point，RFU）
92	H08_883_11-25-21.fsa	999				
93	H09_883_14-17-07.fsa	246	247.09	502	5 658	5 142
94	H10_883_14-17-07.fsa	223	223.37	6 993	77 493	4 921
95	H11_883_14-57-10.fsa	236	236.29	7 069	88 984	5 005
96	H12_883_14-57-10.fsa	195	195.39	437	4 432	4 562
97	A01_979_15-37-13.fsa	195	195.21	1 273	11 662	4 396
98	A02_979_15-37-13.fsa	999				
99	A03_979_16-17-13.fsa	243	242.43	1 051	9 550	4 480
100	A04_979_16-17-13.fsa	195	194.91	721	6 363	3 925
101	A05_979_16-57-14.fsa	999				
102	A06_979_16-57-14.fsa	195	195.37	6 219	169 237	4 931
103	A07_979_17-37-17.fsa	195	195.29	172	1 581	4 412
104	A08_979_17-37-17.fsa	246	246.7	320	3 347	5 138
105	A09_979_18-17-44.fsa	246	246.59	553	5 603	5 039
106	A10_979_18-17-44.fsa	195	195.22	1 056	10 144	4 488
	A10_979_18-17-44.fsa	249	249.84	589	5 615	5 173
107	A11_979_18-17-45.fsa	249	248.64	132	1 558	5 892
108	A12_979_18-17-45.fsa	223	222.35	2 318	21 469	4 224
109	B01_979_15-37-13.fsa	246	246.74	238	2 237	5 024
110	B02_979_15-37-13.fsa	252	252.77	467	4 845	5 207
111	B03_979_16-17-13.fsa	195	195.33	2 665	24 522	4 406
112	B04_979_16-17-13.fsa	233	232.76	1 585	16 825	4 950
113	B05_979_16-57-14.fsa	246	245.59	4 856	45 368	4 492
114	B06_979_16-57-14.fsa	246	246.77	3 505	37 254	5 147
115	B07_979_17-37-17.fsa	246	245.58	3 823	37 022	4 492
116	B08_979_17-37-17.fsa	246	246.65	4 712	49 367	4 814

（续）

资源序号	样本名 （sample file name）	等位基因位点 （allele，bp）	大小 （size，bp）	高度 （height，RFU）	面积 （area，RFU）	数据取值点 （data point，RFU）
117	B09_979_18 - 17 - 44. fsa	246	246.57	485	4 797	5 032
118	B10_979_18 - 17 - 44. fsa	249	249.84	204	2 149	5 184
119	B11_979_18 - 57 - 46. fsa	233	233.72	6 198	61 131	4 878
120	B12_979_18 - 57 - 47. fsa	243	243.38	155	1 625	5 354
121	C01_979_15 - 37 - 13. fsa	252	252.75	982	10 247	5 097
122	C02_979_15 - 37 - 13. fsa	249	249.69	7 518	110 921	5 161
123	C03_979_16 - 17 - 13. fsa	195	195.24	1 183	11 135	4 392
124	C04_979_16 - 17 - 13. fsa	246	246.78	291	3 187	5 123
125	C05_979_16 - 57 - 14. fsa	195	195.25	8 223	137 589	4 404
126	C06_979_16 - 57 - 14. fsa	252	252.81	3 822	41 329	5 227
127	C07_979_17 - 37 - 17. fsa	246	245.75	661	6 713	4 504
128	C08_979_17 - 37 - 17. fsa	236	235.3	1 299	12 665	4 452
129	C09_979_18 - 17 - 44. fsa	236	235.98	1 872	20 894	4 906
130	C10_979_18 - 17 - 44. fsa	246	246.63	1 082	11 967	5 139
131	C11_979_18 - 17 - 45. fsa	246	246.45	427	4 808	5 194
132	C12_979_18 - 57 - 46. fsa	246	246.63	2 044	20 802	5 127
133	D01_979_15 - 37 - 13. fsa	195	195.25	1 203	11 679	4 461
	D01_979_15 - 37 - 13. fsa	236	236.11	1 738	18 908	4 970
134	D02_979_15 - 37 - 13. fsa	243	243.55	1 437	15 210	5 084
135	D03_979_16 - 17 - 13. fsa	233	232.88	7 138	75 784	4 926
136	D04_979_16 - 17 - 13. fsa	246	246.69	1 449	15 248	5 123
137	D05_979_16 - 57 - 14. fsa	249	250	140	1 316	5 151
138	D06_979_16 - 57 - 14. fsa	252	252.82	514	5 690	5 225
139	D07_979_17 - 37 - 17. fsa	246	246.68	636	6 540	5 124
140	D08_979_17 - 37 - 17. fsa	246	246.72	1 310	14 549	5 151
141	D09_979_18 - 17 - 44. fsa	195	195.19	1 034	10 216	4 917

（续）

资源序号	样本名 （sample file name）	等位基因位点 （allele，bp）	大小 （size，bp）	高度 （height，RFU）	面积 （area，RFU）	数据取值点 （data point，RFU）
142	D10_979_18-17-44. fsa	252	273. 68	78	803	5 515
143	D11_979_18-57-46. fsa	252	252. 93	772	8 934	5 174
144	D12_979_18-57-46. fsa	999				
145	E01_979_15-37-13. fsa	246	246. 85	3 084	32 555	5 070
146	E02_979_15-37-13. fsa	195	195. 51	503	5 638	4 923
	E02_979_15-37-13. fsa	246	246. 79	191	2 537	5 048
147	E03_979_16-17-13. fsa	198	197. 73	143	1 643	4 472
148	E04_979_16-17-13. fsa	252	252. 9	223	2 426	5 201
149	E05_979_16-57-14. fsa	249	249. 92	373	4 012	5 129
150	E06_979_16-57-14. fsa	246	246. 78	2 189	23 963	5 140
151	E07_979_17-37-17. fsa	219	219. 87	311	3 533	4 762
152	E08_979_17-37-17. fsa	999				
153	E09_979_18-17-44. fsa	233	233. 81	1 174	13 049	4 920
154	E10_979_18-17-44. fsa	252	252. 84	263	3 425	5 213
155	E11_979_18-57-46. fsa	223	223. 12	1 793	20 450	4 794
	E11_979_18-57-46. fsa	233	233. 86	1 105	11 822	4 924
156	E12_979_18-57-46. fsa	249	249. 92	470	5 270	5 162
157	F01_979_15-37-13. fsa	195	195. 28	233	2 325	4 439
158	2012-04-14_3_A03. fsa	246	245. 88	454	6 023	4 956
159	2012-04-14_4_A04. fsa	261	259. 69	155	1 581	4 419
160	2012-04-14_4_A08. fsa	233	232. 15	996	10 154	4 413
161	2012-04-15_9_A09. fsa	228	228. 84	1 641	14 663	4 479
162	2012-04-15_12_A12. fsa	223	222. 47	1 666	16 288	4 473
163	2012-04-14_14_B02. fsa	246	245. 92	181	1 661	4 793
164	2012-04-14_16_B04. fsa	233	231. 98	1 015	9 242	4 536
165	2012-04-15_17_B05. fsa	195	194. 94	997	9 439	4 112

（续）

资源序号	样本名 (sample file name)	等位基因位点 (allele，bp)	大小 (size, bp)	高度 (height, RFU)	面积 (area, RFU)	数据取值点 (data point, RFU)
166	2012 - 04 - 15_17_B06. fsa	246	245.89	2 512	24 316	4 546
167	2012 - 04 - 15_21_B09. fsa	195	194.9	4 550	42 451	4 128
168	2012 - 04 - 15_22_B10. fsa	236	235.09	1 102	10 276	4 579
169	2012 - 04 - 15_23_B11. fsa	223	222.57	2 117	19 414	4 459
170	2012 - 04 - 15_24_B12. fsa	228	228.86	2 211	19 618	4 538
	2012 - 04 - 15_24_B12. fsa	249	247.85	716	6 018	4 751
171	2012 - 04 - 14_26_C02. fsa	236	235.28	381	3 469	4 668
172	2012 - 04 - 15_29_C05. fsa	233	231.06	3 675	32 172	4 479
173	2012 - 04 - 15_31_C07. fsa	246	244.75	5 283	45 284	4 634
174	2012 - 04 - 15_32_C08. fsa	236	234.14	1 068	8 694	4 558
175	2012 - 04 - 15_34_C10. fsa	236	235.18	1 611	14 798	4 582
176	2012 - 04 - 15_35_C11. fsa	223	222.63	2 056	18 090	4 430
177	2012 - 04 - 14_38_D02. fsa	243	242.83	231	2 046	4 751
178	2012 - 04 - 14_40_D04. fsa	246	244.67	1 986	17 711	4 668
179	2012 - 04 - 15_41_D05. fsa	243	241.6	1 413	11 808	4 643
180	2012 - 04 - 15_42_D06. fsa	246	244.75	2 239	19 180	4 666
181	2012 - 04 - 15_46_D10. fsa	195	194.93	3 514	34 189	4 137
	2012 - 04 - 15_46_D10. fsa	223	222.64	1 559	14 318	4 455
182	2012 - 04 - 15_47_D11. fsa	223	222.59	1 919	19 346	4 475
	2012 - 04 - 15_47_D11. fsa	233	231.04	241	1 978	4 569
183	2012 - 04 - 15_48_D12. fsa	236	235.17	929	8 365	4 606
	2012 - 04 - 15_48_D12. fsa	246	245.61	323	3 050	4 723
184	2012 - 04 - 14_51_E03. fsa	233	232.01	1 069	10 153	4 542
185	2012 - 04 - 14_52_E04. fsa	236	235.12	899	8 461	4 573
186	2012 - 04 - 15_53_E05. fsa	236	235.21	1 882	16 936	4 578
187	2012 - 04 - 15_54_E06. fsa	219	218.25	801	6 583	4 380

（续）

资源序号	样本名 （sample file name）	等位基因位点 （allele，bp）	大小 （size，bp）	高度 （height，RFU）	面积 （area，RFU）	数据取值点 （data point，RFU）
188	2012 - 04 - 15_56_E08. fsa	246	245. 68	262	2 448	4 694
189	2012 - 04 - 14_61_F01. fsa	246	246. 05	3 231	30 081	4 789
190	2012 - 04 - 14_62_F02. fsa	236	236. 48	855	8 080	4 682
191	2012 - 04 - 14_64_F04. fsa	246	245. 83	326	3 048	4 688
192	2012 - 04 - 15_67_F07. fsa	261	259. 68	152	1 180	4 851
193	2012 - 04 - 15_68_F08. fsa	246	244. 84	245	1 979	4 681
194	2012 - 04 - 15_69_F09. fsa	246	244. 75	688	6 101	4 701
195	2012 - 04 - 15_71_F11. fsa	223	222. 66	2 145	23 085	4 465
	2012 - 04 - 15_71_F11. fsa	246	244. 76	445	3 872	4 711
196	2012 - 04 - 15_72_F12. fsa	243	242. 63	213	2 068	4 689
197	2012 - 04 - 15_78_G06. fsa	246	245. 88	178	2 506	5 009
198	2012 - 04 - 15_83_G11. fsa	228	228. 97	1 462	13 861	4 581
199	2012 - 04 - 15_84_G12. fsa	249	248. 03	211	1 775	4 783
200	2012 - 04 - 14_85_H01. fsa	195	195. 1	2 477	23 291	4 264
	2012 - 04 - 14_85_H01. fsa	228	229. 28	870	7 643	4 657
201	2012 - 04 - 14_87_H03. fsa	195	195. 04	5 461	54 365	4 166
202	2012 - 04 - 14_88_H04. fsa	219	219. 95	121	1 330	4 503
203	2012 - 04 - 15_90_H06. fsa	219	219. 48	1 483	14 225	4 480
204	2012 - 04 - 15_92_H08. fsa	246	245	1 179	10 468	4 774
205	2012 - 04 - 15_93_H09. fsa	228	229. 05	851	9 581	4 556
206	2012 - 04 - 15_94_H10. fsa	223	222. 78	2 071	19 712	4 535
	2012 - 04 - 15_94_H10. fsa	252	252. 03	946	9 653	4 867
207	2012 - 04 - 15_96_H12. fsa	223	222. 82	1 063	10 402	4 560
	2012 - 04 - 15_96_H12. fsa	252	252. 1	520	5 117	4 893

（续）

29 Satt442

资源序号	样本名 （sample file name）	等位基因位点 （allele，bp）	大小 （size，bp）	高度 （height，RFU）	面积 （area，RFU）	数据取值点 （data point，RFU）
1	A01_883_13 - 31 - 31. fsa	248	249.55	7 138	71 645	5 602
2	A02_883_13 - 31 - 31. fsa	251	252.09	7 633	99 733	5 789
3	A03_883_14 - 24 - 57. fsa	245	245.7	4 969	52 175	5 359
4	A04_883_14 - 24 - 57. fsa	248	248.81	5 582	67 184	5 529
5	A05_883_15 - 05 - 13. fsa	245	245.48	4 128	66 538	5 356
6	A06_883_15 - 05 - 13. fsa	260	259.91	7 412	118 354	5 656
7	A07_883_15 - 45 - 24. fsa	248	248.51	6 977	122 255	5 353
8	A08_883_15 - 45 - 24. fsa	245	245.2	7 499	107 592	5 438
9	A09_883_16 - 25 - 34. fsa	245	244.88	6 495	66 021	5 300
10	A10_883_16 - 25 - 34. fsa	251	251.2	6 772	65 667	5 515
11	A11_883_17 - 05 - 43. fsa	257	256.84	6 535	58 550	5 454
12	A12_883_17 - 05 - 43. fsa	248	248.95	7 180	55 191	5 477
13	B01_883_13 - 31 - 31. fsa	260	260.59	7 658	103 634	5 794
14	B02_883_13 - 31 - 31. fsa	260	260.51	3 438	40 123	5 943
15	B03_883_14 - 24 - 57. fsa	257	257.64	7 289	55 404	5 540
16	B04_883_14 - 24 - 57. fsa	257	257.33	4 373	57 681	5 670
17	B05_883_15 - 05 - 13. fsa	254	254.34	7 752	100 057	5 454
18	B06_883_15 - 05 - 13. fsa	251	251.63	4 403	79 626	5 541
19	B07_883_15 - 45 - 24. fsa	254	254.41	7 736	107 197	5 454
20	B08_883_15 - 45 - 24. fsa	260	260.11	2 385	25 829	5 658
21	B09_883_16 - 25 - 34. fsa	260	260.13	5 250	56 746	5 529
22	B10_883_16 - 25 - 34. fsa	260	260.17	7 678	107 417	5 660
23	B11_883_17 - 05 - 43. fsa	248	248.59	5 370	54 844	5 359
24	B12_883_17 - 05 - 43. fsa	254	254.68	6 669	60 999	5 565

（续）

资源序号	样本名 （sample file name）	等位基因位点 （allele，bp）	大小 （size，bp）	高度 （height，RFU）	面积 （area，RFU）	数据取值点 （data point，RFU）
25	C01_883_13-31-31.fsa	245	246.06	5 835	69 072	5 570
26	C02_883_13-31-31.fsa	248	249.1	6 026	73 788	5 763
27	C03_883_14-24-57.fsa	248	248.77	2 562	30 349	5 410
28	C04_883_14-24-57.fsa	248	248.77	121	1 381	5 543
29	C05_883_15-05-13.fsa	254	254.41	6 102	87 340	5 451
30	C06_883_15-05-13.fsa	248	248.62	4 257	54 017	5 496
31	C07_883_15-45-24.fsa	260	260.13	2 609	26 812	5 521
32	C08_883_15-45-24.fsa	245	245.47	1 554	17 377	5 440
33	C09_883_16-25-34.fsa	245	245.41	7 509	88 312	5 316
34	C10_883_16-25-34.fsa	254	254.38	4 455	51 119	5 571
35	C11_883_17-05-43.fsa	257	257.23	3 734	39 080	5 475
36	C12_883_17-05-43.fsa	260	260.16	7 787	114 572	5 649
37	D01_883_13-31-31.fsa	245	246.15	4 730	58 567	5 684
	D01_883_13-31-31.fsa	260	260.72	3 554	43 046	5 904
38	D02_883_13-31-32.fsa	242	241.44	4 462	44 318	5 055
	D02_883_13-31-32.fsa	248	247.76	4 135	42 266	5 134
39	D03_883_14-24-57.fsa	248	248.87	6 853	77 216	5 512
	D03_883_14-24-57.fsa	260	260.35	1 744	21 663	5 681
40	D04_883_14-24-57.fsa	245	245.63	1 037	12 443	5 498
41	D05_883_14-24-58.fsa	251	250.84	5 987	72 110	5 211
42	D06_883_15-05-13.fsa	245	245.53	1 442	16 790	5 450
	D06_883_15-05-13.fsa	257	257.38	450	5 398	5 624
43	D07_883_15-45-24.fsa	251	251.76	2 806	30 384	5 500
44	D08_883_15-45-24.fsa	251	251.7	2 002	22 721	5 527
45	D09_883_16-25-34.fsa	251	251.69	2 274	24 688	5 498
46	D10_883_16-25-35.fsa	251	251.16	6 990	69 772	5 177

（续）

资源序号	样本名 （sample file name）	等位基因位点 （allele，bp）	大小 （size，bp）	高度 （height，RFU）	面积 （area，RFU）	数据取值点 （data point，RFU）
47	D11_883_17－05－43. fsa	245	245.5	7 143	96 982	5 406
48	D12_883_17－05－43. fsa	242	242.29	7 673	92 141	5 390
49	E01_883_13－31－31. fsa	248	249.34	319	3 818	5 715
50	E02_883_13－31－31. fsa	260	260.62	1 325	20 558	5 928
51	E03_883_13－31－32. fsa	251	250.83	100	1 125	5 138
52	E04_883_14－24－57. fsa	242	242.49	1 469	16 702	5 446
53	E05_883_15－05－13. fsa	248	248.77	165	1 819	5 444
54	E06_883_15－05－13. fsa	260	260.27	227	2 583	5 661
55	E07_883_15－05－14. fsa	242	241.36	7 196	79 041	5 060
56	E08_883_15－45－24. fsa	248	248.6	3 126	40 008	5 474
57	E09_883_16－25－34. fsa	254	254.48	2 013	24 309	5 513
58	E10_883_16－25－34. fsa	251	251.64	351	3 893	5 520
59	E11_883_17－05－43. fsa	251	251.66	2 905	31 819	5 462
60	E12_883_17－05－43. fsa	257	257.28	1 861	25 628	5 599
61	F01_883_13－31－31. fsa	248	249.35	1 807	28 356	5 701
62	F02_883_13－31－31. fsa	260	260.64	346	4 223	5 881
63	F03_883_13－31－32. fsa	248	248.83	5 629	83 511	5 097
64	F04_883_13－31－33. fsa	245	244.46	103	1 076	5 096
65	F05_883_15－05－13. fsa	251	251.82	639	7 156	5 484
	F05_883_15－05－13. fsa	260	260.22	368	4 125	5 609
66	F06_883_15－05－13. fsa	251	251.73	388	4 678	5 501
67	F07_883_15－45－24. fsa	245	245.6	355	4 467	5 434
68	F08_883_15－45－24. fsa	248	248.8	5 364	71 584	5 450
69	F09_883_16－25－34. fsa	245	245.58	394	4 518	5 385
70	F10_883_16－25－34. fsa	245	245.51	1 099	13 921	5 404
71	F11_883_17－05－43. fsa	248	248.71	4 285	50 387	5 419

（续）

资源序号	样本名 （sample file name）	等位基因位点 （allele，bp）	大小 （size，bp）	高度 （height，RFU）	面积 （area，RFU）	数据取值点 （data point，RFU）
72	F12_883_17 - 05 - 43. fsa	245	245. 51	3 108	43 168	5 401
73	G01_883_13 - 31 - 31. fsa	245	246. 3	1 098	13 413	5 652
74	G02_883_13 - 31 - 32. fsa	248	248. 25	5 503	57 532	5 301
75	G03_883_14 - 24 - 57. fsa	248	248. 37	4 156	32 851	5 529
76	G04_883_14 - 24 - 57. fsa	248	249. 02	1 237	14 454	5 507
77	G05_883_15 - 05 - 13. fsa	248	248. 92	96	958	5 434
78	G06_883_15 - 05 - 13. fsa	248	248. 94	3 720	46 658	5 466
79	G07_883_15 - 45 - 24. fsa	251	251. 86	141	1 795	5 468
80	G08_883_15 - 45 - 24. fsa	254	254. 7	654	7 766	5 542
81	G09_883_16 - 25 - 34. fsa	254	254. 61	4 530	51 126	5 506
82	G10_883_16 - 25 - 34. fsa	260	260. 29	4 108	52 101	5 621
83	G11_883_17 - 05 - 43. fsa	245	245. 58	985	12 927	5 374
84	G12_883_17 - 05 - 44. fsa	257	256. 59	1 113	11 666	5 201
85	H01_883_13 - 31 - 31. fsa	257	258. 12	2 794	41 312	5 902
86	H02_883_13 - 31 - 32. fsa	260	259. 67	7 395	65 689	5 347
87	H03_883_14 - 24 - 57. fsa	248	249. 1	137	1 631	5 546
88	H04_883_14 - 24 - 57. fsa	251	252. 09	2 085	25 043	5 682
89	H05_883_15 - 05 - 13. fsa	251	251. 95	193	2 148	5 544
90	H06_883_15 - 05 - 14. fsa	248	248. 18	6 808	77 101	5 060
91	H07_883_15 - 45 - 24. fsa	248	248. 94	3 544	45 601	5 491
92	H08_883_15 - 45 - 24. fsa	245	245. 77	84	962	5 541
93	H09_883_16 - 25 - 34. fsa	248	248. 94	2 346	28 173	5 489
94	H10_883_16 - 25 - 34. fsa	248	248. 96	403	4 617	5 581
95	H11_883_17 - 05 - 43. fsa	251	251. 83	5 566	70 067	5 524
96	H12_883_17 - 05 - 43. fsa	248	249. 03	659	8 352	5 572
97	A01_979_17 - 45 - 51. fsa	257	257. 17	2 636	39 527	5 477

（续）

资源序号	样本名 (sample file name)	等位基因位点 (allele, bp)	大小 (size, bp)	高度 (height, RFU)	面积 (area, RFU)	数据取值点 (data point, RFU)
98	A02_979_17 - 45 - 51. fsa	248	248.65	1 013	10 235	5 473
99	A03_979_18 - 25 - 57. fsa	257	257.24	3 734	40 151	5 465
100	A04_979_18 - 25 - 57. fsa	257	257.31	106	1 701	5 615
101	A05_979_19 - 06 - 02. fsa	248	248.59	1 264	12 206	5 364
102	A06_979_19 - 06 - 02. fsa	248	248.66	4 383	47 944	5 506
103	A07_979_19 - 46 - 10. fsa	248	248.6	1 839	31 198	5 404
104	A08_979_19 - 46 - 10. fsa	251	251.72	6 180	72 210	5 549
105	A09_979_20 - 26 - 42. fsa	257	257.25	7 479	86 767	5 466
106	A10_979_20 - 26 - 42. fsa	242	242.26	4 949	53 354	5 378
107	A11_979_21 - 06 - 50. fsa	257	257.22	4 866	57 520	5 418
108	A12_979_21 - 06 - 50. fsa	248	248.56	7 509	81 997	5 422
109	B01_979_17 - 45 - 50. fsa	254	253.56	227	2 677	5 207
110	B02_979_17 - 45 - 51. fsa	248	248.6	2 609	29 081	5 472
111	B03_979_18 - 25 - 57. fsa	254	254.35	4 094	42 832	5 450
112	B04_979_18 - 25 - 57. fsa	260	260.05	5 310	64 844	5 654
113	B05_979_19 - 06 - 02. fsa	254	254.46	7 695	93 468	5 472
114	B06_979_19 - 06 - 02. fsa	254	254.43	3 226	35 826	5 592
115	B07_979_19 - 46 - 10. fsa	254	254.47	7 199	82 795	5 468
116	B08_979_19 - 46 - 10. fsa	254	254.44	3 192	35 108	5 600
117	B09_979_20 - 26 - 42. fsa	248	248.51	5 516	75 495	5 352
118	B10_979_20 - 26 - 42. fsa	251	251.58	6 728	80 497	5 527
119	B11_979_21 - 06 - 50. fsa	248	248.41	7 720	111 996	5 310
120	B12_979_21 - 06 - 50. fsa	248	248.51	5 865	75 267	5 432
121	C01_979_17 - 45 - 51. fsa	245	245.41	7 320	83 610	5 312
122	C02_979_17 - 45 - 51. fsa	257	257.19	6 162	74 933	5 601
123	C03_979_18 - 25 - 57. fsa	248	248.6	939	9 836	5 360

（续）

资源序号	样本名 （sample file name）	等位基因位点 （allele，bp）	大小 （size， bp）	高度 （height， RFU）	面积 （area， RFU）	数据取值点 （data point， RFU）
124	C04_979_18 - 25 - 57. fsa	248	248.62	1 120	12 190	5 481
125	C05_979_19 - 06 - 02. fsa	235	235.7	3 022	45 662	5 258
126	C06_979_19 - 06 - 02. fsa	245	245.43	5 847	73 260	5 460
127	C07_979_19 - 46 - 10. fsa	260	258.85	1 190	14 919	5 480
128	C08_979_19 - 46 - 10. fsa	248	248.26	7 265	75 705	5 505
129	C09_979_20 - 26 - 42. fsa	248	248.67	2 875	31 351	5 314
	C09_979_20 - 26 - 42. fsa	257	257.28	3 989	43 165	5 435
130	C10_979_20 - 26 - 42. fsa	260	260.04	2 956	33 391	5 647
131	C11_979_21 - 06 - 50. fsa	257	257.34	3 617	33 584	5 521
132	C12_979_21 - 06 - 50. fsa	257	257.27	281	3 359	5 539
133	D01_979_17 - 45 - 50. fsa	254	253.55	7 897	92 962	5 206
134	D02_979_17 - 45 - 51. fsa	251	251.57	5 091	65 133	5 521
	D02_979_17 - 45 - 51. fsa	257	257.27	1 817	22 791	5 608
135	D03_979_18 - 25 - 57. fsa	257	257.25	5 173	62 770	5 577
136	D04_979_18 - 25 - 57. fsa	251	251.63	891	10 256	5 531
	D04_979_18 - 25 - 57. fsa	257	257.25	1 302	15 673	5 617
137	D05_979_19 - 06 - 02. fsa	248	248.71	1 744	17 975	5 472
138	D06_979_19 - 06 - 02. fsa	248	248.69	3 511	39 917	5 511
139	D07_979_19 - 46 - 10. fsa	260	260.01	4 936	58 070	5 607
140	D08_979_19 - 46 - 10. fsa	260	260.08	7 458	93 424	5 652
141	D09_979_20 - 26 - 42. fsa	254	254.46	2 187	23 254	5 484
142	D10_979_20 - 26 - 42. fsa	251	251.65	3 487	41 711	5 487
143	D11_979_21 - 06 - 50. fsa	260	260.06	7 625	89 593	5 541
144	D12_979_21 - 06 - 50. fsa	257	257.18	4 231	57 046	5 534
145	E01_979_17 - 45 - 51. fsa	248	248.68	1 654	17 902	5 419
146	E02_979_17 - 45 - 51. fsa	239	239.01	1 557	17 921	5 340

（续）

资源序号	样本名 （sample file name）	等位基因位点 （allele，bp）	大小 （size，bp）	高度 （height，RFU）	面积 （area，RFU）	数据取值点 （data point，RFU）
147	E03_979_18 – 25 – 57. fsa	254	254.53	1 527	16 089	5 517
148	E04_979_18 – 25 – 57. fsa	257	257.25	5 200	64 482	5 609
149	E05_979_19 – 06 – 02. fsa	257	257.33	2 050	22 077	5 579
150	E06_979_19 – 06 – 02. fsa	251	251.62	827	9 402	5 547
151	E07_979_19 – 46 – 10. fsa	254	254.51	3 978	43 050	5 551
152	E08_979_19 – 46 – 10. fsa	248	248.68	4 620	53 713	5 496
153	E09_979_20 – 26 – 42. fsa	245	245.58	1 885	21 216	5 383
154	E10_979_20 – 26 – 42. fsa	251	251.65	5 641	67 346	5 494
155	E11_979_21 – 06 – 50. fsa	245	245.47	2 803	30 656	5 345
	E11_979_21 – 06 – 50. fsa	248	248.67	2 897	30 983	5 386
156	E12_979_21 – 06 – 50. fsa	248	248.58	5 257	61 406	5 408
157	F01_979_17 – 45 – 51. fsa	229	229.56	1 865	21 001	5 167
158	2012 – 04 – 26_hererbing442_A03. fsa	254	253.74	3 517	55 857	5 179
159	2012 – 04 – 26_hererbing442_A04. fsa	245	244.41	5 160	89 141	5 143
160	2012 – 04 – 27_hererbing442_A08. fsa	257	256.38	1 697	28 037	5 323
161	2012 – 04 – 27_hererbing442_A09. fsa	251	250.81	2 604	44 048	5 177
162	2012 – 04 – 27_hererbing442_A12. fsa	248	247.53	2 925	52 021	5 249
163	2012 – 04 – 26_hererbing442_B02. fsa	248	248.17	1 317	18 721	5 364
164	2012 – 04 – 26_hererbing442_B04. fsa	257	257.65	50	396	4 628
165	2012 – 04 – 26_hererbing442_B05. fsa	229	228.77	2 201	37 415	4 902
166	2012 – 04 – 26_hererbing442_B06. fsa	242	241.57	3 104	38 256	4 899
167	2012 – 04 – 27_hererbing442_B09. fsa	251	250.82	731	13 565	5 206
168	2012 – 04 – 27_hererbing442_B10. fsa	245	244.51	1 831	32 569	5 220
169	2012 – 04 – 27_hererbing442_B11. fsa	251	250.74	3 969	70 218	5 219
170	2012 – 04 – 27_hererbing442_B12. fsa	251	250.76	5 780	110 840	5 322
171	2012 – 04 – 26_hererbing442_C02. fsa	257	256.69	3 273	56 361	5 491

（续）

资源序号	样本名 （sample file name）	等位基因位点 （allele，bp）	大小 （size，bp）	高度 （height，RFU）	面积 （area，RFU）	数据取值点 （data point，RFU）
172	2012 - 04 - 26_hererbing442_C05. fsa	251	250.81	5 943	122 680	5 154
173	2012 - 04 - 27_hererbing442_C07. fsa	257	256.73	4 978	54 073	5 244
174	2012 - 04 - 27_hererbing442_C08. fsa	254	253.55	1 478	23 292	5 325
175	2012 - 04 - 27_hererbing442_C10. fsa	251	249.85	117	2 409	5 298
176	2012 - 04 - 27_hererbing442_C11. fsa	245	244.57	2 940	50 794	5 123
177	2012 - 04 - 26_hererbing442_D02. fsa	260	259.6	2 044	32 099	5 532
178	2012 - 04 - 26_hererbing442_D04. fsa	254	253.8	3 614	58 723	5 296
179	2012 - 04 - 26_hererbing442_D05. fsa	257	256.18	5 229	68 279	5 311
180	2012 - 04 - 26_hererbing442_D06. fsa	254	253.43	5 733	127 096	5 313
181	2012 - 04 - 27_hererbing442_D10. fsa	251	251.03	4 852	54 845	5 368
182	2012 - 04 - 27_hererbing442_D11. fsa	248	247.76	2 662	43 372	5 240
183	2012 - 04 - 27_hererbing442_D12. fsa	254	253.44	3 924	71 961	5 399
184	2012 - 04 - 26_hererbing442_E03. fsa	245	244.39	3 531	63 520	5 114
185	2012 - 04 - 26_hererbing442_E04. fsa	254	253.8	4 575	76 728	5 293
186	2012 - 04 - 26_hererbing442_E05. fsa	242	241.52	465	7 521	5 090
187	2012 - 04 - 26_hererbing442_E06. fsa	254	253.78	2 272	38 246	5 313
188	2012 - 04 - 27_hererbing442_E08. fsa	254	253.7	4 493	78 624	5 322
189	2012 - 04 - 26_hererbing442_F01. fsa	248	248.19	4 910	86 592	5 307
190	2012 - 04 - 26_hererbing442_F02. fsa	242	241.86	2 731	44 723	5 230
191	2012 - 04 - 26_hererbing442_F04. fsa	235	235.11	4 730	87 080	5 017
192	2012 - 04 - 27_hererbing442_F07. fsa	235	235.02	4 019	75 388	5 024
193	2012 - 04 - 27_hererbing442_F08. fsa	254	253.77	964	15 517	5 284
194	2012 - 04 - 27_hererbing442_F09. fsa	251	250.86	4 684	83 375	5 254
195	2012 - 04 - 27_hererbing442_F11. fsa	251	250.93	2 226	40 769	5 256
196	2012 - 04 - 27_hererbing442_F12. fsa	260	259.45	435	5 991	5 402
197	2012 - 04 - 26_hererbing442_G06. fsa	235	235.21	3 186	59 855	5 048

（续）

资源序号	样本名 （sample file name）	等位基因位点 （allele，bp）	大小 （size，bp）	高度 （height，RFU）	面积 （area，RFU）	数据取值点 （data point，RFU）
198	2012 - 04 - 27_hererbing442_G11.fsa	245	244.69	811	14 854	5 226
199	2012 - 04 - 27_hererbing442_G12.fsa	257	256.56	2 300	41 151	5 360
200	2012 - 04 - 26_hererbing442_H01.fsa	248	248.41	2 422	39 660	5 341
201	2012 - 04 - 26_hererbing442_H03.fsa	239	238.53	1 602	28 472	5 077
202	2012 - 04 - 26_hererbing442_H04.fsa	248	248.25	637	7 504	5 283
203	2012 - 04 - 26_hererbing442_H06.fsa	245	244.92	4 811	87 955	5 255
204	2012 - 04 - 27_hererbing442_H08.fsa	257	256.67	4 696	87 473	5 423
205	2012 - 04 - 27_hererbing442_H09.fsa	242	241.59	5 106	77 429	5 514
	2012 - 04 - 27_hererbing442_H09.fsa	248	248.08	1 188	20 644	5 283
206	2012 - 04 - 27_hererbing442_H10.fsa	248	248.27	5 025	106 206	5 331
207	2012 - 04 - 27_hererbing442_H12.fsa	248	247.96	5 102	94 821	5 346

30 Satt330

资源序号	样本名 （sample file name）	等位基因位点 （allele，bp）	大小 （size，bp）	高度 （height，RFU）	面积 （area，RFU）	数据取值点 （data point，RFU）
1	A01_883_20 - 37 - 40. fsa	145	145. 33	7 273	89 910	4 208
	A01_883_20 - 37 - 40. fsa	151	151. 88	2 840	34 141	4 296
2	A02_883_20 - 37 - 40. fsa	151	151. 33	6 996	85 693	4 375
3	A03_883_21 - 29 - 57. fsa	105	105. 95	7 428	58 230	3 532
4	A04_883_21 - 29 - 57. fsa	145	145	7 881	118 179	4 167
5	A05_883_22 - 10 - 09. fsa	145	145. 41	7 384	97 101	4 097
6	A06_883_22 - 10 - 09. fsa	145	144. 93	7 817	120 488	4 163
7	A07_883_22 - 50 - 21. fsa	151	151. 85	4 832	53 248	4 180
8	A08_883_22 - 50 - 21. fsa	151	151. 5	7 505	71 206	4 272
9	A09_883_23 - 30 - 30. fsa	134	134. 69	5 948	116 360	3 972
	A09_883_23 - 30 - 30. fsa	145	145. 09	6 906	101 974	4 115
10	A10_883_23 - 30 - 30. fsa	147	147. 07	7 225	69 291	4 224
11	A11_0_20 - 12 - 15. fsa	145	144. 85	2 579	20 583	3 348
12	A12_883_24 - 10 - 39. fsa	145	145. 23	1 027	10 249	4 202
13	B01_883_20 - 37 - 40. fsa	145	145. 58	7 788	63 636	4 229
14	B02_883_20 - 37 - 40. fsa	147	147. 53	7 744	93 597	4 318
15	B03_883_21 - 29 - 57. fsa	145	145. 49	7 552	107 449	4 114
16	B04_883_21 - 29 - 57. fsa	145	145. 26	7 903	96 686	4 162
17	B05_883_22 - 10 - 09. fsa	145	145. 46	7 845	61 658	4 105
18	B06_883_22 - 10 - 09. fsa	145	145. 36	7 874	144 748	4 165
19	B07_883_22 - 50 - 21. fsa	145	145. 41	7 708	64 518	4 121
20	B08_0_20 - 12 - 15. fsa	147	147. 07	3 354	27 068	3 385
21	B09_883_23 - 30 - 30. fsa	118	118. 05	7 281	87 430	3 744
	B09_883_23 - 30 - 30. fsa	145	145. 21	4 210	44 675	4 130

（续）

资源序号	样本名 （sample file name）	等位基因位点 （allele，bp）	大小 （size，bp）	高度 （height，RFU）	面积 （area，RFU）	数据取值点 （data point，RFU）
22	B10_883_23-30-30.fsa	145	145.01	7 503	106 505	4 183
23	B11_883_24-10-39.fsa	145	145.21	7 667	80 966	4 139
24	B12_883_24-10-39.fsa	145	144.64	7 363	92 988	4 184
25	C01_883_20-37-40.fsa	151	152.1	7 521	113 549	4 283
26	C02_883_20-37-40.fsa	151	152.12	7 244	63 522	4 373
27	C03_883_21-29-57.fsa	145	144.91	7 663	133 920	4 081
28	C04_883_21-29-57.fsa	145	145.11	5 639	62 670	4 148
29	C05_883_22-10-09.fsa	145	144.83	7 811	125 011	4 077
30	C06_883_22-10-09.fsa	145	144.98	8 040	137 361	4 145
31	C07_883_22-50-21.fsa	145	144.76	7 383	83 071	4 088
32	C08_883_22-50-21.fsa	145	145.18	6 814	86 889	4 165
33	C09_883_23-30-30.fsa	145	145.29	7 254	107 089	4 062
34	C10_883_23-30-30.fsa	147	147.83	7 218	57 748	4 211
35	C11_883_24-10-39.fsa	145	144.72	6 563	72 732	4 100
36	C12_0_20-12-15.fsa	147	147.1	3 187	26 042	3 437
37	D01_883_20-37-40.fsa	145	145.33	7 585	102 518	4 264
38	D02_883_20-37-40.fsa	145	145.24	5 767	69 537	4 263
39	D03_883_21-29-57.fsa	145	145.46	7 293	61 904	4 153
40	D04_883_21-29-57.fsa	145	145.19	6 314	69 122	4 147
41	D05_883_22-10-09.fsa	145	145.13	4 051	46 390	4 143
42	D06_883_22-10-09.fsa	145	145.19	7 483	92 408	4 145
	D06_883_22-10-09.fsa	153	153.81	3 316	38 380	4 265
43	D07_883_22-50-21.fsa	147	147.77	6 281	51 873	4 193
44	D08_883_22-50-21.fsa	147	147.17	7 163	112 067	4 188
45	D09_883_23-30-30.fsa	147	147.92	5 481	45 867	4 203
46	D10_883_23-30-31.fsa	147	147.37	7 584	70 257	3 909

（续）

资源序号	样本名 （sample file name）	等位基因位点 （allele，bp）	大小 （size，bp）	高度 （height，RFU）	面积 （area，RFU）	数据取值点 （data point，RFU）
47	D11_883_24 - 10 - 39. fsa	145	144. 74	7 206	93 691	4 166
48	D12_883_24 - 10 - 39. fsa	145	144. 6	7 359	98 301	4 169
49	E01_883_20 - 37 - 40. fsa	145	145. 05	7 512	128 471	4 272
50	E02_883_20 - 37 - 40. fsa	145	145. 24	7 251	87 680	4 264
51	E03_883_20 - 37 - 41. fsa	145	145. 37	7 339	90 628	3 800
52	E04_883_21 - 29 - 57. fsa	151	152. 07	7 317	121 167	4 239
53	E05_883_22 - 10 - 09. fsa	151	151. 76	5 442	60 066	4 228
54	E06_883_22 - 10 - 09. fsa	151	151. 93	7 807	109 231	4 236
55	E07_883_22 - 10 - 10. fsa	147	148. 01	7 518	59 665	3 842
56	E08_883_22 - 50 - 21. fsa	147	147. 52	7 739	108 806	4 192
57	E09_883_23 - 30 - 30. fsa	145	145. 25	5 693	58 259	4 175
58	E10_883_23 - 30 - 30. fsa	151	151. 77	4 663	52 696	4 260
59	E11_883_24 - 10 - 39. fsa	147	147. 28	7 336	109 780	4 206
60	E12_883_24 - 10 - 39. fsa	147	147. 45	6 736	74 307	4 206
61	F01_883_20 - 37 - 40. fsa	145	145. 3	6 757	97 002	4 237
62	F02_883_20 - 37 - 40. fsa	145	145. 03	7 707	120 284	4 239
63	F03_883_21 - 29 - 57. fsa	145	145. 17	3 105	33 930	4 121
64	F04_883_21 - 29 - 57. fsa	145	145. 24	5 993	73 506	4 132
65	F05_883_22 - 10 - 09. fsa	147	147. 39	2 708	27 370	4 146
66	F06_883_22 - 10 - 09. fsa	147	148. 59	7 693	111 442	4 174
67	F07_883_22 - 50 - 21. fsa	145	145. 27	6 462	80 661	4 157
68	F08_883_22 - 50 - 21. fsa	145	145. 22	4 187	51 824	4 145
	F08_883_22 - 50 - 21. fsa	151	151. 79	7 454	98 106	4 235
69	F09_883_23 - 30 - 30. fsa	145	145. 23	7 656	95 203	4 139
70	F10_883_23 - 30 - 30. fsa	145	145. 25	2 946	35 716	4 171
71	F11_883_24 - 10 - 39. fsa	145	144. 94	7 395	109 053	4 142

（续）

资源序号	样本名 （sample file name）	等位基因位点 （allele，bp）	大小 （size，bp）	高度 （height，RFU）	面积 （area，RFU）	数据取值点 （data point，RFU）
72	F12_883_24－10－39. fsa	151	151.78	6 344	74 108	4 249
73	G01_883_20－37－40. fsa	145	145.29	5 469	72 494	4 270
	G01_883_20－37－40. fsa	151	151.94	1 650	21 313	4 361
74	G02_883_20－37－41. fsa	145	144.99	7 900	73 179	3 784
75	G03_883_21－29－57. fsa	145	145.25	578	6 991	4 150
76	G04_883_21－29－57. fsa	145	144.94	8 018	136 955	4 138
77	G05_883_22－10－09. fsa	145	145.17	4 943	52 926	4 136
78	G06_883_22－10－09. fsa	147	147.47	7 404	89 903	4 168
79	G07_883_22－10－10. fsa	147	148.31	7 770	71 716	3 878
80	G08_883_22－50－21. fsa	147	147.47	5 346	64 375	4 182
81	G09_883_23－30－30. fsa	145	145.25	1 785	18 081	4 159
82	G10_883_23－30－30. fsa	145	145.04	7 757	117 182	4 157
83	G11_883_24－10－39. fsa	151	151.83	6 570	76 089	4 255
84	G12_883_24－10－39. fsa	145	145.19	2 447	28 063	4 166
85	H01_883_20－37－40. fsa	147	147.62	1 988	21 505	4 356
86	H02_883_20－37－40. fsa	145	145.31	2 253	27 293	4 363
87	H03_883_21－29－57. fsa	145	145.31	7 939	94 729	4 183
88	H04_883_21－29－57. fsa	147	147.53	7 404	93 313	4 277
89	H05_883_22－10－09. fsa	151	151.87	2 947	31 834	4 267
90	H06_883_22－10－09. fsa	145	145.33	4 806	55 489	4 242
91	H07_883_22－50－21. fsa	145	145.27	4 348	48 403	4 193
92	H08_883_22－50－21. fsa	118	118.5	3 964	45 853	3 856
93	H09_883_23－30－30. fsa	145	145.29	6 218	70 416	4 202
94	H10_883_23－30－30. fsa	118	118.5	236	2 507	3 865
95	H11_883_24－10－39. fsa	145	145.22	7 275	84 708	4 207
96	H12_883_24－10－39. fsa	151	150.84	4 796	70 255	4 350

（续）

资源序号	样本名 （sample file name）	等位基因位点 （allele，bp）	大小 （size，bp）	高度 （height，RFU）	面积 （area，RFU）	数据取值点 （data point，RFU）
97	A01_979_24-50-51.fsa	151	150.81	7 397	72 712	4 213
98	A02_979_24-50-51.fsa	145	145.26	5 334	54 011	4 225
99	A03_979_01-31-25.fsa	151	150.73	4 340	40 876	4 229
100	A04_979_01-31-25.fsa	145	145.19	2 819	28 114	4 236
101	A05_979_02-11-37.fsa	151	150.73	5 169	50 819	4 245
102	A06_979_02-11-37.fsa	151	150.56	7 355	95 931	4 327
103	A07_979_02-51-46.fsa	151	150.8	1 765	18 582	4 260
104	A08_979_02-51-46.fsa	145	145.25	7 828	83 596	4 268
105	A09_979_03-31-54.fsa	145	145.23	6 861	81 433	4 186
106	A10_979_03-31-54.fsa	145	145.4	7 926	94 770	4 265
107	A11_979_04-12-00.fsa	147	147.39	2 127	23 700	4 251
108	A12_979_04-12-00.fsa	118	118.46	5 894	63 542	3 867
	A12_979_04-12-00.fsa	145	145.21	7 014	72 164	4 270
109	B01_979_24-50-51.fsa	147	147.36	7 850	92 109	4 187
110	B02_979_24-50-51.fsa	151	151.81	6 619	65 744	4 302
111	B03_979_01-31-25.fsa	145	144.99	7 777	100 354	4 161
112	B04_979_01-31-25.fsa	145	145.36	7 991	104 455	4 232
113	B05_979_02-11-37.fsa	145	145.23	3 395	42 191	4 181
114	B06_979_02-11-37.fsa	145	145.5	7 741	61 121	4 248
115	B07_979_02-51-46.fsa	145	144.98	8 001	122 149	4 194
116	B08_979_02-51-46.fsa	145	145.13	4 408	45 836	4 254
117	B09_979_03-31-54.fsa	145	145.35	7 440	106 619	4 185
118	B10_979_03-31-54.fsa	118	118.45	5 291	57 750	3 851
	B10_979_03-31-54.fsa	145	145.13	6 328	65 551	4 258
119	B11_979_04-12-00.fsa	151	151.89	7 665	90 413	4 284
120	B12_979_04-12-00.fsa	145	145.23	6 533	66 601	4 269

（续）

资源序号	样本名 （sample file name）	等位基因位点 （allele，bp）	大小 （size， bp）	高度 （height， RFU）	面积 （area， RFU）	数据取值点 （data point， RFU）
121	C01_979_24-50-51.fsa	151	151.83	7 717	79 562	4 220
122	C02_979_24-50-51.fsa	145	145.31	8 126	97 203	4 200
123	C03_979_01-31-25.fsa	145	145.32	7 432	92 147	4 144
124	C04_979_01-31-25.fsa	145	145.1	5 070	51 556	4 217
125	C05_979_02-11-37.fsa	145	145.13	5 741	56 981	4 149
126	C06_979_02-11-37.fsa	105	105.8	8 225	110 618	3 622
127	C07_979_04-12-00.fsa	145	144.73	7 743	76 578	3 435
128	C08_979_02-51-46.fsa	145	145.13	7 510	81 139	4 243
129	C09_979_03-31-54.fsa	145	145.45	7 542	62 843	4 167
130	C10_979_03-31-54.fsa	145	145.2	6 193	63 475	4 249
131	C11_979_04-12-00.fsa	145	145.19	688	7 049	4 173
	C11_979_04-12-00.fsa	147	148.52	1 118	11 182	4 218
132	C12_979_04-12-00.fsa	145	145.23	3 215	33 479	4 258
133	D01_979_04-12-00.fsa	145	144.84	4 939	41 051	3 493
134	D02_979_24-50-51.fsa	145	145.25	49	643	4 215
135	D03_979_01-31-25.fsa	147	147.06	6 777	65 781	4 238
136	D04_979_01-31-25.fsa	145	145.21	3 642	37 951	4 216
137	D05_979_02-11-37.fsa	145	145.45	6 977	93 442	4 223
	D05_979_02-11-37.fsa	151	151.85	5 032	54 300	4 311
138	D06_979_02-11-37.fsa	145	145.45	7 344	107 695	4 230
139	D07_979_02-51-46.fsa	145	145.33	7 866	100 543	4 231
140	D08_979_02-51-46.fsa	145	145.03	7 487	103 853	4 235
141	D09_979_03-31-54.fsa	147	147.5	342	3 420	4 265
142	D10_979_03-31-54.fsa	147	147.46	4 986	51 405	4 275
143	D11_979_04-12-00.fsa	151	151.91	7 562	97 819	4 337
144	D12_979_04-12-00.fsa	145	145.2	6 798	73 196	4 254

（续）

资源序号	样本名 （sample file name）	等位基因位点 （allele，bp）	大小 （size，bp）	高度 （height，RFU）	面积 （area，RFU）	数据取值点 （data point，RFU）
145	E01_979_24-50-51.fsa	145	145.31	7 867	92 932	4 202
146	E02_979_24-50-51.fsa	145	145.21	5 657	97 563	4 544
147	E03_979_01-31-25.fsa	145	145.23	3 661	36 188	4 206
148	E04_979_01-31-25.fsa	118	118.51	888	9 009	3 810
	E04_979_01-31-25.fsa	145	145.21	639	6 503	4 211
149	E05_979_02-11-37.fsa	151	151.95	7 529	86 309	4 318
150	E06_979_02-11-37.fsa	145	145.13	7 868	89 492	4 223
151	E07_979_02-51-46.fsa	105	105.5	7 924	113 761	3 651
152	E08_979_02-51-46.fsa	147	148.57	6 633	70 677	4 283
153	E09_979_03-31-54.fsa	151	151.81	7 415	85 439	4 323
154	E10_979_03-31-54.fsa	151	152	7 423	103 248	4 338
155	E11_979_04-12-00.fsa	145	145.24	7 385	78 542	4 238
156	E12_979_04-12-00.fsa	151	152.07	7 353	109 070	4 348
157	F01_979_24-50-51.fsa	145	145.27	3 950	39 334	4 171
158	2012-04-14_3_A03.fsa	145	144.72	2 288	18 476	3 503
159	2012-04-14_4_A04.fsa	105	105.2	2 016	16 481	3 034
160	2012-04-15_8_A08.fsa	134	134.14	454	3 717	3 399
161	2012-04-15_9_A09.fsa	145	144.72	731	6 010	3 504
162	2012-04-15_12_A12.fsa	145	144.77	475	3 914	3 554
163	2012-04-14_14_B02.fsa	147	148.09	732	6 144	3 631
164	2012-04-14_16_B04.fsa	105	105.21	1 437	11 920	3 016
165	2012-04-15_17_B05.fsa	147	146.95	846	6 312	3 544
166	2012-04-15_17_B06.fsa	145	144.86	1 012	8 487	3 565
167	2012-04-15_21_B09.fsa	145	144.75	327	2 544	3 533
168	2012-04-15_22_B10.fsa	147	146.91	352	2 792	3 541
169	2012-04-15_23_B11.fsa	145	144.63	1 029	8 314	3 550

（续）

资源序号	样本名 （sample file name）	等位基因位点 （allele，bp）	大小 （size，bp）	高度 （height，RFU）	面积 （area，RFU）	数据取值点 （data point，RFU）
170	2012 - 04 - 15_23_B12. fsa	999				
171	2012 - 04 - 14_26_C02. fsa	105	105. 24	3 162	27 324	3 081
172	2012 - 04 - 15_29_C05. fsa	145	144. 62	4 163	33 901	3 482
173	2012 - 04 - 15_31_C07. fsa	145	144. 71	2 275	17 913	3 487
174	2012 - 04 - 15_32_C08. fsa	145	144. 66	2 282	18 768	3 505
175	2012 - 04 - 15_33_C10. fsa	999				
176	2012 - 04 - 15_35_C11. fsa	145	144. 67	809	6 551	3 518
177	2012 - 04 - 14_38_D02. fsa	145	144. 71	1 014	8 699	3 585
178	2012 - 04 - 14_40_D04. fsa	145	144. 67	2 343	19 094	3 503
179	2012 - 04 - 15_41_D05. fsa	145	144. 72	3 017	25 110	3 521
180	2012 - 04 - 15_42_D06. fsa	145	144. 75	1 567	12 849	3 500
181	2012 - 04 - 15_46_D10. fsa	145	144. 63	1 684	14 122	3 527
182	2012 - 04 - 15_47_D11. fsa	147	148. 06	361	2 851	3 592
183	2012 - 04 - 15_48_D12. fsa	147	147. 99	191	1 511	3 574
184	2012 - 04 - 14_51_E03. fsa	145	144. 71	579	4 620	3 534
185	2012 - 04 - 14_52_E04. fsa	145	144. 8	910	7 398	3 513
186	2012 - 04 - 15_53_E05. fsa	145	144. 66	197	1 608	3 533
187	2012 - 04 - 15_54_E06. fsa	145	144. 71	882	7 569	3 508
188	2012 - 04 - 15_56_E08. fsa	147	147. 01	1 214	9 715	3 539
189	2012 - 04 - 14_61_F01. fsa	147	148. 16	2 675	22 037	3 636
190	2012 - 04 - 14_62_F02. fsa	147	148. 09	1 913	15 987	3 631
191	2012 - 04 - 14_64_F04. fsa	105	105. 33	2 136	18 399	3 020
192	2012 - 04 - 15_67_F07. fsa	105	105. 25	1 764	14 820	3 022
193	2012 - 04 - 15_68_F08. fsa	147	147	987	8 309	3 541
194	2012 - 04 - 15_69_F09. fsa	145	144. 76	1 569	13 041	3 536
195	2012 - 04 - 15_71_F11. fsa	147	147	662	5 496	3 570

（续）

资源序号	样本名 (sample file name)	等位基因位点 (allele，bp)	大小 (size， bp)	高度 (height， RFU)	面积 (area， RFU)	数据取值点 (data point， RFU)
196	2012 - 04 - 15 _ 72 _ F12. fsa	145	144. 8	472	3 986	3 542
197	2012 - 04 - 15 _ 78 _ G06. fsa	118	118. 01	555	4 857	3 201
198	2012 - 04 - 15 _ 83 _ G11. fsa	145	144. 84	249	2 074	3 587
199	2012 - 04 - 15 _ 84 _ G12. fsa	145	144. 75	732	6 130	3 569
200	2012 - 04 - 14 _ 85 _ H01. fsa	147	147. 06	1 798	15 142	3 672
201	2012 - 04 - 14 _ 87 _ H03. fsa	145	144. 76	2 339	20 182	3 559
202	2012 - 04 - 14 _ 88 _ H04. fsa	145	144. 79	817	7 039	3 592
203	2012 - 04 - 15 _ 90 _ H06. fsa	145	144. 76	1 252	10 845	3 585
204	2012 - 04 - 15 _ 92 _ H08. fsa	145	144. 79	806	6 633	3 591
205	2012 - 04 - 15 _ 93 _ H09. fsa	151	151. 37	281	2 201	3 637
206	2012 - 04 - 15 _ 94 _ H10. fsa	145	144. 88	1 220	10 318	3 600
207	2012 - 04 - 15 _ 96 _ H12. fsa	145	144. 71	1 133	10 157	3 619

（续）

31 Satt431

资源序号	样本名 （sample file name）	等位基因位点 （allele，bp）	大小 （size，bp）	高度 （height，RFU）	面积 （area，RFU）	数据取值点 （data point，RFU）
1	A01_883_20 – 37 – 40. fsa	231	231.59	6 683	55 139	5 422
2	A02_883_20 – 37 – 40. fsa	231	231.56	7 495	64 126	5 571
3	A03_883_21 – 29 – 57. fsa	231	231.42	3 507	31 016	5 279
4	A04_883_21 – 29 – 57. fsa	225	225.53	6 875	56 777	5 322
5	A05_883_22 – 10 – 09. fsa	231	231.29	6 640	49 239	5 285
6	A06_883_22 – 10 – 09. fsa	231	231.9	7 407	94 561	5 409
7	A07_883_22 – 50 – 21. fsa	225	225.62	6 752	111 928	5 197
8	A08_883_22 – 50 – 21. fsa	225	225.59	7 362	61 682	5 349
9	A09_883_23 – 30 – 30. fsa	202	202.43	7 102	95 819	4 927
10	A10_883_23 – 30 – 30. fsa	231	231.4	7 401	62 566	5 452
11	A11_883_24 – 10 – 39. fsa	199	199.65	7 214	55 367	4 900
12	A12_883_24 – 10 – 39. fsa	225	225.3	1 975	20 827	5 362
13	B01_883_20 – 37 – 40. fsa	231	231.9	7 167	93 565	5 446
14	B02_883_20 – 37 – 40. fsa	231	231.5	7 364	62 194	5 584
15	B03_883_21 – 29 – 57. fsa	199	199.65	7 371	57 542	4 879
16	B04_883_21 – 29 – 57. fsa	199	199.67	7 496	66 505	4 962
17	B05_883_22 – 10 – 09. fsa	199	199.37	7 701	79 372	4 864
18	B06_883_22 – 10 – 09. fsa	231	231.94	7 421	104 542	5 429
19	B07_883_22 – 50 – 21. fsa	231	231.96	7 352	107 318	5 313
20	B08_883_22 – 50 – 21. fsa	199	199.67	7 435	59 204	4 996
21	B09_883_23 – 30 – 30. fsa	231	231.71	7 285	53 866	5 326
22	B10_883_23 – 30 – 30. fsa	231	231.95	7 081	69 030	5 462
23	B11_883_24 – 10 – 39. fsa	231	231.33	7 278	56 597	5 337
24	B12_883_24 – 10 – 39. fsa	231	231.99	7 531	63 664	5 469

（续）

资源序号	样本名 （sample file name）	等位基因位点 （allele，bp）	大小 （size，bp）	高度 （height，RFU）	面积 （area，RFU）	数据取值点 （data point，RFU）
25	C01_883_20 - 37 - 40. fsa	225	225. 64	7 570	97 159	5 335
26	C02_883_20 - 37 - 40. fsa	225	225. 7	7 115	60 915	5 495
27	C03_883_21 - 29 - 57. fsa	231	231. 92	7 488	98 756	5 283
28	C04_883_21 - 29 - 57. fsa	231	231. 65	7 470	60 966	5 418
29	C05_883_22 - 10 - 09. fsa	202	202. 21	7 502	99 835	4 889
30	C06_883_22 - 10 - 09. fsa	225	225. 3	7 690	95 161	5 328
31	C07_883_22 - 50 - 21. fsa	222	222. 33	7 383	57 316	5 162
32	C08_883_22 - 50 - 21. fsa	231	231. 72	6 311	72 125	5 443
33	C09_883_23 - 30 - 30. fsa	199	199. 15	2 359	63 361	5 261
34	C10_883_23 - 30 - 30. fsa	231	232. 03	7 451	107 961	5 459
35	C11_883_24 - 10 - 39. fsa	225	225. 57	6 677	57 853	5 228
36	C12_883_24 - 10 - 39. fsa	199	199. 67	7 510	64 875	4 995
37	D01_883_20 - 37 - 40. fsa	231	231. 1	6 995	69 221	5 522
38	D02_883_20 - 37 - 40. fsa	225	225. 42	3 050	33 309	5 469
	D02_883_20 - 37 - 40. fsa	231	231. 94	3 034	36 295	5 563
39	D03_883_21 - 29 - 57. fsa	225	225. 59	6 313	49 434	5 276
40	D04_883_21 - 29 - 57. fsa	231	231. 82	7 548	95 627	5 408
41	D05_883_22 - 10 - 09. fsa	222	221. 99	6 240	70 654	5 234
42	D06_883_22 - 10 - 09. fsa	199	199. 35	3 561	41 100	4 953
	D06_883_22 - 10 - 09. fsa	231	231. 73	4 350	47 111	5 407
43	D07_883_22 - 50 - 21. fsa	202	202. 89	7 581	59 856	4 994
44	D08_883_22 - 50 - 21. fsa	231	231. 77	6 662	74 927	5 430
45	D09_883_23 - 30 - 30. fsa	231	231. 45	7 154	55 102	5 400
46	D10_883_23 - 30 - 30. fsa	225	225. 25	4 228	54 682	5 357
47	D11_883_24 - 10 - 39. fsa	202	202. 59	7 337	76 492	5 005
	D11_883_24 - 10 - 39. fsa	225	225. 29	3 009	25 152	5 313

（续）

资源序号	样本名 （sample file name）	等位基因位点 （allele，bp）	大小 （size，bp）	高度 （height，RFU）	面积 （area，RFU）	数据取值点 （data point，RFU）
48	D12_883_24 - 10 - 39. fsa	225	225.41	7 537	105 041	5 360
49	E01_883_20 - 37 - 40. fsa	228	228.78	6 128	67 993	5 470
50	E02_883_20 - 37 - 40. fsa	231	231.9	7 489	90 799	5 560
51	E03_883_21 - 29 - 57. fsa	225	225.34	4 303	60 965	5 264
52	E04_883_21 - 29 - 57. fsa	225	225.51	6 429	56 432	5 310
53	E05_883_22 - 10 - 09. fsa	228	228.5	2 699	31 047	5 301
54	E06_883_22 - 10 - 09. fsa	225	225.22	6 523	86 375	5 308
55	E07_883_22 - 50 - 21. fsa	231	231.82	3 681	51 571	5 372
56	E08_883_22 - 50 - 21. fsa	228	228.53	6 477	75 042	5 378
57	E09_883_23 - 30 - 30. fsa	202	202.56	7 615	80 243	4 995
58	E10_883_23 - 30 - 30. fsa	225	225.26	2 568	29 195	5 343
59	E11_883_24 - 10 - 39. fsa	231	231.84	3 923	41 770	5 391
60	E12_883_24 - 10 - 39. fsa	199	199.41	7 724	92 295	4 987
	E12_883_24 - 10 - 39. fsa	231	231.82	1 585	18 623	5 443
61	F01_883_20 - 37 - 40. fsa	202	202.69	7 532	84 914	5 087
62	F02_883_20 - 37 - 40. fsa	231	231.98	7 006	81 670	5 517
63	F03_883_21 - 29 - 57. fsa	225	225.32	6 424	73 972	5 252
64	F04_883_21 - 29 - 57. fsa	231	231.75	3 231	41 797	5 367
65	F05_883_22 - 10 - 09. fsa	231	231.94	7 399	101 504	5 338
66	F06_883_22 - 10 - 09. fsa	202	202.57	7 469	80 987	4 966
67	F07_883_22 - 50 - 21. fsa	225	225.24	6 689	82 764	5 304
68	F08_883_22 - 50 - 21. fsa	222	222.04	7 085	77 812	5 254
69	F09_883_23 - 30 - 30. fsa	231	231.76	5 685	64 594	5 364
70	F10_883_23 - 30 - 30. fsa	225	225.33	3 686	53 093	5 340
71	F11_883_24 - 10 - 39. fsa	225	225.32	7 559	83 195	5 285
72	F12_883_24 - 10 - 39. fsa	222	222.08	7 060	77 039	5 271

（续）

资源序号	样本名 （sample file name）	等位基因位点 （allele，bp）	大小 （size，bp）	高度 （height，RFU）	面积 （area，RFU）	数据取值点 （data point，RFU）
73	G01_883_20 - 37 - 40. fsa	225	225.56	4 949	54 900	5 424
74	G02_883_20 - 37 - 40. fsa	231	232.11	3 084	40 411	5 508
75	G03_883_21 - 29 - 57. fsa	231	231.69	716	16 767	5 352
76	G04_883_21 - 29 - 57. fsa	225	225.39	4 262	47 165	5 281
77	G05_883_22 - 10 - 09. fsa	202	202.72	7 736	93 930	4 955
78	G06_883_22 - 10 - 09. fsa	199	199.39	7 568	82 283	4 926
79	G07_883_22 - 50 - 21. fsa	202	202.56	3 454	45 234	4 971
	G07_883_22 - 50 - 21. fsa	231	231.86	3 852	41 400	5 361
80	G08_883_22 - 50 - 21. fsa	202	202.66	3 381	45 117	4 988
	G08_883_22 - 50 - 21. fsa	231	231.87	4 319	47 591	5 386
81	G09_883_23 - 30 - 30. fsa	231	231.79	7 577	85 211	5 369
82	G10_883_23 - 30 - 30. fsa	231	231.86	4 176	46 219	5 395
83	G11_883_24 - 10 - 39. fsa	225	225.37	4 450	48 656	5 292
84	G12_883_24 - 10 - 39. fsa	202	202.65	1 475	18 696	5 005
85	H01_883_20 - 37 - 40. fsa	199	199.61	3 029	37 951	5 142
86	H02_883_20 - 37 - 40. fsa	231	232.24	3 053	40 948	5 656
87	H03_883_21 - 29 - 57. fsa	231	231.96	5 661	63 580	5 411
88	H04_883_21 - 29 - 57. fsa	199	199.47	7 689	94 784	5 053
89	H05_883_22 - 10 - 09. fsa	225	225.41	2 826	34 169	5 319
90	H06_883_22 - 10 - 09. fsa	228	228.64	3 194	37 962	5 455
91	H07_883_22 - 50 - 21. fsa	225	225.33	5 194	56 758	5 338
92	H08_883_22 - 50 - 21. fsa	228	228.74	3 251	38 927	5 477
93	H09_883_23 - 30 - 30. fsa	228	228.64	4 698	52 378	5 393
94	H10_883_23 - 30 - 30. fsa	228	228.77	4 030	45 217	5 489
95	H11_883_24 - 10 - 39. fsa	202	202.66	6 702	73 135	5 047
96	H12_883_24 - 10 - 39. fsa	231	231.99	4 244	49 939	5 540

（续）

资源序号	样本名 （sample file name）	等位基因位点 （allele，bp）	大小 （size，bp）	高度 （height，RFU）	面积 （area，RFU）	数据取值点 （data point，RFU）
97	A01_979_24－50－51.fsa	202	202.73	7 267	104 009	4 955
98	A02_979_24－50－51.fsa	202	202.31	7 340	155 368	5 073
99	A03_979_01－31－25.fsa	202	202.19	6 799	75 633	4 967
100	A04_979_01－31－25.fsa	199	198.94	3 856	34 283	4 088
101	A05_979_02－11－37.fsa	202	202.54	2 034	33 795	4 994
102	A06_979_02－11－37.fsa	199	199.6	6 971	57 749	5 073
103	A07_979_02－51－46.fsa	199	199.32	5 364	81 217	4 967
104	A08_979_02－51－46.fsa	199	199.41	6 584	72 731	5 086
	A08_979_02－51－46.fsa	222	222.44	7 011	54 297	5 410
105	A09_979_03－31－54.fsa	231	231.73	6 941	109 213	5 403
106	A10_979_03－31－54.fsa	225	225.56	3 414	49 018	5 417
	A10_979_03－31－54.fsa	231	232	7 172	98 859	5 540
107	A11_979_04－12－00.fsa	999				
108	A12_979_04－12－00.fsa	225	225.81	6 778	56 068	5 463
109	B01_979_24－50－51.fsa	202	202.5	7 182	119 357	4 975
110	B02_979_24－50－51.fsa	225	225.49	7 372	131 089	5 401
111	B03_979_01－31－25.fsa	202	202.11	7 016	100 570	4 974
112	B04_979_01－31－25.fsa	231	232.06	6 879	101 039	5 522
113	B05_979_02－11－37.fsa	231	231.77	6 701	101 053	5 393
114	B06_979_02－11－37.fsa	231	231.33	6 859	72 822	5 533
115	B07_979_02－51－46.fsa	202	202.24	6 518	67 215	5 017
116	B08_979_02－51－46.fsa	202	202.79	7 418	144 214	5 137
117	B09_979_03－31－54.fsa	225	225.28	5 664	89 558	5 311
118	B10_979_03－31－54.fsa	202	202.23	7 209	64 243	5 135
119	B11_979_04－12－00.fsa	225	225.6	6 742	105 677	5 328
120	B12_979_04－12－00.fsa	225	225	6 770	111 328	5 476

（续）

资源序号	样本名 （sample file name）	等位基因位点 （allele，bp）	大小 （size，bp）	高度 （height，RFU）	面积 （area，RFU）	数据取值点 （data point，RFU）
121	C01_979_24 - 50 - 51. fsa	225	225.04	7 456	109 471	5 254
122	C02_979_24 - 50 - 51. fsa	202	202.24	7 156	72 808	5 064
123	C03_979_01 - 31 - 25. fsa	225	225.26	5 737	73 869	5 272
124	C04_979_01 - 31 - 25. fsa	225	225.37	6 479	90 993	5 420
125	C05_979_02 - 11 - 37. fsa	225	225.56	6 988	120 344	5 287
126	C06_979_02 - 11 - 37. fsa	225	224.92	6 948	77 924	5 435
127	C07_979_01 - 31 - 25. fsa	202	202.1	4 830	43 455	4 134
128	C08_979_02 - 51 - 46. fsa	222	221.75	7 096	62 350	5 404
129	C09_979_03 - 31 - 54. fsa	202	202.3	7 011	87 853	4 991
	C09_979_03 - 31 - 54. fsa	222	222.05	5 867	59 203	5 258
130	C10_979_03 - 31 - 54. fsa	222	222.31	7 234	60 915	5 421
131	C11_979_04 - 12 - 00. fsa	999				
132	C12_979_04 - 12 - 00. fsa	231	231.72	5 633	96 477	5 572
133	D01_979_24 - 50 - 51. fsa	231	231.83	5 126	69 929	5 441
134	D02_979_24 - 50 - 51. fsa	231	231.74	3 314	54 271	5 511
135	D03_979_01 - 31 - 25. fsa	222	221.77	7 183	104 482	5 318
136	D04_979_01 - 31 - 25. fsa	202	202.82	7 168	136 728	5 090
	D04_979_01 - 31 - 25. fsa	231	231.81	4 904	53 974	5 504
137	D05_979_02 - 11 - 37. fsa	225	224.72	4 166	37 072	5 370
138	D06_979_02 - 11 - 37. fsa	225	225.5	6 525	68 357	5 430
139	D07_979_02 - 51 - 46. fsa	231	231.53	6 896	58 490	5 476
140	D08_979_02 - 51 - 46. fsa	225	225.38	6 855	86 329	5 444
	D08_979_02 - 51 - 46. fsa	231	231.82	4 023	45 633	5 537
141	D09_979_03 - 31 - 54. fsa	199	199.08	7 358	72 206	5 033
142	D10_979_03 - 31 - 54. fsa	231	231.51	6 715	64 591	5 540
143	D11_979_04 - 12 - 00. fsa	225	225.52	7 424	99 611	5 413

（续）

资源序号	样本名 （sample file name）	等位基因位点 （allele，bp）	大小 （size，bp）	高度 （height，RFU）	面积 （area，RFU）	数据取值点 （data point，RFU）
144	D12_979_04 - 12 - 00. fsa	199	199.62	7 511	127 874	5 093
145	E01_979_24 - 50 - 51. fsa	225	225.57	6 947	90 380	5 336
146	E02_979_24 - 50 - 51. fsa	199	199.35	3 623	44 994	5 010
	E02_979_24 - 50 - 51. fsa	231	231.81	4 026	45 779	5 470
147	E03_979_01 - 31 - 25. fsa	222	222.12	6 213	71 522	5 298
148	E04_979_01 - 31 - 25. fsa	225	225.3	5 892	66 013	5 400
	E04_979_01 - 31 - 25. fsa	231	231.82	3 901	45 578	5 493
149	E05_979_02 - 11 - 37. fsa	222	222.14	7 382	77 496	5 324
150	E06_979_02 - 11 - 37. fsa	231	231.9	7 123	91 960	5 513
151	E07_979_02 - 51 - 46. fsa	231	231.8	7 678	86 103	5 478
152	E08_979_02 - 51 - 46. fsa	225	225.33	7 482	89 342	5 436
153	E09_979_03 - 31 - 54. fsa	225	225.61	7 244	96 153	5 381
154	E10_979_03 - 31 - 54. fsa	225	225.09	7 225	108 334	5 441
155	E11_979_04 - 12 - 00. fsa	225	225.38	5 175	51 356	5 385
	E11_979_04 - 12 - 00. fsa	231	231.83	4 145	41 665	5 473
156	E12_979_04 - 12 - 00. fsa	225	225.54	6 809	72 168	5 460
157	F01_979_24 - 50 - 51. fsa	222	222.14	7 717	90 233	5 275
158	2012 - 04 - 14_3_A03. fsa	199	198.98	4 507	46 570	4 098
159	2012 - 04 - 14_4_A04. fsa	225	224.49	1 163	10 746	4 408
160	2012 - 04 - 14_8_A08. fsa	205	205.27	7 522	76 467	4 165
161	2012 - 04 - 14_9_A09. fsa	222	221.13	5 136	46 208	4 309
162	2012 - 04 - 14_12_A12. fsa	228	227.35	4 531	42 542	4 403
163	2012 - 04 - 14_14_B02. fsa	202	202.19	3 378	55 751	4 128
164	2012 - 04 - 14_16_B04. fsa	228	227.57	6 933	78 460	4 433
165	2012 - 04 - 14_17_B05. fsa	231	230.68	1 536	19 421	4 529
166	2012 - 04 - 14_17_B06. fsa	231	230.77	1 794	21 506	4 427

（续）

资源序号	样本名 （sample file name）	等位基因位点 （allele，bp）	大小 （size，bp）	高度 （height，RFU）	面积 （area，RFU）	数据取值点 （data point，RFU）
167	2012－04－14_21_B09. fsa	231	230.63	7 257	78 291	4 434
168	2012－04－14_22_B10. fsa	190	190.28	7 044	93 657	3 981
169	2012－04－14_23_B11. fsa	225	224.27	5 995	63 638	4 357
170	2012－04－14_24_B12. fsa	199	198.82	4 134	68 126	4 078
	2012－04－14_24_B12. fsa	211	211.57	2 753	29 738	4 220
171	2012－04－14_26_C02. fsa	202	202.19	6 552	88 474	4 280
172	2012－04－14_29_C05. fsa	231	230.67	5 290	58 115	4 405
173	2012－04－14_31_C07. fsa	199	198.73	7 355	95 473	4 052
174	2012－04－14_32_C08. fsa	231	230.59	5 047	54 793	4 442
175	2012－04－14_34_C10. fsa	231	230.55	3 227	34 404	4 432
176	2012－04－14_35_C11. fsa	228	227.47	4 552	46 025	4 356
177	2012－04－14_38_D02. fsa	231	230.97	2 263	24 797	4 594
178	2012－04－14_40_D04. fsa	202	202.07	6 147	75 901	4 142
179	2012－04－14_41_D05. fsa	202	202.09	6 944	69 906	4 139
180	2012－04－14_42_D06. fsa	231	230.61	4 229	42 478	4 436
181	2012－04－14_46_D10. fsa	231	230.67	5 031	56 828	4 430
182	2012－04－14_47_D11. fsa	225	224.33	5 233	54 083	4 363
183	2012－04－14_48_D12. fsa	208	208.42	6 683	66 927	4 176
184	2012－04－14_51_E03. fsa	199	198.99	6 420	72 447	4 126
185	2012－04－14_52_E04. fsa	202	202.07	6 411	69 141	4 154
186	2012－04－14_53_E05. fsa	228	227.61	4 676	52 725	4 412
187	2012－04－14_54_E06. fsa	202	201.98	6 763	82 182	4 128
188	2012－04－14_56_E08. fsa	202	201.98	6 559	66 803	4 123
189	2012－04－14_61_F01. fsa	225	224.73	2 645	32 643	4 526
190	2012－04－14_62_F02. fsa	225	224.7	3 883	47 901	4 539
191	2012－04－14_64_F04. fsa	228	227.67	3 330	37 253	4 437

（续）

资源序号	样本名 （sample file name）	等位基因位点 （allele，bp）	大小 （size，bp）	高度 （height，RFU）	面积 （area，RFU）	数据取值点 （data point，RFU）
192	2012－04－14_67_F07. fsa	228	227.58	3 864	42 789	4 404
193	2012－04－14_68_F08. fsa	222	221.17	944	9 467	4 335
194	2012－04－14_69_F09. fsa	190	189.83	7 330	86 017	3 976
195	2012－04－14_71_F11. fsa	222	221.13	4 557	45 965	4 322
196	2012－04－14_72_F12. fsa	222	221.25	4 654	47 603	4 326
197	2012－04－14_78_G06. fsa	222	221.32	811	8 121	4 368
198	2012－04－14_83_G11. fsa	231	230.77	3 085	32 283	4 449
199	2012－04－14_84_G12. fsa	231	230.77	3 045	32 884	4 447
200	2012－04－14_85_H01. fsa	202	202.27	2 314	32 090	4 374
	2012－04－14_85_H01. fsa	228	228.07	1 065	12 680	4 669
201	2012－04－14_87_H03. fsa	231	230.94	3 413	38 900	4 522
202	2012－04－14_88_H04. fsa	225	224.64	2 107	22 974	4 494
203	2012－04－14_90_H06. fsa	202	202.23	5 052	88 591	4 047
204	2012－04－14_92_H08. fsa	231	230.84	3 270	35 547	4 528
205	2012－04－14_93_H09. fsa	225	224.53	3 354	36 279	4 415
206	2012－04－14_94_H10. fsa	225	224.49	3 811	42 103	4 455
207	2012－04－14_96_H12. fsa	225	224.53	548	4 542	4 447

32 Satt242

资源序号	样本名 （sample file name）	等位基因位点 （allele，bp）	大小 （size，bp）	高度 （height，RFU）	面积 （area，RFU）	数据取值点 （data point，RFU）
1	A01_883-978_11-12-56.fsa	201	201.9	3 569	51 097	4 820
2	A02_883-978_11-12-56.fsa	189	190.09	7 107	97 828	4 751
	A02_883-978_11-12-56.fsa	195	195.18	7 194	85 830	4 829
3	A03_883-978_12-04-53.fsa	186	187	6 922	104 716	4 430
4	A04_883-978_12-04-53.fsa	189	189.92	7 306	99 055	4 570
5	A05_883-978_12-45-05.fsa	192	192.93	6 933	99 991	4 469
	A05_883-978_12-45-05.fsa	195	195.92	6 373	80 799	4 510
6	A06_883-978_12-45-05.fsa	174	174.54	3 888	34 016	4 309
7	A07_883-978_13-25-12.fsa	189	189.05	5 540	50 701	4 417
8	A08_883-978_13-25-12.fsa	189	189.04	3 300	32 894	4 521
9	A09_883-978_14-05-20.fsa	174	175.13	8 008	102 998	4 247
10	A10_883-978_14-05-20.fsa	192	192.84	7 759	108 353	4 591
11	A11_883-978_14-45-24.fsa	192	192.75	7 704	95 865	4 497
12	A12_883-978_14-45-24.fsa	195	195.88	7 660	106 947	4 636
13	B01_883-978_11-12-56.fsa	195	195.96	2 282	24 824	4 739
14	B02_883-978_11-12-56.fsa	192	193.06	1 287	13 729	4 804
15	B03_883-978_12-04-53.fsa	192	193	7 454	113 809	4 539
16	B04_883-978_12-04-53.fsa	192	191.76	5 545	126 066	4 575
17	B05_883-978_12-45-05.fsa	192	193	254	2 406	4 501
18	B06_883-978_12-45-05.fsa	192	192.89	5 179	73 542	4 542
19	B07_883-978_13-25-12.fsa	192	192.94	6 397	58 353	4 501
20	B08_883-978_13-25-12.fsa	192	192.93	1 339	13 360	4 547
21	B09_883-978_14-05-20.fsa	189	189.9	5 916	91 266	4 468
22	B10_883-978_14-05-20.fsa	174	175.16	8 166	114 362	4 312

（续）

资源序号	样本名 （sample file name）	等位基因位点 （allele，bp）	大小 （size，bp）	高度 （height，RFU）	面积 （area，RFU）	数据取值点 （data point，RFU）
23	B11_883 - 978_14 - 45 - 24. fsa	195	195. 92	6 388	104 058	4 561
24	B12_883 - 978_14 - 45 - 24. fsa	192	192. 86	7 951	95 089	4 574
25	C01_883 - 978_11 - 12 - 56. fsa	189	189. 18	1 560	16 091	4 595
26	C02_883 - 978_11 - 12 - 56. fsa	195	196. 01	6 996	75 026	4 822
27	C03_883 - 978_12 - 04 - 53. fsa	192	192. 93	6 491	89 067	4 469
28	C04_883 - 978_12 - 04 - 53. fsa	192	192. 95	6 333	98 931	4 562
29	C05_883 - 978_12 - 45 - 05. fsa	192	192. 95	6 731	85 797	4 452
30	C06_883 - 978_12 - 45 - 05. fsa	189	189. 99	6 841	94 389	4 480
31	C07_883 - 978_13 - 25 - 12. fsa	195	195. 86	7 120	112 289	4 497
32	C08_883 - 978_13 - 25 - 12. fsa	192	191. 69	6 454	135 336	4 510
33	C09_883 - 978_14 - 05 - 20. fsa	192	192. 97	6 899	104 112	4 477
34	C10_883 - 978_14 - 05 - 20. fsa	192	192. 94	6 143	91 199	4 551
	C10_883 - 978_14 - 05 - 20. fsa	195	195. 85	6 027	88 583	4 593
35	C11_883 - 978_14 - 45 - 24. fsa	195	194. 97	6 343	85 617	4 512
36	C12_883 - 978_14 - 45 - 24. fsa	192	193. 01	6 958	108 298	4 562
37	D01_883 - 978_11 - 12 - 56. fsa	192	193. 08	1 365	14 051	4 734
38	D02_883 - 978_11 - 12 - 56. fsa	192	192. 03	318	3 185	4 716
	D02_883 - 978_11 - 12 - 56. fsa	195	195. 02	261	2 664	4 761
39	D03_883 - 978_12 - 04 - 53. fsa	195	195. 92	4 411	64 620	4 590
40	D04_883 - 978_12 - 04 - 53. fsa	195	195. 9	6 053	85 379	4 580
41	D05_883 - 978_12 - 45 - 05. fsa	189	189	6 702	101 978	4 475
42	D06_883 - 978_12 - 45 - 05. fsa	192	192	6 299	98 352	4 503
43	D07_883 - 978_13 - 25 - 12. fsa	192	193. 01	6 637	108 473	4 535
44	D08_883 - 978_13 - 25 - 12. fsa	192	191. 98	5 995	93 580	4 509
45	D09_883 - 978_14 - 05 - 20. fsa	192	192. 81	6 360	103 366	4 551
46	D10_883 - 978_14 - 05 - 20. fsa	192	192. 89	7 100	78 753	4 545

（续）

资源序号	样本名 （sample file name）	等位基因位点 （allele，bp）	大小 （size，bp）	高度 （height，RFU）	面积 （area，RFU）	数据取值点 （data point，RFU）
47	D11_883 - 978_14 - 45 - 24. fsa	186	186. 79	6 266	77 582	4 469
48	D12_883 - 978_14 - 45 - 24. fsa	195	195. 82	5 690	89 605	4 594
49	E01_883 - 978_11 - 12 - 56. fsa	189	189. 14	7 989	134 006	4 728
50	E02_883 - 978_11 - 12 - 56. fsa	195	195. 01	7 679	140 585	4 769
51	E03_883 - 978_12 - 04 - 53. fsa	195	194. 98	8 474	131 894	4 638
52	E04_883 - 978_12 - 04 - 53. fsa	195	195. 93	6 360	63 348	4 582
53	E05_883 - 978_12 - 45 - 05. fsa	195	195. 78	6 675	78 683	4 602
54	E06_883 - 978_12 - 45 - 05. fsa	195	194. 92	7 816	131 159	4 540
55	E07_883 - 978_13 - 25 - 12. fsa	198	197. 89	8 394	127 500	4 629
56	E08_883 - 978_13 - 25 - 12. fsa	189	189. 96	6 807	91 555	4 475
57	E09_883 - 978_14 - 05 - 20. fsa	192	191. 95	7 033	125 876	4 554
58	E10_883 - 978_14 - 05 - 20. fsa	201	200. 77	6 921	135 502	4 652
59	E11_883 - 978_14 - 45 - 24. fsa	192	191. 99	5 077	48 817	4 561
60	E12_883 - 978_14 - 45 - 24. fsa	195	195. 86	6 496	85 220	4 595
61	F01_883 - 978_11 - 12 - 56. fsa	195	195. 06	8 286	133 125	4 722
62	F02_883 - 978_11 - 12 - 56. fsa	192	192. 1	769	8 070	4 709
63	F03_883 - 978_12 - 04 - 53. fsa	192	191. 93	7 424	147 552	4 492
64	F04_883 - 978_12 - 04 - 53. fsa	192	192. 05	8 356	139 461	4 513
65	F05_883 - 978_12 - 45 - 05. fsa	192	193	6 089	83 329	4 487
66	F06_883 - 978_12 - 45 - 05. fsa	195	194. 93	7 468	132 124	4 526
67	F07_883 - 978_13 - 25 - 12. fsa	189	189. 91	6 935	97 719	4 450
68	F08_883 - 978_13 - 25 - 12. fsa	195	195. 66	6 753	96 049	4 541
69	F09_883 - 978_14 - 05 - 20. fsa	174	175. 14	7 071	82 570	4 265
70	F10_883 - 978_14 - 05 - 20. fsa	189	189. 08	7 041	144 142	4 471
71	F11_883 - 978_14 - 45 - 24. fsa	201	200. 86	7 731	87 840	4 633
72	F12_883 - 978_14 - 45 - 24. fsa	189	190. 01	7 274	79 025	4 495

（续）

资源序号	样本名 （sample file name）	等位基因位点 （allele，bp）	大小 （size，bp）	高度 （height，RFU）	面积 （area，RFU）	数据取值点 （data point，RFU）
73	G01_883 - 978_11 - 12 - 56. fsa	195	196. 08	6 875	70 062	4 805
74	G02_883 - 978_11 - 12 - 56. fsa	195	194. 85	7 695	122 690	4 726
75	G03_883 - 978_12 - 04 - 53. fsa	195	194. 96	8 144	143 940	4 582
76	G04_883 - 978_12 - 04 - 53. fsa	189	189. 02	7 828	118 340	4 479
77	G05_883 - 978_12 - 45 - 05. fsa	192	191. 76	6 929	107 728	4 502
78	G06_883 - 978_12 - 45 - 05. fsa	192	191. 98	7 003	119 683	4 504
79	G07_883 - 978_13 - 25 - 12. fsa	192	191. 97	8 111	134 953	4 509
80	G08_883 - 978_13 - 25 - 12. fsa	192	192	6 199	101 222	4 508
81	G09_883 - 978_14 - 05 - 20. fsa	192	192. 93	7 044	112 561	4 541
82	G10_883 - 978_14 - 05 - 20. fsa	195	194. 93	6 778	99 236	4 571
83	G11_883 - 978_14 - 45 - 24. fsa	195	194. 68	7 834	112 196	4 570
84	G12_883 - 978_14 - 45 - 24. fsa	192	191. 98	8 388	152 667	4 531
85	H01_883 - 978_11 - 12 - 56. fsa	192	192. 14	7 988	141 211	4 818
86	H02_883 - 978_11 - 12 - 56. fsa	192	192. 13	7 946	137 955	4 860
87	H03_883 - 978_12 - 04 - 53. fsa	192	192. 06	447	4 610	4 587
88	H04_883 - 978_12 - 04 - 53. fsa	192	192. 96	6 924	107 270	4 663
89	H05_883 - 978_12 - 45 - 05. fsa	201	200. 93	7 143	121 855	4 674
90	H06_883 - 978_12 - 45 - 05. fsa	195	194. 98	7 346	123 311	4 658
	H06_883 - 978_12 - 45 - 05. fsa	201	202. 04	2 986	29 394	4 758
91	H07_883 - 978_13 - 25 - 12. fsa	201	200. 86	7 366	111 556	4 670
92	H08_883 - 978_13 - 25 - 12. fsa	189	189. 02	8 014	153 654	4 576
93	H09_883 - 978_14 - 05 - 20. fsa	195	194. 85	7 276	106 049	4 621
94	H10_883 - 978_14 - 05 - 20. fsa	195	194. 83	7 292	104 649	4 680
95	H11_883 - 978_14 - 45 - 24. fsa	192	192	6 114	61 428	4 577
96	H12_883 - 978_14 - 45 - 24. fsa	195	194. 96	7 982	140 270	4 684
97	A01_979 - 1039_15 - 25 - 29. fsa	189	188. 97	8 476	112 989	4 456

（续）

资源序号	样本名 （sample file name）	等位基因位点 （allele，bp）	大小 （size，bp）	高度 （height，RFU）	面积 （area，RFU）	数据取值点 （data point，RFU）
98	A02_979-1039_15-25-29.fsa	192	191.94	8 450	118 360	4 574
99	A03_979-1039_16-05-31.fsa	192	191.93	8 278	111 870	4 498
100	A04_979-1039_16-05-31.fsa	195	194.87	5 122	47 751	4 612
101	A05_979-1039_16-45-33.fsa	195	194.91	8 487	107 604	4 546
102	A06_979-1039_16-45-33.fsa	195	195.8	7 531	95 082	4 631
103	A07_979-1039_17-25-38.fsa	195	194.85	8 333	105 586	4 554
104	A08_979-1039_17-25-38.fsa	192	191.93	6 926	64 250	4 586
	A08_979-1039_17-25-38.fsa	195	194.76	7 659	90 348	4 626
105	A09_979-1039_18-06-07.fsa	201	202.02	172	1 602	4 612
106	A10_979-1039_18-06-07.fsa	174	174.3	6 290	58 137	4 299
	A10_979-1039_18-06-07.fsa	184	183.18	6 278	57 482	4 423
107	A11_979-1039_18-46-11.fsa	999				
108	A12_979-1039_18-46-11.fsa	189	189.03	7 786	88 120	4 493
109	B01_979-1039_15-25-29.fsa	192	191.99	8 603	132 601	4 510
110	B02_979-1039_15-25-29.fsa	195	194.91	8 363	109 190	4 603
111	B03_979-1039_16-05-31.fsa	192	191.88	8 047	91 957	4 512
112	B04_979-1039_16-05-31.fsa	192	191.87	8 479	115 202	4 562
113	B05_979-1039_16-45-33.fsa	195	195.85	7 934	105 799	4 564
114	B06_979-1039_16-45-33.fsa	195	194.92	8 255	114 184	4 614
115	B07_979-1039_17-25-38.fsa	189	189.96	7 591	82 447	4 493
116	B08_979-1039_17-25-38.fsa	189	188.96	8 615	118 592	4 541
117	B09_979-1039_18-06-07.fsa	201	200.81	8 046	89 186	4 599
118	B10_979-1039_18-06-07.fsa	189	189	8 581	120 924	4 502
119	B11_979-1039_18-46-11.fsa	201	200.9	8 415	117 682	4 589
120	B12_979-1039_18-46-11.fsa	189	189.01	8 621	114 780	4 479
121	C01_979-1039_15-25-29.fsa	189	189	8 111	138 607	4 445

（续）

资源序号	样本名 （sample file name）	等位基因位点 （allele，bp）	大小 （size，bp）	高度 （height，RFU）	面积 （area，RFU）	数据取值点 （data point，RFU）
122	C02 _979 - 1039 _15 - 25 - 29. fsa	192	191. 98	5 558	54 932	4 552
	C02 _979 - 1039 _15 - 25 - 29. fsa	198	197. 89	4 588	45 085	4 636
123	C03 _979 - 1039 _16 - 05 - 31. fsa	195	194. 79	8 033	95 293	4 520
124	C04 _979 - 1039 _16 - 05 - 31. fsa	195	194. 78	7 851	90 342	4 594
125	C05 _979 - 1039 _16 - 45 - 33. fsa	192	191. 97	8 368	146 449	4 504
126	C06 _979 - 1039 _16 - 45 - 33. fsa	189	188. 93	8 321	135 819	4 520
127	C07 _979 - 1039 _17 - 25 - 38. fsa	192	191. 92	8 054	126 537	4 540
128	C08 _979 - 1039 _17 - 25 - 38. fsa	192	191. 83	7 837	100 252	4 568
129	C09 _979 - 1039 _18 - 06 - 07. fsa	192	191. 93	7 827	95 616	4 445
130	C10 _979 - 1039 _18 - 06 - 07. fsa	192	191. 93	8 303	115 408	4 525
131	C11 _979 - 1039 _18 - 46 - 11. fsa	999				
132	C12 _979 - 1039 _18 - 46 - 11. fsa	201	200. 93	173	1 720	4 632
133	D01 _979 - 1039 _15 - 25 - 29. fsa	192	191. 99	4 642	42 297	4 544
134	D02 _979 - 1039 _15 - 25 - 29. fsa	195	194. 91	5 382	50 425	4 586
135	D03 _979 - 1039 _16 - 05 - 31. fsa	192	191. 85	7 965	89 262	4 543
136	D04 _979 - 1039 _16 - 05 - 31. fsa	192	191. 84	7 913	95 465	4 544
137	D05 _979 - 1039 _16 - 45 - 33. fsa	189	189. 02	3 791	35 052	4 511
	D05 _979 - 1039 _16 - 45 - 33. fsa	201	201. 97	4 773	46 312	4 688
138	D06 _979 - 1039 _16 - 45 - 33. fsa	189	189. 96	7 725	86 571	4 525
139	D07 _979 - 1039 _17 - 25 - 38. fsa	195	194. 93	7 771	81 257	4 576
140	D08 _979 - 1039 _17 - 25 - 38. fsa	174	174. 14	7 883	94 526	4 291
141	D09 _979 - 1039 _18 - 06 - 07. fsa	195	195. 98	3 616	34 485	4 543
142	D10 _979 - 1039 _18 - 06 - 07. fsa	192	192. 9	7 665	85 077	4 504
143	D11 _979 - 1039 _18 - 46 - 11. fsa	189	189. 07	7 554	69 948	4 453
144	D12 _979 - 1039 _18 - 46 - 11. fsa	192	192. 99	3 664	35 252	4 505
145	E01 _979 - 1039 _15 - 25 - 29. fsa	192	192. 99	6 241	58 160	4 563

（续）

资源序号	样本名 （sample file name）	等位基因位点 （allele，bp）	大小 （size，bp）	高度 （height，RFU）	面积 （area，RFU）	数据取值点 （data point，RFU）
146	E02_979 - 1039_15 - 25 - 29. fsa	192	191. 92	7 482	72 394	4 545
147	E03_979 - 1039_16 - 05 - 31. fsa	192	191. 99	6 241	57 241	4 544
148	E04_979 - 1039_16 - 05 - 31. fsa	189	189	5 154	49 691	4 504
	E04_979 - 1039_16 - 05 - 31. fsa	201	200. 93	2 348	22 946	4 671
149	E05_979 - 1039_16 - 45 - 33. fsa	201	200. 88	7 543	74 879	4 670
150	E06_979 - 1039_16 - 45 - 33. fsa	192	191. 82	7 745	95 596	4 552
151	E07_979 - 1039_17 - 25 - 38. fsa	195	194. 99	3 692	34 892	4 610
152	E08_979 - 1039_17 - 25 - 38. fsa	195	194. 9	5 474	52 873	4 596
153	E09_979 - 1039_18 - 06 - 07. fsa	201	200. 96	5 550	52 509	4 653
154	E10_979 - 1039_18 - 06 - 07. fsa	195	194. 92	6 508	62 575	4 545
155	E11_979 - 1039_18 - 46 - 11. fsa	174	175. 25	3 510	31 892	4 287
	E11_979 - 1039_18 - 46 - 11. fsa	189	189. 05	4 538	42 303	4 475
156	E12_979 - 1039_18 - 46 - 11. fsa	201	200. 94	4 696	45 688	4 620
157	F01_979 - 1039_15 - 25 - 29. fsa	189	190	2 833	27 091	4 492
	F01_979 - 1039_15 - 25 - 29. fsa	195	194. 93	2 133	20 232	4 560
158	2012 - 04 - 16_3_A03. fsa	192	191. 4	6 347	54 318	4 145
159	2012 - 04 - 16_4_A04. fsa	189	188. 53	5 506	47 103	4 138
160	2012 - 04 - 16_8_A08. fsa	198	197. 4	5 657	48 245	4 270
161	2012 - 04 - 16_9_A09. fsa	179	179. 68	5 248	42 346	3 995
	2012 - 04 - 16_9_A09. fsa	192	191. 5	3 353	28 071	4 139
162	2012 - 04 - 16_12_A12. fsa	192	191. 31	7 381	65 873	4 168
163	2012 - 04 - 16_14_B02. fsa	195	194. 46	5 178	45 352	4 292
164	2012 - 04 - 16_15_B04. fsa	192	191. 44	2 121	18 834	4 367
165	2012 - 04 - 16_17_B05. fsa	195	194. 48	7 285	60 605	4 213
166	2012 - 04 - 16_17_B06. fsa	195	194. 42	2 712	23 680	4 303
167	2012 - 04 - 16_21_B09. fsa	189	188. 51	4 848	40 078	4 124

（续）

资源序号	样本名 （sample file name）	等位基因位点 （allele，bp）	大小 （size，bp）	高度 （height，RFU）	面积 （area，RFU）	数据取值点 （data point，RFU）
168	2012 - 04 - 16_22_B10. fsa	192	191. 42	6 393	53 897	4 156
169	2012 - 04 - 16_23_B11. fsa	182	182. 5	7 706	77 405	4 056
170	2012 - 04 - 16_24_B12. fsa	182	182. 51	7 521	70 347	4 049
171	2012 - 04 - 16_26_C02. fsa	189	188. 57	4 032	35 895	4 208
172	2012 - 04 - 16_29_C05. fsa	195	194. 5	5 065	44 177	4 186
173	2012 - 04 - 16_31_C07. fsa	192	191. 45	6 632	56 883	4 161
174	2012 - 04 - 16_32_C08. fsa	192	191. 49	4 270	36 927	4 188
175	2012 - 04 - 16_34_C10. fsa	192	191. 43	2 311	20 036	4 151
176	2012 - 04 - 16_35_C11. fsa	192	191. 42	4 013	34 766	4 132
177	2012 - 04 - 16_38_D02. fsa	201	200. 35	2 064	18 776	4 338
178	2012 - 04 - 16_40_D04. fsa	192	191. 44	4 330	38 776	4 157
179	2012 - 04 - 16_41_D05. fsa	192	191. 5	4 544	40 310	4 197
180	2012 - 04 - 16_42_D06. fsa	189	188. 47	6 263	55 977	4 142
181	2012 - 04 - 16_46_D10. fsa	192	191. 5	5 272	46 023	4 154
182	2012 - 04 - 16_47_D11. fsa	182	182. 61	4 359	37 417	4 069
183	2012 - 04 - 16_48_D12. fsa	182	182. 59	5 649	49 957	4 049
184	2012 - 04 - 16_51_E03. fsa	189	188. 57	4 188	36 070	4 142
185	2012 - 04 - 17_52_E04. fsa	179	179. 62	1 613	13 771	4 123
	2012 - 04 - 16_52_E04. fsa	195	194. 43	2 505	21 914	4 204
186	2012 - 04 - 16_53_E05. fsa	195	194. 5	2 997	25 375	4 228
187	2012 - 04 - 16_54_E06. fsa	192	191. 49	6 560	58 260	4 188
188	2012 - 04 - 16_56_E08. fsa	182	182. 65	7 380	68 669	4 090
189	2012 - 04 - 16_61_F01. fsa	192	191. 52	5 888	55 035	4 231
190	2012 - 04 - 16_62_F02. fsa	189	188. 63	5 745	51 764	4 213
191	2012 - 04 - 16_64_F04. fsa	198	197. 41	4 075	36 019	4 241
192	2012 - 04 - 16_67_F07. fsa	198	197. 41	4 612	41 000	4 278

（续）

资源序号	样本名 （sample file name）	等位基因位点 （allele，bp）	大小 （size，bp）	高度 （height，RFU）	面积 （area，RFU）	数据取值点 （data point，RFU）
193	2012 - 04 - 16_68_F08. fsa	192	191. 55	4 287	37 463	4 199
194	2012 - 04 - 16_69_F09. fsa	192	191. 52	6 124	52 978	4 168
195	2012 - 04 - 16_71_F11. fsa	189	188. 54	4 465	38 750	4 136
196	2012 - 04 - 16_72_F12. fsa	189	188. 6	4 958	42 696	4 134
197	2012 - 04 - 16_78_G06. fsa	198	197. 43	5 095	46 245	4 285
198	2012 - 04 - 16_83_G11. fsa	195	194. 44	5 467	47 137	4 230
199	2012 - 04 - 16_84_G12. fsa	195	194. 51	5 057	44 691	4 229
200	2012 - 04 - 16_85_H01. fsa	189	188. 74	4 175	38 704	4 280
	2012 - 04 - 16_85_H01. fsa	192	191. 65	3 472	30 702	4 317
201	2012 - 04 - 16_87_H03. fsa	192	191. 62	4 628	40 760	4 222
202	2012 - 04 - 16_88_H04. fsa	189	188. 61	3 337	30 119	4 225
203	2012 - 04 - 16_90_H06. fsa	201	200. 43	4 820	45 047	4 391
204	2012 - 04 - 16_92_H08. fsa	195	194. 52	5 521	51 811	4 330
205	2012 - 04 - 16_93_H09. fsa	195	194. 5	3 435	30 347	4 250
206	2012 - 04 - 16_94_H10. fsa	201	200. 35	5 152	46 705	4 363
207	2012 - 04 - 16_96_H12. fsa	189	188. 63	5 860	52 474	4 221

（续）

33 Satt373

资源序号	样本名 (sample file name)	等位基因位点 (allele，bp)	大小 (size，bp)	高度 (height，RFU)	面积 (area，RFU)	数据取值点 (data point，RFU)
1	A01_883 - 978_22 - 10 - 14. fsa	251	251.98	8 163	125 316	5 529
2	A02_883 - 978_22 - 10 - 14. fsa	251	252.02	120	1 461	5 667
3	A03_883 - 978_23 - 02 - 31. fsa	276	277	5 351	61 673	5 714
4	A04_883 - 978_23 - 02 - 31. fsa	222	223.22	8 070	156 381	5 143
5	A05_883 - 978_23 - 42 - 41. fsa	248	248.75	7 240	114 410	5 360
6	A06_883 - 978_23 - 42 - 41. fsa	238	239.33	7 976	126 012	5 371
7	A07_883 - 978_24 - 22 - 51. fsa	222	223.11	7 820	158 181	5 052
8	A08_883 - 978_24 - 22 - 51. fsa	238	239.25	8 009	126 800	5 395
9	A09_883 - 978_01 - 03 - 00. fsa	238	239	3 262	34 203	5 237
10	A10_883 - 978_01 - 03 - 00. fsa	276	277.09	7 441	114 697	5 977
11	A11_883 - 978_01 - 43 - 08. fsa	276	277.12	6 686	124 357	5 830
12	A12_883 - 978_01 - 43 - 08. fsa	213	213.68	8 123	138 721	5 091
13	B01_883 - 978_22 - 10 - 14. fsa	213	213.83	5 611	59 522	5 043
14	B02_883 - 978_22 - 10 - 14. fsa	276	277.2	7 726	126 736	6 108
15	B03_883 - 978_23 - 02 - 31. fsa	276	277	6 172	76 531	5 751
16	B04_883 - 978_23 - 02 - 31. fsa	213	213.42	7 885	125 801	5 026
	B04_883 - 978_23 - 02 - 31. fsa	276	277.18	7 339	111 846	5 941
17	B05_883 - 978_23 - 42 - 41. fsa	213	213.59	8 099	152 107	4 930
18	B06_883 - 978_23 - 42 - 41. fsa	276	277.07	7 844	124 021	5 956
19	B07_883 - 978_24 - 22 - 51. fsa	213	213.63	8 345	157 072	4 949
20	B08_883 - 978_24 - 22 - 51. fsa	248	248	3 150	36 240	5 504
	B08_883 - 978_24 - 22 - 51. fsa	276	277.26	3 668	43 289	5 987
21	B09_883 - 978_01 - 03 - 00. fsa	248	248.76	7 952	108 855	5 419
22	B10_883 - 978_01 - 03 - 00. fsa	238	239.29	7 971	108 776	5 440

（续）

资源序号	样本名 （sample file name）	等位基因位点 （allele，bp）	大小 （size，bp）	高度 （height，RFU）	面积 （area，RFU）	数据取值点 （data point，RFU）
23	B11_883-978_01-43-08.fsa	251	251	4 457	48 025	5 441
24	B12_883-978_01-43-08.fsa	213	213.73	6 624	76 857	5 112
25	C01_883-978_22-10-14.fsa	251	251.82	8 082	123 193	5 529
26	C02_883-978_22-10-14.fsa	251	252.01	275	3 337	5 710
27	C03_883-978_23-02-31.fsa	222	223	2 064	25 058	4 991
28	C04_883-978_23-02-31.fsa	213	213.53	7 618	159 305	5 022
28	C04_883-978_23-02-31.fsa	248	248.84	5 108	60 729	5 508
29	C05_883-978_23-42-41.fsa	213	213	1 725	23 719	4 879
30	C06_883-978_23-42-41.fsa	248	248.71	7 834	132 655	5 526
31	C07_883-978_24-22-51.fsa	248	248.92	2 125	23 551	5 393
32	C08_883-978_24-22-51.fsa	263	263.09	7 802	116 157	5 771
33	C09_883-978_01-03-00.fsa	263	263.11	7 493	90 043	5 617
34	C10_883-978_01-03-00.fsa	248	248.86	6 563	80 058	5 575
35	C11_883-978_01-43-08.fsa	238	239.4	2 547	28 069	5 308
36	C12_883-978_01-43-08.fsa	222	223.28	7 933	146 940	5 244
37	D01_883-978_22-10-14.fsa	213	213.79	7 807	100 996	5 110
37	D01_883-978_22-10-14.fsa	248	249.18	4 164	47 986	5 584
38	D02_883-978_22-10-14.fsa	238	239.5	7 022	115 594	5 503
38	D02_883-978_22-10-14.fsa	248	249.07	7 517	98 444	5 637
39	D03_883-978_23-02-31.fsa	219	219.91	7 302	112 235	5 075
39	D03_883-978_23-02-31.fsa	245	245.75	3 884	42 383	5 415
40	D04_883-978_23-02-31.fsa	251	251.62	7 926	126 440	5 541
41	D05_883-978_23-42-41.fsa	210	210.43	8 372	151 378	4 962
42	D06_883-978_23-42-41.fsa	251	251.87	6 693	78 684	5 565
43	D07_883-978_24-22-51.fsa	276	277.13	7 714	110 923	5 904
44	D08_883-978_24-22-51.fsa	276	277.35	3 973	48 201	5 982

（续）

资源序号	样本名 （sample file name）	等位基因位点 （allele，bp）	大小 （size，bp）	高度 （height，RFU）	面积 （area，RFU）	数据取值点 （data point，RFU）
45	D09_883 - 978_01 - 03 - 00. fsa	276	277.27	7 661	101 171	5 928
46	D10_883 - 978_01 - 03 - 00. fsa	251	251.85	4 193	50 837	5 610
47	D11_883 - 978_01 - 43 - 08. fsa	219	220.14	6 854	90 331	5 144
	D11_883 - 978_01 - 43 - 08. fsa	260	260.37	6 759	78 352	5 699
48	D12_883 - 978_01 - 43 - 08. fsa	248	248.93	7 800	101 933	5 593
49	E01_883 - 978_22 - 10 - 14. fsa	248	249.17	7 580	92 240	5 578
50	E02_883 - 978_22 - 10 - 14. fsa	248	249.07	7 731	135 420	5 642
51	E03_883 - 978_23 - 02 - 31. fsa	245	245.52	7 630	125 519	5 390
52	E04_883 - 978_23 - 02 - 31. fsa	248	248.9	7 564	101 213	5 496
53	E05_883 - 978_23 - 42 - 41. fsa	238	239.36	7 900	105 565	5 320
54	E06_883 - 978_23 - 42 - 41. fsa	248	248.62	7 623	128 872	5 509
55	E07_883 - 978_24 - 22 - 51. fsa	238	239.33	7 862	102 868	5 342
56	E08_883 - 978_24 - 22 - 51. fsa	222	223.38	2 272	26 415	5 183
57	E09_883 - 978_01 - 03 - 00. fsa	276	277.24	7 307	103 464	5 908
58	E10_883 - 978_01 - 03 - 00. fsa	248	248.99	342	4 033	5 560
59	E11_883 - 978_01 - 43 - 08. fsa	276	277.31	4 684	55 167	5 927
60	E12_883 - 978_01 - 43 - 08. fsa	248	249	4 624	55 805	5 587
61	F01_883 - 978_22 - 10 - 14. fsa	251	252.1	7 042	82 832	5 603
62	F02_883 - 978_22 - 10 - 14. fsa	248	249.2	149	1 868	5 594
63	F03_883 - 978_23 - 02 - 31. fsa	248	248.79	7 615	110 859	5 425
64	F04_883 - 978_23 - 02 - 31. fsa	263	263.27	7 464	91 166	5 681
65	F05_883 - 978_23 - 42 - 41. fsa	276	277.29	7 124	88 977	5 861
66	F06_883 - 978_23 - 42 - 41. fsa	213	213.46	8 105	124 926	5 002
67	F07_883 - 978_24 - 22 - 51. fsa	238	239.31	7 036	82 115	5 330
68	F08_883 - 978_24 - 22 - 51. fsa	219	219.97	7 937	124 422	5 106
69	F09_883 - 978_01 - 03 - 00. fsa	251	251.99	1 772	20 334	5 521

（续）

资源序号	样本名 （sample file name）	等位基因位点 （allele，bp）	大小 （size，bp）	高度 （height，RFU）	面积 （area，RFU）	数据取值点 （data point，RFU）
70	F10_883 - 978_01 - 03 - 00. fsa	251	251.89	6 967	84 687	5 564
71	F11_883 - 978_01 - 43 - 08. fsa	219	219.93	7 939	121 413	5 114
72	F12_883 - 978_01 - 43 - 08. fsa	238	239.36	7 981	110 829	5 416
73	G01_883 - 978_22 - 10 - 14. fsa	248	249.25	5 873	68 692	5 577
74	G02_883 - 978_22 - 10 - 14. fsa	251	252.23	2 460	31 366	5 619
75	G03_883 - 978_23 - 02 - 31. fsa	251	251.99	5 439	63 244	5 474
76	G04_883 - 978_23 - 02 - 31. fsa	251	252	5 333	61 954	5 507
77	G05_883 - 978_23 - 42 - 41. fsa	238	239.37	7 794	101 063	5 316
78	G06_883 - 978_23 - 42 - 41. fsa	210	210.44	7 832	109 936	4 961
79	G07_883 - 978_24 - 22 - 51. fsa	213	213.73	7 369	80 370	5 002
	G07_883 - 978_24 - 22 - 51. fsa	219	220.19	3 341	37 320	5 086
80	G08_883 - 978_24 - 22 - 51. fsa	213	213.79	4 466	49 875	5 020
81	G09_883 - 978_01 - 03 - 00. fsa	213	213.67	7 965	105 259	5 016
82	G10_883 - 978_01 - 03 - 00. fsa	251	251.98	5 176	63 921	5 555
83	G11_883 - 978_01 - 43 - 08. fsa	251	252.03	7 785	107 621	5 543
84	G12_883 - 978_01 - 43 - 08. fsa	213	213.8	5 650	65 132	5 062
85	H01_883 - 978_22 - 10 - 14. fsa	276	277.58	3 518	43 778	6 082
86	H02_883 - 978_22 - 10 - 14. fsa	248	249.34	2 505	29 625	5 723
87	H03_883 - 978_23 - 02 - 31. fsa	222	223.48	633	6 970	5 162
88	H04_883 - 978_23 - 02 - 31. fsa	248	249.18	2 805	33 162	5 595
89	H05_883 - 978_23 - 42 - 41. fsa	248	249.09	7 690	98 531	5 513
90	H06_883 - 978_23 - 42 - 41. fsa	238	239.61	4 345	52 887	5 481
	H06_883 - 978_23 - 42 - 41. fsa	248	249.19	4 134	49 098	5 611
91	H07_883 - 978_24 - 22 - 51. fsa	238	239.55	6 206	85 041	5 449
92	H08_883 - 978_24 - 22 - 51. fsa	248	249.27	4 238	56 993	5 648
93	H09_883 - 978_01 - 03 - 00. fsa	255	255.12	700	10 088	5 667

（续）

资源序号	样本名 （sample file name）	等位基因位点 （allele，bp）	大小 （size，bp）	高度 （height，RFU）	面积 （area，RFU）	数据取值点 （data point，RFU）
94	H10_883-978_01-03-00.fsa	251	252.2	2 571	31 154	5 696
95	H11_883-978_01-43-08.fsa	279	280.18	2 019	29 218	6 089
96	H12_883-978_01-43-08.fsa	282	282.98	3 795	47 704	6 201
97	A01_979-1039+_02-23-19.fsa	282	282.91	4 397	49 368	5 946
98	A02_979-1039+_02-23-19.fsa	282	282.92	6 549	81 966	6 137
99	A03_979-1039+_03-03-51.fsa	282	282.89	7 102	82 139	5 963
100	A04_979-1039+_03-03-51.fsa	282	282.8	7 324	117 590	6 148
101	A05_979-1039+_03-44-01.fsa	282	282.66	7 539	117 936	5 985
102	A06_979-1039+_03-44-01.fsa	222	223.22	7 763	123 516	5 296
103	A07_979-1039+_04-24-08.fsa	282	282.87	7 503	122 770	6 007
104	A08_979-1039+_04-24-08.fsa	276	277.1	7 372	121 727	6 114
105	A09_979-1039+_05-04-15.fsa	251	251.95	7 358	132 940	5 569
106	A10_979-1039+_05-04-15.fsa	219	220.18	7 602	90 325	5 291
107	A11_979-1039+_05-44-21.fsa	258	257.69	4 877	57 328	5 680
108	A12_979-1039+_05-44-21.fsa	238	239.49	6 444	78 161	5 589
109	B01_979-1039+_02-23-19.fsa	276	277.3	7 262	82 047	5 896
110	B02_979-1039+_02-23-19.fsa	251	251.89	5 045	63 308	5 681
111	B03_979-1039+_03-03-51.fsa	248	248.93	8 055	109 211	5 489
112	B04_979-1039+_03-03-51.fsa	248	248.94	8 183	134 697	5 657
113	B05_979-1039+_03-44-01.fsa	248	248.94	6 478	73 178	5 511
114	B06_979-1039+_03-44-01.fsa	248	248.95	8 073	122 330	5 686
115	B07_979-1039+_04-24-08.fsa	222	223.41	8 466	142 443	5 197
116	B08_979-1039+_04-24-08.fsa	219	220.11	1 618	22 949	5 296
117	B09_979-1039+_05-04-15.fsa	248	249.02	7 038	83 987	5 545
	B09_979-1039+_05-04-15.fsa	251	251.95	7 674	121 762	5 587
118	B10_979-1039+_05-04-15.fsa	238	239.49	4 450	53 161	5 599

（续）

资源序号	样本名 （sample file name）	等位基因位点 （allele，bp）	大小 （size，bp）	高度 （height，RFU）	面积 （area，RFU）	数据取值点 （data point，RFU）
119	B11_979-1039+_05-44-21.fsa	251	252.07	7 920	145 560	5 610
120	B12_979-1039+_05-44-21.fsa	238	239.29	8 201	133 339	5 628
121	C01_979-1039+_02-23-19.fsa	251	251.88	8 170	133 631	5 515
122	C02_979-1039+_02-23-20.fsa	248	248.23	3 236	36 694	5 216
123	C03_979-1039+_03-03-51.fsa	238	239.36	8 004	156 590	5 356
124	C04_979-1039+_03-03-51.fsa	238	239.36	7 816	105 886	5 520
125	C05_979-1039+_03-44-01.fsa	213	213.74	8 622	140 503	5 034
126	C06_979-1039+_03-44-01.fsa	219	219.95	8 014	130 442	5 270
127	C07_979-1039+_04-24-08.fsa	219	220.13	8 263	126 970	5 134
128	C08_979-1039+_04-24-08.fsa	213	213.45	7 723	140 059	5 198
129	C09_979-1039+_05-04-15.fsa	213	213.58	8 026	125 083	5 069
130	C10_979-1039+_05-04-15.fsa	219	220.22	7 958	117 086	5 322
131	C11_979-1039+_05-44-21.fsa	238	239.41	3 585	50 973	5 441
132	C12_979-1039+_05-44-21.fsa	251	252.12	4 464	59 457	5 822
133	D01_979-1039+_02-23-19.fsa	213	213.79	6 498	71 478	5 099
134	D02_979-1039+_02-23-19.fsa	213	213.71	5 538	66 777	5 138
	D02_979-1039+_02-23-19.fsa	219	220.11	7 987	110 854	5 228
135	D03_979-1039+_03-03-51.fsa	276	277.37	4 890	58 093	6 016
136	D04_979-1039+_03-03-51.fsa	213	213.57	8 107	124 212	5 145
137	D05_979-1039+_03-44-01.fsa	238	239.43	7 768	100 728	5 474
138	D06_979-1039+_03-44-01.fsa	238	239.42	7 898	114 648	5 537
139	D07_979-1039+_04-24-08.fsa	248	249.05	6 737	80 830	5 622
140	D08_979-1039+_04-24-08.fsa	238	239.44	7 872	114 174	5 557
141	D09_979-1039+_05-04-15.fsa	248	249.05	6 069	77 932	5 648
142	D10_979-1039+_05-04-15.fsa	276	277.4	4 913	64 364	6 182
143	D11_979-1039+_05-44-21.fsa	238	239.57	7 494	107 971	5 547

（续）

资源序号	样本名 （sample file name）	等位基因位点 （allele，bp）	大小 （size，bp）	高度 （height，RFU）	面积 （area，RFU）	数据取值点 （data point，RFU）
144	D12_979-1039+_05-44-21.fsa	276	277.38	6 109	89 634	6 219
145	E01_979-1039+_02-23-19.fsa	213	213.79	2 213	24 251	5 089
146	E02_979-1039+_02-23-19.fsa	213	213.8	669	7 591	5 127
146	E02_979-1039+_02-23-19.fsa	276	277.43	74	892	6 071
147	E03_979-1039+_03-03-51.fsa	213	213.79	3 721	44 020	5 091
147	E03_979-1039+_03-03-51.fsa	248	249.17	860	10 224	5 560
148	E04_979-1039+_03-03-51.fsa	245	245.89	4 350	53 742	5 590
149	E05_979-1039+_03-44-01.fsa	248	249.1	864	10 088	5 587
150	E06_979-1039+_03-44-01.fsa	248	249.09	6 981	87 382	5 666
151	E07_979-1039+_04-24-08.fsa	248	249.18	3 899	46 263	5 612
152	E08_979-1039+_04-24-08.fsa	210	210.56	6 289	80 222	5 139
153	E09_979-1039+_05-04-15.fsa	251	252.1	5 898	71 382	5 664
154	E10_979-1039+_05-04-15.fsa	251	252.1	5 306	72 261	5 763
155	E11_979-1039+_05-44-21.fsa	238	239.67	5 304	62 721	5 519
156	E12_979-1039+_05-44-22.fsa	238	238.85	1 582	18 148	5 162
157	F01_979-1039+_02-23-19.fsa	251	252.03	1 933	22 845	5 585
158	2012-04-11_3_A03.fsa	222	222.58	133	1 274	4 466
159	2012-04-11_3_A04.fsa	999				
160	2012-04-11_8_A08.fsa	222	222.63	2 166	23 915	4 501
161	2012-04-11_9_A09.fsa	222	222.5	4 003	38 736	4 474
162	2012-04-11_12_A12.fsa	248	247.76	2 344	25 780	4 790
163	2012-04-11_13_B02.fsa	213	213.01	4 124	43 526	4 467
164	2012-04-11_15_B04.fsa	276	276.34	3 105	35 124	4 415
165	2012-04-11_17_B05.fsa	245	244.59	3 917	44 972	4 713
166	2012-04-11_17_B06.fsa	248	248.11	2 352	26 410	4 696
167	2012-04-11_21_B09.fsa	251	250.83	2 518	26 057	4 808

（续）

资源序号	样本名 （sample file name）	等位基因位点 （allele，bp）	大小 （size，bp）	高度 （height，RFU）	面积 （area，RFU）	数据取值点 （data point，RFU）
168	2012 - 04 - 11_22_B10. fsa	222	222. 54	3 774	37 941	4 508
169	2012 - 04 - 11_23_B11. fsa	213	213. 08	5 353	51 186	4 388
170	2012 - 04 - 11_24_B12. fsa	222	222. 63	4 219	43 486	4 503
171	2012 - 04 - 11_27_C02. fsa	222	222. 55	4 215	45 561	4 611
172	2012 - 04 - 11_29_C05. fsa	248	247. 72	3 449	41 045	4 719
173	2012 - 04 - 11_31_C07. fsa	276	276. 45	2 266	23 462	5 077
174	2012 - 04 - 11_32_C08. fsa	213	213. 09	4 422	43 469	4 386
175	2012 - 04 - 11_34_C10. fsa	248	247. 79	2 698	29 715	4 792
176	2012 - 04 - 11_35_C11. fsa	210	209. 96	3 334	31 645	4 321
177	2012 - 04 - 11_38_D02. fsa	248	248. 17	2 201	27 205	4 904
178	2012 - 04 - 11_40_D04. fsa	222	222. 57	3 239	33 059	4 492
179	2012 - 04 - 11_41_D05. fsa	222	222. 58	3 968	39 790	4 496
180	2012 - 04 - 11_42_D06. fsa	222	222. 53	3 691	36 667	4 480
181	2012 - 04 - 11_46_D10. fsa	276	276. 41	2 407	29 143	5 147
182	2012 - 04 - 11_47_D11. fsa	210	209. 87	4 444	43 156	4 367
183	2012 - 04 - 11_48_D12. fsa	213	213. 15	3 152	31 562	4 394
184	2012 - 04 - 11_51_E03. fsa	222	222. 69	3 158	35 104	4 509
185	2012 - 04 - 11_52_E04. fsa	222	222. 62	4 044	41 195	4 502
186	2012 - 04 - 11_53_E05. fsa	276	276. 44	2 412	25 907	5 110
187	2012 - 04 - 11_54_E06. fsa	276	276. 47	2 575	28 700	5 126
188	2012 - 04 - 11_56_E08. fsa	222	222. 64	4 433	45 133	4 508
189	2012 - 04 - 11_61_F01. fsa	219	219. 71	5 157	56 371	4 585
190	2012 - 04 - 11_62_F02. fsa	263	262. 65	345	3 722	5 111
191	2012 - 04 - 11_64_F04. fsa	276	276. 61	1 851	20 941	5 127
192	2012 - 04 - 11_67_F07. fsa	274	273. 67	2 327	26 571	5 096
193	2012 - 04 - 11_68_F08. fsa	222	222. 62	4 415	45 221	4 502

（续）

资源序号	样本名 （sample file name）	等位基因位点 （allele，bp）	大小 （size， bp）	高度 （height， RFU）	面积 （area， RFU）	数据取值点 （data point， RFU）
194	2012 - 04 - 11_69_F09. fsa	210	209. 93	4 819	48 545	4 364
195	2012 - 04 - 11_71_F11. fsa	222	222. 59	3 200	34 574	4 500
196	2012 - 04 - 11_72_F12. fsa	219	219. 43	4 923	49 469	4 469
197	2012 - 04 - 11_78_G06. fsa	274	273. 71	1 853	21 528	5 104
198	2012 - 04 - 11_83_G11. fsa	251	250. 98	2 174	25 453	4 835
199	2012 - 04 - 11_84_G12. fsa	251	250. 88	3 215	33 044	4 562
200	2012 - 04 - 11_85_H01. fsa	222	223. 07	3 029	41 839	4 713
201	2012 - 04 - 11_87_H03. fsa	213	213. 14	3 324	33 549	4 405
202	2012 - 04 - 11_88_H04. fsa	219	219. 64	2 483	29 225	4 560
203	2012 - 04 - 11_87_H06. fsa	248	247. 86	2 351	28 461	4 857
204	2012 - 04 - 11_92_H08. fsa	999				
205	2012 - 04 - 11_93_H09. fsa	245	244. 82	2 100	25 194	4 805
206	2012 - 04 - 11_94_H10. fsa	238	238. 6	2 926	37 611	4 788
207	2012 - 04 - 11_96_H12. fsa	219	219. 63	4 220	44 193	4 563

34 Satt551

资源序号	样本名 （sample file name）	等位基因位点 （allele，bp）	大小 （size，bp）	高度 （height，RFU）	面积 （area，RFU）	数据取值点 （data point，RFU）
1	A01_883_20-37-40.fsa	224	224.59	8 730	85 237	5 328
2	A02_883_20-37-40.fsa	224	225.16	7 958	102 699	5 470
3	A03_883_21-29-57.fsa	230	231.34	8 747	108 266	5 278
4	A04_883_21-29-57.fsa	224	224.22	8 503	75 798	5 304
5	A05_883_22-10-09.fsa	224	224.26	8 338	147 325	5 183
	A05_883_22-10-09.fsa	237	237	8 225	106 800	5 342
6	A06_883_22-10-09.fsa	237	237.21	8 429	139 331	5 482
7	A07_883_22-50-21.fsa	255	255.02	7 591	96 604	5 588
8	A08_883_22-50-21.fsa	230	231.09	1 280	14 788	5 425
9	A09_883_23-30-30.fsa	230	231.01	6 937	125 942	5 304
	A09_883_23-30-30.fsa	237	237.36	7 092	122 111	5 388
10	A10_883_23-30-30.fsa	224	224.98	8 110	104 229	5 338
11	A11_0_20-12-15.fsa	224	223.63	5 013	45 772	4 279
12	A12_883_24-10-39.fsa	237	237.44	8 205	129 110	5 530
13	B01_883_20-37-40.fsa	224	225.11	8 607	109 120	5 351
	B01_883_20-37-40.fsa	230	231.23	7 734	88 662	5 433
14	B02_883_20-37-40.fsa	224	225.14	7 981	105 788	5 492
15	B03_883_21-29-57.fsa	224	224.56	7 936	78 834	5 198
16	B04_883_21-29-57.fsa	224	224.81	8 502	93 050	5 317
17	B05_883_22-10-09.fsa	224	224.95	8 342	99 455	5 199
18	B06_883_22-10-09.fsa	224	224.6	8 807	140 842	5 326
19	B07_883_22-50-21.fsa	224	224.57	8 073	97 718	5 216
20	B08_0_20-12-15.fsa	224	223.66	2 829	26 788	4 291
	B08_0_20-12-15.fsa	237	236.15	492	4 535	4 432

（续）

资源序号	样本名 （sample file name）	等位基因位点 （allele，bp）	大小 （size，bp）	高度 （height，RFU）	面积 （area，RFU）	数据取值点 （data point，RFU）
21	B09_883_23-30-30.fsa	224	224.88	8 440	98 305	5 231
22	B10_883_23-30-30.fsa	230	230.89	8 618	144 923	5 447
23	B11_883_24-10-39.fsa	224	224.27	8 492	141 584	5 235
24	B12_883_24-10-39.fsa	224	224.85	8 239	101 517	5 368
25	C01_883_20-37-40.fsa	230	231.09	8 624	155 890	5 409
26	C02_883_20-37-40.fsa	230	231.53	6 432	87 772	5 580
27	C03_883_21-29-57.fsa	224	224.81	8 511	106 405	5 189
28	C04_883_21-29-57.fsa	237	237.46	5 509	64 384	5 495
29	C05_883_22-10-09.fsa	224	224.59	8 792	140 085	5 184
30	C06_883_22-10-09.fsa	230	230.94	8 513	141 732	5 408
31	C07_883_22-50-21.fsa	237	237.38	6 116	66 937	5 371
32	C08_883_22-50-21.fsa	224	224.63	3 867	42 603	5 342
33	C09_883_23-30-30.fsa	224	224.27	6 642	226 516	5 150
34	C10_883_23-30-30.fsa	237	237.14	8 195	154 089	5 532
35	C11_883_24-10-39.fsa	224	224.29	8 509	75 950	5 211
36	C12_0_20-12-15.fsa	237	236.23	4 828	45 984	4 499
37	D01_883_20-37-40.fsa	230	231.24	8 669	162 660	5 508
	D01_883_20-37-40.fsa	237	237.69	8 448	145 972	5 597
38	D02_883_20-37-40.fsa	224	224.66	7 971	116 092	5 458
	D02_883_20-37-40.fsa	237	237.69	3 829	43 873	5 646
39	D03_883_21-29-57.fsa	224	224.63	2 741	25 935	5 273
	D03_883_21-29-57.fsa	230	231.08	5 881	67 316	5 360
40	D04_883_21-29-57.fsa	224	224.53	8 683	151 561	5 306
41	D05_883_22-10-09.fsa	237	237.26	7 933	102 353	5 440
42	D06_883_22-10-09.fsa	224	224.61	8 691	138 758	5 307
	D06_883_22-10-09.fsa	237	237.5	3 169	35 578	5 488

（续）

资源序号	样本名 （sample file name）	等位基因位点 （allele，bp）	大小 （size， bp）	高度 （height， RFU）	面积 （area， RFU）	数据取值点 （data point， RFU）
43	D07_883_22-50-21.fsa	224	224.75	7 361	81 477	5 290
44	D08_883_22-50-21.fsa	224	224.83	8 318	99 218	5 332
45	D09_883_23-30-30.fsa	224	224.67	253	2 892	5 299
46	D10_883_23-30-30.fsa	224	224.69	6 275	69 657	5 349
47	D11_883_24-10-39.fsa	224	224.7	8 578	133 304	5 305
	D11_883_24-10-39.fsa	237	237.43	8 473	117 616	5 478
48	D12_883_24-10-39.fsa	237	237.15	8 273	158 267	5 526
49	E01_883_20-37-40.fsa	237	237.42	8 070	147 136	5 588
50	E02_883_20-37-40.fsa	237	237.59	8 187	130 663	5 642
51	E03_883_20-37-41.fsa	237	236.86	82	813	4 931
52	E04_883_21-29-57.fsa	224	224.58	8 483	131 305	5 283
53	E05_883_22-10-09.fsa	230	230.98	7 961	98 973	5 334
54	E06_883_22-10-09.fsa	224	224.58	8 728	129 872	5 299
55	E07_883_22-50-20.fsa	224	224.34	520	5 006	4 828
56	E08_883_22-50-21.fsa	224	224.47	8 624	150 046	5 321
57	E09_883_23-30-30.fsa	224	224.73	7 883	91 399	5 290
58	E10_883_23-30-30.fsa	230	231.08	2 792	31 194	5 425
59	E11_883_24-10-39.fsa	224	224.59	8 768	150 501	5 294
60	E12_883_24-10-39.fsa	230	230.9	7 946	118 395	5 430
	E12_883_24-10-39.fsa	237	237.56	2 260	25 578	5 524
61	F01_883_20-37-40.fsa	224	224.89	8 169	134 508	5 394
62	F02_883_20-37-40.fsa	237	237.71	8 547	155 619	5 598
63	F03_883_21-29-57.fsa	237	237.26	7 862	104 572	5 413
64	F04_883_21-29-57.fsa	224	224.75	5 008	54 345	5 271
65	F05_883_22-10-09.fsa	224	224.68	7 126	80 209	5 240
66	F06_883_22-10-09.fsa	237	237.25	7 999	118 341	5 442

（续）

资源序号	样本名 （sample file name）	等位基因位点 （allele，bp）	大小 （size，bp）	高度 （height，RFU）	面积 （area，RFU）	数据取值点 （data point，RFU）
67	F07_883_22-50-21.fsa	224	224.66	3 238	37 214	5 296
68	F08_883_22-50-21.fsa	230	230.94	8 607	151 684	5 377
69	F09_883_23-30-30.fsa	224	224.69	4 025	44 834	5 268
70	F10_883_23-30-30.fsa	224	224.39	8 112	286 156	5 327
71	F11_883_24-10-39.fsa	230	231.13	8 697	146 484	5 364
72	F12_883_24-10-39.fsa	230	230.97	8 010	111 078	5 394
73	G01_883_20-37-40.fsa	230	231.49	804	8 782	5 505
74	G02_883_20-37-40.fsa	230	230.63	8 472	157 714	5 542
75	G03_883_21-29-57.fsa	224	225	8 550	124 507	5 216
76	G04_883_21-29-57.fsa	230	231.07	8 573	145 721	5 358
77	G05_883_22-10-09.fsa	224	224.8	3 919	44 305	5 248
78	G06_883_22-10-09.fsa	237	237.54	3 736	43 715	5 445
79	G07_883_22-50-21.fsa	224	224.73	5 689	63 468	5 266
80	G08_883_22-50-21.fsa	224	224.63	7 965	112 755	5 287
	G08_883_22-50-21.fsa	230	231.22	3 487	38 449	5 377
81	G09_883_23-30-30.fsa	224	224.66	8 884	157 799	5 274
82	G10_883_23-30-30.fsa	224	224.69	8 495	158 050	5 297
83	G11_883_24-10-39.fsa	230	231.22	7 983	98 376	5 370
84	G12_883_24-10-39.fsa	224	224.8	472	5 097	5 307
85	H01_883_20-37-40.fsa	224	225.16	444	5 292	5 498
86	H02_883_20-37-40.fsa	224	225.18	1 253	14 184	5 556
87	H03_883_21-29-57.fsa	224	224.71	7 962	112 258	5 313
	H03_883_21-29-57.fsa	237	237.73	2 498	28 967	5 489
88	H04_883_21-29-57.fsa	237	237.54	8 496	161 878	5 581
89	H05_883_22-10-09.fsa	230	231.25	2 823	30 569	5 398
90	H06_883_22-10-09.fsa	224	224.74	7 956	100 735	5 401

（续）

资源序号	样本名 （sample file name）	等位基因位点 （allele，bp）	大小 （size，bp）	高度 （height，RFU）	面积 （area，RFU）	数据取值点 （data point，RFU）
91	H07_883_22-50-21.fsa	224	224.75	8 801	148 387	5 330
92	H08_883_22-50-21.fsa	230	231.33	5 526	63 875	5 513
93	H09_883_23-30-30.fsa	230	231	7 985	93 417	5 412
94	H10_883_23-30-30.fsa	230	231	8 078	81 099	5 520
95	H11_883_24-10-39.fsa	230	231.24	8 659	155 540	5 436
96	H12_883_24-10-39.fsa	224	224.89	4 048	46 111	5 441
97	A01_979_24-50-51.fsa	224	224.54	8 007	105 140	5 243
98	A02_979_24-50-51.fsa	224	224.78	8 306	166 807	5 343
99	A03_979_01-31-25.fsa	224	224.66	8 599	137 366	5 265
100	A04_979_01-31-25.fsa	224	224.9	7 884	116 007	5 398
101	A05_979_02-11-38.fsa	224	224.23	788	8 079	4 885
102	A06_979_02-11-37.fsa	237	237.68	8 078	123 040	5 603
103	A07_979_02-51-46.fsa	224	223.72	3 504	68 898	5 294
104	A08_979_02-51-46.fsa	224	224.78	6 732	72 272	5 443
	A08_979_02-51-46.fsa	230	230.96	7 743	105 523	5 530
105	A09_979_03-31-54.fsa	237	237.45	6 761	93 621	5 480
106	A10_979_03-31-54.fsa	230	231.15	5 750	63 102	5 514
	A10_979_03-31-54.fsa	237	237.58	3 146	35 118	5 605
107	A11_979_04-12-00.fsa	999				
108	A12_979_04-12-00.fsa	237	237.52	7 763	101 291	5 629
109	B01_979_24-50-51.fsa	224	224.69	426	4 732	5 269
110	B02_979_24-50-51.fsa	230	231.11	3 318	36 112	5 481
111	B03_979_01-31-25.fsa	224	224.78	5 153	51 569	5 275
112	B04_979_01-31-25.fsa	230	231.09	8 410	103 067	5 508
113	B05_979_02-11-37.fsa	237	237.22	7 447	109 577	5 466
114	B06_979_02-11-37.fsa	237	237.51	8 429	124 753	5 622

（续）

资源序号	样本名 (sample file name)	等位基因位点 (allele，bp)	大小 (size，bp)	高度 (height，RFU)	面积 (area，RFU)	数据取值点 (data point，RFU)
115	B07_979_02-51-46.fsa	224	224.7	7 754	116 451	5 318
116	B08_979_02-51-46.fsa	224	224.75	1 639	18 454	5 453
117	B09_979_03-31-54.fsa	224	224.68	7 656	93 730	5 303
118	B10_979_03-31-54.fsa	230	231.13	6 323	67 751	5 551
119	B11_979_04-12-00.fsa	224	224.71	7 629	87 582	5 316
120	B12_979_04-12-00.fsa	230	231.21	1 635	17 925	5 566
121	C01_979_24-50-51.fsa	230	230.93	8 095	100 667	5 333
122	C02_979_24-50-51.fsa	224	224.66	7 820	99 244	5 385
123	C03_979_01-31-25.fsa	224	224.67	3 051	31 617	5 264
124	C04_979_01-31-25.fsa	224	224.81	338	3 678	5 412
125	C05_979_02-11-37.fsa	224	224.67	4 950	45 678	5 275
126	C06_979_02-11-37.fsa	230	231.11	7 745	100 107	5 525
127	C07_979_02-11-37.fsa	224	223.44	7 922	99 500	4 378
128	C08_979_02-51-46.fsa	224	224.78	8 566	133 507	5 448
129	C09_979_03-31-54.fsa	224	224.71	6 775	72 099	5 294
130	C10_979_03-31-54.fsa	230	230.66	8 004	103 862	5 528
131	C11_979_04-12-00.fsa	999				
132	C12_979_04-12-00.fsa	224	224.18	253	2 536	5 432
133	D01_979_02-11-37.fsa	224	222.81	2 065	18 890	4 441
	D01_979_02-11-37.fsa	230	229.13	878	8 031	4 514
134	D02_979_24-50-51.fsa	224	224.67	4 935	49 145	5 409
135	D03_979_01-31-25.fsa	224	224.68	8 481	122 323	5 358
136	D04_979_01-31-25.fsa	224	224.55	8 593	146 756	5 400
137	D05_979_02-11-37.fsa	224	224.72	8 577	141 582	5 370
	D05_979_02-11-37.fsa	230	231.02	7 847	108 656	5 457
138	D06_979_02-11-37.fsa	224	224.73	8 721	138 847	5 419

（续）

资源序号	样本名 （sample file name）	等位基因位点 （allele，bp）	大小 （size，bp）	高度 （height，RFU）	面积 （area，RFU）	数据取值点 （data point，RFU）
139	D07_979_02-51-46.fsa	237	237.62	5 300	56 873	5 560
140	D08_979_02-51-46.fsa	237	237.5	7 682	93 677	5 619
141	D09_979_03-31-54.fsa	237	237.6	6 891	75 180	5 567
142	D10_979_03-31-54.fsa	224	224.66	8 637	141 823	5 441
143	D11_979_04-12-00.fsa	237	237.55	8 396	117 185	5 580
144	D12_979_04-12-00.fsa	224	224.67	8 022	113 942	5 456
145	E01_979_24-50-51.fsa	224	224.75	8 920	125 053	5 325
146	E02_979_24-50-51.fsa	224	224.77	6 192	72 253	5 370
147	E03_979_01-31-25.fsa	237	237.51	7 874	100 956	5 506
148	E04_979_01-31-25.fsa	224	224.74	5 430	61 988	5 392
	E04_979_01-31-25.fsa	230	231.12	7 639	89 880	5 483
149	E05_979_02-11-37.fsa	230	231.21	8 067	116 618	5 447
150	E06_979_02-11-37.fsa	230	231.06	7 938	121 476	5 501
151	E07_979_02-51-46.fsa	224	224.68	8 688	136 872	5 381
152	E08_979_02-51-46.fsa	237	237.51	7 899	132 491	5 611
153	E09_979_03-31-54.fsa	224	224.8	4 280	43 051	5 370
	E09_979_03-31-54.fsa	230	231.27	5 826	62 054	5 458
154	E10_979_03-31-54.fsa	230	231.13	8 426	136 708	5 528
155	E11_979_04-12-00.fsa	230	231.17	8 565	127 012	5 464
156	E12_979_04-12-00.fsa	224	224.78	8 699	135 052	5 449
157	F01_979_24-50-51.fsa	230	230.98	7 942	107 586	5 396
158	2012-04-14_3_A03.fsa	224	222.72	4 967	43 508	4 357
159	2012-04-14_4_A04.fsa	224	229.06	2 219	20 100	4 458
160	2012-04-14_8_A08.fsa	224	222.6	3 880	34 360	4 355
161	2012-04-14_9_A09.fsa	224	222.61	3 378	28 688	4 325
162	2012-04-14_12_A12.fsa	230	228.82	3 313	30 634	4 419

（续）

资源序号	样本名 （sample file name）	等位基因位点 （allele，bp）	大小 （size，bp）	高度 （height，RFU）	面积 （area，RFU）	数据取值点 （data point，RFU）
163	2012 - 04 - 14_14_B02. fsa	230	229.23	2 079	18 706	4 598
164	2012 - 04 - 14_16_B04. fsa	237	235.26	6 922	70 787	4 518
165	2012 - 04 - 14_17_B05. fsa	237	235.2	2 200	27 235	4 579
166	2012 - 04 - 14_17_B06. fsa	230	229.15	3 915	45 651	4 667
167	2012 - 04 - 14_21_B09. fsa	224	222.66	5 952	49 574	4 348
168	2012 - 04 - 14_22_B10. fsa	224	222.63	3 960	33 528	4 349
169	2012 - 04 - 14_23_B11. fsa	237	235.14	2 228	19 186	4 474
170	2012 - 04 - 14_24_B12. fsa	237	235.19	2 457	21 322	4 480
171	2012 - 04 - 14_26_C02. fsa	224	222.95	4 465	41 223	4 517
172	2012 - 04 - 14_29_C05. fsa	237	235.21	4 428	39 266	4 454
173	2012 - 04 - 14_31_C07. fsa	224	222.61	6 029	51 361	4 313
174	2012 - 04 - 14_32_C08. fsa	224	222.56	4 558	37 994	4 353
175	2012 - 04 - 14_34_C10. fsa	224	222.6	4 470	37 203	4 344
176	2012 - 04 - 14_35_C11. fsa	230	228.86	4 324	36 671	4 371
177	2012 - 04 - 14_38_D02. fsa	237	235.47	3 590	33 163	4 645
178	2012 - 04 - 14_40_D04. fsa	224	222.78	5 377	54 314	4 372
179	2012 - 04 - 14_41_D05. fsa	224	222.78	5 253	54 379	4 366
180	2012 - 04 - 14_42_D06. fsa	230	228.88	3 706	35 917	4 417
181	2012 - 04 - 14_46_D10. fsa	224	222.59	4 523	38 944	4 341
182	2012 - 04 - 14_47_D11. fsa	237	235.2	2 659	23 117	4 481
183	2012 - 04 - 14_48_D12. fsa	224	222.58	4 615	40 632	4 332
184	2012 - 04 - 14_51_E03. fsa	224	222.82	5 773	50 702	4 387
185	2012 - 04 - 14_52_E04. fsa	224	222.78	7 015	63 387	4 384
186	2012 - 04 - 14_53_E05. fsa	230	229	6 729	62 999	4 427
187	2012 - 04 - 14_54_E06. fsa	224	222.73	4 407	38 435	4 358
188	2012 - 04 - 14_56_E08. fsa	224	222.64	6 725	59 675	4 352

（续）

资源序号	样本名 （sample file name）	等位基因位点 （allele，bp）	大小 （size，bp）	高度 （height，RFU）	面积 （area，RFU）	数据取值点 （data point，RFU）
189	2012 - 04 - 14_61_F01. fsa	230	229.39	4 197	47 729	4 578
190	2012 - 04 - 14_62_F02. fsa	224	223.02	4 780	44 263	4 520
191	2012 - 04 - 14_64_F04. fsa	224	222.77	4 856	43 423	4 383
192	2012 - 04 - 14_67_F07. fsa	224	222.65	6 011	52 237	4 350
193	2012 - 04 - 14_68_F08. fsa	224	222.63	7 793	73 127	4 351
194	2012 - 04 - 14_69_F09. fsa	237	235.19	4 338	43 077	4 483
195	2012 - 04 - 14_71_F11. fsa	224	222.6	5 761	50 703	4 338
196	2012 - 04 - 14_72_F12. fsa	230	229	4 723	42 103	4 411
197	2012 - 04 - 14_78_G06. fsa	224	222.77	2 612	28 283	4 384
198	2012 - 04 - 14_83_G11. fsa	224	222.77	4 942	43 882	4 362
199	2012 - 04 - 14_84_G12. fsa	237	235.24	3 724	37 836	4 496
200	2012 - 04 - 14_85_H01. fsa	224	223.16	2 150	23 441	4 613
	2012 - 04 - 14_85_H01. fsa	237	235.89	1 215	13 551	4 758
201	2012 - 04 - 14_87_H03. fsa	230	229.21	4 904	50 781	4 503
202	2012 - 04 - 14_88_H04. fsa	230	229.21	5 049	52 091	4 545
203	2012 - 04 - 14_90_H06. fsa	237	235.53	1 640	16 997	4 587
204	2012 - 04 - 14_92_H08. fsa	237	235.44	7 030	72 420	4 579
205	2012 - 04 - 14_93_H09. fsa	230	229.08	3 076	31 172	4 465
206	2012 - 04 - 14_94_H10. fsa	230	229.07	3 868	40 959	4 506
207	2012 - 04 - 14_96_H12. fsa	230	229.13	2 129	22 358	4 498

35 Sat_084

资源序号	样本名 （sample file name）	等位基因位点 （allele，bp）	大小 （size，bp）	高度 （height，RFU）	面积 （area，RFU）	数据取值点 （data point，RFU）
1	A01_883-978_20-23-29. fsa	141	140.62	7 349	66 599	4 014
2	A02_883-978_20-23-29. fsa	141	140.63	1 780	16 278	4 077
3	A03_883-978_21-15-37. fsa	141	140.73	7 198	77 674	3 951
4	A04_883-978_21-15-37. fsa	141	140.53	6 068	53 917	3 997
5	A05_883-978_21-55-48. fsa	141	140.49	852	7 426	3 930
6	A06_883-978_21-55-48. fsa	141	140.51	6 960	61 689	3 990
7	A07_883-978_23-16-07. fsa	141	140.22	3 080	23 560	3 377
8	A08_883-978_23-16-07. fsa	154	154.43	670	5 807	4 156
9	A09_883-978_23-16-08. fsa	141	140.63	3 331	29 438	3 955
10	A10_883-978_23-16-08. fsa	141	140.5	4 344	39 011	4 021
11	A11_883-978_23-56-17. fsa	141	141.38	1 808	15 870	3 399
12	A12_883-978_23-56-17. fsa	151	151.47	6 261	53 552	4 180
13	B01_883-978_20-23-29. fsa	143	142.71	4 478	39 506	4 052
14	B02_883-978_20-23-29. fsa	141	140.39	6 985	88 354	4 066
15	B03_883-978_21-15-37. fsa	141	141.43	1 524	13 021	3 467
16	B04_883-978_21-15-37. fsa	141	140.58	1 027	8 914	3 982
17	B05_883-978_21-55-48. fsa	141	140.49	150	1 340	3 935
18	B06_883-978_21-55-48. fsa	141	140.58	5 745	51 700	3 978
19	B07_883-978_22-35-59. fsa	141	140.5	6 658	58 109	3 947
20	B08_883-978_22-35-59. fsa	147	147.21	292	2 574	4 076
21	B09_883-978_23-16-08. fsa	141	140.63	181	1 543	3 965
22	B10_883-978_23-16-08. fsa	141	140.51	4 448	39 454	4 003
23	B11_883-978_23-56-17. fsa	141	140.56	4 984	43 250	3 977
24	B12_883-978_23-56-17. fsa	141	140.56	7 253	66 921	4 020

（续）

资源序号	样本名（sample file name）	等位基因位点（allele，bp）	大小（size，bp）	高度（height，RFU）	面积（area，RFU）	数据取值点（data point，RFU）
25	C01_883-978_20-23-29.fsa	143	142.76	65	514	4 021
26	C02_883-978_20-23-29.fsa	143	142.69	7 216	72 393	4 085
27	C03_883-978_21-15-37.fsa	141	140.62	2 676	28 177	3 929
28	C04_883-978_21-15-37.fsa	143	142.61	65	590	3 998
29	C05_883-978_21-55-48.fsa	141	140.48	650	5 702	3 914
30	C06_883-978_21-55-48.fsa	143	142.62	5 727	50 956	3 995
31	C07_883-978_22-35-59.fsa	143	142.6	163	1 518	3 970
32	C08_883-978_22-35-59.fsa	141	140.51	2 559	22 948	3 977
33	C09_883-978_23-16-08.fsa	141	140.63	5 523	50 773	3 949
34	C10_883-978_23-16-08.fsa	132	132.38	4 274	38 295	3 876
	C10_883-978_23-16-08.fsa	141	140.48	730	6 994	3 992
35	C11_883-978_23-56-17.fsa	141	140.39	7 338	82 465	3 948
36	C12_883-978_23-56-17.fsa	141	140.56	1 265	11 697	4 009
37	D01_883-978_20-23-29.fsa	143	142.76	4 311	38 145	4 084
38	D02_883-978_20-23-29.fsa	143	142.64	282	2 683	4 076
39	D03_883-978_21-15-37.fsa	141	140.61	937	8 024	3 980
40	D04_883-978_21-15-37.fsa	141	140.58	322	3 012	3 970
41	D05_883-978_21-55-48.fsa	160	159.93	2 930	25 314	4 231
42	D06_883-978_21-55-48.fsa	141	140.58	307	2 778	3 967
43	D07_883-978_22-35-59.fsa	141	140.54	282	2 501	3 982
44	D08_883-978_22-35-59.fsa	141	140.57	398	3 718	3 975
45	D09_883-978_23-16-08.fsa	141	140.52	1 799	16 144	3 996
46	D10_883-978_23-16-08.fsa	141	140.57	3 229	30 215	3 992
47	D11_883-978_23-56-17.fsa	141	140.53	1 563	13 644	4 011
	D11_883-978_23-56-17.fsa	147	147.25	2 124	18 991	4 099
48	D12_883-978_23-56-17.fsa	143	142.63	3 325	30 430	4 035

（续）

资源序号	样本名 （sample file name）	等位基因位点 （allele，bp）	大小 （size，bp）	高度 （height，RFU）	面积 （area，RFU）	数据取值点 （data point，RFU）
49	E01_883－978_20－23－29. fsa	141	140.58	4 385	40 080	4 067
50	E02_883－978_20－23－29. fsa	141	140.56	2 786	26 382	4 052
51	E03_883－978_20－23－30. fsa	143	142.69	7 289	87 819	4 004
52	E04_883－978_21－15－37. fsa	141	140.53	3 147	28 982	3 970
53	E05_883－978_21－55－48. fsa	154	153.62	1 528	13 010	4 141
54	E06_883－978_21－55－48. fsa	141	140.8	7 610	89 654	3 971
55	E07_883－978_22－35－59. fsa	141	140.55	3 293	29 347	3 986
56	E08_883－978_22－35－59. fsa	154	153.59	468	4 122	4 151
57	E09_883－978_23－16－08. fsa	141	140.63	634	5 693	4 006
58	E10_883－978_23－16－08. fsa	141	140.58	2 122	19 399	3 992
59	E11_883－978_23－56－17. fsa	141	140.53	2 881	25 910	4 019
60	E12_883－978_23－56－17. fsa	141	140.58	1 214	11 059	4 008
61	F01_883－978_20－23－29. fsa	141	140.59	2 013	18 724	4 033
62	F02_883－978_20－23－29. fsa	143	142.69	36	306	4 071
63	F03_883－978_21－15－37. fsa	143	142.69	147	1 280	3 983
64	F04_883－978_21－15－37. fsa	141	140.6	410	3 810	3 963
65	F05_883－978_21－55－48. fsa	141	140.47	82	788	3 949
66	F06_883－978_21－55－48. fsa	141	140.54	1 747	15 853	3 958
67	F07_883－978_22－35－59. fsa	141	140.53	1 624	14 565	3 957
68	F08_883－978_22－35－59. fsa	141	140.6	40	336	3 967
69	F09_883－978_23－16－08. fsa	141	140.54	869	8 010	3 972
70	F10_883－978_23－16－08. fsa	141	140.51	63	610	3 980
71	F11_883－978_23－56－17. fsa	143	142.66	1 426	12 710	4 014
72	F12_883－978_23－56－17. fsa	154	153.61	509	4 552	4 170
73	G01_883－978_23－56－18. fsa	141	141.68	1 876	16 247	4 140
	G01_883－978_23－56－19. fsa	154	154.65	1 842	16 381	4 317

（续）

资源序号	样本名 （sample file name）	等位基因位点 （allele，bp）	大小 （size， bp）	高度 （height， RFU）	面积 （area， RFU）	数据取值点 （data point， RFU）
74	G02_883－978_23－56－20.fsa	141	140.34	1 569	13 131	3 971
75	G03_883－978_23－56－21.fsa	141	140.24	247	2 123	3 964
76	G04_883－978_23－56－22.fsa	154	154.4	1 464	11 940	4 127
77	G05_883－978_21－55－48.fsa	154	153.61	167	1 392	4 137
78	G06_883－978_21－55－48.fsa	141	140.68	1 858	17 753	3 967
79	G07_883－978_22－35－59.fsa	141	140.62	1 373	12 366	3 977
80	G08_883－978_22－35－59.fsa	141	140	832	7 236	3 860
81	G09_883－978_23－16－08.fsa	141	140.62	121	1 058	3 991
82	G10_883－978_23－16－08.fsa	141	140.6	84	754	3 989
83	G11_883－978_23－56－17.fsa	141	140.61	1 852	16 731	4 006
84	G12_883－978_23－56－17.fsa	141	140.67	3 759	34 335	4 005
85	H01_883－978_20－23－29.fsa	141	140.23	2 603	19 901	3 404
86	H02_883－978_20－23－29.fsa	141	140.69	265	2 542	4 144
87	H03_883－978_21－15－37.fsa	160	160.21	616	5 326	4 269
88	H04_883－978_21－15－37.fsa	147	147.28	40	369	4 152
89	H05_883－978_21－55－48.fsa	141	140.61	1 538	13 983	4 004
90	H06_883－978_21－55－48.fsa	143	142.73	1 210	11 243	4 088
91	H07_883－978_22－35－59.fsa	143	142.74	436	3 828	4 039
92	H08_883－978_22－35－59.fsa	141	140.64	381	3 563	4 068
93	H09_883－978_23－16－08.fsa	141	140.66	1 760	16 544	4 028
94	H10_883－978_23－16－09.fsa	141	141.46	1 332	12 371	4 046
95	H11_883－978_23－56－17.fsa	151	151.55	821	7 235	4 187
96	H12_883－978_23－56－17.fsa	143	142.76	667	6 311	4 128
97	A01_979－1039_24－36－28.fsa	141	140.62	3 501	31 495	3 984
98	A02_979－1039_24－36－28.fsa	141	140.57	2 838	25 054	4 053
99	A03_979－1039_01－17－00.fsa	141	140.54	4 160	35 684	3 997

（续）

资源序号	样本名 （sample file name）	等位基因位点 （allele，bp）	大小 （size， bp）	高度 （height， RFU）	面积 （area， RFU）	数据取值点 （data point， RFU）
100	A04_979 - 1039_01 - 17 - 00. fsa	141	140. 63	1 998	17 959	4 067
101	A05_979 - 1039_01 - 57 - 11. fsa	141	140. 53	3 038	26 450	4 008
102	A06_979 - 1039_01 - 57 - 11. fsa	154	153. 68	3 074	26 717	4 256
103	A07_979 - 1039_02 - 37 - 20. fsa	141	140. 53	2 315	19 854	4 021
104	A08_979 - 1039_02 - 37 - 20. fsa	141	140. 62	3 615	27 768	4 096
	A08_979 - 1039_02 - 37 - 20. fsa	143	142. 69	5 493	48 248	4 124
105	A09_979 - 1039_03 - 17 - 26. fsa	154	153. 58	1 560	12 963	4 214
106	A10_979 - 1039_03 - 17 - 26. fsa	143	142. 69	1 392	11 697	4 134
107	A11_979 - 1039_03 - 57 - 32. fsa	999				
108	A12_979 - 1039_03 - 57 - 32. fsa	141	140. 55	4 740	43 956	4 114
109	B01_979 - 1039_24 - 36 - 28. fsa	141	140. 55	2 414	20 742	3 996
110	B02_979 - 1039_24 - 36 - 28. fsa	141	140. 56	4 354	39 333	4 033
111	B03_979 - 1039_01 - 17 - 00. fsa	141	140. 53	1 689	18 451	4 015
112	B04_979 - 1039_01 - 17 - 00. fsa	143	142. 61	2 058	18 188	4 079
113	B05_979 - 1039_01 - 57 - 11. fsa	132	132. 25	7 198	102 359	3 906
114	B06_979 - 1039_01 - 57 - 11. fsa	141	140. 55	3 336	30 226	4 065
115	B07_979 - 1039_02 - 37 - 20. fsa	132	132. 4	5 769	49 330	3 920
116	B08_979 - 1039_02 - 37 - 20. fsa	132	132. 36	3 084	26 389	3 960
117	B09_979 - 1039_03 - 17 - 26. fsa	154	153. 66	1 489	12 340	4 213
118	B10_979 - 1039_03 - 17 - 26. fsa	154	153. 6	1 065	9 314	4 273
119	B11_979 - 1039_03 - 57 - 32. fsa	141	140. 6	2 739	24 263	4 048
120	B12_979 - 1039_03 - 57 - 32. fsa	141	140. 59	2 496	22 677	4 105
121	C01_979 - 1039_24 - 36 - 28. fsa	141	140. 61	4 030	36 335	3 973
122	C02_979 - 1039_24 - 36 - 28. fsa	141	140. 62	3 038	28 077	4 022
123	C03_979 - 1039_01 - 17 - 00. fsa	143	142. 68	1 422	12 548	4 012
124	C04_979 - 1039_01 - 17 - 00. fsa	143	142. 61	1 069	9 115	4 068

（续）

资源序号	样本名 （sample file name）	等位基因位点 （allele，bp）	大小 （size，bp）	高度 （height，RFU）	面积 （area，RFU）	数据取值点 （data point，RFU）
125	C05_979 - 1039_01 - 57 - 11. fsa	141	140. 6	2 834	24 920	3 989
126	C06_979 - 1039_01 - 57 - 11. fsa	141	140. 61	4 906	45 540	4 053
127	C07_979 - 1039_02 - 37 - 20. fsa	141	140. 54	3 438	31 262	4 007
128	C08_979 - 1039_02 - 37 - 20. fsa	151	151. 48	565	5 484	4 224
129	C09_979 - 1039_03 - 17 - 26. fsa	141	140. 59	2 313	20 418	4 014
130	C10_979 - 1039_03 - 17 - 26. fsa	141	140. 59	1 745	15 651	4 081
131	C11_979 - 1039_03 - 57 - 32. fsa	999				
132	C12_979 - 1039_03 - 57 - 32. fsa	143	142. 72	234	2 186	4 124
133	D01_979 - 1039_24 - 36 - 28. fsa	132	132. 45	958	8 329	3 921
	D01_979 - 1039_24 - 36 - 28. fsa	141	140. 58	1 226	10 829	4 036
134	D02_979 - 1039_24 - 36 - 28. fsa	141	140. 62	1 981	18 655	4 029
135	D03_979 - 1039_01 - 17 - 00. fsa	141	140. 59	3 075	27 214	4 046
136	D04_979 - 1039_01 - 17 - 00. fsa	141	140. 55	1 647	13 888	4 040
137	D05_979 - 1039_01 - 57 - 11. fsa	143	142. 61	2 475	21 711	4 079
138	D06_979 - 1039_01 - 57 - 11. fsa	154	153. 63	912	7 914	4 227
139	D07_979 - 1039_02 - 37 - 20. fsa	141	140. 58	1 845	16 505	4 065
140	D08_979 - 1039_02 - 37 - 20. fsa	141	140. 55	2 600	23 689	4 063
141	D09_979 - 1039_03 - 17 - 26. fsa	141	140. 63	1 923	17 195	4 080
142	D10_979 - 1039_03 - 17 - 26. fsa	141	140. 61	3 217	29 755	4 078
143	D11_979 - 1039_03 - 57 - 32. fsa	141	140. 63	1 753	16 289	4 094
144	D12_979 - 1039_03 - 57 - 32. fsa	141	140. 6	2 051	19 225	4 091
145	E01_979 - 1039_24 - 36 - 28. fsa	141	140. 6	5 584	50 139	4 035
146	E02_979 - 1039_24 - 36 - 28. fsa	141	140. 49	2 473	22 836	4 022
147	E03_979 - 1039_01 - 17 - 00. fsa	141	140. 54	1 263	11 138	4 043
148	E04_979 - 1039_01 - 17 - 00. fsa	141	140. 55	3 293	30 420	4 038
149	E05_979 - 1039_01 - 57 - 11. fsa	154	153. 56	1 485	12 501	4 232

（续）

资源序号	样本名 （sample file name）	等位基因位点 （allele，bp）	大小 （size，bp）	高度 （height，RFU）	面积 （area，RFU）	数据取值点 （data point，RFU）
150	E06 _979 − 1039 _01 − 57 − 11. fsa	141	140. 64	3 057	28 756	4 050
151	E07 _979 − 1039 _02 − 37 − 20. fsa	141	140. 65	3 480	31 313	4 079
152	E08 _979 − 1039 _02 − 37 − 20. fsa	151	151. 51	892	7 720	4 214
153	E09 _979 − 1039 _03 − 17 − 26. fsa	141	140. 65	1 988	16 923	4 085
154	E10 _979 − 1039 _03 − 17 − 26. fsa	141	140. 61	1 667	15 518	4 079
155	E11 _979 − 1039 _03 − 57 − 32. fsa	141	140. 59	3 674	33 135	4 092
156	E12 _979 − 1039 _03 − 57 − 32. fsa	143	142. 69	1 866	17 104	4 119
157	F01 _979 − 1039 _24 − 36 − 28. fsa	141	140. 59	2 360	21 476	4 008
158	2012 − 04 − 09 _3 _A03. fsa	141	141. 46	7 310	63 313	3 564
159	2012 − 04 − 09 _4 _A04. fsa	141	141. 35	5 756	45 084	3 599
160	2012 − 04 − 09 _8 _A08. fsa	132	132. 65	1 553	14 013	4 094
161	2012 − 04 − 09 _9 _A09. fsa	141	141. 32	6 795	51 078	3 476
162	2012 − 04 − 09 _12 _A12. fsa	154	153. 2	3 001	21 419	3 632
163	2012 − 04 − 09 _14 _B02. fsa	151	151. 25	1 693	13 177	3 893
164	2012 − 04 − 09 _16 _B04. fsa	141	141. 35	6 837	52 928	3 569
165	2012 − 04 − 09 _17 _B05. fsa	141	141. 04	7 331	66 592	3 551
166	2012 − 04 − 09 _17 _B06. fsa	141	140. 6	1 174	10 495	3 974
	2012 − 04 − 09 _17 _B06. fsa	154	154. 33	104	881	3 983
167	2012 − 04 − 09 _21 _B09. fsa	132	132. 48	7 179	75 218	3 412
168	2012 − 04 − 09 _22 _B10. fsa	141	141. 47	7 091	70 219	3 491
169	2012 − 04 − 09 _23 _B11. fsa	141	141. 24	4 103	30 551	3 485
170	2012 − 04 − 09 _24 _B12. fsa	147	146. 88	4 009	28 794	3 540
171	2012 − 04 − 09 _26 _C02. fsa	141	141. 39	6 220	51 453	3 699
172	2012 − 04 − 09 _29 _C05. fsa	143	142. 4	6 509	49 259	3 514
173	2012 − 04 − 09 _31 _C07. fsa	141	141. 31	6 963	52 471	3 475
174	2012 − 04 − 09 _32 _C08. fsa	141	141. 27	7 632	61 124	3 499

（续）

资源序号	样本名 （sample file name）	等位基因位点 （allele，bp）	大小 （size，bp）	高度 （height，RFU）	面积 （area，RFU）	数据取值点 （data point，RFU）
175	2012 - 04 - 09_34_C10. fsa	143	142. 34	6 008	46 324	3 507
176	2012 - 04 - 09_35_C11. fsa	160	159. 67	854	5 898	3 661
177	2012 - 04 - 09_38_D02. fsa	143	142. 41	3 947	31 013	3 663
178	2012 - 04 - 09_40_D04. fsa	154	153. 39	2 535	18 222	3 683
179	2012 - 04 - 09_41_D05. fsa	132	132. 45	7 349	77 960	3 433
180	2012 - 04 - 09_42_D06. fsa	132	132. 35	7 395	74 764	3 415
181	2012 - 04 - 09_46_D10. fsa	141	141. 11	7 218	71 177	3 481
182	2012 - 04 - 09_47_D11. fsa	151	151. 11	2 767	19 585	3 600
183	2012 - 04 - 09_48_D12. fsa	151	151. 1	3 032	21 793	3 584
184	2012 - 04 - 09_51_E03. fsa	141	141. 35	7 604	62 315	3 621
185	2012 - 04 - 09_52_E04. fsa	154	153. 4	2 557	18 658	3 696
186	2012 - 04 - 09_53_E05. fsa	147	146. 92	4 122	31 529	3 646
187	2012 - 04 - 09_54_E06. fsa	143	142. 43	6 641	51 073	3 547
188	2012 - 04 - 09_56_E08. fsa	154	153. 39	1 015	7 549	3 660
189	2012 - 04 - 09_61_F01. fsa	141	141. 44	7 363	60 986	3 639
190	2012 - 04 - 09_62_F02. fsa	143	142. 6	1 540	12 618	3 758
191	2012 - 04 - 09_64_F04. fsa	141	141. 36	5 186	40 143	3 549
192	2012 - 04 - 09_67_F07. fsa	141	141. 3	291	2 289	3 502
193	2012 - 04 - 09_68_F08. fsa	141	141. 29	7 436	61 883	3 505
194	2012 - 04 - 09_69_F09. fsa	147	146. 94	6 995	53 138	3 588
195	2012 - 04 - 09_71_F11. fsa	141	141. 32	7 121	53 307	3 464
196	2012 - 04 - 09_72_F12. fsa	141	141. 39	7 352	62 251	3 467
197	2012 - 04 - 09_78_G06. fsa	141	141. 45	7 627	60 986	3 534
198	2012 - 04 - 09_83_G11. fsa	141	141. 32	7 257	55 870	3 486
199	2012 - 04 - 09_84_G12. fsa	141	141. 48	7 404	70 721	3 482
200	2012 - 04 - 09_85_H01. fsa	141	141. 44	5 340	44 631	3 795

（续）

资源序号	样本名 （sample file name）	等位基因位点 （allele，bp）	大小 （size，bp）	高度 （height，RFU）	面积 （area，RFU）	数据取值点 （data point，RFU）
201	2012 – 04 – 09_87_H03. fsa	141	141.6	7 292	72 159	3 610
202	2012 – 04 – 09_88_H04. fsa	141	140.84	6 863	45 890	3 855
203	2012 – 04 – 09_90_H06. fsa	141	141.67	6 707	72 154	3 610
204	2012 – 04 – 09_92_H08. fsa	143	142.47	5 345	41 045	3 613
205	2012 – 04 – 09_93_H09. fsa	141	141.37	7 575	61 830	3 533
206	2012 – 04 – 09_94_H10. fsa	141	141.1	6 747	71 130	3 565
207	2012 – 04 – 09_96_H12. fsa	141	141.12	6 898	66 171	3 538

36 Satt345

资源序号	样本名 （sample file name）	等位基因位点 （allele，bp）	大小 （size，bp）	高度 （height，RFU）	面积 （area，RFU）	数据取值点 （data point，RFU）
1	A01_883 − 978_20 − 23 − 29. fsa	213	213	4 666	50 445	4 973
2	A02_883 − 978_20 − 23 − 29. fsa	213	213.87	1 292	15 614	5 118
3	A03_883 − 978_21 − 15 − 37. fsa	213	213.74	8 297	201 787	4 933
4	A04_883 − 978_21 − 15 − 37. fsa	229	229.45	8 574	191 530	5 226
5	A05_883 − 978_21 − 55 − 48. fsa	198	197	1 676	16 694	4 669
6	A06_883 − 978_21 − 55 − 48. fsa	198	197.59	8 286	132 468	4 794
7	A07_883 − 978_22 − 35 − 59. fsa	213	212.74	8 150	106 630	4 249
8	A08_883 − 978_22 − 35 − 59. fsa	245	245.58	8 421	147 269	5 451
9	A09_883 − 978_23 − 16 − 08. fsa	198	197.64	8 371	131 509	4 735
10	A10_883 − 978_23 − 16 − 08. fsa	248	247.36	5 702	56 682	4 651
11	A11_883 − 978_23 − 56 − 17. fsa	252	250.57	4 523	47 363	4 685
12	A12_883 − 978_23 − 56 − 17. fsa	198	197.89	8 662	193 292	4 852
13	B01_883 − 978_20 − 23 − 29. fsa	198	197.94	3 576	43 900	4 817
	B01_883 − 978_20 − 23 − 29. fsa	248	248.99	5 803	68 538	5 477
14	B02_883 − 978_20 − 23 − 29. fsa	198	197.94	545	6 972	4 906
15	B03_883 − 978_21 − 15 − 37. fsa	252	251.48	8 173	127 468	5 407
16	B04_883 − 978_21 − 15 − 37. fsa	252	251.53	8 189	128 201	5 525
17	B05_883 − 978_21 − 55 − 48. fsa	198	197.84	8 817	181 028	4 714
18	B06_883 − 978_21 − 55 − 48. fsa	248	248.52	8 253	124 937	5 480
19	B07_883 − 978_22 − 35 − 59. fsa	198	197.84	5 812	67 448	4 728
20	B08_883 − 978_22 − 35 − 59. fsa	229	229.68	3 561	42 779	5 240
	B08_883 − 978_22 − 35 − 59. fsa	248	248.74	6 049	74 328	5 498
21	B09_883 − 978_23 − 16 − 08. fsa	226	226.34	8 432	187 174	5 113

（续）

资源序号	样本名 (sample file name)	等位基因位点 (allele, bp)	大小 (size, bp)	高度 (height, RFU)	面积 (area, RFU)	数据取值点 (data point, RFU)
22	B10_883-978_23-16-08.fsa	198	197.9	8 360	165 527	4 828
	B10_883-978_23-16-08.fsa	229	229.81	5 305	70 754	5 263
23	B11_883-978_23-56-17.fsa	198	197.71	8 007	150 301	4 761
24	B12_883-978_23-56-17.fsa	198	197.91	8 760	190 961	4 848
25	C01_883-978_20-23-29.fsa	226	226.44	8 255	131 051	5 164
26	C02_883-978_20-23-29.fsa	226	226.51	8 430	151 233	5 293
27	C03_883-978_21-15-37.fsa	198	197.86	1 971	26 626	4 717
28	C04_883-978_21-15-37.fsa	213	213.44	7 880	125 889	5 002
	C04_883-978_21-15-37.fsa	248	248.6	7 743	133 282	5 478
29	C05_883-978_21-55-48.fsa	198	197.86	2 965	34 782	4 699
30	C06_883-978_21-55-48.fsa	245	245.51	8 418	153 346	5 434
31	C07_883-978_22-35-59.fsa	229	229.59	8 144	136 992	5 153
	C07_883-978_22-35-59.fsa	248	248.77	5 008	63 179	5 402
32	C08_883-978_22-35-59.fsa	245	245.6	7 350	91 066	5 451
33	C09_883-978_23-16-08.fsa	245	245.57	3 721	77 012	5 357
34	C10_883-978_23-16-08.fsa	198	197.92	8 626	181 097	4 820
35	C11_883-978_23-56-17.fsa	198	197.88	8 643	196 966	4 741
36	C12_883-978_23-56-17.fsa	198	197.86	8 646	189 991	4 839
37	D01_883-978_20-23-29.fsa	213	213.78	8 084	120 762	5 081
	D01_883-978_20-23-29.fsa	248	249.02	7 684	98 952	5 548
38	D02_883-978_20-23-29.fsa	226	226.63	7 874	107 533	5 276
	D02_883-978_20-23-29.fsa	248	248.98	7 355	92 586	5 583
39	D03_883-978_21-15-37.fsa	198	197.7	7 994	128 238	4 776
	D03_883-978_21-15-37.fsa	245	245.55	8 221	166 069	5 403
40	D04_883-978_21-15-37.fsa	245	245.62	8 657	177 205	5 431
41	D05_883-978_21-55-48.fsa	198	197.9	5 562	63 099	4 773

（续）

资源序号	样本名 （sample file name）	等位基因位点 （allele，bp）	大小 （size，bp）	高度 （height，RFU）	面积 （area，RFU）	数据取值点 （data point，RFU）
42	D06_883-978_21-55-48. fsa	207	207. 3	5 640	66 174	4 914
	D06_883-978_21-55-48. fsa	245	245. 49	7 759	101 099	5 429
43	D07_883-978_22-35-59. fsa	192	191. 81	8 743	202 401	4 696
44	D08_883-978_22-35-59. fsa	248	248. 75	7 898	109 271	5 486
45	D09_883-978_23-16-08. fsa	248	248. 78	8 287	179 765	5 471
46	D10_883-978_23-16-08. fsa	229	229. 74	8 701	177 965	5 250
47	D11_883-978_23-56-17. fsa	245	245. 67	8 562	170 336	5 449
48	D12_883-978_23-56-17. fsa	248	248. 76	8 274	148 786	5 530
49	E01_883-978_20-23-29. fsa	248	249	3 348	40 922	5 541
50	E02_883-978_20-23-29. fsa	198	197. 92	3 592	45 516	4 884
51	E03_883-978_21-15-37. fsa	248	248. 83	3 073	35 206	5 428
52	E04_883-978_21-15-37. fsa	213	213. 66	6 464	80 581	4 996
53	E05_883-978_21-55-48. fsa	245	245. 65	428	4 973	5 377
54	E06_883-978_21-55-48. fsa	198	197. 88	6 169	73 922	4 781
	E06_883-978_21-55-48. fsa	213	213. 71	5 983	72 398	4 995
55	E07_883-978_22-35-59. fsa	198	197. 87	8 854	157 192	4 777
56	E08_883-978_22-35-59. fsa	233	232. 87	2 308	28 590	5 266
57	E09_883-978_23-16-08. fsa	213	213. 71	8 665	167 596	5 007
58	E10_883-978_23-16-08. fsa	226	226. 55	8 664	172 383	5 201
59	E11_883-978_23-56-17. fsa	198	197. 9	8 670	171 876	4 816
60	E12_883-978_23-56-17. fsa	213	213. 69	8 045	141 239	5 047
	E12_883-978_23-56-17. fsa	229	229. 82	3 650	46 336	5 266
61	F01_883-978_20-23-29. fsa	226	226. 7	625	7 755	5 227
62	F02_883-978_20-23-29. fsa	248	249. 04	755	9 414	5 554
63	F03_883-978_21-15-37. fsa	213	213. 65	8 813	171 476	4 958
64	F04_883-978_21-15-37. fsa	198	197. 91	8 918	181 359	4 766

（续）

资源序号	样本名 （sample file name）	等位基因位点 （allele，bp）	大小 （size，bp）	高度 （height，RFU）	面积 （area，RFU）	数据取值点 （data point，RFU）
65	F05_883-978_21-55-48.fsa	198	197.89	8 468	153 486	4 746
66	F06_883-978_21-55-48.fsa	198	197.85	8 608	154 860	4 761
67	F07_883-978_22-35-59.fsa	198	197.76	8 049	134 081	4 753
68	F08_883-978_22-35-59.fsa	198	197.86	8 236	142 538	4 772
69	F09_883-978_23-16-08.fsa	198	197.84	4 794	38 495	4 760
70	F10_883-978_23-16-08.fsa	226	226.53	8 864	171 933	5 172
71	F11_883-978_23-56-17.fsa	226	226.51	1 108	12 367	5 169
72	F12_883-978_23-56-17.fsa	198	197.88	8 331	134 797	4 809
73	G01_883-978_20-23-29.fsa	198	197.91	8 083	110 486	4 864
	G01_883-978_20-23-29.fsa	245	245.64	7 739	115 497	5 490
74	G02_883-978_20-23-29.fsa	248	248.05	898	10 108	5 520
75	G03_883-978_21-15-37.fsa	198	196.95	995	10 037	4 750
76	G04_883-978_21-15-37.fsa	226	226.64	3 478	41 023	5 150
77	G05_883-978_21-55-48.fsa	226	226.49	8 888	152 887	5 126
78	G06_883-978_21-55-48.fsa	248	248.62	8 031	124 910	5 432
79	G07_883-978_22-35-59.fsa	198	197.66	8 195	120 085	4 764
80	G08_883-978_22-35-59.fsa	192	192.06	4 266	47 681	4 693
	G08_883-978_22-35-59.fsa	198	197.91	7 261	84 325	4 777
81	G09_883-978_23-16-08.fsa	198	197.95	6 175	69 746	4 785
82	G10_883-978_23-16-08.fsa	198	197.92	8 846	159 713	4 795
83	G11_883-978_23-56-17.fsa	213	213.57	8 153	110 187	5 008
84	G12_883-978_23-56-17.fsa	198	196.96	4 949	50 093	4 800
85	H01_883-978_20-23-29.fsa	248	249.55	929	7 831	4 680
86	H02_883-978_20-23-29.fsa	248	249.19	5 497	64 162	5 674
87	H03_883-978_21-15-37.fsa	248	248.69	8 104	130 688	5 474
88	H04_883-978_21-15-37.fsa	198	197.95	7 901	100 094	4 882

（续）

资源序号	样本名 （sample file name）	等位基因位点 （allele，bp）	大小 （size，bp）	高度 （height，RFU）	面积 （area，RFU）	数据取值点 （data point，RFU）
89	H05_883-978_21-55-48.fsa	226	226.55	7 971	103 018	5 182
90	H06_883-978_21-55-48.fsa	198	197.89	8 143	106 857	4 879
91	H07_883-978_22-35-59.fsa	198	197.91	263	2 940	4 815
92	H08_883-978_22-35-59.fsa	245	245.82	1 506	17 742	5 534
93	H09_883-978_23-16-08.fsa	245	245.51	8 066	135 404	5 463
94	H10_883-978_23-16-08.fsa	213	213.51	8 138	136 411	5 121
	H10_883-978_23-16-08.fsa	248	249.03	4 605	53 202	5 598
95	H11_883-978_23-56-17.fsa	192	192.07	8 918	166 539	4 768
96	H12_883-978_23-56-17.fsa	245	245.86	7 892	107 068	5 577
97	A01_979-1039_24-36-28.fsa	245	245.65	5 965	69 222	5 390
98	A02_979-1039_24-36-28.fsa	198	197.84	4 143	41 228	4 862
99	A03_979-1039_01-17-00.fsa	245	245	3 298	34 526	5 367
100	A04_979-1039_01-17-00.fsa	248	248.6	8 090	126 870	5 582
101	A05_979-1039_01-57-11.fsa	245	244.6	4 778	46 823	5 412
102	A06_979-1039_01-57-11.fsa	198	197.84	8 310	132 232	4 773
103	A07_979-1039_02-37-20.fsa	245	245.69	7 366	84 633	5 443
104	A08_979-1039_02-37-20.fsa	198	197.92	8 031	108 626	4 928
	A08_979-1039_02-37-20.fsa	252	251.89	7 198	83 863	5 671
105	A09_979-1039_03-17-26.fsa	248	248.85	8 665	147 254	5 511
106	A10_979-1039_03-17-26.fsa	245	245.64	7 715	96 459	5 598
	A10_979-1039_03-17-26.fsa	248	248.84	7 578	93 289	5 642
107	A11_979-1039_03-17-27.fsa	213	213.39	240	2 687	4 924
108	A12_979-1039_03-57-32.fsa	226	226.66	777	9 092	5 349
109	B01_979-1039_24-36-28.fsa	198	197.87	5 561	53 246	4 773
110	B02_979-1039_24-36-28.fsa	213	213.72	5 697	62 968	5 083
111	B03_979-1039_01-17-00.fsa	213	214.11	627	14 458	5 016

（续）

资源序号	样本名 (sample file name)	等位基因位点 (allele, bp)	大小 (size, bp)	高度 (height, RFU)	面积 (area, RFU)	数据取值点 (data point, RFU)
112	B04_979 - 1039_01 - 17 - 00. fsa	229	229.71	8 674	152 930	5 327
113	B05_979 - 1039_01 - 57 - 11. fsa	229	229.57	180	2 416	5 232
114	B06_979 - 1039_01 - 57 - 11. fsa	198	197.81	8 347	127 645	4 903
115	B07_979 - 1039_02 - 37 - 20. fsa	245	245.62	8 490	134 437	5 454
116	B08_979 - 1039_02 - 37 - 20. fsa	245	245.69	5 259	59 206	5 588
117	B09_979 - 1039_03 - 17 - 26. fsa	226	226.56	4 611	54 068	5 217
118	B10_979 - 1039_03 - 17 - 26. fsa	198	197.96	7 537	84 123	4 940
118	B10_979 - 1039_03 - 17 - 26. fsa	245	245.65	6 937	79 616	5 608
119	B11_979 - 1039_03 - 57 - 32. fsa	248	248.55	8 230	130 743	5 516
120	B12_979 - 1039_03 - 57 - 32. fsa	213	213.77	2 436	27 337	5 179
120	B12_979 - 1039_03 - 57 - 32. fsa	226	226.56	6 294	72 167	5 358
121	C01_979 - 1039_24 - 36 - 28. fsa	226	226.34	8 254	124 466	5 141
122	C02_979 - 1039_24 - 36 - 28. fsa	198	197.87	8 265	147 278	4 855
123	C03_979 - 1039_01 - 17 - 00. fsa	198	197.91	4 304	56 747	4 784
123	C03_979 - 1039_01 - 17 - 00. fsa	226	226.44	8 088	114 914	5 159
124	C04_979 - 1039_01 - 17 - 00. fsa	198	197.88	6 160	77 482	4 878
124	C04_979 - 1039_01 - 17 - 00. fsa	226	226.41	8 003	120 216	5 275
125	C05_979 - 1039_01 - 57 - 11. fsa	198	197.84	8 792	161 048	4 788
126	C06_979 - 1039_01 - 57 - 11. fsa	213	213.66	7 791	108 254	5 116
126	C06_979 - 1039_01 - 57 - 11. fsa	216	216.91	7 735	103 242	5 161
127	C07_979 - 1039_02 - 37 - 20. fsa	198	197.83	8 202	124 222	4 809
128	C08_979 - 1039_02 - 37 - 20. fsa	198	197.76	7 871	140 006	4 919
129	C09_979 - 1039_03 - 17 - 26. fsa	198	197.99	6 097	76 995	4 820
129	C09_979 - 1039_03 - 17 - 26. fsa	233	232.93	5 756	68 806	5 282
130	C10_979 - 1039_03 - 17 - 26. fsa	213	213.69	7 981	115 248	5 154
131	C11_979 - 1039_03 - 57 - 32. fsa	198	197.78	8 359	125 343	4 833

（续）

资源序号	样本名 （sample file name）	等位基因位点 （allele，bp）	大小 （size，bp）	高度 （height，RFU）	面积 （area，RFU）	数据取值点 （data point，RFU）
132	C12_979 - 1039_03 - 57 - 32. fsa	248	248.94	8 294	148 002	5 668
133	D01_979 - 1039_24 - 36 - 28. fsa	192	192.03	2 546	30 285	4 763
	D01_979 - 1039_24 - 36 - 28. fsa	198	197.94	4 328	52 444	4 849
134	D02_979 - 1039_24 - 36 - 28. fsa	198	197.79	8 167	128 202	4 860
	D02_979 - 1039_24 - 36 - 28. fsa	252	251.75	2 150	28 629	5 607
135	D03_979 - 1039_01 - 17 - 00. fsa	229	229.72	7 842	104 012	5 286
136	D04_979 - 1039_01 - 17 - 00. fsa	198	197.94	1 586	20 791	4 875
	D04_979 - 1039_01 - 17 - 00. fsa	233	232.93	1 685	21 519	5 359
137	D05_979 - 1039_01 - 57 - 11. fsa	198	197.82	8 117	124 757	4 866
	D05_979 - 1039_01 - 57 - 11. fsa	245	245.66	3 158	39 621	5 507
138	D06_979 - 1039_01 - 57 - 12. fsa	192	191.9	683	7 002	4 376
139	D07_979 - 1039_02 - 37 - 20. fsa	198	197.95	4 772	58 812	4 885
140	D08_979 - 1039_02 - 37 - 20. fsa	248	248.92	3 197	41 885	5 615
141	D09_979 - 1039_03 - 17 - 26. fsa	198	197.96	3 840	51 612	4 903
142	D10_979 - 1039_03 - 17 - 26. fsa	248	248.93	818	10 696	5 637
143	D11_979 - 1039_03 - 57 - 32. fsa	198	197.76	8 152	142 668	4 916
144	D12_979 - 1039_03 - 57 - 32. fsa	252	251.9	2 418	33 926	5 701
145	E01_979 - 1039_24 - 36 - 28. fsa	192	192.06	146	1 822	4 752
146	E02_979 - 1039_24 - 36 - 28. fsa	198	197.92	333	4 854	4 850
	E02_979 - 1039_24 - 36 - 28. fsa	252	251.82	336	4 325	5 591
147	E03_979 - 1039_01 - 17 - 00. fsa	198	197.9	589	8 242	4 847
	E03_979 - 1039_01 - 17 - 00. fsa	248	248.86	440	5 559	5 518
148	E04_979 - 1039_01 - 17 - 00. fsa	198	197.93	5 214	67 481	4 870
	E04_979 - 1039_01 - 17 - 00. fsa	248	248.84	4 067	52 228	5 571
149	E05_979 - 1039_01 - 57 - 11. fsa	213	213.77	7 764	98 882	5 078
150	E06_979 - 1039_01 - 57 - 11. fsa	198	197.86	97	1 257	4 883

（续）

资源序号	样本名 （sample file name）	等位基因位点 （allele，bp）	大小 （size，bp）	高度 （height，RFU）	面积 （area，RFU）	数据取值点 （data point，RFU）
151	E07_979 - 1039_02 - 37 - 20. fsa	198	197.92	7 766	100 479	4 888
152	E08_979 - 1039_02 - 37 - 20. fsa	198	197.95	6 371	84 413	4 904
153	E09_979 - 1039_03 - 17 - 26. fsa	213	213.78	4 082	50 609	5 109
	E09_979 - 1039_03 - 17 - 26. fsa	226	226.62	1 568	19 252	5 279
154	E10_979 - 1039_03 - 17 - 26. fsa	226	226.67	7 457	96 946	5 320
155	E11_979 - 1039_03 - 57 - 32. fsa	198	197.94	7 874	110 060	4 906
156	E12_979 - 1039_03 - 57 - 32. fsa	192	191.89	7 993	143 673	4 843
157	F01_979 - 1039_24 - 36 - 28. fsa	213	213.73	389	4 779	5 028
158	2012 - 04 - 15_3_A03. fsa	248	246.21	590	5 039	4 673
159	2012 - 04 - 15_4_A04. fsa	213	211.98	688	5 833	4 329
160	2012 - 04 - 15_8_A08. fsa	248	246.99	2 389	24 753	4 667
161	2012 - 04 - 15_9_A09. fsa	248	246.17	1 220	10 179	4 598
162	2012 - 04 - 15_12_A12. fsa	248	247.86	1 669	13 452	4 618
163	2012 - 04 - 15_14_B02. fsa	213	211.98	2 336	19 947	4 461
164	2012 - 04 - 15_16_B04. fsa	248	247.38	1 977	19 309	4 713
165	2012 - 04 - 15_17_B05. fsa	198	197.36	4 210	46 780	4 213
166	2012 - 04 - 15_17_B06. fsa	198	197.18	4 845	47 130	4 389
	2012 - 04 - 15_17_B06. fsa	248	247.11	5 168	48 018	4 422
167	2012 - 04 - 15_21_B09. fsa	229	228.48	2 546	22 838	4 429
168	2012 - 04 - 15_22_B10. fsa	245	244.04	2 944	27 101	4 599
169	2012 - 04 - 15_23_B11. fsa	192	191.67	400	3 347	4 001
170	2012 - 04 - 15_24_B12. fsa	198	196.37	7 710	70 997	4 060
171	2012 - 04 - 15_26_C02. fsa	248	247.71	1 041	10 776	4 855
172	2012 - 04 - 15_29_C05. fsa	213	211.91	6 747	56 561	4 259
173	2012 - 04 - 15_31_C07. fsa	248	249.26	2 095	16 777	4 648
174	2012 - 04 - 15_32_C08. fsa	198	196.34	1 792	14 711	4 092

（续）

资源序号	样本名 （sample file name）	等位基因位点 （allele，bp）	大小 （size，bp）	高度 （height，RFU）	面积 （area，RFU）	数据取值点 （data point，RFU）
175	2012 - 04 - 15_34_C10. fsa	248	246.16	910	7 704	4 620
176	2012 - 04 - 15_35_C11. fsa	198	196.33	3 298	26 728	4 030
177	2012 - 04 - 15_38_D02. fsa	213	213.05	1 122	10 957	4 439
178	2012 - 04 - 15_40_D04. fsa	248	247.47	2 153	20 772	4 712
179	2012 - 04 - 15_41_D05. fsa	192	190.54	7 856	85 592	4 060
180	2012 - 04 - 15_42_D06. fsa	192	190.55	6 273	53 266	4 041
181	2012 - 04 - 15_46_D10. fsa	248	247.83	2 927	24 495	4 620
182	2012 - 04 - 15_47_D11. fsa	198	196.24	4 155	33 679	4 067
183	2012 - 04 - 15_48_D12. fsa	213	211.74	2 110	17 556	4 227
184	2012 - 04 - 15_51_E03. fsa	245	244.39	713	6 846	4 689
185	2012 - 04 - 15_52_E04. fsa	248	247.3	805	8 095	4 720
186	2012 - 04 - 15_53_E05. fsa	198	196.38	5 763	49 061	4 122
187	2012 - 04 - 15_54_E06. fsa	248	246.3	549	4 429	4 680
188	2012 - 04 - 15_56_E08. fsa	198	196.43	4 764	40 323	4 106
189	2012 - 04 - 15_61_F01. fsa	213	212.03	7 527	74 733	4 437
190	2012 - 04 - 15_62_F02. fsa	213	212.09	1 969	17 721	4 451
191	2012 - 04 - 15_64_F04. fsa	213	211.89	113	891	4 322
192	2012 - 04 - 15_67_F07. fsa	213	212.22	1 127	9 240	4 275
193	2012 - 04 - 15_68_F08. fsa	198	197.32	681	7 025	4 111
194	2012 - 04 - 15_69_F09. fsa	198	196.3	3 714	32 058	4 072
195	2012 - 04 - 15_71_F11. fsa	198	196.36	411	3 397	4 058
196	2012 - 04 - 15_72_F12. fsa	245	244.68	998	8 575	4 576
197	2012 - 04 - 15_78_G06. fsa	213	211.88	249	2 270	4 326
198	2012 - 04 - 15_83_G11. fsa	198	196.4	538	5 046	4 129
199	2012 - 04 - 15_84_G12. fsa	226	225.9	1 507	13 639	4 398
200	2012 - 04 - 15_85_H01. fsa	229	229.64	1 055	9 586	4 702

（续）

资源序号	样本名 （sample file name）	等位基因位点 （allele，bp）	大小 （size，bp）	高度 （height，RFU）	面积 （area，RFU）	数据取值点 （data point，RFU）
201	2012 - 04 - 15_87_H03. fsa	198	196. 47	6 110	53 020	4 196
202	2012 - 04 - 15_88_H04. fsa	245	244. 45	928	9 175	4 780
203	2012 - 04 - 15_90_H06. fsa	226	225. 51	1 076	10 548	4 535
204	2012 - 04 - 15_92_H08. fsa	198	196. 38	7 913	95 512	4 184
205	2012 - 04 - 15_93_H09. fsa	245	244. 23	385	3 721	4 652
206	2012 - 04 - 15_94_H10. fsa	226	225. 09	2 398	21 369	4 472
207	2012 - 04 - 15_96_H12. fsa	245	244. 83	565	4 881	4 664

三、资源序号对应的资源编号（名称）及位点数据

引物名称	资源序号				
	1	2	3	4	5
	资源编号（名称）				
	XIN10695	XIN10697	XIN10799	XIN10801	XIN10935
Satt300	237/243	237/237	243/243	261/261	243/243
Satt429	264/264	267/267	264/264	270/270	243/270
Satt197	185/185	185/185	188/188	188/188	179/179
Satt556	209/209	209/209	164/164	161/161	209/209
Satt100	141/141	164/164	144/144	135/135	141/141
Satt267	230/230	230/230	230/230	230/230	230/230
Satt005	138/138	138/138	135/135	158/158	138/138
Satt514	197/197	194/194	194/194	220/220	208/233
Satt268	250/250	250/250	215/215	202/202	250/250
Satt334	212/212	212/212	189/198	198/198	189/198
Satt191	205/205	205/205	218/218	202/202	205/205
Sat_218	325/325	297/297	329/329	295/295	314/314
Satt239	173/173	173/173	188/188	185/185	194/194
Satt380	125/125	125/125	127/127	132/132	125/125
Satt588	167/167	164/164	167/167	139/139	140/140
Satt462	246/246	240/240	260/260	240/240	231/240
Satt567	109/109	106/106	106/106	109/109	106/106
Satt022	213/213	230/230	239/239	223/223	230/249
Satt487	198/198	195/195	198/198	201/201	195/201
Satt236	220/223	220/220	220/220	214/214	223/223
Satt453	245/245	258/258	237/237	258/258	237/258
Satt168	233/233	200/200	230/230	227/227	227/227
Satt180	999/999	258/258	212/212	264/264	212/212
Sat_130	310/310	302/302	308/308	279/279	308/308
Sat_092	231/231	238/238	231/231	225/225	238/238
Sat_112	346/346	342/342	350/350	300/325	323/335
Satt193	213/213	230/230	239/239	223/223	230/249
Satt288	249/249	246/246	246/246	238/238	233/249
Satt442	248/248	251/251	245/245	248/248	245/245
Satt330	145/151	151/151	105/105	145/145	145/145
Satt431	231/231	231/231	231/231	225/225	231/231
Satt242	201/201	189/195	186/186	189/189	192/195
Satt373	251/251	251/251	276/276	222/222	248/248
Satt551	224/224	224/224	230/230	224/224	224/237
Sat_084	141/141	141/141	141/141	141/141	141/141
Satt345	213/213	213/213	213/213	229/229	198/198

（续）

引物名称	资源序号				
	6	7	8	9	10
	资源编号（名称）				
	XIN10961	XIN10963	XIN10964	XIN10966	XIN10967
Satt300	243/243	243/243	243/243	243/243	240/240
Satt429	264/264	264/264	264/264	264/264	264/264
Satt197	173/173	188/188	188/188	188/188	179/179
Satt556	164/209	209/209	209/209	170/209	161/161
Satt100	110/110	141/141	164/164	164/164	138/138
Satt267	249/249	230/230	230/230	249/249	230/230
Satt005	167/167	170/170	138/138	170/170	158/158
Satt514	205/205	194/194	194/194	194/194	233/233
Satt268	250/250	238/238	250/250	250/250	238/238
Satt334	203/203	212/212	212/212	212/212	189/189
Satt191	225/225	225/225	225/225	225/225	202/202
Sat_218	323/323	323/323	323/325	325/325	284/284
Satt239	173/173	182/182	173/173	194/194	185/185
Satt380	125/125	127/127	125/125	125/125	127/127
Satt588	167/167	164/164	164/164	164/164	140/140
Satt462	250/250	250/250	248/248	248/248	240/252
Satt567	106/106	109/109	109/109	106/106	109/109
Satt022	249/249	249/249	249/249	233/233	236/236
Satt487	204/204	201/201	198/198	201/201	204/204
Satt236	220/220	220/220	220/220	220/220	223/223
Satt453	245/245	261/261	258/258	261/261	237/237
Satt168	230/230	233/233	230/230	233/233	227/227
Satt180	258/258	258/258	258/258	258/258	289/289
Sat_130	300/300	304/304	310/310	302/302	312/312
Sat_092	236/236	242/242	212/212	229/240	234/234
Sat_112	350/350	342/342	346/346	323/323	339/339
Satt193	249/249	249/249	249/249	233/233	236/236
Satt288	252/252	246/246	246/246	249/249	246/246
Satt442	260/260	248/248	245/245	245/245	251/251
Satt330	145/145	151/151	151/151	134/145	147/147
Satt431	231/231	225/225	225/225	202/202	231/231
Satt242	174/174	189/189	189/189	174/174	192/192
Satt373	238/238	222/222	238/238	238/238	276/276
Satt551	237/237	255/255	230/230	230/237	224/224
Sat_084	141/141	141/141	154/154	141/141	141/141
Satt345	198/198	213/213	245/245	198/198	248/248

（续）

引物名称	资源序号				
	11	12	13	14	15
	资源编号（名称）				
	XIN10981	XIN10983	XIN11115	XIN11117	XIN11196
Satt300	237/237	237/237	252/252	240/240	237/237
Satt429	270/270	267/267	270/270	270/270	270/270
Satt197	143/143	147/173	173/185	173/173	143/143
Satt556	164/164	161/161	161/209	161/161	161/161
Satt100	138/138	132/132	138/138	138/138	138/141
Satt267	239/239	230/230	230/249	239/239	239/239
Satt005	161/161	167/167	138/138	164/164	161/161
Satt514	239/239	208/208	205/205	208/208	239/239
Satt268	215/215	250/250	215/215	202/202	215/215
Satt334	210/210	189/198	210/210	189/198	189/198
Satt191	218/218	205/205	212/225	225/225	218/218
Sat_218	284/284	290/290	282/304	284/284	284/284
Satt239	173/173	194/194	188/188	185/185	173/173
Satt380	125/125	127/127	135/135	135/135	125/125
Satt588	139/139	164/164	164/164	147/147	147/147
Satt462	234/234	246/246	250/250	246/246	234/234
Satt567	103/103	106/106	103/106	109/109	103/103
Satt022	236/236	236/236	236/236	249/249	258/258
Satt487	201/201	198/198	201/201	201/201	204/204
Satt236	223/223	223/223	223/223	233/233	233/233
Satt453	258/258	245/245	237/258	258/258	258/258
Satt168	227/227	211/211	227/227	227/227	227/227
Satt180	258/289	258/258	258/264	264/264	258/258
Sat_130	310/310	298/298	312/312	310/310	306/306
Sat_092	234/234	246/246	236/246	210/210	236/236
Sat_112	328/330	298/323	323/346	328/328	330/330
Satt193	236/236	236/236	236/236	249/249	258/258
Satt288	246/246	246/246	233/233	195/252	246/246
Satt442	257/257	248/248	260/260	260/260	257/257
Satt330	145/145	145/145	145/145	147/147	145/145
Satt431	199/199	225/225	231/231	231/231	199/199
Satt242	192/192	195/195	195/195	192/192	192/192
Satt373	276/276	213/213	213/213	276/276	276/276
Satt551	224/224	237/237	224/230	224/224	224/224
Sat_084	141/141	151/151	143/143	141/141	141/141
Satt345	252/252	198/198	198/248	198/198	252/252

（续）

引物名称	资源序号				
	16	17	18	19	20
	资源编号（名称）				
	XIN11198	XIN11235	XIN11237	XIN11239	XIN11277
Satt300	237/237	269/269	240/240	240/240	240/240
Satt429	270/270	264/264	264/264	264/264	264/264
Satt197	143/143	188/188	179/179	188/188	173/173
Satt556	164/164	161/161	161/209	209/209	161/161
Satt100	138/138	132/132	135/135	132/132	135/135
Satt267	239/239	230/230	239/239	239/239	239/239
Satt005	132/161	138/138	161/161	138/138	161/161
Satt514	205/239	208/208	233/233	194/194	220/220
Satt268	215/215	215/215	202/202	205/205	202/202
Satt334	210/210	198/198	189/198	198/198	205/205
Satt191	202/218	225/225	187/187	225/225	187/187
Sat_218	284/284	306/306	284/284	282/282	284/284
Satt239	173/173	179/179	999/999	179/179	173/173
Satt380	125/125	125/125	135/135	125/125	132/132
Satt588	139/139	167/167	147/147	167/167	164/164
Satt462	234/234	234/234	234/234	234/234	234/240
Satt567	103/103	106/106	109/109	109/109	103/106
Satt022	236/236	258/258	236/236	258/258	236/236
Satt487	201/201	201/201	201/201	204/204	201/201
Satt236	233/233	220/220	223/223	220/220	223/223
Satt453	258/258	261/261	261/261	258/258	237/261
Satt168	227/227	230/230	227/227	230/230	227/227
Satt180	258/258	276/276	264/264	264/264	276/276
Sat_130	310/310	304/304	310/310	294/294	310/310
Sat_092	234/234	236/236	234/234	238/238	227/227
Sat_112	330/330	323/323	328/328	323/323	323/325
Satt193	236/236	258/258	236/236	258/258	236/236
Satt288	246/246	195/195	195/195	233/233	246/246
Satt442	257/257	254/254	251/251	254/254	260/260
Satt330	145/145	145/145	145/145	145/145	147/147
Satt431	199/199	199/199	231/231	231/231	199/199
Satt242	192/192	192/192	192/192	192/192	192/192
Satt373	213/276	213/213	276/276	213/213	248/276
Satt551	224/224	224/224	224/224	224/224	224/237
Sat_084	141/141	141/141	141/141	141/141	147/147
Satt345	252/252	198/198	248/248	198/198	229/248

（续）

引物名称	资源序号				
	21	22	23	24	25
	资源编号（名称）				
	XIN11315	XIN11317	XIN11319	XIN11324	XIN11326
Satt300	243/243	999/999	243/243	240/240	237/237
Satt429	267/267	267/267	270/270	237/237	243/243
Satt197	188/188	188/188	185/185	173/173	188/188
Satt556	161/161	161/161	170/209	161/161	209/209
Satt100	141/141	164/164	110/110	132/132	164/164
Satt267	249/249	230/249	230/230	239/239	230/230
Satt005	138/138	138/138	138/138	167/167	170/170
Satt514	233/233	208/208	208/208	223/223	233/233
Satt268	250/250	250/250	244/250	205/205	215/215
Satt334	203/203	212/212	212/212	189/198	212/212
Satt191	202/225	225/225	202/202	209/209	225/225
Sat_218	325/325	323/323	295/295	302/302	327/327
Satt239	191/191	191/191	191/191	173/188	173/173
Satt380	125/125	127/127	127/127	127/127	135/135
Satt588	164/164	164/164	167/167	167/167	167/167
Satt462	231/248	248/248	248/248	250/250	240/240
Satt567	103/106	109/109	106/106	109/109	109/109
Satt022	236/236	236/236	230/230	236/236	230/230
Satt487	195/195	201/201	201/201	204/204	201/201
Satt236	220/220	220/220	214/214	220/220	220/220
Satt453	261/261	261/261	258/258	261/261	237/237
Satt168	233/233	200/200	233/233	227/227	233/233
Satt180	258/258	267/289	258/264	264/264	258/258
Sat_130	304/304	298/298	312/312	296/296	298/298
Sat_092	248/248	246/246	240/240	246/246	231/231
Sat_112	346/346	346/346	335/335	330/330	346/346
Satt193	236/236	236/236	230/230	236/236	230/230
Satt288	246/246	233/233	249/249	236/236	233/233
Satt442	260/260	260/260	248/248	254/254	245/245
Satt330	118/145	145/145	145/145	145/145	151/151
Satt431	231/231	231/231	231/231	231/231	225/225
Satt242	189/189	174/174	195/195	192/192	189/189
Satt373	248/248	238/238	251/251	213/213	251/251
Satt551	224/224	230/230	224/224	224/224	230/230
Sat_084	141/141	141/141	141/141	141/141	143/143
Satt345	226/226	198/229	198/198	198/198	226/226

（续）

引物名称	资源序号				
	26	27	28	29	30
	资源编号（名称）				
	XIN11328	XIN11330	XIN11332	XIN11359	XIN11447
Satt300	237/237	258/258	252/252	240/240	243/243
Satt429	267/267	264/264	270/270	264/264	264/264
Satt197	188/188	173/173	173/173	182/182	188/188
Satt556	161/161	161/161	161/161	161/161	161/161
Satt100	164/164	132/132	132/132	132/132	164/164
Satt267	230/230	239/239	230/249	239/239	249/249
Satt005	170/170	164/164	138/138	158/158	170/170
Satt514	194/194	208/208	194/208	233/233	233/233
Satt268	253/253	215/215	250/250	215/215	215/253
Satt334	212/212	189/198	189/198	189/198	212/212
Satt191	225/225	225/225	225/225	202/202	225/225
Sat_218	288/288	325/325	290/290	286/286	325/325
Satt239	173/173	176/176	194/194	185/185	173/173
Satt380	127/127	125/125	135/135	135/135	125/125
Satt588	167/167	162/162	164/164	147/147	140/140
Satt462	248/248	248/248	248/248	999/999	212/240
Satt567	106/106	106/109	106/106	106/106	109/109
Satt022	249/249	230/230	236/236	236/236	230/230
Satt487	195/195	204/204	201/201	204/204	198/198
Satt236	220/220	220/220	223/223	233/233	220/220
Satt453	261/261	258/258	237/237	258/258	237/237
Satt168	230/230	227/227	211/211	227/227	233/233
Satt180	243/243	212/212	243/243	264/264	258/258
Sat_130	302/302	308/308	312/312	294/294	306/306
Sat_092	212/212	236/236	246/246	227/227	212/212
Sat_112	348/348	298/323	323/346	325/325	342/342
Satt193	249/249	230/230	236/236	236/236	230/230
Satt288	252/252	246/246	219/219	195/195	249/249
Satt442	248/248	248/248	248/248	254/254	248/248
Satt330	151/151	145/145	145/145	145/145	145/145
Satt431	225/225	231/231	231/231	202/202	225/225
Satt242	195/195	192/192	192/192	192/192	189/189
Satt373	251/251	222/222	213/248	213/213	248/248
Satt551	230/230	224/224	237/237	224/224	230/230
Sat_084	143/143	141/141	143/143	141/141	143/143
Satt345	226/226	198/198	213/248	198/198	245/245

（续）

引物名称	资源序号				
	31	32	33	34	35
	资源编号（名称）				
	XIN11475	XIN11478	XIN11480	XIN11481	XIN11532
Satt300	237/237	237/237	237/237	264/264	243/243
Satt429	267/267	264/264	264/264	270/270	270/270
Satt197	173/173	173/173	173/173	179/179	179/179
Satt556	164/164	164/209	170/209	161/197	170/209
Satt100	164/164	132/132	132/132	141/141	141/141
Satt267	239/239	230/230	230/230	239/239	230/230
Satt005	138/138	132/132	132/132	170/170	138/138
Satt514	233/233	223/242	223/223	233/233	208/208
Satt268	202/202	202/202	202/202	253/253	238/238
Satt334	210/210	189/198	189/198	189/198	203/203
Satt191	205/205	215/215	215/215	187/187	225/225
Sat_218	284/284	284/284	319/319	284/284	325/325
Satt239	188/188	185/185	185/185	173/173	173/173
Satt380	135/135	999/999	127/127	125/125	125/125
Satt588	164/164	164/164	164/164	164/164	164/164
Satt462	234/234	999/999	280/280	250/250	250/250
Satt567	103/103	101/101	101/101	106/106	103/103
Satt022	236/236	233/233	233/233	230/252	249/249
Satt487	201/201	201/201	201/201	198/198	198/198
Satt236	220/220	223/223	223/223	220/220	214/214
Satt453	258/258	258/258	258/258	237/237	261/261
Satt168	227/227	200/200	200/200	233/233	233/233
Satt180	264/289	258/258	258/289	264/264	258/258
Sat_130	298/298	306/306	306/306	294/294	304/304
Sat_092	246/246	225/225	225/225	225/225	229/229
Sat_112	325/325	325/325	323/323	335/335	346/346
Satt193	236/236	233/233	233/233	230/252	249/249
Satt288	233/233	236/236	236/236	246/246	249/249
Satt442	260/260	245/245	245/245	254/254	257/257
Satt330	145/145	145/145	145/145	147/147	145/145
Satt431	222/222	231/231	199/199	231/231	225/225
Satt242	195/195	192/192	192/192	192/195	195/195
Satt373	248/248	263/263	263/263	248/248	238/238
Satt551	237/237	224/224	224/224	237/237	224/224
Sat_084	143/143	141/141	141/141	132/141	141/141
Satt345	229/248	245/245	245/245	198/198	198/198

（续）

引物名称	资源序号				
	36	37	38	39	40
	资源编号（名称）				
	XIN11534	XIN11846	XIN11847	XIN11848	XIN11953
Satt300	237/237	237/237	243/252	243/243	264/264
Satt429	267/267	270/270	270/270	270/270	267/267
Satt197	179/179	188/195	173/185	173/179	173/173
Satt556	170/200	161/209	161/161	161/197	209/209
Satt100	164/164	141/164	141/164	141/164	138/138
Satt267	239/239	230/230	230/230	230/249	230/230
Satt005	161/161	138/170	138/138	138/138	170/170
Satt514	233/233	194/194	194/208	194/194	205/205
Satt268	238/238	215/250	238/238	205/238	238/238
Satt334	189/198	207/207	212/212	203/203	203/203
Satt191	189/189	202/202	202/202	205/225	205/205
Sat_218	284/286	290/325	295/295	300/325	334/334
Satt239	188/188	188/188	173/191	173/188	191/191
Satt380	135/135	135/135	127/135	125/135	125/125
Satt588	164/164	164/164	164/164	140/140	164/164
Satt462	248/248	248/248	202/231	231/248	266/266
Satt567	106/106	106/106	106/109	103/109	106/106
Satt022	236/236	230/236	236/249	236/249	233/233
Satt487	201/201	198/201	201/204	198/198	204/204
Satt236	220/220	214/214	214/220	220/220	214/214
Satt453	258/258	237/239	237/239	237/245	245/245
Satt168	227/227	227/233	227/227	233/233	236/236
Satt180	258/258	243/258	243/243	243/258	243/243
Sat_130	306/306	298/312	300/312	294/310	294/294
Sat_092	246/246	238/251	231/240	212/251	225/225
Sat_112	323/325	999/999	342/346	311/346	323/323
Satt193	236/236	230/236	236/249	236/249	233/233
Satt288	246/246	223/246	195/223	246/246	195/195
Satt442	260/260	245/260	242/248	248/260	245/245
Satt330	147/147	145/145	145/145	145/145	145/145
Satt431	199/199	231/231	225/231	225/225	231/231
Satt242	192/192	192/192	192/195	195/195	195/195
Satt373	222/222	213/248	238/248	219/245	251/251
Satt551	237/237	230/237	224/237	224/230	224/224
Sat_084	141/141	143/143	143/143	141/141	141/141
Satt345	198/198	213/248	226/248	198/245	245/245

（续）

引物名称	资源序号				
	41	42	43	44	45
	资源编号（名称）				
	XIN11955	XIN11956	XIN12175	XIN12219	XIN12221
Satt300	252/252	264/264	240/240	240/240	240/240
Satt429	999/999	267/267	264/264	264/264	264/264
Satt197	173/173	173/179	179/179	185/185	185/185
Satt556	999/999	164/209	161/161	161/161	161/161
Satt100	132/132	138/138	135/135	138/138	138/138
Satt267	230/230	230/230	239/239	230/230	230/230
Satt005	161/174	164/170	161/161	158/158	158/158
Satt514	205/205	205/205	245/245	233/233	233/233
Satt268	215/215	215/238	202/202	238/238	238/238
Satt334	207/207	203/212	207/207	189/198	189/198
Satt191	205/205	209/209	187/187	187/187	187/187
Sat_218	999/999	288/334	284/284	280/280	280/280
Satt239	185/185	191/191	173/173	188/188	188/188
Satt380	125/125	125/125	125/125	125/125	125/125
Satt588	170/170	164/164	140/140	140/140	140/140
Satt462	999/999	240/250	246/246	240/240	240/240
Satt567	109/109	106/106	106/106	109/109	109/109
Satt022	252/252	233/233	236/236	236/236	236/236
Satt487	192/192	192/204	201/201	201/201	201/201
Satt236	220/220	214/214	226/226	226/226	223/226
Satt453	237/237	245/245	258/258	261/261	261/261
Satt168	230/230	227/236	227/227	227/227	227/227
Satt180	264/264	258/258	264/264	258/258	276/276
Sat_130	304/304	294/294	315/315	310/310	310/310
Sat_092	227/227	234/234	234/234	210/210	210/210
Sat_112	999/999	323/323	325/325	323/323	323/323
Satt193	252/252	233/233	236/236	236/236	236/236
Satt288	236/246	195/195	246/246	195/195	195/195
Satt442	251/251	245/257	251/251	251/251	251/251
Satt330	145/145	145/153	147/147	147/147	147/147
Satt431	222/222	199/231	202/202	231/231	231/231
Satt242	189/189	192/192	192/192	192/192	192/192
Satt373	210/210	251/251	276/276	276/276	276/276
Satt551	237/237	224/237	224/224	224/224	224/224
Sat_084	160/160	141/141	141/141	141/141	141/141
Satt345	198/198	207/245	192/192	248/248	248/248

引物名称	资源序号				
	46	47	48	49	50
	资源编号（名称）				
	XIN12249	XIN12251	XIN12283	XIN12374	XIN12380
Satt300	252/252	243/243	264/264	234/234	237/237
Satt429	999/999	252/267	270/270	270/270	270/270
Satt197	182/182	182/188	173/173	188/188	173/173
Satt556	161/161	161/161	161/161	161/161	164/164
Satt100	138/138	110/110	164/164	141/141	110/110
Satt267	239/239	230/230	239/239	249/249	249/249
Satt005	138/138	170/170	167/167	138/138	167/167
Satt514	208/208	194/229	233/233	194/194	205/205
Satt268	253/253	215/253	253/253	250/250	999/999
Satt334	198/198	203/203	189/198	189/198	203/203
Satt191	187/187	999/999	225/225	225/225	225/225
Sat_218	999/999	278/290	284/284	325/325	295/295
Satt239	188/188	182/182	188/188	173/173	173/173
Satt380	127/127	135/135	135/135	135/135	132/132
Satt588	164/164	999/999	164/164	140/140	167/167
Satt462	999/999	250/250	248/248	248/248	999/999
Satt567	109/109	103/106	106/106	109/109	106/106
Satt022	236/236	226/233	236/236	249/249	230/230
Satt487	201/201	195/195	198/198	195/195	201/201
Satt236	220/220	226/226	226/226	220/220	220/220
Satt453	258/258	261/278	258/258	237/261	245/245
Satt168	227/227	200/230	227/227	200/200	211/211
Satt180	264/264	258/258	258/258	258/258	258/258
Sat_130	300/300	300/300	306/306	306/306	308/308
Sat_092	227/227	236/236	246/246	246/246	240/240
Sat_112	335/335	328/328	346/346	298/323	350/350
Satt193	236/236	226/233	236/236	249/249	230/230
Satt288	195/246	195/195	246/246	246/246	999/999
Satt442	251/251	245/245	242/242	248/248	260/260
Satt330	147/147	145/145	145/145	145/145	145/145
Satt431	225/225	202/225	225/225	228/228	231/231
Satt242	192/192	186/186	195/195	189/189	195/195
Satt373	251/251	219/260	248/248	248/248	248/248
Satt551	224/224	224/237	237/237	237/237	237/237
Sat_084	141/141	141/147	143/143	141/141	141/141
Satt345	229/229	245/245	248/248	248/248	198/198

（续）

引物名称	资源序号				
	51	52	53	54	55
	资源编号（名称）				
	XIN12461	XIN12463	XIN12465	XIN12467	XIN12469
Satt300	237/237	243/243	243/243	237/237	237/237
Satt429	267/267	267/267	264/264	267/267	270/270
Satt197	179/179	185/185	188/188	182/182	167/167
Satt556	209/209	209/209	209/209	161/161	209/209
Satt100	164/164	164/164	164/164	164/164	141/141
Satt267	249/249	230/230	230/230	249/249	249/249
Satt005	138/138	170/170	138/138	161/161	170/170
Satt514	194/194	194/194	208/208	194/194	205/205
Satt268	253/253	250/250	250/250	250/250	205/253
Satt334	210/210	212/212	203/203	210/210	203/203
Satt191	189/189	225/225	225/225	202/202	205/205
Sat_218	999/999	327/327	999/999	290/290	999/999
Satt239	155/155	173/173	999/999	188/188	173/173
Satt380	125/135	125/135	125/125	135/135	127/127
Satt588	162/162	167/167	167/167	167/167	167/167
Satt462	999/999	240/240	196/196	999/999	999/999
Satt567	109/109	109/109	103/103	106/106	109/109
Satt022	249/249	230/230	249/249	242/242	230/230
Satt487	999/999	195/195	198/198	198/198	198/198
Satt236	211/220	214/214	214/214	220/220	226/226
Satt453	258/258	261/261	261/261	258/258	245/245
Satt168	233/233	233/233	233/233	227/227	233/233
Satt180	253/253	267/267	258/258	258/258	258/258
Sat_130	308/308	300/300	308/308	312/312	999/999
Sat_092	212/212	212/212	212/212	248/248	212/212
Sat_112	342/342	335/335	346/346	348/348	323/323
Satt193	249/249	230/230	249/249	242/242	230/230
Satt288	195/243	252/252	219/219	219/252	195/249
Satt442	251/251	242/242	248/248	260/260	242/242
Satt330	145/145	151/151	151/151	151/151	147/147
Satt431	225/225	225/225	228/228	225/225	231/231
Satt242	195/195	195/195	195/195	195/195	198/198
Satt373	245/245	248/248	238/238	248/248	238/238
Satt551	237/237	224/224	230/230	224/224	224/224
Sat_084	143/143	141/141	154/154	141/141	141/141
Satt345	248/248	213/213	245/245	198/213	198/198

（续）

引物名称	资源序号				
	56	57	58	59	60
	资源编号（名称）				
	XIN12533	XIN12535	XIN12545	XIN12678	XIN12680
Satt300	261/261	264/264	243/243	237/237	261/261
Satt429	264/264	999/999	267/267	264/264	267/267
Satt197	173/173	185/185	188/188	179/179	179/179
Satt556	164/164	161/161	161/161	161/161	212/212
Satt100	132/132	135/135	164/164	135/135	164/164
Satt267	239/239	230/239	230/230	239/239	249/249
Satt005	158/158	161/161	170/170	148/161	161/161
Satt514	223/223	205/205	194/194	208/208	233/233
Satt268	202/202	202/202	250/250	202/202	202/253
Satt334	198/198	205/205	212/212	189/198	189/198
Satt191	205/205	187/187	205/205	187/187	215/215
Sat_218	284/284	286/286	327/327	300/300	260/282
Satt239	185/185	173/173	173/173	185/185	152/152
Satt380	132/132	135/135	125/125	125/125	125/125
Satt588	999/999	140/164	167/167	147/147	999/999
Satt462	999/999	287/287	999/999	212/212	999/999
Satt567	106/106	106/106	109/109	109/109	106/106
Satt022	223/223	236/236	249/249	239/239	230/230
Satt487	195/195	204/204	195/195	204/204	198/198
Satt236	214/214	223/223	220/220	220/220	220/220
Satt453	258/258	258/258	261/261	258/258	245/245
Satt168	236/236	227/227	233/233	227/227	227/227
Satt180	264/264	264/276	258/258	264/264	258/258
Sat_130	279/279	294/310	308/308	296/296	306/306
Sat_092	225/225	234/234	231/231	227/227	225/225
Sat_112	325/325	325/325	346/346	330/330	325/325
Satt193	223/223	236/236	249/249	239/239	230/230
Satt288	195/195	195/195	243/243	195/195	246/246
Satt442	248/248	254/254	251/251	251/251	257/257
Satt330	147/147	145/145	151/151	147/147	147/147
Satt431	228/228	202/202	225/225	231/231	199/231
Satt242	189/189	192/192	201/201	192/192	195/195
Satt373	222/222	276/276	248/248	276/276	248/248
Satt551	224/224	224/224	230/230	224/224	230/237
Sat_084	154/154	141/141	141/141	141/141	141/141
Satt345	233/233	213/213	226/226	198/198	213/229

（续）

引物名称	资源序号				
	61	62	63	64	65
	资源编号（名称）				
	XIN12690	XIN12764	XIN12799	XIN12829	XIN12831
Satt300	237/237	252/252	252/252	237/237	240/240
Satt429	273/273	270/270	270/270	270/270	270/270
Satt197	188/188	173/173	188/188	173/173	173/173
Satt556	209/209	161/161	209/209	209/209	161/161
Satt100	141/141	164/164	164/164	141/141	138/138
Satt267	230/230	249/249	230/230	230/230	239/239
Satt005	164/164	138/138	170/170	132/132	164/164
Satt514	194/194	233/233	194/194	233/233	208/208
Satt268	215/215	238/238	253/253	202/202	202/202
Satt334	212/212	203/203	198/198	189/198	189/198
Satt191	202/202	225/225	205/205	225/225	187/187
Sat_218	321/321	288/288	999/999	999/999	321/321
Satt239	191/191	188/188	188/188	185/185	188/188
Satt380	125/125	135/135	127/127	127/127	135/135
Satt588	162/162	162/162	167/167	164/164	999/999
Satt462	250/250	248/248	999/999	999/999	248/248
Satt567	109/109	106/106	103/103	103/103	109/109
Satt022	230/230	236/236	226/226	233/233	236/236
Satt487	198/198	201/201	195/195	999/999	201/201
Satt236	220/220	223/223	223/223	226/226	233/233
Satt453	258/258	237/237	261/261	258/258	258/258
Satt168	233/233	227/227	200/200	200/200	227/227
Satt180	258/258	243/243	999/999	253/264	264/264
Sat_130	310/310	312/312	304/304	308/308	312/312
Sat_092	231/231	246/246	212/212	999/999	210/210
Sat_112	311/311	346/346	346/346	323/323	328/328
Satt193	230/230	236/236	226/226	233/233	236/236
Satt288	246/246	219/219	999/999	999/999	195/195
Satt442	248/248	260/260	248/248	245/245	251/260
Satt330	145/145	145/145	145/145	145/145	147/147
Satt431	202/202	231/231	225/225	231/231	231/231
Satt242	195/195	192/192	192/192	192/192	192/192
Satt373	251/251	248/248	248/248	263/263	276/276
Satt551	224/224	237/237	237/237	224/224	224/224
Sat_084	141/141	143/143	143/143	141/141	141/141
Satt345	226/226	248/248	213/213	198/198	198/198

（续）

引物名称	资源序号				
	66	67	68	69	70
	资源编号（名称）				
	XIN13095	XIN13395	XIN13397	XIN13398	XIN13400
Satt300	240/240	243/243	252/252	237/237	252/252
Satt429	264/264	999/999	270/270	270/270	270/270
Satt197	182/182	188/188	185/185	185/185	188/188
Satt556	197/197	209/209	161/161	209/209	161/161
Satt100	135/135	141/141	164/164	110/110	110/110
Satt267	230/230	249/249	230/230	230/230	249/249
Satt005	161/161	138/138	138/138	138/138	138/138
Satt514	233/233	233/233	233/233	233/233	233/233
Satt268	215/215	253/253	238/238	250/250	215/215
Satt334	189/198	212/212	189/198	203/203	189/198
Satt191	205/205	209/209	225/225	202/202	202/202
Sat_218	284/284	297/297	327/327	295/295	323/323
Satt239	176/176	173/173	173/173	173/173	173/173
Satt380	125/125	125/125	125/125	125/125	125/125
Satt588	170/170	170/170	164/164	999/999	164/164
Satt462	234/234	248/248	248/248	999/999	999/999
Satt567	109/109	109/109	106/106	106/106	109/109
Satt022	236/236	230/249	230/230	249/249	230/230
Satt487	204/204	198/198	204/204	195/195	198/198
Satt236	220/233	220/220	220/220	220/220	220/220
Satt453	258/258	237/258	245/258	237/237	258/258
Satt168	227/227	233/233	233/233	233/233	233/233
Satt180	264/264	258/258	258/258	258/258	258/258
Sat_130	308/308	310/310	304/304	312/312	312/312
Sat_092	248/248	231/231	236/236	236/236	248/248
Sat_112	325/325	342/342	346/346	311/311	342/342
Satt193	236/236	230/249	230/230	249/249	230/230
Satt288	246/246	999/999	246/246	249/249	999/999
Satt442	251/251	245/245	248/248	245/245	245/245
Satt330	147/147	145/145	145/151	145/145	145/145
Satt431	202/202	225/225	222/222	231/231	225/225
Satt242	195/195	189/189	195/195	174/174	189/189
Satt373	213/213	238/238	219/219	251/251	251/251
Satt551	237/237	224/224	230/230	224/224	224/224
Sat_084	141/141	141/141	141/141	141/141	141/141
Satt345	198/198	198/198	198/198	198/198	226/226

（续）

引物名称	资源序号				
	71	72	73	74	75
	资源编号（名称）				
	XIN13761	XIN13795	XIN13798	XIN13822	XIN13824
Satt300	243/243	252/252	237/237	243/243	243/243
Satt429	264/264	270/270	270/270	270/270	270/270
Satt197	185/185	188/188	188/188	185/185	185/185
Satt556	209/209	161/161	161/161	209/209	209/209
Satt100	141/141	164/164	141/164	141/141	110/110
Satt267	230/230	230/230	249/249	230/230	230/230
Satt005	138/138	164/164	170/170	999/999	138/138
Satt514	208/208	194/194	233/233	208/208	208/208
Satt268	238/238	238/238	238/250	250/250	250/250
Satt334	212/212	189/189	212/212	999/999	212/212
Satt191	225/225	189/189	225/225	999/999	207/207
Sat_218	323/323	325/325	325/325	999/999	999/999
Satt239	173/173	173/173	173/173	155/173	182/182
Satt380	135/135	125/125	135/135	999/999	127/127
Satt588	164/164	999/999	140/140	167/167	999/999
Satt462	248/248	231/231	248/248	999/999	231/231
Satt567	106/106	103/103	103/103	106/106	106/106
Satt022	249/249	230/230	226/258	239/239	230/246
Satt487	204/204	198/198	198/198	999/999	999/999
Satt236	220/220	220/220	214/214	214/214	214/214
Satt453	261/261	261/261	245/261	261/261	258/258
Satt168	233/233	233/233	233/233	233/233	233/233
Satt180	258/258	243/243	258/258	999/999	999/999
Sat_130	298/298	304/304	304/304	312/312	999/999
Sat_092	236/236	248/248	212/240	999/999	999/999
Sat_112	346/346	323/323	346/346	328/342	323/323
Satt193	249/249	230/230	226/258	239/239	230/246
Satt288	246/246	999/999	252/252	195/246	246/246
Satt442	248/248	245/245	245/245	248/248	248/248
Satt330	145/145	151/151	145/151	145/145	145/145
Satt431	225/225	222/222	225/225	231/231	231/231
Satt242	201/201	189/189	195/195	195/195	195/195
Satt373	219/219	238/238	248/248	251/251	251/251
Satt551	230/230	230/230	230/230	230/230	224/224
Sat_084	143/143	154/154	141/154	141/141	141/141
Satt345	226/226	198/198	198/245	248/248	198/198

（续）

引物名称	资源序号				
	76	77	78	79	80
	资源编号（名称）				
	XIN13833	XIN13835	XIN13925	XIN13927	XIN13929
Satt300	237/237	237/237	240/240	240/240	240/240
Satt429	264/264	264/264	264/264	264/264	999/999
Satt197	188/188	188/188	143/143	179/179	173/173
Satt556	209/209	161/161	161/161	161/161	161/161
Satt100	164/164	141/141	135/135	138/138	132/132
Satt267	230/230	230/230	239/239	239/239	239/239
Satt005	138/138	138/138	170/170	138/138	167/167
Satt514	233/233	208/208	233/233	205/205	205/223
Satt268	253/253	253/253	238/238	215/253	205/215
Satt334	203/203	212/212	189/198	198/210	189/198
Satt191	225/225	205/205	205/205	187/202	202/209
Sat_218	325/325	295/295	284/284	306/306	302/302
Satt239	173/173	173/173	188/188	152/173	173/188
Satt380	125/125	135/135	135/135	125/135	127/127
Satt588	167/167	167/167	164/164	167/167	167/167
Satt462	250/250	250/250	234/234	999/999	250/250
Satt567	103/103	109/109	106/106	103/106	103/109
Satt022	249/249	249/249	236/236	236/236	236/236
Satt487	204/204	198/198	192/192	192/204	204/204
Satt236	220/220	220/220	223/223	223/223	220/220
Satt453	261/261	258/258	258/258	258/258	261/261
Satt168	233/233	230/230	227/227	227/227	227/227
Satt180	258/258	258/258	247/258	261/261	212/212
Sat_130	310/310	296/296	306/306	294/308	296/296
Sat_092	212/212	212/212	231/231	234/234	234/246
Sat_112	346/346	342/342	346/346	323/342	330/330
Satt193	249/249	249/249	236/236	236/236	236/236
Satt288	246/246	246/246	999/999	999/999	195/195
Satt442	248/248	248/248	248/248	251/251	254/254
Satt330	145/145	145/145	147/147	147/147	147/147
Satt431	225/225	202/202	199/199	202/231	202/231
Satt242	189/189	192/192	192/192	192/192	192/192
Satt373	251/251	238/238	210/210	213/219	213/213
Satt551	230/230	224/224	237/237	224/224	224/230
Sat_084	154/154	154/154	141/141	141/141	141/141
Satt345	226/226	226/226	248/248	198/198	192/198

（续）

引物名称	资源序号				
	81	82	83	84	85
	资源编号（名称）				
	XIN13941	XIN13943	XIN13982	XIN13984	XIN13986
Satt300	240/240	243/243	243/243	240/240	240/240
Satt429	270/270	264/264	267/267	237/237	264/264
Satt197	173/173	173/173	185/185	179/179	143/143
Satt556	161/161	164/164	161/161	161/161	164/164
Satt100	132/132	110/141	164/164	135/135	138/138
Satt267	239/239	249/249	249/249	239/239	239/239
Satt005	138/138	167/167	174/174	161/161	161/161
Satt514	223/223	205/205	194/194	205/205	239/239
Satt268	205/205	250/250	250/250	202/215	202/215
Satt334	189/198	203/203	203/203	210/210	205/210
Satt191	209/209	225/225	202/202	218/218	187/187
Sat_218	302/302	327/327	297/297	999/999	284/284
Satt239	188/188	191/191	999/999	152/173	173/173
Satt380	127/127	125/125	135/135	135/135	125/125
Satt588	167/167	167/167	140/140	147/147	139/164
Satt462	250/250	250/250	999/999	999/999	234/234
Satt567	109/109	106/106	109/109	103/103	106/106
Satt022	236/236	230/230	246/246	236/236	236/236
Satt487	204/204	204/204	204/204	999/999	201/201
Satt236	220/220	220/220	220/220	236/236	223/223
Satt453	261/261	237/237	261/261	258/258	258/258
Satt168	227/227	233/233	200/200	200/227	227/227
Satt180	264/264	258/258	999/999	999/999	258/273
Sat_130	296/296	298/298	308/308	999/999	310/310
Sat_092	246/246	212/212	236/236	999/999	234/234
Sat_112	330/330	346/346	342/342	335/335	330/330
Satt193	236/236	230/230	246/246	236/236	236/236
Satt288	236/236	246/246	243/243	999/999	243/243
Satt442	254/254	260/260	245/245	257/257	257/257
Satt330	145/145	145/145	151/151	145/145	147/147
Satt431	231/231	231/231	225/225	202/202	199/199
Satt242	192/192	195/195	195/195	192/192	192/192
Satt373	213/213	251/251	251/251	213/213	276/276
Satt551	224/224	224/224	230/230	224/224	224/224
Sat_084	141/141	141/141	141/141	141/141	141/141
Satt345	198/198	198/198	213/213	198/198	248/248

（续）

引物名称	资源序号				
	86	87	88	89	90
	资源编号（名称）				
	XIN13995	XIN13997	XIN14025	XIN14027	XIN14029
Satt300	252/252	999/999	240/240	243/243	243/243
Satt429	243/243	267/267	264/264	267/267	267/267
Satt197	173/173	185/185	173/173	188/188	188/188
Satt556	215/215	161/161	197/197	209/209	209/209
Satt100	135/135	135/135	135/135	164/164	167/167
Satt267	249/249	239/239	239/239	230/230	249/249
Satt005	138/138	161/161	161/161	170/170	138/138
Satt514	233/233	197/197	233/233	194/194	208/208
Satt268	250/250	999/999	202/202	250/250	250/250
Satt334	189/189	189/198	205/205	212/212	203/203
Satt191	999/999	187/187	205/205	205/205	205/225
Sat_218	999/999	264/264	284/284	327/327	325/325
Satt239	182/182	999/999	188/188	173/173	999/999
Satt380	135/135	135/135	135/135	125/125	125/125
Satt588	164/164	164/164	164/164	164/164	164/164
Satt462	999/999	248/248	234/234	999/999	999/999
Satt567	106/106	103/103	106/106	109/109	103/103
Satt022	999/999	233/233	252/252	249/249	249/258
Satt487	999/999	192/192	192/192	204/204	204/204
Satt236	223/223	214/214	220/220	223/223	220/220
Satt453	237/237	239/239	261/261	261/261	261/261
Satt168	227/227	227/227	233/233	233/233	233/233
Satt180	999/999	264/264	243/243	999/999	999/999
Sat_130	302/302	302/302	298/298	310/310	302/302
Sat_092	248/248	248/248	251/251	212/231	236/236
Sat_112	346/346	346/346	325/346	323/323	323/323
Satt193	999/999	233/233	252/252	249/249	249/258
Satt288	999/999	233/233	233/246	249/249	999/999
Satt442	260/260	248/248	251/251	251/251	248/248
Satt330	145/145	145/145	147/147	151/151	145/145
Satt431	231/231	231/231	199/199	225/225	228/228
Satt242	192/192	192/192	192/192	201/201	195/201
Satt373	248/248	222/222	248/248	248/248	238/248
Satt551	224/224	224/237	237/237	230/230	224/224
Sat_084	141/141	160/160	147/147	141/141	143/143
Satt345	248/248	248/248	198/198	226/226	198/198

（续）

引物名称	资源序号				
	91	92	93	94	95
	资源编号（名称）				
	XIN14031	XIN14033	XIN14035	XIN14036	XIN14044
Satt300	243/243	243/243	243/243	237/237	240/240
Satt429	267/267	264/264	264/264	267/267	264/264
Satt197	188/188	188/188	188/188	188/188	182/182
Satt556	209/209	209/209	161/161	209/209	161/161
Satt100	167/167	141/141	164/164	164/164	132/132
Satt267	230/230	249/249	230/230	249/249	239/239
Satt005	138/138	170/170	138/170	138/138	167/167
Satt514	208/208	194/194	194/194	194/208	233/233
Satt268	250/250	250/250	253/253	250/250	238/238
Satt334	212/212	210/210	203/203	212/212	210/210
Satt191	225/225	225/225	205/205	225/225	225/225
Sat_218	325/325	325/325	327/327	297/297	284/284
Satt239	173/173	188/188	999/999	188/188	185/185
Satt380	125/125	135/135	125/125	125/125	135/135
Satt588	164/164	164/164	164/164	167/167	170/170
Satt462	248/248	231/231	231/231	240/240	248/248
Satt567	109/109	109/109	106/106	109/109	106/106
Satt022	249/249	226/226	249/249	249/249	236/236
Satt487	204/204	198/198	198/198	201/201	201/201
Satt236	220/220	214/214	223/223	223/223	226/226
Satt453	261/261	261/261	237/245	261/261	258/258
Satt168	233/233	230/230	233/233	233/233	227/227
Satt180	258/258	258/258	243/243	258/258	258/258
Sat_130	302/302	308/308	308/308	302/302	315/315
Sat_092	231/231	212/212	212/212	212/212	234/234
Sat_112	342/342	323/323	323/346	346/346	311/311
Satt193	249/249	226/226	249/249	249/249	236/236
Satt288	249/249	999/999	246/246	223/223	236/236
Satt442	248/248	245/245	248/248	248/248	251/251
Satt330	145/145	118/118	145/145	118/118	145/145
Satt431	225/225	228/228	228/228	228/228	202/202
Satt242	201/201	189/189	195/195	195/195	192/192
Satt373	238/238	248/248	255/255	251/251	279/279
Satt551	224/224	230/230	230/230	230/230	230/230
Sat_084	143/143	141/141	141/141	141/141	151/151
Satt345	198/198	245/245	245/245	213/248	192/192

（续）

引物名称	资源序号				
	96	97	98	99	100
	资源编号（名称）				
	XIN14138	XIN14140	XIN14141	XIN14142	XIN14143
Satt300	237/237	264/264	264/264	264/264	999/999
Satt429	273/273	273/273	273/273	273/273	243/243
Satt197	188/188	134/134	200/200	200/200	188/188
Satt556	212/212	209/209	212/212	212/212	212/212
Satt100	141/141	132/132	132/132	132/141	132/132
Satt267	239/239	239/239	239/239	239/239	239/239
Satt005	161/161	161/164	161/161	161/161	161/161
Satt514	245/245	233/233	245/245	245/245	245/245
Satt268	238/238	238/238	238/238	238/238	205/205
Satt334	210/210	210/210	999/999	212/212	205/205
Satt191	221/221	221/221	209/209	205/221	205/205
Sat_218	282/282	282/282	282/282	282/282	323/325
Satt239	173/173	185/185	185/185	185/185	176/176
Satt380	132/132	135/135	132/132	135/135	135/135
Satt588	164/164	140/140	999/999	164/164	164/164
Satt462	212/212	196/212	999/999	212/212	212/212
Satt567	106/106	109/109	109/109	109/109	106/106
Satt022	249/249	246/246	246/246	249/249	249/249
Satt487	198/198	999/999	999/999	195/195	195/195
Satt236	223/223	226/226	226/226	226/226	214/214
Satt453	258/258	258/258	258/258	258/258	258/258
Satt168	227/227	233/233	236/236	233/233	236/236
Satt180	999/999	267/267	999/999	243/243	243/243
Sat_130	296/296	999/999	999/999	999/999	999/999
Sat_092	251/251	240/240	240/240	240/240	248/248
Sat_112	325/325	323/323	323/323	300/325	346/346
Satt193	249/249	246/246	246/246	249/249	249/249
Satt288	195/195	195/195	999/999	243/243	195/195
Satt442	248/248	257/257	248/248	257/257	257/257
Satt330	151/151	151/151	145/145	151/151	145/145
Satt431	231/231	202/202	202/202	202/202	199/199
Satt242	195/195	189/189	192/192	192/192	195/195
Satt373	282/282	282/282	282/282	282/282	282/282
Satt551	224/224	224/224	224/224	224/224	224/224
Sat_084	143/143	141/141	141/141	141/141	141/141
Satt345	245/245	245/245	198/198	245/245	248/248

（续）

引物名称	资源序号				
	101	102	103	104	105
	资源编号（名称）				
	XIN14144	XIN14146	XIN14147	XIN14149	XIN14151
Satt300	261/261	261/261	261/261	243/243	243/243
Satt429	234/234	270/270	999/999	270/270	264/264
Satt197	188/188	188/188	188/188	143/143	188/188
Satt556	212/212	212/212	164/164	161/161	209/209
Satt100	132/132	132/132	132/132	138/138	141/141
Satt267	239/239	239/239	239/239	239/239	249/249
Satt005	148/161	161/161	148/161	132/161	167/167
Satt514	245/245	245/245	245/245	239/239	233/233
Satt268	238/238	238/238	238/238	215/253	250/250
Satt334	999/999	210/210	205/205	210/210	189/203
Satt191	205/205	205/205	207/207	218/218	225/225
Sat_218	282/282	282/282	282/282	286/286	323/323
Satt239	185/185	191/191	185/185	173/185	173/173
Satt380	132/132	132/132	132/132	125/125	135/135
Satt588	999/999	139/139	164/164	139/139	167/167
Satt462	999/999	212/212	212/212	234/234	250/250
Satt567	106/106	106/106	106/106	103/103	106/106
Satt022	252/252	230/230	252/252	236/236	233/233
Satt487	999/999	195/195	999/999	201/201	195/195
Satt236	223/223	226/226	223/223	226/236	223/223
Satt453	258/258	258/258	258/258	258/258	237/237
Satt168	230/236	236/236	230/230	227/227	230/230
Satt180	273/273	267/267	243/243	264/264	258/258
Sat_130	999/999	999/999	999/999	999/999	999/999
Sat_092	999/999	248/248	234/234	234/234	225/225
Sat_112	323/323	325/348	323/323	323/330	350/350
Satt193	252/252	230/230	252/252	236/236	233/233
Satt288	999/999	195/195	195/195	246/246	246/246
Satt442	248/248	248/248	248/248	251/251	257/257
Satt330	151/151	151/151	151/151	145/145	145/145
Satt431	202/202	199/199	199/199	199/222	231/231
Satt242	195/195	195/195	195/195	192/195	201/201
Satt373	282/282	222/222	282/282	276/276	251/251
Satt551	224/224	237/237	224/224	224/230	237/237
Sat_084	141/141	154/154	141/141	141/143	154/154
Satt345	245/245	198/198	245/245	198/252	248/248

（续）

引物名称	资源序号				
	106	107	108	109	110
	资源编号（名称）				
	XIN14176	XIN14204	XIN14206	XIN14262	XIN14288
Satt300	237/237	237/237	243/243	240/240	243/243
Satt429	999/999	228/228	267/267	228/228	234/234
Satt197	185/185	999/999	188/188	179/179	185/185
Satt556	161/164	999/999	209/209	164/164	209/209
Satt100	110/164	138/138	164/164	132/132	164/164
Satt267	230/230	230/230	249/249	239/239	249/249
Satt005	161/161	174/174	170/170	158/158	138/138
Satt514	233/233	239/239	220/220	205/205	194/194
Satt268	215/215	999/999	250/250	202/202	250/250
Satt334	203/203	999/999	203/203	999/999	210/210
Satt191	205/225	999/999	225/225	205/205	225/225
Sat_218	286/292	999/999	327/327	284/284	295/295
Satt239	179/179	185/185	182/182	188/188	173/173
Satt380	125/125	999/999	135/135	135/135	125/125
Satt588	140/140	999/999	167/167	164/164	167/167
Satt462	252/252	999/999	250/250	999/999	999/999
Satt567	106/106	106/106	109/109	106/109	106/106
Satt022	242/242	999/999	249/249	236/258	249/249
Satt487	999/999	999/999	195/195	999/999	999/999
Satt236	236/236	999/999	220/220	236/236	220/220
Satt453	245/249	999/999	237/237	258/258	258/258
Satt168	200/200	227/227	233/233	227/227	233/233
Satt180	243/243	270/270	267/267	999/999	247/247
Sat_130	999/999	999/999	999/999	999/999	999/999
Sat_092	212/212	999/999	236/236	999/999	212/212
Sat_112	344/344	346/346	346/346	323/323	346/346
Satt193	242/242	999/999	249/249	236/258	249/249
Satt288	195/249	249/249	223/223	246/246	252/252
Satt442	242/242	257/257	248/248	254/254	248/248
Satt330	145/145	147/147	118/145	147/147	151/151
Satt431	225/231	999/999	225/225	202/202	225/225
Satt242	174/184	999/999	189/189	192/192	195/195
Satt373	219/219	258/258	238/238	276/276	251/251
Satt551	230/237	999/999	237/237	224/224	230/230
Sat_084	143/143	999/999	141/141	141/141	141/141
Satt345	245/248	213/213	226/226	198/198	213/213

（续）

引物名称	资源序号				
	111	112	113	114	115
	资源编号（名称）				
	XIN14305	XIN15286	XIN15416	XIN15418	XIN15450
Satt300	264/264	237/237	264/264	264/264	237/237
Satt429	264/264	267/267	267/267	267/267	273/273
Satt197	179/179	188/188	179/179	179/179	134/134
Satt556	161/161	197/197	197/209	197/197	161/161
Satt100	132/132	164/164	164/164	164/164	138/138
Satt267	230/230	230/230	239/239	239/239	230/230
Satt005	138/138	138/138	170/170	138/138	167/167
Satt514	205/205	233/233	233/233	233/233	205/205
Satt268	202/202	238/238	202/202	253/253	202/202
Satt334	205/205	203/210	189/198	189/189	198/198
Satt191	187/187	202/202	218/218	187/187	202/202
Sat_218	286/286	286/286	286/286	284/284	282/282
Satt239	173/173	188/188	188/188	188/188	176/176
Satt380	135/135	135/135	125/125	135/135	135/135
Satt588	140/140	164/164	164/164	164/164	170/170
Satt462	248/248	246/246	248/248	248/248	186/202
Satt567	103/106	103/103	103/106	103/103	103/103
Satt022	252/252	249/249	230/230	230/230	236/236
Satt487	204/204	999/999	201/201	204/204	192/192
Satt236	206/206	223/223	214/214	214/214	211/211
Satt453	258/258	237/237	237/237	258/258	282/282
Satt168	227/227	233/233	227/227	227/227	230/230
Satt180	264/264	264/264	258/258	258/258	258/258
Sat_130	999/999	999/999	999/999	999/999	999/999
Sat_092	999/999	999/999	248/248	248/248	227/227
Sat_112	332/332	332/332	325/325	325/325	335/335
Satt193	252/252	249/249	230/230	230/230	236/236
Satt288	195/195	233/233	246/246	246/246	246/246
Satt442	254/254	260/260	254/254	254/254	254/254
Satt330	145/145	145/145	145/145	145/145	145/145
Satt431	202/202	231/231	231/231	231/231	202/202
Satt242	192/192	192/192	195/195	195/195	189/189
Satt373	248/248	248/248	248/248	248/248	222/222
Satt551	224/224	230/230	237/237	237/237	224/224
Sat_084	141/141	143/143	132/132	141/141	132/132
Satt345	213/213	229/229	229/229	198/198	245/245

（续）

引物名称	资源序号				
	116	117	118	119	120
	资源编号（名称）				
	XIN15452	XIN15530	XIN15532	XIN15533	XIN15535
Satt300	237/237	237/237	243/243	243/243	237/237
Satt429	999/999	999/999	234/234	234/234	999/999
Satt197	134/134	188/188	188/188	188/188	185/185
Satt556	209/209	209/209	209/209	209/209	161/161
Satt100	138/138	141/141	141/141	141/141	110/164
Satt267	230/230	230/230	230/230	249/249	230/230
Satt005	167/167	138/138	138/138	138/138	161/170
Satt514	205/205	208/208	233/233	233/233	194/194
Satt268	202/202	250/250	238/238	250/250	250/250
Satt334	999/999	210/210	210/210	210/210	198/198
Satt191	207/207	225/225	225/225	207/207	207/207
Sat_218	282/282	295/295	327/327	325/325	321/321
Satt239	176/176	194/194	173/182	173/173	188/188
Satt380	135/135	135/135	135/135	135/135	135/135
Satt588	170/170	167/167	167/167	167/167	167/167
Satt462	999/999	231/248	234/250	248/248	266/266
Satt567	103/103	109/109	109/109	109/109	106/106
Satt022	236/236	249/249	230/249	230/230	252/252
Satt487	999/999	999/999	198/198	198/198	204/204
Satt236	999/999	220/220	220/220	999/999	214/214
Satt453	282/282	261/261	258/258	258/258	249/249
Satt168	230/230	230/230	233/233	233/233	230/230
Satt180	253/253	247/247	253/253	212/212	258/258
Sat_130	999/999	999/999	999/999	999/999	999/999
Sat_092	999/999	999/999	999/999	999/999	999/999
Sat_112	335/335	342/342	346/346	344/344	311/323
Satt193	236/236	249/249	230/249	230/230	252/252
Satt288	246/246	246/246	249/249	233/233	243/243
Satt442	254/254	248/248	251/251	248/248	248/248
Satt330	145/145	145/145	118/145	151/151	145/145
Satt431	202/202	225/225	202/202	225/225	225/225
Satt242	189/189	201/201	189/189	201/201	189/189
Satt373	219/219	248/251	238/238	251/251	238/238
Satt551	224/224	224/224	230/230	224/224	230/230
Sat_084	132/132	154/154	154/154	141/141	141/141
Satt345	245/245	226/226	198/245	248/248	213/226

（续）

引物名称	资源序号				
	121	122	123	124	125
	资源编号（名称）				
	XIN15537	XIN15584	XIN15586	XIN15627	XIN15636
Satt300	243/243	237/243	237/237	240/240	240/240
Satt429	234/234	270/270	999/999	267/267	228/228
Satt197	188/188	179/179	134/185	134/185	182/182
Satt556	161/161	209/209	161/161	164/164	197/197
Satt100	141/141	141/141	141/141	138/138	135/135
Satt267	249/249	230/230	230/230	230/230	239/239
Satt005	138/138	138/138	138/138	148/148	158/158
Satt514	233/233	208/208	208/208	220/220	205/205
Satt268	215/215	250/250	238/238	202/228	215/215
Satt334	210/210	210/210	999/999	999/999	198/198
Satt191	215/215	205/205	202/215	202/202	187/187
Sat_218	297/297	321/321	295/295	321/321	306/306
Satt239	173/173	152/191	173/173	173/173	179/179
Satt380	125/125	127/127	127/127	132/132	125/125
Satt588	167/167	155/155	162/162	147/147	164/164
Satt462	224/240	248/248	196/196	999/999	234/234
Satt567	109/109	106/106	109/109	106/106	106/106
Satt022	246/246	258/258	236/249	236/249	236/239
Satt487	999/999	201/201	999/999	201/201	204/204
Satt236	223/223	214/214	223/223	226/226	226/226
Satt453	258/258	261/261	237/237	258/258	258/258
Satt168	233/233	233/233	230/230	233/233	227/227
Satt180	243/243	999/999	999/999	999/999	999/999
Sat_130	999/999	999/999	999/999	999/999	999/999
Sat_092	999/999	240/246	999/999	999/999	999/999
Sat_112	344/344	325/325	342/342	298/323	323/323
Satt193	246/246	258/258	236/249	236/249	236/239
Satt288	252/252	249/249	195/195	246/246	195/195
Satt442	245/245	257/257	248/248	248/248	235/235
Satt330	151/151	145/145	145/145	145/145	145/145
Satt431	225/225	202/202	225/225	225/225	225/225
Satt242	189/189	192/198	195/195	195/195	192/192
Satt373	251/251	248/248	238/238	238/238	213/213
Satt551	230/230	224/224	224/224	224/224	224/224
Sat_084	141/141	141/141	143/143	143/143	141/141
Satt345	226/226	198/198	198/226	198/226	198/198

（续）

引物名称	资源序号				
	126	127	128	129	130
	资源编号（名称）				
	XIN15738	XIN15739	XIN15741	XIN15743	XIN15811
Satt300	237/237	999/999	237/237	237/237	243/243
Satt429	264/264	264/264	264/264	237/262	999/999
Satt197	134/134	179/179	182/182	143/182	143/143
Satt556	161/161	191/191	161/161	161/161	161/161
Satt100	144/144	164/164	138/138	132/138	144/144
Satt267	230/230	239/239	239/239	239/239	239/239
Satt005	148/148	167/167	158/158	158/167	148/148
Satt514	242/242	205/205	245/245	205/245	197/197
Satt268	238/238	202/202	202/202	202/202	244/244
Satt334	205/205	210/210	198/198	210/210	999/999
Satt191	202/202	202/202	187/187	187/187	218/218
Sat_218	306/306	284/284	286/286	284/284	310/310
Satt239	188/188	185/185	185/185	185/188	188/188
Satt380	127/127	135/135	127/127	127/135	127/127
Satt588	167/167	140/140	140/140	140/140	167/167
Satt462	248/248	274/274	274/274	234/234	224/224
Satt567	109/109	106/106	106/106	106/106	109/109
Satt022	239/239	236/236	236/236	236/258	239/239
Satt487	201/201	204/204	201/201	192/201	999/999
Satt236	220/220	226/226	220/220	220/226	220/220
Satt453	237/237	258/258	258/258	258/258	237/237
Satt168	230/230	227/227	227/227	227/227	230/230
Satt180	243/243	999/999	247/247	264/264	258/258
Sat_130	999/999	999/999	999/999	999/999	999/999
Sat_092	225/225	210/234	231/231	236/236	231/231
Sat_112	346/346	323/323	298/323	300/325	346/346
Satt193	239/239	236/236	236/236	236/258	239/239
Satt288	252/252	246/246	236/236	236/236	246/246
Satt442	245/245	260/260	248/248	248/257	260/260
Satt330	105/105	145/145	145/145	145/145	145/145
Satt431	225/225	202/202	222/222	202/222	222/222
Satt242	189/189	192/192	192/192	192/192	192/192
Satt373	219/219	219/219	213/213	213/213	219/219
Satt551	230/230	224/224	224/224	224/224	230/230
Sat_084	141/141	141/141	151/151	141/141	141/141
Satt345	213/216	198/198	198/198	198/233	213/213

（续）

引物名称	资源序号				
	131	132	133	134	135
	资源编号（名称）				
	XIN15879	XIN15895	XIN16008	XIN16010	XIN16016
Satt300	243/243	237/237	240/240	243/243	237/237
Satt429	234/234	999/999	228/228	264/264	270/270
Satt197	173/188	188/188	173/173	182/182	143/143
Satt556	999/999	209/209	161/161	161/161	161/161
Satt100	141/141	110/110	132/132	138/138	132/132
Satt267	230/230	249/249	239/239	239/239	239/239
Satt005	174/174	138/170	167/167	132/161	161/161
Satt514	208/208	233/233	205/223	205/205	223/223
Satt268	999/999	250/250	205/215	253/253	250/250
Satt334	999/999	999/999	999/999	210/210	210/210
Satt191	205/205	999/999	202/209	202/218	205/205
Sat_218	999/999	323/323	284/302	284/284	288/288
Satt239	191/191	173/173	173/188	179/179	173/188
Satt380	999/999	125/125	127/127	125/132	135/135
Satt588	170/170	164/164	167/167	170/170	140/140
Satt462	240/240	231/231	240/240	234/234	287/287
Satt567	109/109	106/109	103/109	106/106	106/106
Satt022	999/999	249/249	236/236	236/236	236/236
Satt487	999/999	999/999	204/204	204/204	201/201
Satt236	999/999	220/220	220/226	226/226	223/223
Satt453	999/999	237/237	261/261	258/258	258/258
Satt168	233/233	230/230	227/227	227/227	227/227
Satt180	261/261	999/999	999/999	999/999	999/999
Sat_130	999/999	999/999	999/999	999/999	999/999
Sat_092	999/999	999/999	999/999	999/999	248/248
Sat_112	346/346	339/339	999/999	323/323	325/325
Satt193	999/999	249/249	236/236	236/236	236/236
Satt288	246/246	246/246	195/236	243/243	233/233
Satt442	257/257	257/257	254/254	251/257	257/257
Satt330	145/147	145/145	145/145	145/145	147/147
Satt431	999/999	231/231	231/231	231/231	222/222
Satt242	999/999	201/201	192/192	195/195	192/192
Satt373	238/238	251/251	213/213	213/219	276/276
Satt551	999/999	224/224	224/230	224/224	224/224
Sat_084	999/999	143/143	132/141	141/141	141/141
Satt345	198/198	248/248	192/198	198/252	229/229

（续）

引物名称	资源序号				
	136	137	138	139	140
	资源编号（名称）				
	XIN16018	XIN06640	XIN06666	XIN06830	XIN06832
Satt300	237/237	999/999	237/237	237/237	237/243
Satt429	264/264	267/267	270/270	270/270	264/264
Satt197	143/179	188/188	188/188	173/173	188/188
Satt556	161/161	209/209	161/161	164/164	164/209
Satt100	132/132	164/167	141/141	110/110	141/141
Satt267	239/239	230/230	230/230	249/249	249/249
Satt005	167/167	138/138	138/138	164/164	167/167
Satt514	205/205	208/208	194/194	233/233	233/233
Satt268	250/250	238/250	238/238	250/250	241/241
Satt334	210/210	203/212	189/198	203/203	203/203
Satt191	202/218	225/225	225/225	225/225	225/225
Sat_218	284/284	325/325	325/325	288/288	295/327
Satt239	185/185	173/173	173/173	188/188	173/191
Satt380	132/132	125/125	125/125	132/132	125/125
Satt588	999/999	164/164	140/140	167/167	167/167
Satt462	276/276	248/248	231/231	246/246	250/250
Satt567	106/106	109/109	109/109	106/106	106/106
Satt022	236/258	249/249	249/249	230/230	230/249
Satt487	204/204	204/204	198/198	201/201	195/204
Satt236	223/223	217/217	217/217	220/220	220/220
Satt453	258/258	261/261	245/245	245/245	237/237
Satt168	227/227	233/233	233/233	211/211	233/233
Satt180	999/999	258/258	258/258	258/258	258/258
Sat_130	999/999	999/999	999/999	999/999	999/999
Sat_092	234/234	212/229	212/212	251/251	212/236
Sat_112	325/325	342/342	346/346	350/350	342/342
Satt193	236/258	249/249	249/249	230/230	230/249
Satt288	246/246	249/249	252/252	246/246	246/246
Satt442	251/257	248/248	248/248	260/260	260/260
Satt330	145/145	145/151	145/145	145/145	145/145
Satt431	202/231	225/225	225/225	231/231	225/231
Satt242	192/192	189/201	189/189	195/195	174/174
Satt373	213/213	238/238	238/238	248/248	238/238
Satt551	224/224	224/230	224/224	237/237	237/237
Sat_084	141/141	143/143	154/154	141/141	141/141
Satt345	198/233	198/245	192/192	198/198	248/248

（续）

引物名称	资源序号				
	141	142	143	144	145
	资源编号（名称）				
	XIN06846	XIN06890	XIN06908	XIN07094	XIN07095
Satt300	243/243	240/240	243/243	237/237	269/269
Satt429	267/267	264/264	264/264	270/270	264/264
Satt197	188/188	185/185	188/188	188/188	182/182
Satt556	197/197	161/161	164/164	164/164	161/161
Satt100	164/164	138/138	141/141	138/138	138/138
Satt267	230/230	230/230	249/249	239/239	239/239
Satt005	138/138	158/158	167/167	164/164	158/158
Satt514	999/999	233/233	229/229	999/999	245/245
Satt268	202/202	238/238	241/241	215/215	202/202
Satt334	203/210	189/198	210/210	210/210	189/198
Satt191	196/196	187/187	205/205	218/218	202/202
Sat_218	284/284	280/280	325/325	284/284	306/306
Satt239	185/185	188/188	191/191	173/173	185/185
Satt380	135/135	125/125	127/127	125/125	127/127
Satt588	140/140	140/140	167/167	140/140	170/170
Satt462	248/248	240/240	246/246	234/234	274/274
Satt567	103/103	109/109	103/103	103/103	106/106
Satt022	249/249	236/236	230/230	236/236	236/236
Satt487	201/201	201/201	201/201	201/201	201/201
Satt236	211/211	226/226	220/220	226/226	233/233
Satt453	258/258	261/261	245/245	258/258	258/258
Satt168	227/227	227/227	233/233	227/227	227/227
Satt180	258/258	276/276	258/258	258/258	264/264
Sat_130	999/999	999/999	999/999	999/999	999/999
Sat_092	999/999	210/210	212/212	999/999	231/231
Sat_112	325/325	323/323	342/342	330/330	300/325
Satt193	249/249	236/236	230/230	236/236	236/236
Satt288	195/195	252/252	252/252	999/999	246/246
Satt442	254/254	251/251	260/260	257/257	248/248
Satt330	147/147	147/147	151/151	145/145	145/145
Satt431	199/199	231/231	225/225	199/199	225/225
Satt242	195/195	192/192	189/189	192/192	192/192
Satt373	248/248	276/276	238/238	276/276	213/213
Satt551	237/237	224/224	237/237	224/224	224/224
Sat_084	141/141	141/141	141/141	141/141	141/141
Satt345	198/198	248/248	198/198	252/252	192/192

（续）

引物名称	资源序号				
	146	147	148	149	150
	资源编号（名称）				
	XIN07203	XIN07397	XIN07483	XIN07486	XIN07543
Satt300	237/237	269/269	243/243	243/243	999/999
Satt429	264/264	999/999	270/270	243/270	270/270
Satt197	143/173	173/173	179/185	179/188	182/182
Satt556	161/161	161/164	209/209	161/209	161/161
Satt100	135/135	167/167	141/141	141/141	161/161
Satt267	239/239	249/249	230/249	230/230	230/239
Satt005	138/138	132/132	138/138	138/138	164/164
Satt514	226/226	226/226	194/194	208/208	194/194
Satt268	202/202	202/202	238/250	238/238	202/202
Satt334	210/210	210/210	212/212	189/198	205/205
Satt191	187/187	218/218	205/225	205/205	205/205
Sat_218	284/284	284/284	297/325	329/329	284/284
Satt239	999/999	999/999	999/999	194/194	185/185
Satt380	125/125	125/135	127/127	127/127	125/125
Satt588	162/162	999/999	140/140	164/164	167/167
Satt462	238/238	234/248	248/248	240/240	231/248
Satt567	103/103	103/103	101/101	106/106	106/106
Satt022	236/236	236/236	230/230	230/230	236/236
Satt487	204/204	204/204	198/198	204/204	198/198
Satt236	223/223	223/223	217/217	217/217	233/233
Satt453	258/258	237/237	237/261	245/245	237/258
Satt168	227/227	227/227	230/230	200/233	227/227
Satt180	258/258	264/264	258/258	258/258	243/243
Sat_130	999/999	999/999	999/999	999/999	999/999
Sat_092	227/227	999/999	212/212	248/248	236/236
Sat_112	325/325	325/325	323/323	346/346	346/346
Satt193	236/236	236/236	230/230	230/230	236/236
Satt288	195/246	198/198	252/252	249/249	246/246
Satt442	239/239	254/254	257/257	257/257	251/251
Satt330	145/145	145/145	118/145	151/151	145/145
Satt431	199/231	222/222	225/231	222/222	231/231
Satt242	192/192	192/192	189/201	201/201	192/192
Satt373	213/276	213/248	245/245	248/248	248/248
Satt551	224/224	237/237	224/230	230/230	230/230
Sat_084	141/141	141/141	141/141	154/154	141/141
Satt345	198/252	198/248	198/248	213/213	198/198

（续）

引物名称	资源序号				
	151	152	153	154	155
	资源编号（名称）				
	XIN07544	XIN07545	XIN07704	XIN07707	XIN07896
Satt300	237/237	999/999	237/237	243/243	243/243
Satt429	267/267	267/267	264/264	267/267	264/264
Satt197	173/173	173/173	188/188	185/185	188/188
Satt556	161/161	161/161	209/209	209/209	161/209
Satt100	164/164	132/132	164/164	148/164	164/164
Satt267	249/249	230/230	230/249	249/249	230/230
Satt005	151/151	161/161	170/170	138/170	138/138
Satt514	194/194	223/223	194/233	194/194	208/208
Satt268	238/238	250/250	215/215	250/250	250/253
Satt334	210/210	203/203	212/212	212/212	203/212
Satt191	202/202	205/205	205/205	225/225	225/225
Sat_218	288/288	290/290	325/325	297/297	297/327
Satt239	185/188	185/185	173/173	173/173	173/182
Satt380	135/135	127/127	135/135	125/125	125/135
Satt588	164/164	164/164	164/164	167/167	140/167
Satt462	248/248	268/268	240/240	248/248	248/248
Satt567	106/106	999/999	109/109	109/109	103/109
Satt022	242/242	203/203	230/230	249/249	249/249
Satt487	201/201	198/198	198/198	195/195	201/201
Satt236	220/220	223/223	220/220	220/220	220/220
Satt453	237/237	245/245	258/258	258/258	258/261
Satt168	227/227	211/211	233/233	233/233	233/233
Satt180	264/264	258/258	258/267	258/258	267/267
Sat_130	999/999	999/999	999/999	999/999	999/999
Sat_092	248/248	999/999	231/231	212/212	229/240
Sat_112	323/323	323/323	346/346	342/342	298/323
Satt193	242/242	236/236	230/230	249/249	249/249
Satt288	219/219	999/999	233/233	252/252	223/233
Satt442	254/254	248/248	245/245	251/251	245/248
Satt330	105/105	147/147	151/151	151/151	145/145
Satt431	231/231	225/225	225/225	225/225	225/231
Satt242	195/195	195/195	201/201	195/195	174/189
Satt373	248/248	210/210	251/251	251/251	238/238
Satt551	224/224	237/237	224/230	230/230	230/230
Sat_084	141/141	151/151	141/141	141/141	141/141
Satt345	198/198	198/198	213/226	226/226	198/198

引物名称	资源序号				
	156	157	158	159	160
	资源编号（名称）				
	XIN07898	XIN11556	科丰 5 号	华春 4 号	桂春豆 1 号
Satt300	243/243	237/237	238/238	243/243	201/237
Satt429	264/264	270/270	264/264	264/264	270/270
Satt197	188/188	179/179	179/179	182/182	200/200
Satt556	209/209	209/209	161/161	161/161	161/161
Satt100	167/167	110/110	135/135	129/144	132/132
Satt267	230/230	230/230	239/239	230/230	239/239
Satt005	161/161	161/161	148/148	161/161	151/151
Satt514	999/999	208/226	233/233	242/242	220/220
Satt268	250/250	219/253	202/202	238/238	202/202
Satt334	203/203	189/198	189/198	205/205	198/198
Satt191	225/225	202/202	187/187	202/202	205/205
Sat_218	323/323	288/321	284/284	282/282	280/280
Satt239	173/173	194/194	173/173	188/188	185/185
Satt380	125/125	127/127	135/135	125/125	115/115
Satt588	164/164	164/164	140/140	167/167	139/139
Satt462	231/231	276/276	234/234	212/212	260/260
Satt567	109/109	103/103	103/103	109/109	109/109
Satt022	249/249	255/255	236/236	239/239	242/242
Satt487	204/204	198/198	204/204	201/201	204/204
Satt236	220/220	223/223	220/220	220/220	226/226
Satt453	245/245	237/237	247/258	233/233	261/261
Satt168	233/233	227/227	227/227	230/230	230/230
Satt180	258/258	258/258	264/264	258/258	258/258
Sat_130	999/999	999/999	306/306	300/300	308/308
Sat_092	231/231	227/227	246/246	231/231	231/231
Sat_112	346/346	323/323	323/323	323/323	335/335
Satt193	249/249	255/255	236/236	239/239	242/242
Satt288	249/249	195/195	246/246	261/261	233/233
Satt442	248/248	229/229	254/254	245/245	257/257
Satt330	151/151	145/145	145/145	105/105	134/134
Satt431	225/225	222/222	199/199	225/225	205/205
Satt242	201/201	189/195	192/192	189/189	198/198
Satt373	238/238	251/251	222/222	999/999	222/222
Satt551	224/224	230/230	224/224	224/224	224/224
Sat_084	143/143	141/141	141/141	141/141	132/132
Satt345	192/192	213/213	248/248	213/213	248/248

（续）

引物名称	资源序号				
	161	162	163	164	165
	资源编号（名称）				
	华夏 101	吉科豆 1 号	鲁豆 4 号	中豆 27	晋遗 50
Satt300	237/237	243/243	238/238	237/237	237/237
Satt429	267/267	264/264	264/264	267/267	243/243
Satt197	134/134	188/188	173/173	179/179	179/179
Satt556	161/161	209/209	164/164	164/195	209/209
Satt100	144/144	164/164	132/132	164/164	141/141
Satt267	239/239	230/230	230/230	246/246	246/246
Satt005	170/170	161/161	138/138	161/161	138/170
Satt514	226/226	194/194	208/208	233/233	233/233
Satt268	205/205	253/253	215/215	250/250	238/238
Satt334	200/200	189/189	189/189	189/189	210/210
Satt191	225/225	205/205	205/205	205/205	187/187
Sat_218	290/290	325/325	284/284	288/288	319/319
Satt239	185/185	182/182	188/188	173/173	191/191
Satt380	125/125	123/123	123/123	132/132	132/132
Satt588	164/164	164/164	170/170	164/164	164/164
Satt462	262/262	248/248	204/204	248/248	234/234
Satt567	106/106	103/103	106/106	103/103	106/106
Satt022	252/252	230/230	261/261	236/236	230/230
Satt487	198/198	195/195	204/204	204/204	198/198
Satt236	223/223	223/223	226/226	226/226	220/220
Satt453	267/267	261/261	261/261	233/233	258/258
Satt168	227/227	233/233	230/230	227/227	227/227
Satt180	243/243	264/270	258/270	264/264	258/258
Sat_130	292/292	304/304	296/296	306/306	294/294
Sat_092	227/227	212/212	246/246	244/244	244/244
Sat_112	325/325	999/999	335/335	346/346	323/323
Satt193	252/252	230/230	261/261	236/236	230/230
Satt288	228/228	223/223	246/246	233/233	195/195
Satt442	251/251	248/248	248/248	257/257	229/229
Satt330	145/145	145/145	147/147	105/105	147/147
Satt431	222/222	228/228	202/202	228/228	231/231
Satt242	179/192	192/192	195/195	192/192	195/195
Satt373	222/222	248/248	213/213	276/276	245/245
Satt551	224/224	230/230	230/230	237/237	237/237
Sat_084	141/141	154/154	151/151	141/141	141/141
Satt345	248/248	248/248	213/213	248/248	198/198

（续）

引物名称	资源序号				
	166	167	168	169	170
	资源编号（名称）				
	吉农 11	晋豆 31	赣豆 5 号	濮海 10	夏豆 1 号
Satt300	237/237	264/264	264/264	237/237	252/252
Satt429	267/267	264/264	248/248	264/264	270/270
Satt197	185/185	173/173	185/185	182/182	202/202
Satt556	209/209	195/195	166/166	161/161	161/161
Satt100	141/141	144/144	132/132	132/132	144/144
Satt267	230/230	230/230	239/239	239/239	230/230
Satt005	161/161	151/151	167/167	155/155	158/158
Satt514	194/194	205/205	242/242	205/205	205/205
Satt268	238/238	238/238	205/205	253/253	205/205
Satt334	210/210	189/189	212/212	999/999	203/203
Satt191	205/205	187/187	187/187	209/209	225/225
Sat_218	319/319	316/316	282/282	284/284	284/284
Satt239	191/191	194/194	176/176	176/176	176/176
Satt380	125/125	123/123	125/125	123/123	129/129
Satt588	164/164	167/167	139/139	147/147	114/114
Satt462	240/240	250/250	212/212	250/250	243/243
Satt567	106/106	106/106	106/106	106/106	106/106
Satt022	230/230	230/230	249/249	236/236	226/226
Satt487	201/201	204/204	192/192	204/204	192/192
Satt236	214/214	226/226	231/231	236/236	226/226
Satt453	258/258	247/247	258/258	258/258	258/258
Satt168	230/230	233/233	227/227	227/227	233/233
Satt180	258/258	258/258	258/258	258/270	264/264
Sat_130	296/296	298/298	330/330	304/304	308/308
Sat_092	238/238	225/225	240/240	234/234	231/231
Sat_112	311/311	323/323	323/323	323/323	323/323
Satt193	230/230	230/230	249/249	236/236	226/226
Satt288	246/246	195/195	236/236	223/223	228/249
Satt442	242/242	251/251	245/245	251/251	251/251
Satt330	145/145	145/145	147/147	145/145	999/999
Satt431	231/231	231/231	190/190	225/225	199/211
Satt242	195/195	189/189	192/192	182/182	182/182
Satt373	248/248	251/251	222/222	213/213	222/222
Satt551	230/230	224/224	224/224	237/237	237/237
Sat_084	141/154	132/132	141/141	141/141	147/147
Satt345	198/248	229/229	245/245	192/192	198/198

（续）

引物名称	资源序号				
	171	172	173	174	175
	资源编号（名称）				
	华夏 102	冀无腥 1 号	豫豆 18	商 951099	中品 661
Satt300	237/237	252/252	237/237	238/238	252/252
Satt429	267/267	243/243	270/270	237/237	270/270
Satt197	134/134	179/179	143/143	173/173	173/173
Satt556	172/172	161/161	161/161	161/161	161/161
Satt100	144/144	164/164	132/132	132/132	164/164
Satt267	239/239	230/230	239/239	239/239	246/246
Satt005	158/158	161/161	167/167	138/138	167/167
Satt514	205/205	233/233	205/205	223/223	233/233
Satt268	219/219	253/253	250/250	205/205	238/238
Satt334	214/214	999/999	210/210	999/999	999/999
Satt191	205/205	205/205	218/218	209/209	225/225
Sat_218	280/280	288/288	284/284	300/300	288/288
Satt239	176/176	179/179	173/173	173/173	188/188
Satt380	125/125	132/132	123/123	125/125	132/132
Satt588	114/114	170/170	164/164	167/167	164/164
Satt462	212/212	231/231	234/234	250/250	248/248
Satt567	106/106	106/106	103/103	109/109	106/106
Satt022	233/233	236/236	236/236	236/236	236/236
Satt487	198/198	198/198	204/204	204/204	201/201
Satt236	236/236	220/220	226/226	220/220	226/226
Satt453	258/258	233/258	258/258	261/261	233/233
Satt168	233/233	230/230	227/227	227/227	227/227
Satt180	258/258	258/258	258/258	212/212	270/270
Sat_130	302/302	304/304	306/306	296/296	312/312
Sat_092	227/227	248/248	234/234	246/246	244/244
Sat_112	999/999	325/325	323/323	328/328	999/999
Satt193	233/233	236/236	236/236	236/236	236/236
Satt288	236/236	233/233	246/246	236/236	236/236
Satt442	257/257	251/251	257/257	254/254	251/251
Satt330	105/105	145/145	145/145	145/145	999/999
Satt431	202/202	231/231	199/199	231/231	231/231
Satt242	189/189	195/195	192/192	192/192	192/192
Satt373	222/222	248/248	276/276	213/213	248/248
Satt551	224/224	237/237	224/224	224/224	224/224
Sat_084	141/141	143/143	141/141	141/141	143/143
Satt345	248/248	213/213	248/248	198/198	248/248

（续）

引物名称	资源序号				
	176	177	178	179	180
	资源编号（名称）				
	晋豆 21	冀豆 7 号	中豆 8 号	皖豆 9 号	齐黄 1 号
Satt300	264/264	237/237	237/237	238/238	238/238
Satt429	264/264	270/270	270/270	270/270	243/243
Satt197	179/179	188/188	200/200	173/173	173/173
Satt556	161/209	161/161	164/164	161/161	161/161
Satt100	138/138	164/164	138/138	138/138	135/135
Satt267	230/230	230/230	239/239	239/239	230/230
Satt005	151/151	161/161	158/158	158/158	170/170
Satt514	205/205	194/194	239/239	205/205	194/194
Satt268	215/215	238/238	202/202	202/202	238/238
Satt334	210/210	189/189	210/210	198/198	210/210
Satt191	209/209	205/205	205/205	187/187	225/225
Sat_218	278/278	321/321	282/282	282/282	290/290
Satt239	185/185	185/185	185/185	188/188	188/188
Satt380	123/123	115/132	129/129	135/135	125/125
Satt588	140/140	170/170	164/164	170/170	170/170
Satt462	212/212	248/248	256/256	202/202	231/231
Satt567	106/106	106/106	101/101	103/103	103/103
Satt022	230/230	230/230	242/242	236/236	236/236
Satt487	198/198	198/198	204/204	204/204	204/204
Satt236	206/206	226/226	223/223	226/226	226/226
Satt453	258/258	233/233	258/258	258/258	233/233
Satt168	200/200	200/200	227/227	230/230	200/200
Satt180	264/264	267/270	258/258	264/264	243/243
Sat_130	298/298	304/304	312/312	306/306	300/300
Sat_092	234/234	240/240	240/240	227/227	236/236
Sat_112	311/311	323/323	323/323	323/323	323/323
Satt193	230/230	230/230	242/242	236/236	236/236
Satt288	223/223	243/243	246/246	243/243	246/246
Satt442	245/245	260/260	254/254	257/257	254/254
Satt330	145/145	145/145	145/145	145/145	145/145
Satt431	228/228	231/231	202/202	202/202	231/231
Satt242	192/192	201/201	192/192	192/192	189/189
Satt373	210/210	248/248	222/222	222/222	222/222
Satt551	230/230	237/237	224/224	224/224	230/230
Sat_084	160/160	143/143	154/154	132/132	132/132
Satt345	198/198	213/213	248/248	192/192	192/192

（续）

引物名称	资源序号				
	181	182	183	184	185
	资源编号（名称）				
	荷豆 12	齐黄 28	中黄 10	桂夏 3 号	中豆 34
Satt300	238/238	237/237	238/238	237/237	264/264
Satt429	264/264	267/267	264/264	275/275	264/264
Satt197	179/179	173/173	173/173	182/182	200/200
Satt556	161/161	161/161	164/164	161/161	161/161
Satt100	135/135	132/132	132/132	129/141	138/138
Satt267	239/239	230/230	230/230	239/239	239/239
Satt005	161/161	161/161	161/161	161/161	161/161
Satt514	229/229	197/197	197/197	205/205	223/223
Satt268	202/202	215/250	215/215	205/205	202/202
Satt334	999/999	203/203	189/198	180/180	198/198
Satt191	187/187	205/205	205/205	187/187	215/215
Sat_218	284/284	290/290	284/284	282/282	284/284
Satt239	173/173	185/185	179/179	176/176	185/185
Satt380	135/135	123/123	123/123	125/125	125/125
Satt588	170/170	170/170	167/167	164/164	139/139
Satt462	234/234	266/266	202/202	287/287	256/256
Satt567	109/109	106/106	106/106	106/106	109/109
Satt022	203/203	236/236	261/261	233/233	242/242
Satt487	201/201	198/198	204/204	192/192	204/204
Satt236	226/226	226/226	226/226	237/237	223/223
Satt453	261/261	245/245	261/261	258/258	233/233
Satt168	227/227	211/211	230/230	227/227	230/230
Satt180	999/999	264/264	258/258	258/258	270/270
Sat_130	310/310	298/298	304/304	300/300	306/306
Sat_092	231/231	246/246	236/236	231/231	240/240
Sat_112	325/325	323/323	999/999	323/323	323/323
Satt193	236/236	236/236	261/261	233/233	242/242
Satt288	195/223	223/233	236/246	233/233	236/236
Satt442	251/251	248/248	254/254	245/245	254/254
Satt330	145/145	147/147	147/147	145/145	145/145
Satt431	231/231	225/225	208/208	199/199	202/202
Satt242	192/192	182/182	182/182	189/189	179/195
Satt373	276/276	210/210	213/213	222/222	222/222
Satt551	224/224	237/237	224/224	224/224	224/224
Sat_084	141/141	151/151	151/151	141/141	154/154
Satt345	248/248	198/198	213/213	245/245	248/248

（续）

引物名称	资源序号				
	186	187	188	189	190
	资源编号（名称）				
	贡豆 5 号	南农 99 - 6	通豆 4	日本晴 3 号	新大粒 1 号
Satt300	238/238	237/237	237/237	243/243	243/243
Satt429	260/260	270/270	270/270	264/264	264/264
Satt197	134/134	173/173	200/200	143/143	143/143
Satt556	161/161	191/191	164/164	166/166	164/164
Satt100	135/135	132/132	132/132	135/135	144/144
Satt267	230/230	246/246	239/239	230/230	230/230
Satt005	158/158	164/164	161/161	148/148	148/148
Satt514	233/233	223/223	242/242	197/197	242/242
Satt268	253/253	202/202	202/202	244/244	238/238
Satt334	999/999	198/198	210/210	205/205	189/189
Satt191	202/202	225/225	218/218	218/218	202/202
Sat_218	284/284	288/288	282/282	308/308	282/282
Satt239	185/185	185/185	185/185	188/188	188/188
Satt380	125/125	129/129	129/129	132/132	132/132
Satt588	139/139	164/164	164/164	167/167	170/170
Satt462	274/274	246/246	246/246	268/268	268/268
Satt567	106/106	106/106	106/106	106/106	109/109
Satt022	236/236	233/233	242/242	239/239	230/230
Satt487	204/204	201/201	204/204	198/198	192/192
Satt236	217/217	226/226	223/223	220/220	220/220
Satt453	245/245	258/258	258/258	247/247	261/261
Satt168	236/236	227/227	227/227	230/230	230/230
Satt180	258/258	258/258	214/214	212/212	212/212
Sat_130	323/323	312/312	304/304	292/292	315/315
Sat_092	240/240	240/240	246/246	229/229	236/236
Sat_112	328/328	323/323	323/323	311/311	342/342
Satt193	236/236	233/233	242/242	239/239	230/230
Satt288	236/236	219/219	246/246	246/246	236/236
Satt442	242/242	254/254	254/254	248/248	242/242
Satt330	145/145	145/145	147/147	147/147	147/147
Satt431	228/228	202/202	202/202	225/225	225/225
Satt242	195/195	192/192	182/182	192/192	189/189
Satt373	276/276	276/276	222/222	219/219	263/263
Satt551	230/230	224/224	224/224	230/230	224/224
Sat_084	147/147	143/143	154/154	141/141	143/143
Satt345	198/198	248/248	198/198	213/213	213/213

（续）

引物名称	资源序号				
	191	192	193	194	195
	资源编号（名称）				
	绿领 9804	苏春 10-8	苏杂 1 号	通豆 7 号	东辛 2 号
Satt300	243/243	243/243	237/237	238/238	237/237
Satt429	245/245	245/245	264/264	267/267	264/264
Satt197	188/188	188/188	185/185	200/200	185/185
Satt556	164/164	161/161	161/161	161/161	161/161
Satt100	110/110	132/132	138/138	138/138	129/129
Satt267	230/230	230/230	239/239	239/239	239/239
Satt005	161/161	151/151	161/161	132/132	161/161
Satt514	242/242	242/242	245/245	223/223	245/245
Satt268	215/215	215/215	202/202	202/202	202/202
Satt334	214/214	210/210	205/205	189/189	203/203
Satt191	218/218	202/202	187/187	202/202	187/187
Sat_218	297/297	319/319	282/282	290/290	282/282
Satt239	188/188	188/188	176/176	188/188	185/185
Satt380	123/123	123/123	129/129	135/135	129/129
Satt588	167/167	167/167	164/164	140/140	164/164
Satt462	999/999	252/252	212/212	248/248	212/212
Satt567	106/106	106/106	109/109	106/106	109/109
Satt022	239/239	236/236	230/230	236/236	230/230
Satt487	192/192	201/201	204/204	204/204	999/999
Satt236	223/223	223/223	236/236	226/226	236/236
Satt453	261/261	261/261	258/258	233/233	258/258
Satt168	230/230	233/233	227/227	233/233	227/227
Satt180	258/258	258/258	249/249	201/201	264/264
Sat_130	999/999	308/308	306/306	308/308	306/306
Sat_092	257/257	225/225	234/234	251/251	236/236
Sat_112	999/999	342/342	323/323	342/342	323/323
Satt193	239/239	236/236	230/230	236/236	230/230
Satt288	246/246	261/261	246/246	246/246	223/246
Satt442	235/235	235/235	254/254	251/251	251/251
Satt330	105/105	105/105	147/147	145/145	147/147
Satt431	228/228	228/228	222/222	190/190	222/222
Satt242	198/198	198/198	192/192	192/192	189/189
Satt373	276/276	274/274	222/222	210/210	222/222
Satt551	224/224	224/224	224/224	237/237	224/224
Sat_084	141/141	141/141	141/141	147/147	141/141
Satt345	213/213	213/213	198/198	198/198	198/198

（续）

引物名称	资源序号					
	196	197	198	199	200	201
	资源编号（名称）					
	苏豆5号	苏旱1号	黑农37	东农50089	湘春豆17	浙春2号
Satt300	242/242	243/243	237/237	243/243	261/261	238/238
Satt429	260/260	270/270	270/270	270/270	264/264	270/270
Satt197	134/134	188/188	179/179	185/185	173/200	161/161
Satt556	161/161	164/164	209/209	209/209	164/212	161/161
Satt100	148/148	132/132	110/110	110/110	129/129	132/132
Satt267	239/239	230/230	230/230	230/230	239/239	230/230
Satt005	148/148	161/161	138/138	170/170	158/158	167/167
Satt514	242/242	208/208	233/233	194/194	223/242	220/220
Satt268	238/238	215/215	215/215	250/250	202/238	202/202
Satt334	205/205	210/210	210/210	210/210	198/210	189/189
Satt191	218/218	202/202	202/202	205/205	205/212	209/209
Sat_218	282/282	297/297	293/293	327/327	280/280	284/284
Satt239	188/188	191/191	173/173	188/188	185/185	185/185
Satt380	125/125	123/123	123/123	125/125	129/129	123/123
Satt588	167/167	167/167	164/164	167/167	140/140	167/167
Satt462	248/248	240/240	246/246	240/240	212/212	212/212
Satt567	109/109	106/106	106/106	109/109	106/109	106/106
Satt022	239/239	239/239	230/230	233/233	249/249	252/252
Satt487	198/198	201/201	198/198	201/201	195/195	198/198
Satt236	220/220	220/220	220/220	220/220	217/223	223/223
Satt453	233/233	247/247	258/258	258/258	258/267	261/261
Satt168	230/230	230/230	233/233	230/230	236/236	227/227
Satt180	270/270	264/264	258/258	264/264	258/270	258/258
Sat_130	300/300	294/294	312/312	310/310	279/302	310/310
Sat_092	225/225	225/225	231/231	212/212	225/225	227/227
Sat_112	999/999	342/342	311/311	999/999	323/323	335/335
Satt193	239/239	239/239	230/230	233/233	249/249	252/252
Satt288	243/243	246/246	228/228	249/249	195/228	195/195
Satt442	260/260	235/235	245/245	257/257	248/248	239/239
Satt330	145/145	118/118	145/145	145/145	147/147	145/145
Satt431	222/222	222/222	231/231	231/231	202/228	231/231
Satt242	189/189	198/198	195/195	195/195	189/192	192/192
Satt373	219/219	274/274	251/251	251/251	222/222	213/213
Satt551	230/230	224/224	224/224	237/237	224/237	230/230
Sat_084	141/141	141/141	141/141	141/141	141/141	141/141
Satt345	245/245	213/213	198/198	226/226	229/229	198/198

（续）

引物名称	资源序号					
	202	203	204	205	206	207
	资源编号（名称）					
	阳 02-1	东农 92070	黄宝珠号	绥小粒豆 2 号	九丰 10 号	绥农 14
Satt300	243/243	243/243	237/237	237/237	243/243	243/243
Satt429	270/270	270/270	270/270	267/267	999/999	999/999
Satt197	999/999	185/185	173/173	188/188	185/185	185/185
Satt556	999/999	209/209	209/209	209/209	161/161	161/161
Satt100	164/164	141/141	141/141	141/141	141/141	141/141
Satt267	246/246	230/230	246/246	246/246	230/230	246/246
Satt005	138/138	138/138	164/164	138/138	138/138	138/138
Satt514	233/233	194/194	205/205	233/233	208/208	194/194
Satt268	253/253	219/238	250/250	250/250	238/238	250/250
Satt334	203/203	210/210	210/210	198/198	198/198	210/210
Satt191	225/225	205/205	225/225	205/205	225/225	225/225
Sat_218	319/319	295/295	293/293	316/316	323/323	295/295
Satt239	188/188	173/173	173/173	173/173	173/173	173/173
Satt380	123/123	125/125	123/123	127/127	135/135	123/123
Satt588	140/140	167/167	164/164	130/130	167/167	140/140
Satt462	999/999	248/248	250/250	999/999	248/248	248/248
Satt567	103/103	106/106	106/106	103/103	109/109	109/109
Satt022	206/206	252/252	230/230	249/249	249/249	206/206
Satt487	198/198	198/198	204/204	999/999	204/204	198/198
Satt236	220/220	228/228	223/223	220/220	223/223	220/220
Satt453	233/233	233/267	233/267	233/233	261/267	233/233
Satt168	227/227	227/227	233/233	233/233	233/233	230/230
Satt180	264/264	264/264	212/212	212/212	273/273	264/264
Sat_130	306/306	310/310	296/296	290/290	298/298	306/306
Sat_092	246/246	229/229	240/240	234/234	212/212	212/212
Sat_112	999/999	323/323	311/311	999/999	999/999	999/999
Satt193	249/249	252/252	230/230	249/249	249/249	249/249
Satt288	219/219	219/219	246/246	228/228	223/252	223/252
Satt442	248/248	245/245	257/257	242/248	248/248	248/248
Satt330	145/145	145/145	145/145	151/151	145/145	145/145
Satt431	225/225	202/202	231/231	225/225	225/225	225/225
Satt242	189/189	201/201	195/195	195/195	201/201	189/189
Satt373	219/219	248/248	999/999	245/245	238/238	219/219
Satt551	230/230	237/237	237/237	230/230	230/230	230/230
Sat_084	141/141	141/141	143/143	141/141	141/141	141/141
Satt345	245/245	226/226	198/198	245/245	226/226	245/245

四、36 对 SSR 引物名称及序列

引物名称	所在染色体	正向引物序列	反向引物序列
Satt300	A1	GCGACCATCATCTAATCACAATCTACTA	TCCCCATCATTTATCGAAAATAATAATT
Satt429	A2	GCGACCATCATCTAATCACAATCTACTA	TCCCCATCATTTATCGAAAATAATAATT
Satt197	B1	CACTGCTTTTTCCCCTCTCT	AAGATACCCCCAACATTATTTGTAA
Satt556	B2	GCGATAAAACCCGATAAATAA	GCGTTGTGCACCTTGTTTTCT
Satt100	C2	ACCTCATTTTGGCATAAA	TTGGAAAACAAGTAATAATAACA
Satt267	D1a	CCGGTCTGACCTATTCTCAT	CACGGCGTATTTTTATTTTG
Satt005	D1b	TATCCTAGAGAAGAACTAAAAAA	GTCGATTAGGCTTGAAATA
Satt514	D2	GCGCCAACAAATCAAGTCAAGTAGAAAT	GCGGTCATCTAATTAATCCCTTTTTGAA
Satt268	E	TCAGGGGTGGACCTATATAAAATA	CAGTGGTGGCAGATGTAGAA
Satt334	F	GCGTTAAGAATGCATTTATGTTTAGTC	GCGAGTTTTTGGTTGGATTGAGTTG
Satt191	G	CGCGATCATGTCTCTG	GGGAGTTGGTGTTTTCTTGTG
Sat_218	H	GCGCACGTTAAATGAACTGGTATGATA	GCGGGCCAAAGAGGAAGATTGTAAT
Satt239	I	GCGCCAAAAAATGAATCACAAT	GCGAACACAATCAACATCCTTGAAC
Satt380	J	GCGAGTAACGGTCTTCTAACAAGGAAAG	GCGTGCCCTTACTCTCAAAAAAAAA
Satt588	K	GCTGCATATCCACTCTCATTGACT	GAGCCAAAACCAAAGTGAAGAAC
Satt462	L	GCGGTCACGAATACAAGATAAATAATGC	GCGTGCATGTCAGAAAAAATCTCTATAA
Satt567	M	GGCTAACCCGCTCTATGT	GGGCCATGCACCTGCTACT
Satt022	N	GGGGGATCTGATTGTATTTTACCT	CGGGTTTCAAAAAACCATCCTTAC
Satt487	O	ATCACGGACCAGTTCATTTGA	TGAACCGCGTATTCTTTTAATCT
Satt236	A1	GCGCCCACACAACCTTTAATCTT	GCGGCGACTGTTAACGTGTC
Satt453	B1	GCGGAAAAAAAACAATAAACAACA	TAGTGGGGAAGGGAAGTTACC
Satt168	B2	CGCTTGCCCAAAAATTAATAGTA	CCATTCTCCAACCTCAATCTTATAT
Satt180	C1	TCGCGTTTGTCAGC	TTGATTGAAACCCAACTA
Sat_130	C2	GCGTAAATCCAGAAATCTAAGATGATATG	GCGTAGAGGAAAGAAAAGACACAATATCA
Sat_092	D2	AATTGAGTGAAACTTATAAGAATTAGTC	AAATAAGTAGGATGCTTGACAAA
Sat_112	E	TGTGACAGTATACCGACATAATA	CTACAAATAACATGAAATATAAGAAATA

（续）

引物名称	所在染色体	正向引物序列	反向引物序列
Satt193	F	GCGTTTCGATAAAAATGTTACACCTC	TGTTCGCATTATTGATCAAAAAT
Satt288	G	GCGGGGTGATTTAGTGTTTGACACCT	GCGCTTATAATTAAGAGCAAAAGAAG
Satt442	H	CCTGGACTTGTTTGCTCATCAA	GCGGTTCAAGGCTTCAAGTAGTCAC
Satt330	I	GCGCCTCCATTCCACAACAAATA	GCGGCATCCGTTCTAAGATAGTTA
Satt431	J	GCGTGGCACCCTTGATAAATAA	GCGCACGAAAGTTTTTCTGTAACA
Satt242	K	GCGTTGATCAGGTCGATTTTTATTTGT	GCGAGTGCCAACTAACTACTTTTATGA
Satt373	L	TCCGCGAGATAAATTCGTAAAAT	GGCCAGATACCCAAGTTGTACTTGT
Satt551	M	GAATATCACGCGAGAATTTTAC	TATATGCGAACCCTCTTACAAT
Sat_084	N	AAAAAAGTATCCATGAAACAA	TTGGGACCTTAGAAGCTA
Satt345	O	CCCCTATTTCAAGAGAATAAGGAA	CCATGCTCTACATCTTCATCATC

（续）

五、panel 组合信息表

panel	荧光类型	引物名称 （等位变异范围，bp）	panel	荧光类型	引物名称 （等位变异范围，bp）
1	TAMARA	Satt453（236－282）	5	HEX	Satt191（187－224）
	HEX	Satt100（108－167）		ROX	Sat_092（210－257）
	ROX	Satt005（123－174）		6－FAM	Satt462（196－287）
	6－FAM	Satt288（195－261）	6	TAMARA	Satt197（134－200）
2	TAMARA	Satt300（234－269）		HEX	Sat_084（132－160）
	HEX	Satt239（155－194）		ROX	Sat_218（264－329）
	ROX	Satt268（202－253）		6－FAM	Satt345（192－251）
	6－FAM	Satt567（103－109）	7	TAMARA	Satt431（190－231）
	6－FAM	Satt373（210－282）		HEX	Satt330（105－151）
3	TAMARA	Satt236（211－236）		ROX	Sat_112（298－354）
	HEX	Satt380（125－135）		6－FAM	Satt551（224－237）
	ROX	Satt514（181－249）	8	TAMARA	Satt334（183－215）
	6－FAM	Satt487（192－204）		HEX	Satt442（229－260）
4	TAMARA	Satt168（200－236）		ROX	Sat_130（279－315）
	HEX	Satt588（130－170）		6－FAM	Satt180（212－275）
	ROX	Satt429（237－273）	9	HEX	Satt193（223－258）
	6－FAM	Satt242（174－201）		ROX	Satt267（229－249）
5	TAMARA	Satt556（161－212）		6－FAM	Satt022（194－216）

注：部分引物变异范围取自 556 份大豆品种的结果。

六、实验主要仪器设备及方法

1. 样品 DNA 使用天根生化科技有限公司植物 DNA 提取试剂盒提取。

2. 使用 Bio - Rad 公司 S1000 型号 PCR 仪进行 PCR 扩增。

3. 等位变异结果由 ABI3130XL 测序仪扩增后获得。

将 6 - FAM 和 HEX 荧光标记的 PCR 产物用超纯水稀释 30 倍，TAMRA 和 ROX 荧光标记的 PCR 产物用超纯水稀释 10 倍。分别取等体积的上述 4 种稀释后的 PCR 产物，混合。吸取 1 μL 混合液加入到 DNA 分析仪专用深孔板孔中。在板中各孔分别加入 0.1 μL LIZ500 分子量内标和 8.9 μL 去离子甲酰胺。除待测样品外，还应同时包括参照品种的扩增产物。将样品在 PCR 仪上 95 ℃变性 5 min，迅速取出置于碎冰上，冷却 10 min。瞬时离心 10 s 后上测序仪电泳。

注：PCR 扩增产物稀释倍数可根据扩增结果进行相应调整。

图书在版编目（CIP）数据

大豆种质资源 SSR 标记位点 / 李冬梅著 . —北京：
中国农业出版社，2023.7
ISBN 978 - 7 - 109 - 30839 - 8

Ⅰ.①大…　Ⅱ.①李…　Ⅲ.①荧光—分子标记—应用
—大豆—种质资源　Ⅳ.①S565.102.4 - 39

中国国家版本馆 CIP 数据核字（2023）第 118506 号

中国农业出版社出版
地址：北京市朝阳区麦子店街 18 号楼
邮编：100125
责任编辑：杨晓改
版式设计：书雅文化　　**责任校对：**吴丽婷
印刷：中农印务有限公司
版次：2023 年 7 月第 1 版
印次：2023 年 7 月北京第 1 次印刷
发行：新华书店北京发行所
开本：880mm×1230mm　1/16
印张：24.25
字数：816 千字
定价：298.00 元